HOE LEVEN ONTSTAAT

Jim Al-Khalili en Johnjoe McFadden

Hoe leven ontstaat

OP HET SNIJVLAK VAN BIOLOGIE EN KWANTUMLEER

Vertaald door Robert Vernooy

Uitgeverij Atlas Contact
Amsterdam/Antwerpen

Eerste druk augustus 2015
Tweede druk september 2015
Derde druk januari 2016
Vierde druk januari 2017

Oorspronkelijke titel *Life on the Edge*
Oorspronkelijke uitgeverij Transworld
Omslagontwerp Zeno
Typografie binnenwerk Perfect Service, Schoonhoven

ISBN 978 90 450 2930 6
D/2015/0108/745
NUR 600

www.atlascontact.nl

Voor Penny en Ollie
Julie, David en Kate

Inhoud

Hoofdstuk 1

Inleiding

De winterse vorst is dit jaar vroeg in Europa en er hangt een doordringende kilte in de avondlucht. Diep in de geest van een jong roodborstje wordt een aanvankelijk vaag gevoel van vastberadenheid steeds sterker.

De vogel heeft de afgelopen paar weken veel meer dan haar normale portie insecten, spinnen, wormen en bessen tot zich genomen en is nu bijna twee keer zo zwaar als toen haar kroost in augustus uitvloog. Dit extra gewicht bestaat voornamelijk uit vetreserves, die ze nodig zal hebben als brandstof voor de zware reis die ze op het punt staat te ondernemen.

Dit zal haar eerste trek zijn weg van het sparrenbos in Midden-Zweden, waar zij tot nu toe haar hele korte leven heeft doorgebracht en waar ze slechts een paar maanden geleden haar jongen heeft grootgebracht. Gelukkig voor haar was de vorige winter niet al te streng, want een jaar geleden was ze nog niet helemaal volgroeid en daarom niet sterk genoeg om zo'n lange reis te ondernemen. Maar nu ze tot het volgende voorjaar is ontheven van haar ouderlijke verantwoordelijkheden, hoeft ze alleen maar aan zichzelf te denken en is ze klaar om de komende winter te ontvluchten door zuidwaarts te trekken op zoek naar een warmer klimaat.

Het is een paar uur na zonsondergang. In plaats van rustig te gaan zitten voor de nacht, hipt ze in de toenemende duisternis naar het puntje van een tak onder aan de enorme boom die sinds het voorjaar haar huis is geweest. Ze schudt zich even uit, als een marathonloper die zijn spieren losmaakt voor een wedstrijd. Haar oranje borst glinstert in het maanlicht. De zorg waarmee ze haar nest heeft gebouwd – slechts een meter verderop, deels aan het oog onttrokken tegen de bemoste schors van de boomstam – is nu een flauwe herinnering.

Zij is niet de enige vogel die zich op een vertrek voorbereidt, want andere roodborstjes – zowel mannetjes als vrouwtjes – hebben ook besloten dat dit een goede nacht is om aan hun lange trek naar het zuiden te beginnen. Overal om zich heen hoort ze in de bomen een schril gezang dat de gebruikelijke geluiden van andere nachtdieren in het bos overstemt. Het is alsof de vogels zich gedwongen voelen om hun vertrek aan te kondigen en een boodschap af te geven aan de andere bewoners van het bos dat ze maar beter niet het territorium van de vogels binnen kunnen dringen en hun nesten leeghalen terwijl ze weg zijn. Want deze roodborstjes zijn zeker van plan om in het voorjaar terug te komen.

Ze draait haar kop snel even naar links en naar rechts om zich ervan te vergewissen dat de kust veilig is en vliegt dan de avondhemel tegemoet. Met het naderen van de winter zijn de nachten langer geworden, en ze zal nog ruim tien uur moeten vliegen voordat ze weer uit kan rusten.

Ze gaat op weg op een kompaskoers van 195° (15° westelijker dan pal naar het zuiden). De komende dagen zal ze min of meer in diezelfde richting blijven vliegen, waarbij ze op een goede dag meer dan 300 kilometer aflegt. Ze heeft geen idee wat ze onderweg moet verwachten of hoe lang het zal duren. Ze kent het terrein rond haar sparrenbos, maar na een paar kilometer vliegt ze over een vreemd maanovergoten landschap van meren, dalen en steden.

Ergens bij de Middellandse Zee zal ze op haar bestemming aankomen. Hoewel ze niet naar een bepaalde plaats gaat, zal ze stoppen als ze op een geschikte plek aankomt en zich de plaatselijke oriëntatiepunten inprenten zodat ze daar de komende jaren terug kan keren. Als ze de kracht heeft, kan ze zelfs helemaal naar de Noord-Afrikaanse kust vliegen. Maar dit is haar eerste trek, en haar hoogste prioriteit is nu om te ontkomen aan de barre kou van de naderende Scandinavische winter.

Ze lijkt zich niet bewust van de roodborstjes in haar omgeving, die allemaal ongeveer dezelfde kant op vliegen en waarvan sommige de reis vele malen eerder hebben gemaakt. Ze kan uitstekend zien in het donker, maar ze is niet op zoek naar oriëntatiepunten – zoals wij misschien zouden doen als wij zo'n reis zouden maken – en ook volgt ze niet het patroon van de sterren aan de heldere nachthemel door haar interne sterrenkaart te raadplegen, zoals veel andere nachtelijke trekvogels doen. In plaats daarvan heeft ze dankzij enkele miljoenen jaren evolutie een heel opmerkelijk vermogen ontwikkeld, waardoor ze de reis van zo'n drieduizend kilometer kan maken, die een jaarlijkse najaarstrek zal worden.

Trekken is, uiteraard, heel gewoon in het dierenrijk. Zo schieten zalmen elke winter kuit in de rivieren en meren van Noord-Europa, om een broedsel achter te laten dat als het is uitgekomen de loop van de rivier naar de zee volgt, tot in het noordelijke deel van de Atlantische Oceaan, waar ze groeien en volwassen worden. Drie jaar later keren deze jonge zalmen terug om zich voort te planten in dezelfde rivieren en meren waar ze ter wereld zijn gekomen. In de Nieuwe Wereld trekken monarchvlinders in het najaar duizenden kilometers zuidwaarts, de hele Verenigde Staten over. Zij, of hun nazaten (omdat ze zich onderweg voortplanten), keren vervolgens in het voorjaar terug naar het noorden, naar dezelfde bomen waar ze zich verpopt hebben. Groene zeeschildpadden die aan de kust van het eiland Ascension in het zuiden van de Atlantische Oceaan uit het ei komen zwemmen duizenden kilometers door de oceaan voordat ze, eens in de drie jaar, terugkeren, om zich voort te planten op precies hetzelfde met eierschalen bezaaide strand waar ze geboren zijn. De lijst gaat maar door: vele soorten vogels, walvissen, kariboes, langoesten, kikkers, salamanders en zelfs bijen zijn in staat om reizen te ondernemen die zelfs voor de grootste menselijke ontdekkingsreizigers een uitdaging zouden zijn.

Hoe dieren erin slagen om over de aardbol hun weg te vinden is eeuwenlang een raadsel geweest. Wij weten nu dat ze zich van diverse methoden bedienen: sommige oriënteren zich overdag op de zon en 's nachts op de sterren; andere prenten zich oriëntatiepunten in; weer andere kunnen over de hele wereld de weg vinden met behulp van hun reukvermogen. Maar het meest mysterieuze navigatievermogen is dat van het Europese roodborstje: het vermogen om de richting en de kracht van het aardmagnetisch veld te detecteren, de zogenaamde *magnetoreceptie*. En hoewel we nu weten dat een aantal andere dieren dit vermogen ook bezit, is de manier waarop het Europese roodborstje (*Erithacus rubecula*) haar weg over de aardbol vindt het meest interessant voor ons verhaal.

Het mechanisme waardoor ons roodborstje weet hoe ver het moet vliegen, en in welke richting, is gecodeerd in het DNA dat ze van haar ouders heeft geërfd. Het is een verfijnd en ongebruikelijk zesde zintuig waarmee zij haar koers bepaalt. Want evenals vele andere vogels, en ook insecten en zeedieren, heeft zij het vermogen om het zwakke magnetisch veld van de aarde waar te nemen en daar richtingsinformatie aan te ontlenen door middel van een ingebouwd navigatiesysteem, dat in haar geval een nieuw soort chemisch kompas vereist.

Magnetoreceptie is een raadsel. Het probleem is dat het aardmagnetisch veld heel zwak is – tussen de 30 en 70 microtesla aan het oppervlak: dat is voldoende om invloed uit te oefenen op een zorgvuldig uitgebalanceerde en bijna wrijvingsloze kompasnaald, maar het is slechts een honderdste van de kracht van een doorsnee koelkastmagneetje. Dat roept de volgende vraag op: wil een dier het aardmagnetisch veld waarnemen, dan moet dat veld op de een of andere manier van invloed zijn op een chemische reactie ergens in het lichaam van het dier – per slot van rekening is dat hoe alle levende wezens, ook wij, een signaal van buitenaf waarnemen. Maar de hoeveelheid energie die de wisselwerking tussen het aardmagnetisch veld en de moleculen in levende cellen oplevert, is minder dan een miljardste van de energie die nodig is om een chemische verbinding tot stand te brengen of op te heffen. Hoe kan dat magnetisch veld dan waarneembaar zijn voor een roodborstje?

Raadsels, hoe klein ook, zijn fascinerend omdat er altijd een kans is dat de oplossing ervan zal leiden tot een fundamentele verandering van ons inzicht in de wereld. Zo leidden in de zestiende eeuw de overpeinzingen van Copernicus over een relatief onbeduidend probleem met betrekking tot de geometrie van het ptolemeïsche geocentrische model van het zonnestelsel ertoe dat hij het zwaartepunt van het hele universum van de mens naar de ruimte verlegde. Darwins obsessie met de geografische verspreiding van diersoorten en het raadsel waarom geïsoleerde soorten vinken en spotlijsters op eilanden vaak zo gespecialiseerd zijn, leidde tot het formuleren van zijn evolutieleer. En de oplossing voor het raadsel van de straling van zwarte lichamen, de manier waarop hete objecten warmte afgeven, leidde tot de suggestie van de Duitse natuurkundige Max Planck dat energie uit losse pakketjes of 'kwantums' bestond, en daarmee tot de geboorte van de kwantumtheorie in 1900. Zou de oplossing van het raadsel hoe vogels over de hele wereld de weg vinden dan ook kunnen leiden tot een revolutie in de biologie? Hoe bizar het ook mag lijken, het antwoord is: ja.

Maar zulke raadsels zijn ook een trekpleister voor pseudowetenschappers en mystici. Zoals Peter Atkins, een scheikundige aan Oxford, in 1976 verklaarde: 'Het onderzoek naar de effecten van magnetische velden op chemische reacties is lange tijd een speelplaats geweest voor charlatans.'[1] Allerlei exotische verklaringen – van telepathie en oude leylijnen (onzichtbare banen die diverse archeologische of geografische locaties met elkaar verbinden en die naar verluidt spirituele energie bezitten) tot het concept 'morfische resonantie', bedacht door de omstreden parapsycholoog Rupert Sheldrake – zijn te eniger tijd voorgesteld als het mechanisme dat trekvogels gebruiken als leidraad op hun routes. Atkins' bedenkingen in de jaren zeventig waren dus begrijpelijk, een weerspiegeling van de scepsis onder de meeste toen actieve wetenschappers ten aanzien van elke suggestie dat dieren het aardmagnetisch veld zouden kunnen waarnemen. Er leek gewoon geen moleculair mechanisme te zijn waardoor een dier dat zou kunnen – althans niet binnen het domein van de conventionele biochemie.

Maar in hetzelfde jaar waarin Peter Atkins uiting gaf aan zijn scepsis, publiceerden Wolfgang en Roswitha Wiltschko, een Duits ornithologenechtpaar uit Frankfurt, een baanbrekend artikel in *Science*, een van 's werelds meest vooraanstaande academische tijdschriften, waarin overtuigend werd vastgesteld dat roodborstjes inderdaad het magnetisch veld van de aarde kunnen detecteren.[2] Nog opmerkelijker is dat zij aantoonden dat het zintuig van de vogels niet leek te werken als een normaal kompas. Want waar een kompas het verschil aangeeft tussen de magnetische noord- en zuidpool, kon een roodborstje alleen onderscheid maken tussen een pool en de evenaar.

Om te begrijpen hoe zo'n kompas zou kunnen werken, moeten we even stilstaan bij magnetische veldlijnen, de onzichtbare sporen die de richting van een magnetisch veld bepalen en waarlangs de naald van een kompas zich zal richten als hij ergens in dat veld wordt geplaatst. Wij kennen dit vooral als de lijnen in het patroon dat ontstaat in ijzervijlsel op een vel papier boven een staafmagneet. Stel je nu eens voor dat de hele aarde een gigantische staafmagneet is, waarbij de veldlijnen straalsgewijs vanaf de zuidpool uitlopen en lussen beschrijven die bij de noordpool weer naar binnen gaan (zie figuur 1.1). De richting van deze veldlijnen is bij beide polen bijna verticaal de grond in of uit, maar hoe dichter ze bij de evenaar komen, hoe vlakker ze worden en hoe meer ze bijna parallel aan het aardoppervlak gaan lopen. Een kompas dat de hoek van de magnetische veldlijnen ten opzichte van het aardoppervlak meet, wat wij een *inclinatiekompas* noemen, kan dus onderscheid maken tussen de richting naar een pool en de richting naar de evenaar; maar het kan geen onderscheid maken tussen de noord- en de zuidpool, omdat de veldlijnen aan beide kanten van de aardbol dezelfde hoek met de grond maken. In het onderzoek van de Wiltschko's uit 1976 werd vastgesteld dat het magnetische zintuig van het roodborstje werkt als een inclinatiekompas. Het probleem was dat niemand enig idee had hoe zo'n biologisch inclinatiekompas zou kunnen werken, want op dat moment was er geen bekend – of zelfs maar voorstelbaar – mechanisme dat kon verklaren hoe de inclinatie van het aardmagnetisch veld in het lichaam van een dier gedetecteerd kon worden. Het antwoord bleek te vinden te zijn in een van de meest verbluffende wetenschappelijke theorieën van de moderne tijd, en had te maken met de vreemde wetenschap van de kwantummechanica.

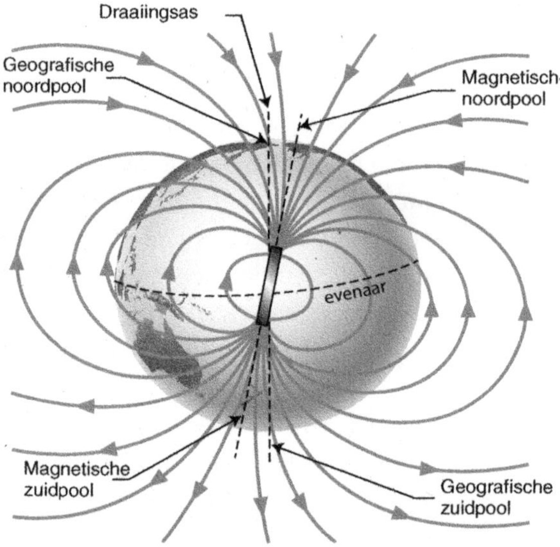

Figuur 1.1 Het aardmagnetisch veld.

Een verborgen spookachtige werkelijkheid

Als je vandaag de dag een kleine enquête houdt onder wetenschappers en hun vraagt wat volgens hen de meest succesvolle, verstrekkende en belangrijke theorie in de hele wetenschap is, zal het antwoord er waarschijnlijk van afhangen of je het vraagt aan een natuur- of scheikundige of aan iemand die zich met de levenswetenschappen bezighoudt. De meeste biologen beschouwen Darwins theorie over evolutie door natuurlijke selectie als het meest fundamentele idee dat ooit is bedacht. Maar een natuur- of scheikundige zal waarschijnlijk betogen dat die ereplaats toekomt aan de kwantummechanica – tenslotte is dat het fundament waarop een groot deel van de natuur- en scheikunde gebouwd is, en verschaft deze theorie ons een opmerkelijk volledig beeld van de bouwstenen van het hele universum. Zonder haar verklarende vermogen verdwijnt zelfs een groot deel van ons huidige inzicht in de werking van de wereld.

Vrijwel iedereen zal over kwantummechanica hebben gehoord, en het is een wijdverbreid idee dat dit een verbijsterende en moeilijke tak van wetenschap is, die slechts door een piepkleine, superslimme minderheid der mensen wordt begrepen. Maar de waarheid is dat de kwantummechanica sinds het begin van de twintigste eeuw een onderdeel van al onze levens is geweest. De wetenschap is rond het midden van de jaren twintig ontwikkeld als een wiskundige theorie om de wereld van het heel kleine te verklaren (de microwereld, zoals die wordt genoemd). Het gaat daarbij om het gedrag van de atomen waaruit alles bestaat wat wij om ons heen zien en de eigenschappen van de nog kleinere deeltjes waaruit die atomen bestaan. Zo beschrijft de kwantummechanica de wetten die elektronen volgen en de manier waarop zij zichzelf ordenen binnen atomen. Daarmee ligt zij ten grondslag aan alle scheikunde, materiaalleer en zelfs elektrotechniek. Zij mag nog zo vreemd zijn, maar haar wiskundige regels zijn cruciaal voor de meeste technologische ontwikkelingen uit de afgelopen halve eeuw. Zonder de kwantummechanische verklaring van de manier waarop elektronen zich door materialen verplaatsen, zouden wij niets hebben begrepen van het gedrag van de halfgeleiders die het fundament vormen van de moderne elektronica, en zonder inzicht in halfgeleiders zouden wij de siliciumtransistor niet hebben ontwikkeld en later de microchip en de moderne computer. De lijst gaat maar door: zonder de ontwikkelingen in onze kennis dankzij de kwantummechanica zouden er geen lasers zijn en derhalve geen cd-, dvd- en blu-rayspelers; zonder de kwantummechanica zouden we geen smartphones hebben, geen satellietnavigatie en geen MRI-scanners. Er wordt zelfs geschat dat meer dan een derde van het bruto binnenlands product in de ontwikkelde wereld afhankelijk is van toepassingen die er zonder ons inzicht in de mechanica van de kwantumwereld domweg niet zouden zijn.

En dit is nog maar het begin. We kunnen uitkijken naar een kwantumtoekomst – hoogstwaarschijnlijk maken wij die zelf nog mee – waarin we misschien kunnen beschikken over bijna onbeperkte elektrische energie uit door lasers gestuurde kernfusie; waarin artificiële moleculaire machines een enorme verscheidenheid aan taken zullen uitvoeren in de techniek, de biochemie en de geneeskunde; waarin kwantumcomputers zullen voorzien in kunstmatige intelligentie; en waarin mogelijk zelfs de sciencefictiontechnologie van teleportatie dagelijks gebruikt zal worden om informatie over te brengen. De kwantumrevolutie van de twintigste eeuw raakt in de eenentwintigste eeuw in een stroomversnelling en zal onvoorstelbare veranderingen teweegbrengen in ons leven.

Maar wat is kwantummechanica precies? Dat is een vraag waarmee wij ons overal in dit boek zullen bezighouden. Bij wijze van voorproefje zullen we hier beginnen met enkele voorbeelden van de verborgen kwantumrealiteit die ten grondslag ligt aan ons leven.

Ons eerste voorbeeld illustreert een van de vreemde kenmerken van de kwantumwereld, misschien wel haar meest kenmerkende eigenschap: de dualiteit van deeltjes en golven. We zijn vertrouwd met het feit dat wij, en alles om ons heen, bestaan uit een heleboel piepkleine, losse deeltjes zoals atomen, elektronen, protonen en neutronen. Misschien ben je je er ook van bewust dat energie, zoals licht of geluid, niet de vorm van deeltjes maar van golven aanneemt. Golven zijn diffuus en niet corpusculair en ze verplaatsen zich door de ruimte als... nou ja, als golven, met toppen en dalen, net als de golven van de zee. De kwantummechanica werd geboren toen in het begin van de twintigste eeuw werd ontdekt dat subatomaire deeltjes zich als golven kunnen gedragen, en dat lichtgolven zich als deeltjes kunnen gedragen.

Hoewel de dualiteit van golven en deeltjes niet iets is waarbij je dagelijks stil hoeft te staan, ligt die wel ten grondslag aan veel erg belangrijke apparaten, zoals de elektronenmicroscopen waarmee artsen en onderzoekers minuscule objecten kunnen zien, identificeren en bestuderen die te klein zijn voor traditionele optische microscopen, zoals de virussen die aids en verkoudheid veroorzaken. De inspiratie voor de elektronenmicroscoop was de ontdekking dat elektronen golfachtige eigenschappen hebben. De Duitse wetenschappers Max Knoll en Ernst Ruska beseften dat omdat de met elektronen geassocieerde golflengte (de afstand tussen opeenvolgende toppen of dalen van een golf) veel korter was dan die van zichtbaar licht, een microscoop die gebaseerd was op beeldvorming met behulp van elektronen veel fijnere details zou moeten kunnen oppikken dan een optische microscoop. De reden is dat elk zeer klein object of onderdeel met afmetingen die kleiner zijn dan de golf die erop valt, die golf niet zal beïnvloeden. Denk eens aan oceaangolven met een golflengte van een paar meter, die breken op kiezelsteentjes op het strand. Door die golven te bestuderen zou je niets te weten komen over de vorm of omvang van een individuele kiezelsteen. Je zou veel kortere golflengten nodig hebben, zoals die welke worden opgewekt in een golfbak van het soort dat iedereen kent van natuurkundelessen op school, om een kiezelsteen te 'zien' door middel van de golven die erop afketsen of erdoor worden afgebogen. En dus bouwden Knoll en Ruska in 1931 's werelds eerste elektronenmicroscoop, die ze gebruikten om de allereerste foto's van virussen te maken, waarvoor Ernst Ruska in 1986 (twee jaar voor zijn dood) de Nobelprijs ontving, misschien tamelijk laat.

Ons tweede voorbeeld is nog fundamenteler. Waarom schijnt de zon? De meeste mensen zijn er waarschijnlijk van op de hoogte dat de zon in wezen een kernfusiereactor is die waterstofgas verbrandt, waarbij de warmte en het zonlicht vrijkomen die alle leven op aarde in stand houden. Minder mensen weten echter dat de zon helemaal niet zou schijnen zonder een opmerkelijke kwantumeigenschap die deeltjes in staat stelt om 'door muren te gaan'. De zon, en alle andere sterren in het universum, kan die enorme hoeveelheden energie afgeven omdat de kernen van waterstofatomen (die elk bestaan uit slechts één positief geladen deeltje, een proton) kunnen fuseren, met als gevolg dat er energie vrijkomt in de vorm van de elektromagnetische straling die wij zonlicht noemen. De waterstofkernen moeten heel dicht bij elkaar komen om te fuseren; maar hoe dichter ze bij elkaar komen, hoe sterker ze elkaar gaan afstoten, omdat ze allemaal een positieve elektrische lading hebben en 'gelijksoortige' ladingen elkaar afstoten. Om zo dicht bij elkaar te komen dat een fusie mogelijk is, moeten de deeltjes door het subatomaire equivalent van een bakstenen muur heen: een schijnbaar ondoordringbare energetische barrière. De klassieke natuurkunde* – die gebaseerd is op de

*De deterministische natuurkundige theorieën van vóór de kwantummechanica, inclusief de bijzondere en de algemene relativiteitstheorie, worden gewoonlijk de klassieke natuurkunde genoemd – dit in tegenstelling tot de niet-klassieke kwantummechanica.

bewegingswetten, de mechanica en de zwaartekracht van Isaac Newton, waarmee alledaagse ballen, veren, stoommachines en zelfs planeten heel goed beschreven kunnen worden – zou voorspellen dat dit niet zou horen te gebeuren: deeltjes zouden niet door muren heen moeten kunnen en daarom zou de zon niet moeten schijnen.

Maar deeltjes die de wetten van de kwantummechanica volgen, zoals de kernen van atomen, hebben een leuk kunstje achter de hand: ze kunnen dergelijke barrières makkelijk passeren door middel van een proces dat 'kwantumtunneleffect' wordt genoemd. En feitelijk kunnen zij dat dankzij hun golfdeeltjesdualiteit. Zoals golven om objecten heen kunnen stromen, bijvoorbeeld om de kiezelstenen aan het strand, zo kunnen ze ook dóór objecten heen stromen, zoals de geluidsgolven die door je muren gaan als je de tv van je buren hoort. Natuurlijk gaat de lucht waardoor de geluidsgolven zich voortplanten zelf niet echt door de muren heen; het zijn de trillingen in de lucht – geluid – waardoor jullie gemeenschappelijke muur gaat trillen en tegen de lucht in jouw kamer aan begint te drukken om dezelfde geluidsgolven aan jouw oor door te geven. Maar als jij je als een atoomkern zou kunnen gedragen, zou je soms als een spook door een massieve muur heen kunnen gaan.* Dat is wat een waterstofkern in het inwendige van de zon doet: hij verspreidt zich en 'lekt' als een geest door de energiebarrière heen om zo dicht bij zijn partner aan de andere kant van de muur te komen dat ze kunnen fuseren. Dus de volgende keer als je op het strand in de zon ligt toe te kijken hoe de golven tegen het strand slaan, denk dan even aan de spookachtige, golfachtige bewegingen van kwantumdeeltjes die er niet alleen voor zorgen dat jij van de zonneschijn kunt genieten, maar die ook alle leven op onze planeet mogelijk maken.

Het derde is een aanverwant voorbeeld, maar illustreert een ander en nog vreemder aspect van de kwantumwereld: een verschijnsel dat *superpositie* wordt genoemd, waarbij deeltjes twee – of honderd, of een miljoen –

*Het zou echter onjuist zijn om te denken dat er bij het kwantumtunneleffect tastbare golven door barrières heen lekken. Het is eerder een gevolg van abstracte wiskundige golven die de waarschijnlijkheid beschrijven dat het kwantumdeeltje op hetzelfde moment aan de andere kant van de barrière te vinden is. In dit boek proberen wij waar mogelijk intuïtieve analogieën te bieden om kwantumverschijnselen te verklaren, maar de realiteit is dat de kwantummechanica volstrekt tegen de intuïtie indruist, en dat we omwille van de begrijpelijkheid het risico lopen dat we de zaken al te zeer simplificeren.

dingen tegelijk kunnen doen. Deze eigenschap is verantwoordelijk voor het feit dat ons universum zo complex en interessant is. Niet lang na de big bang waarmee dit universum ontstond, wemelde het in de ruimte van slechts één soort atoom: dat met de simpelste structuur, waterstof, dat bestaat uit één positief geladen proton en één negatief geladen elektron. Het was een vrij saai oord, zonder sterren of planeten en zeker zonder levende wezens, want de elementaire bouwstenen van alles om ons heen, inclusief onszelf, bestaan niet alleen uit waterstof maar ook uit zwaardere elementen zoals koolstof, zuurstof en ijzer. Gelukkig werden deze zwaardere elementen bereid in sterren die wemelden van de waterstof. Hun eerste ingrediënt, een vorm van waterstof die bekendstaat als deuterium, heeft zijn bestaan te danken aan een beetje kwantummagie.

De eerste stap in het recept is de gebeurtenis die we net hebben beschreven, waarbij twee waterstofkernen – protonen – door kwantumtunneling zo dicht bij elkaar komen dat een deel van de vrijkomende energie verandert in het zonlicht dat onze planeet verwarmt. Vervolgens moeten de twee protonen een binding aangaan, en dat is niet eenvoudig, want de krachten ertussen zijn als lijm niet sterk genoeg. Alle atoomkernen bestaan uit twee soorten deeltjes: protonen en hun elektrisch neutrale partners, neutronen. Als een kern te veel van het ene of het andere type heeft, dicteren de wetten van de kwantummechanica dat het evenwicht hersteld moet worden en dat die overtollige deeltjes in de andere vorm zullen veranderen: protonen zullen neutronen worden, of neutronen protonen, door middel van een proces dat bètaverval wordt genoemd. Dit is precies wat er gebeurt als twee protonen samenkomen: een samenstel van twee protonen kan niet bestaan en een van de twee zal door bètaverval in een neutron veranderen. Het resterende proton en het zojuist getransformeerde neutron kunnen zich dan verbinden tot een object dat een deuteron wordt genoemd (de kern van een atoom van de zware waterstofisotoop* die deuterium wordt genoemd), waarna nog meer kernreacties de totstandkoming mogelijk maken van de com-

*Alle chemische elementen komen voor in diverse variëteiten, die isotopen worden genoemd. Een element wordt gedefinieerd door het aantal protonen in de kern van zijn atomen: waterstof heeft er één, helium twee, enzovoort. Maar het aantal neutronen dat de kern bevat kan variëren. Zo bestaan er drie vormen (isotopen) van waterstof: de atomen van normale waterstof bevatten slechts een proton, terwijl die van de zwaardere isotopen, deuterium en tritium, daarnaast respectievelijk een en twee neutronen bevatten.

plexere kernen van andere elementen die zwaarder zijn dan waterstof, van helium (met twee protonen en een of twee neutronen) tot koolstof, stikstof, zuurstof, enzovoort.

Waar het om gaat is dat het deuteron zijn bestaan dankt aan zijn vermogen om tegelijk in twee toestanden te bestaan, op grond van een kwantumsuperpositie. Dat komt doordat het proton en het neutron op twee verschillende manieren aan elkaar kunnen blijven kleven. Dat hangt af van hun *spin.* Wij zullen later zien hoe dit concept 'kwantumspin' feitelijk heel iets anders is dan de bekende spin van een groot voorwerp, zoals een tennisbal. Maar vooralsnog zullen wij meegaan met onze klassieke intuïtie van een draaiend deeltje en ons voorstellen dat het proton en het neutron allebei binnen het deuteron draaien in een zorgvuldig gechoreografeerde combinatie van een langzame, intieme wals en een snellere jive. Aan het eind van de jaren dertig van de vorige eeuw werd er ontdekt dat deze twee deeltjes binnen het deuteron niet samen dansen in ofwel de ene ofwel de andere van deze twee toestanden, maar in beide toestanden tegelijkertijd – ze bevinden zich in een werveling van wals en jive tegelijk – en dat is wat ze in staat stelt om zich met elkaar te verbinden.*

Een voor de hand liggende reactie op deze uitspraak is: 'Hoe weten wij dit?' Atoomkernen zijn toch zeker veel te klein om gezien te worden, dus zou het niet redelijker zijn om aan te nemen dat we onvoldoende inzicht hebben in de kernkrachten? Het antwoord is nee, want het is telkens weer in vele laboratoria bevestigd dat de nucleaire 'lijm' tussen het proton en het neutron niet sterk genoeg zou zijn om ze aan elkaar te binden als ze het equivalent van ofwel een kwantumwals ofwel een kwantumjive zouden uitvoeren. Pas wanneer die twee toestanden over elkaar heen worden gelegd – en de twee realiteiten tegelijkertijd bestaan – is de bindende kracht sterk genoeg. Je kunt die twee gesuperponeerde realiteiten enigszins beschouwen als het mengen van twee verschillende kleuren verf, blauw en geel, die samen de mengkleur groen opleveren. Hoewel je weet dat de groene kleur bestaat uit de twee primaire kleu-

*Technisch gesproken dankt het deuteron zijn stabiliteit aan een aspect van de kernkracht die het proton en het neutron bijeenhoudt die 'tensorinteractie' wordt genoemd, welke het paar dwingt tot een kwantumsuperpositie van twee hoekmomenten, die S-golf en D-golf worden genoemd.

ren, is het noch de ene noch de andere. En verschillende verhoudingen van blauw en geel zullen verschillende tinten groen opleveren. Zo ook voltrekt zich de binding van het deuteron als het proton en het neutron voornamelijk een wals dansen, met slechts een zweem van een jive.

Dus als deeltjes niet tegelijk zouden kunnen jiven en walsen, zou ons universum simpelweg een soep van waterstofgas zijn gebleven – er zouden geen sterren stralen, geen van de andere elementen zou gevormd zijn en jij zou deze woorden niet lezen. We bestaan vanwege het vermogen van protonen en neutronen om zich op deze tegen de intuïtie indruisende kwantummanier te gedragen.

Ons laatste voorbeeld voert ons terug naar de wereld van de technologie. De aard van de kwantumwereld kan niet alleen benut worden om naar minuscule objecten zoals virussen te kijken, maar ook om binnen in ons lichaam te kijken. Beeldvorming met behulp van kernspinresonantie (oftewel MRI, van magnetic resonance imaging) is een medische scantechniek die zeer gedetailleerde beelden van zachte weefsels oplevert. MRI-scans worden doorgaans gebruikt om ziektes te diagnosticeren en met name om tumoren in interne organen te ontdekken. In de meeste niet-technische beschrijvingen van MRI wordt voorbijgegaan aan het feit dat de techniek gebruikmaakt van de wonderlijke manier waarop de kwantumwereld werkt. Bij MRI worden grote sterke magneten gebruikt om de assen van de ronddraaiende kernen van waterstofatomen in het lichaam van de patiënt dezelfde kant op te richten. Die atomen worden vervolgens gebombardeerd met een puls van radiogolven, die de gelijkgerichte kernen dwingt om in die vreemde kwantumtoestand te verkeren waarbij ze in beide richtingen tegelijk draaien. Het is zinloos om zelfs maar te proberen te visualiseren wat dit betekent, omdat het zover af staat van onze dagelijkse ervaring! Waar het om gaat, is dat er energie vrijkomt wanneer atoomkernen weer terugkeren naar hun oorspronkelijke toestand – waarin ze verkeerden voordat ze de energiepuls opvingen waardoor ze met een schok in een kwantumsuperpositie raakten. Die energie wordt dan opgepikt door de elektronica van de MRI-scanner en gebruikt om die prachtige, gedetailleerde beelden van je inwendige organen te maken.

Dus als je ooit in een MRI-scanner ligt, misschien luisterend naar muziek via je hoofdtelefoon, sta dan even stil bij het contra-intuïtieve gedrag van subatomaire deeltjes dat deze technologie mogelijk maakt.

Kwantumbiologie

Wat heeft al dit vreemde kwantumgedoe te maken met de vlucht van het Europese roodborstje dat haar weg zoekt over de aardbol? Nou, je zult je nog wel herinneren dat in het onderzoek van de Wiltschko's aan het begin van de jaren zeventig werd vastgesteld dat het magnetische zintuig van het roodborstje net zo werkt als een inclinatiekompas. Dat was een heel groot raadsel, omdat destijds niemand enig idee had hoe een biologisch inclinatiekompas zou kunnen werken. Rond dezelfde tijd raakte Klaus Schulten, een Duitse wetenschapper, echter geïnteresseerd in de vraag hoe de overdracht van elektronen zich voltrok bij chemische reacties waar vrije radicalen aan te pas kwamen. Dat zijn moleculen met één elektron in hun buitenste schil, in tegenstelling tot de meeste elektronen, die paarsgewijs in een baan rond het atoom cirkelen. Dat is belangrijk als je nadenkt over die vreemde kwantumeigenschap 'spin', omdat gepaarde elektronen meestal in tegengestelde richtingen draaien, zodat hun totale spin gelijkstaat aan nul. Maar zonder een tegenhanger die de spin neutraliseert heeft het enkele elektron bij vrije radicalen een netto spin die ze een magnetische eigenschap geeft: de spin kan gericht worden met behulp van een magnetisch veld.

Schulten opperde dat bij de *paren* vrije radicalen die gegenereerd worden door een proces dat bekendstaat als een 'snelle tripletreactie', de corresponderende elektronen in een toestand van 'kwantumverstrengeling' raken. Om subtiele redenen die verderop hopelijk duidelijk worden, is die hachelijke kwantumtoestand van de twee afzonderlijke elektronen erg gevoelig voor de richting van een extern magnetisch veld. Vervolgens opperde Schulten dat het raadselachtige kompas van vogels weleens gebruik zou kunnen maken van zo'n verstrengelingsmechanisme.

Wij hebben het nog niet gehad over kwantumverstrengeling omdat het waarschijnlijk het vreemdste aspect van de kwantummechanica is. Ze zorgt dat deeltjes die ooit bij elkaar hoorden, op bijna magische wijze met elkaar in direct contact blijven, ook al zitten er enorme afstanden tussen. Zo kunnen deeltjes die ooit hecht met elkaar verbonden waren maar later gescheiden zijn en zo ver uit elkaar zijn geraakt dat ze zich elk aan een andere kant van het universum bevinden, in principe nog steeds met elkaar verbonden zijn. Als je een van de deeltjes een por geeft, zou dat ertoe leiden dat zijn verre partner *onmiddellijk* opschrikt.* De kwantumpioniers hebben aangetoond dat verstrengeling vanzelf volgde uit hun vergelijkingen, maar de implicaties ervan waren zo buitengewoon dat zelfs Einstein, aan wie wij zwarte gaten en de gekromde ruimtetijd te danken hebben, weigerde om het effect te accepteren. Hij deed het spottend af als 'een spookachtige werking op afstand'. En het is juist deze spookachtige werking op afstand die 'kwantummystici' vaak zo intrigerend vinden. Zij doen buitensporige beweringen over kwantumverstrengeling, zoals dat daarmee paranormale 'verschijnselen' zoals telepathie verklaard zouden kunnen worden. Einstein was sceptisch omdat verstrengeling in strijd leek te zijn met zijn relativiteitstheorie, die stelde dat geen invloed of signaal zich ooit door de ruimte kon voortplanten met een snelheid groter dan die van het licht. Volgens Einstein zouden er geen onmiddellijke spookachtige connecties moeten zijn tussen ver van elkaar verwijderde deeltjes. In dit geval had Einstein het mis: wij weten nu empirisch dat kwantumdeeltjes werkelijk directe relaties over grote afstanden kunnen hebben. Maar voor het geval je het je afvraagt: kwantumverstrengeling kan telepathie niet verklaren.

Aan het begin van de jaren zeventig vond men het een bizar idee dat de vreemde kwantumeigenschap verstrengeling een rol speelt bij gewone chemische reacties. Destijds waren vele wetenschappers het met Einstein eens wat betreft zijn twijfel of er werkelijk verstrengelde deeltjes bestonden, omdat nog niemand die had ontdekt. Maar in de tientallen jaren sindsdien hebben vele ingenieuze laboratoriumexperimenten de realiteit van deze spookachtige relaties bevestigd. Het beroemdste werd reeds in 1982 uitgevoerd door een team van Franse wetenschappers onder leiding van Alain Aspect aan de Universiteit van Parijs-Zuid.

Het team van Aspect genereerde gepaarde fotonen (lichtdeeltjes) met verstrengelde polarisatietoestanden. De polarisatie van licht kennen de meesten onder ons waarschijnlijk van het dragen van een gepolariseerde zonnebril. Elk lichtfoton heeft een bepaalde gerichtheid, een

*We moeten even toelichten dat kwantumfysici zich niet van dergelijk simplistisch taalgebruik bedienen. Het is correcter om te zeggen dat twee ver van elkaar verwijderde maar verstrengelde deeltjes niet-lokaal met elkaar verbonden zijn omdat ze deel uitmaken van dezelfde kwantumtoestand. Aan de andere kant helpt het niet echt om het zo te stellen, toch?

polarisatiehoek, die een beetje lijkt op de eerder besproken spin.* De fotonen in zonlicht hebben alle mogelijke polarisatiehoeken, maar een gepolariseerde zonnebril filtert die en laat alleen fotonen door met één bepaalde polarisatiehoek. Aspect genereerde paren fotonen waarvan de polarisatierichtingen niet alleen van elkaar verschilden – zeg dat de ene naar boven wees en de andere naar beneden – maar ook verstrengeld waren. En evenals bij de eerder beschreven danspartners wees geen van beide fotonen van het verstrengelde paar de ene of de andere kant op: ze wezen allebei beide kanten tegelijk op, *tot ze gemeten werden.*

Meting is een van de meest mysterieuze – en zeker een van de meest omstreden – aspecten van de kwantummechanica, omdat dit raakt aan de vraag die ongetwijfeld al in je is opgekomen: waarom doen niet alle objecten die wij zien al die vreemde, wonderbaarlijke dingen die kwantumdeeltjes kunnen doen? Het antwoord is dat deeltjes zich in de microscopische kwantumwereld wel op zulke vreemde manieren kunnen gedragen – bijvoorbeeld door twee dingen tegelijk te doen, door muren heen te gaan of spookachtige relaties te hebben – maar alleen als er niemand kijkt. Zodra ze worden waargenomen of op de een of andere manier worden gemeten, verliezen ze hun vreemdheid en gedragen ze zich als de klassieke objecten die wij om ons heen zien. Dat roept uiteraard de volgende vraag op: wat is er zo bijzonder aan metingen dat ze kwantumgedrag in klassiek gedrag doen veranderen?** Het antwoord op deze vraag is van cruciaal belang voor ons verhaal, want meting bevindt zich op de grenslijn tussen de kwantumwereld en de klassieke wereld, de

*Maar omdat licht enerzijds als een golf en anderzijds als een deeltje kan worden beschouwd, is het begrip polarisatie (anders dan kwantumspin) makkelijker te begrijpen als de richting waarin een lichtgolf trilt.

**Wederom stellen we de zaken hier al te simplistisch voor, omwille van de helderheid. Een bepaalde eigenschap van een kwantumdeeltje meten, bijvoorbeeld de positie ervan, betekent dat we niet meer onzeker zijn over zijn locatie – in zekere zin wordt erop scherpgesteld, waarna het niet meer vaag is. Dat betekent echter niet dat het zich nu gedraagt als een klassiek deeltje. Vanwege Heisenbergs onzekerheidsrelatie heeft het nu geen vaste snelheid meer. Een deeltje op een bepaalde positie zal, op dat moment, verkeren in een superpositie van alle mogelijke snelheden in alle mogelijke richtingen. En wat betreft de kwantumspin: omdat die eigenschap alleen in de kwantumwereld wordt aangetroffen, gaat het deeltje zich zeker niet klassiek gedragen als die spin wordt gemeten.

kwantumgrens, waar het leven zich volgens ons ook bevindt.

We zullen ons overal in dit boek bezighouden met kwantummetingen en hopen dat de lezer geleidelijk aan vat krijgt op de subtiliteiten van dit mysterieuze proces. Voorlopig zullen we alleen kijken naar de simpelste interpretatie van het verschijnsel: wanneer een kwantumeigenschap van een deeltje, zoals een polarisatietoestand, met een wetenschappelijk instrument wordt gemeten, wordt het deeltje onmiddellijk gedwongen om zijn kwantumvermogens (bijvoorbeeld dat het in vele richtingen tegelijkertijd wijst) te vergeten en krijgt het een gewone klassieke eigenschap (bijvoorbeeld dat het slechts in één richting wijst). Dus toen Aspect de polarisatietoestand van een helft van een willekeurig paar verstrengelde fotonen mat, door te observeren of het door een gepolariseerde lens heen kon gaan, verloor dat deeltje meteen zijn spookachtige relatie met zijn partner om slechts één polarisatierichting aan te nemen. Dat deed zijn partner ook, terstond, ongeacht hoe ver die ervan verwijderd was. Dat is althans wat de vergelijkingen van de kwantummechanica voorspelden en wat Einstein dwarszat.

Aspect en zijn team voerden hun beroemde experiment uit voor gepaarde fotonen die in zijn laboratorium een paar meter van elkaar gescheiden waren, ver genoeg van elkaar om ervoor te zorgen dat zelfs geen invloed die zich voortplantte met de lichtsnelheid – en de relativiteitstheorie vertelt ons dat niets sneller kan gaan dan de lichtsnelheid – ertussen uitgewisseld had kunnen worden om hun polarisatiehoeken op elkaar af te stemmen. Toch was er een correlatie tussen de metingen van de gepaarde deeltjes: als de polarisatie van het ene foton naar boven wees, wees die van het andere naar beneden. Sinds 1982 is het experiment zelfs herhaald met deeltjes die honderden kilometers van elkaar gescheiden zijn, en ook dan is er nog steeds die spookachtige verstrengeling die Einstein niet kon accepteren.

Toen Schulten stelde dat verstrengeling een rol speelde bij het vogelkompas, zou het nog een paar jaar duren voordat Aspect zijn experiment uitvoerde en was het verschijnsel nog omstreden. Ook had Schulten geen idee hóé een roodborstje door zo'n geheimzinnige chemische reactie het aardmagnetisch veld kon zien. We zeggen hier 'zien' vanwege een andere eigenaardigheid die door de Wiltschko's is ontdekt. Ondanks het feit dat het Europese roodborstje een nachtelijke trekvogel is, was voor de activering van haar magnetische kompas een kleine hoeveelheid licht vereist (aan de blauwe kant van het zichtbare spectrum), hetgeen suggereerde dat de ogen van de vogel een belangrijke rol speelden bij de werking ervan. Maar wat konden ogen, los van het zicht, bijdragen aan een magnetisch zintuig? Met of zonder een mechanisme van radicale paren was dit een volslagen raadsel.

De theorie dat het vogelkompas berustte op een kwantummechanisme verdween meer dan twintig jaar in de la van de wetenschap. Schulten verhuisde terug naar de VS, waar hij een heel succesvolle groep voor theoretische natuur- en scheikunde oprichtte aan de Universiteit van Illinois in Urbana-Champaign. Maar hij vergat zijn bizarre theorie geen moment, en herschreef voortdurend een artikel waarin hij mogelijke biomoleculen suggereerde (moleculen die door levende cellen worden gemaakt) die de radicale paren zouden kunnen genereren welke nodig waren voor de snelle tripletreactie. Maar geen daarvan voldeed echt: of ze konden geen radicale paren genereren, of ze waren niet aanwezig in de ogen van vogels. Maar in 1998 las Schulten dat er een raadselachtige lichtreceptor, cryptochroom genaamd, was aangetroffen in de ogen van dieren. Hierdoor ging er meteen een wetenschappelijk lichtje bij hem branden, want cryptochroom stond bekend als een eiwit dat mogelijk radicale paren kon genereren.

Een getalenteerde promovendus, Thorsten Ritz genaamd, was onlangs Schultens lab komen versterken. Als student aan de Universiteit van Frankfurt had Ritz Schulten college horen geven over het vogelkompas en hij was meteen verkocht. Toen hij de kans kreeg om als aio in Schultens lab te gaan werken, greep hij die met beide handen aan. Aanvankelijk hield hij zich bezig met fotosynthese. Toen het cryptochroomverhaal bekend werd, ging hij aan de slag met magnetoreceptie, en in 2000 schreef hij samen met Schulten een artikel met de titel 'Een model voor op fotoreceptoren gebaseerde magnetoreceptie bij vogels', waarin werd beschreven hoe cryptochroom kon zorgen voor een kwantumkompas in het vogeloog. (In hoofdstuk 6 zullen we uitgebreider op dit onderwerp terugkomen.) Vier jaar later ging Ritz samenwerken met de Wiltschko's om onderzoek te doen naar Europese roodborstjes, dat het eerste experimentele bewijs leverde voor deze theorie dat vogels kwantumverstrengeling gebruiken om de weg te vinden over de aardbol. Naar het scheen had Schulten al die tijd gelijk gehad. Hun artikel uit 2004, dat gepubliceerd werd in het prestigieuze Engelse tijdschrift *Nature*, wekte veel belangstelling en het kwantumkompas van vogels werd onmiddellijk het boegbeeld voor de nieuwe wetenschap van de kwantumbiologie.

Figuur 1.2 De aanwezigen bij de workshop over kwantumbiologie die in 2012 in Surrey werd gehouden. Van links naar rechts: de auteurs, Jim Al-Khalili en Johnjoe McFadden; Vlatko Vedral, Greg Engel, Nigel Scrutton, Thorsten Ritz, Paul Davies, Jennifer Brookes en Greg Scholes.

Als kwantummechanica normaal is, waarom is kwantumbiologie dan opwindend?

We hebben hiervoor al het kwantumtunneleffect en de kwantumsuperpositie beschreven, zowel in het hart van de zon als in instrumenten zoals elektronenmicroscopen en MRI-scanners. Waarom zou het ons dan verbazen als kwantumverschijnselen zich ook in de biologie voordoen? Tenslotte is biologie een soort toegepaste scheikunde, en is scheikunde een soort toegepaste natuurkunde. Berust dus in de kern der zaak niet alles, inclusief wijzelf en andere levende wezens, op natuurkunde? Zo redeneren inderdaad veel wetenschappers die accepteren dat de kwantummechanica op een diep niveau een rol moet spelen in de biologie. Zij houden echter vol dat die rol onbeduidend is. Wat zij daarmee bedoelen is dat omdat de wetten van de kwantummechanica het gedrag van atomen bepalen en het bij biologie uiteindelijk draait om wisselwerkingen tussen atomen, de wetten van de kwantumwereld ook moeten gelden op het meest microscopische niveau van de biologie – maar alléén op dat niveau, met als gevolg dat ze weinig tot geen effect zullen hebben op de processen op grotere schalen, die van belang zijn voor het leven.

Die wetenschappers hebben het, uiteraard, zeker voor een deel bij het rechte eind. Biomoleculen zoals DNA en enzymen bestaan uit elementaire deeltjes zoals protonen en elektronen, waarvan de wisselwerkingen bepaald worden door de kwantummechanica. Aan de andere kant geldt dat ook voor de structuur van het boek dat je nu leest of de stoel waarin je zit. Hoe je loopt, praat, eet, slaapt en zelfs denkt wordt uiteindelijk noodzakelijkerwijs bepaald door kwantummechanica. Maar over het algemeen hoef je dat niet te weten. Automonteurs hoeven geen colleges over kwantummechanica te volgen, en in de meeste leerplannen voor biologie wordt niet gerept van kwantumtunneling, verstrengeling of superpositie. De meesten onder ons kunnen het wel stellen zonder de wetenschap dat, op een fundamenteel niveau, de wereld werkt volgens een heel andere verzameling wetten dan die waarmee wij vertrouwd zijn. Dat rare kwantumgedoe dat zich afspeelt op een microscopisch niveau maakt doorgaans niets uit voor de grote dingen zoals de auto's en de broodroosters die wij dagelijks gebruiken.

Waarom niet? Voetballen gaan niet door muren heen; mensen hebben geen spookachtige connecties (ondanks de valse aanspraken van telepathie); en helaas kun je niet tegelijkertijd zowel op kantoor als thuis zijn. Maar de elementaire deeltjes in een voetbal, of een mens, kunnen dat allemaal wel. Waarom is er een breuklijn, een grens, tussen de wereld die wij zien en de wereld waarvan natuurkundigen weten dat zij werkelijk onder het oppervlak daarvan ligt? Dit is een van de meest fundamentele vraagstukken in de hele natuurkunde, en het houdt verband met het eerder geïntroduceerde verschijnsel van de kwantummeting. Als een kwantumsysteem een interactie aangaat met een klassiek meetinstrument, zoals de polariserende lens in het experiment van Alain Aspect, raakt het zijn vreemde kwantumeigenschappen kwijt en gaat het zich als een klassiek object gedragen. Maar de metingen die natuurkundigen verrichten kunnen niet verantwoordelijk zijn voor hoe de wereld die wij om ons heen zien zich voordoet. Wat is het dan dat kwantumgedrag tenietdoet, ook buiten het natuurkundig laboratorium?

Het antwoord heeft te maken met de manier waarop deeltjes geordend zijn en hoe ze zich binnen grote (macroscopische) objecten verplaatsen. Atomen en moleculen zijn meestal willekeurig verspreid en zijn in levenloze vaste objecten op grillige manieren aan het trillen; in vloeistoffen en gassen bewegen ze zich ook nog voortdurend op een willekeurige manier in het rond als gevolg van warmte. Vanwege deze tot willekeur leidende factoren – verspreiding, trillingen en beweging – zijn de golfachtige kwantumeigenschappen van deeltjes heel vluchtig. Het is derhalve het samenspel van alle kwantumcomponenten van een lichaam dat de 'kwantummeting' op al die eigenschappen verricht en de wereld die wij om ons heen zien normaal doet lijken. Om die vreemde kwantumeigenschappen waar te nemen moet je ofwel naar ongebruikelijke plaatsen toe gaan (zoals het inwendige van de zon), ofwel diep in de microwereld turen (met instrumenten zoals elektronenmicroscopen) ofwel de kwantumdeeltjes zorgvuldig richten zodat ze in de pas lopen (zoals gebeurt bij de spins van waterstofkernen in je lichaam wanneer dat in een MRI-scanner ligt – tot de magneet wordt uitgeschakeld, de spinrichting van de kernen opnieuw willekeurig wordt en de kwantumcoherentie weer teniet wordt gedaan). Hetzelfde soort moleculaire willekeur is verantwoordelijk voor het feit dat wij het doorgaans zonder kwantummechanica kunnen stellen: al die vreemde kwantumeigenschappen worden weggespoeld in het willekeurig georiënteerde en voortdurend bewegende moleculaire inwendige van de zichtbare levenloze objecten om ons heen.

Doorgaans... maar niet altijd. Zoals Schulten ontdekte, kan de snelheid van de snelle chemische tripletreactie alleen verklaard worden als de subtiele kwantumeigenschap verstrengeling daar een rol in speelt. Maar de snelle tripletreactie voltrekt zich... heel snel. En er zijn slechts enkele moleculen bij betrokken. Wil die verantwoordelijk zijn voor de navigatie bij vogels, dan zou de reactie een langer durend effect op een heel roodborstje moeten hebben. De bewering dat het magnetische kompas van vogels gebaseerd was op kwantumverstrengeling was derhalve van een heel andere orde dan de bewering dat verstrengeling een rol speelde bij een exotische chemische reactie waarbij slechts enkele deeltjes betrokken waren, en werd met heel wat twijfel ontvangen. Men dacht dat levende cellen voornamelijk bestonden uit water en biomoleculen die in een voortdurende staat van moleculaire beroering verkeerden, waarvan je kon verwachten dat die de vreemde kwantumeffecten onmiddellijk zou meten en verstrooien. Met 'meten' bedoelen wij hier uiteraard niet dat watermoleculen of biomoleculen een meting verrichten zoals we het gewicht of de temperatuur van een object kunnen meten en die waarde vervolgens op papier, op de harde schijf van een computer of gewoon in onze hersenen kunnen vastleggen. We hebben het hier over wat er gebeurt als een watermolecuul tegen de helft van een paar verstrengelde deeltjes aan botst: de daaropvolgende beweging ervan zal worden beïnvloed door de toestand van dat deeltje, zodat je enkele van de eigenschappen van het deeltje waar het watermolecuul tegenop was gebotst zou kunnen afleiden als je de beweging van dat molecuul na de botsing zou bestuderen. In die zin heeft het watermolecuul een 'meting' verricht omdat de beweging ervan een vastlegging is van de toestand van een verstrengeld paar, ongeacht of er iemand is die dat onderzoekt. Zo'n *toevallige* meting is doorgaans voldoende om toestanden van verstrengeling teniet te doen. Daarom vonden velen de bewering dat zorgvuldig gearrangeerde verstrengelingstoestanden zich zouden kunnen handhaven in het warme, complexe inwendige van levende cellen een bizar idee, dat grensde aan waanzin.

Maar de laatste jaren heeft onze kennis van zulke zaken grote vooruitgang geboekt – en niet alleen met betrekking tot vogels. Kwantumverschijnselen zoals superpositie en tunneling zijn ontdekt bij veel biologische verschijnselen, van de manier waarop planten het zonlicht opvangen tot de manier waarop al onze cellen biomoleculen aanmaken. Zelfs ons reukvermogen en de genen die wij van onze ouders erven kunnen gebaseerd zijn op die vreemde kwantumwereld. In 's werelds meest prestigieuze wetenschappelijke tijdschriften verschijnen nu regelmatig nieuwe artikelen over onderzoek op het gebied van de kwantumbiologie; en er is een klein maar toenemend aantal onderzoekers dat met klem stelt dat aspecten van de kwantummechanica inderdaad een niet onbelangrijke, en zelfs cruciale, rol spelen bij het verschijnsel leven, en dat het leven zich in een unieke positie bevindt om die vreemde kwantumeigenschappen op de grens van de kwantumwereld en de klassieke wereld in stand te houden.

Dat het inderdaad om een gering aantal onderzoekers gaat werd ons duidelijk toen wij in september 2012 aan de Universiteit van Surrey een internationale workshop over kwantumbiologie organiseerden en ze met zijn allen in een kleine collegezaal bleken te passen. Maar het vakgebied groeit snel, omdat het zo spannend is om te ontdekken welke rol de kwantummechanica speelt in alledaagse biologische verschijnselen. En een van de meest prikkelende onderzoeksgebieden – dat enorme gevolgen kan hebben voor de ontwikkeling van nieuwe kwantumtechnologieën – is de recente oplossing van het raadsel hoe vreemde kwantumeigenschappen zich in warme, vochtige en rommelige levende lichamen weten te handhaven.

Maar om deze bevindingen op hun volle waarde te kunnen schatten moeten we eerst een bedrieglijk simpele vraag stellen: wat is leven?

Hoofdstuk 2

Wat is leven?

Een van de meest succesvolle wetenschappelijke missies aller tijden begon op 20 augustus 1977, toen de ruimtesonde Voyager 2 opsteeg in de hemel boven Florida, twee weken later gevolgd door zijn zusterschip, Voyager 1. Twee jaar later bereikte Voyager 1 zijn eerste bestemming, Jupiter, waar hij de wervelende wolken en de beroemde grote rode vlek van de gasreus fotografeerde voordat hij verder vloog over het ijzige oppervlak van een van de manen, Ganymedes, en getuige was van een vulkaanuitbarsting op een andere maan, Io. Intussen had de Voyager 2 een andere route gevolgd en begon die toen hij in augustus 1981 Saturnus bereikte verbijsterend mooie foto's terug te sturen van de ringen rond de planeet. Die bleken een fijn gevlochten halssnoer te zijn van miljoenen kleine rotsblokjes en maantjes. Maar er verstreken nog bijna tien jaren voordat, op 14 februari 1990, Voyager 1 een van de meest opmerkelijke foto's nam die ooit zijn gemaakt: een foto van een heel klein blauw stipje tegen een korrelige grijze achtergrond.

In de loop van de laatste halve eeuw heeft de mensheid dankzij de missies van de Voyagers en andere explorerende ruimtevaartuigen op de maan kunnen lopen, van veraf de dalen van Mars kunnen verkennen, in de gloeiend hete woestijnen van Venus kunnen kijken en zelfs getuige kunnen zijn van een komeet die in de gasachtige atmosfeer van Jupiter afdaalde. Maar ze hebben voornamelijk gesteente ontdekt... veel gesteente. Men zou zelfs kunnen betogen dat de verkenning van onze zusterplaneten voornamelijk een onderzoek naar gesteenten is geweest, van de ton of wat aan mineralen die de Apollo-astronauten van de maan hebben meegenomen, of de microscopische komeetfragmenten die het bezoekje van NASA's Stardust-missie aan de komeet Wild 2 in 2006 heeft opgeleverd, tot het directe contact van de Rosetta-sonde met een komeet in 2014, alsook de analyse van het oppervlak van Mars door het onbemande robotvoertuig Curiosity Rover – veel, heel veel gesteente.

Stenen uit de ruimte zijn uiteraard fascinerende objecten. Hun structuur en samenstelling geven aanwijzingen omtrent de oorsprong van het zonnestelsel, de vorming van de planeten en zelfs de kosmische gebeurtenissen van vóór de totstandkoming van onze zon. Maar voor de meeste niet-geologen is er niet zoveel verschil tussen een martiaanse chondriet (een soort stenige, niet-metalige meteoriet) en een lunaire troctoliet (een ijzer- en magnesiumrijke meteoriet). Er is echter een plaats in ons zonnestelsel waar de basisingrediënten van rotsen en stenen in zo'n verscheidenheid aan vormen, functies en chemische samenstellingen bestaan dat slechts één gram van het resulterende materiaal meer variatie vertoont dan alle materie die elders in het bekende universum wordt gevonden. Deze plaats is, uiteraard, die lichtblauwe stip die door Voyager 1 is gefotografeerd, de planeet die wij aarde noemen. Het meeste opmerkelijke is dat al die verschillende grondstoffen waaruit het oppervlak van onze planeet bestaat, zich gecombineerd hebben om leven te creëren.

Leven is buitengewoon. We hebben al gekeken naar het verbazingwekkende zintuig magnetoreceptie bij het Europese roodborstje, maar dat speciale vermogen is slechts één van haar vele en uiteenlopende vaardigheden. Ze kan zien, ruiken, horen, vliegen vangen; ze kan over de grond hippen of heen en weer tussen de takken in een boom; en ze kan hoog in de lucht vliegen en wel honderden kilometers afleggen. Het meest opmerkelijke is dat ze, met een beetje hulp van haar mannetje, een heel broedsel van soortgelijke schepselen kan maken van dezelfde materialen waaruit al die rotsen bestaan. En ons roodborstje is slechts één van de talloze levende organismen die in staat zijn tot honderden van deze en vele andere al even verbluffende prestaties.

Een ander opmerkelijk organisme bent jij, uiteraard. Als je opkijkt naar de nachthemel, vallen er lichtfotonen in je ogen, die door het weefsel van je netvlies worden omgezet in minuscule elektrische stroompjes die via je oogzenuwen naar het zenuwweefsel van je hersenen gaan. Daar genereren ze een flikkerend patroon van vurende neuronen, dat jij ervaart als de flonkerende ster aan de hemel boven je. Tegelijkertijd registreren de haarcellen in je binnenoor minuscule drukvariaties van minder dan een miljardste van de atmosferische druk, die signalen in de gehoorzenuw opwekken die je vertellen dat de wind in de bomen ruist. Een handjevol moleculen dat je neus binnendrijft wordt opgepikt door gespecialiseerde reukreceptoren, waarna hun chemische identiteit wordt doorgegeven aan je hersenen, wat jou informeert dat het zomer is en dat de kamperfoelie in bloei staat. En iedere kleine beweging van je lichaam, terwijl je naar de sterren kijkt, naar de wind luistert en de lucht opsnuift, wordt gegenereerd door het samenspel van honderden spieren.

Maar hoe buitengewoon ook, de fysieke prestaties van de weefsels van ons eigen lichaam verbleken vergeleken met die van vele van onze levende medewezens. De bladsnijdermier kan een last dragen die dertigmaal zijn eigen gewicht is. Dat zou hetzelfde zijn als wanneer jij een auto op je rug zou dragen. En de valkaakmier kan in slechts 0,13 milliseconden zijn kaken versnellen van 0 tot 230 kilometer per uur, terwijl een Formule 1-auto er ongeveer veertigduizend maal zo lang over doet (zo'n vijf seconden) om diezelfde snelheid te bereiken. De sidderaal uit het Amazonegebied kan 600 Volt aan mogelijk dodelijke elektriciteit opwekken. Vogels kunnen vliegen, vissen kunnen zwemmen, wormen kunnen wroeten en apen kunnen door de bomen slingeren. En zoals we al ontdekt hebben kunnen veel dieren, waaronder ons Europese roodborstje, over duizenden kilometers de weg vinden door gebruik te maken van het magnetische veld van de aarde. Wat betreft biosynthetisch vermogen is er niets wat de groene diversiteit van het leven op aarde evenaart, waarin lucht- en watermoleculen (en wat mineralen) met elkaar zijn gecombineerd tot gras, eiken, zeewier, paardenbloemen, korstmossen en gigantische Californische sequoia's.

Alle levende organismen hebben zo hun eigen vaardigheden en specialiteiten, zoals de magnetoreceptie van het roodborstje of het snelle happen van de valkaakmier, maar er is één menselijk orgaan waarvan de prestaties ongeëvenaard zijn. Het rekenvermogen van het grijze vlezige materiaal in onze benige schedel overtreft dat van elke computer op deze planeet en heeft geleid tot piramides, de algemene relativiteitstheorie, *Het Zwanenmeer*, de *Rig Veda*, *Hamlet*, Ming-keramiek en Donald Duck. En misschien wel het meest opmerkelijke is dat de menselijke hersenen het vermogen bezitten om te wéten dat ze bestaan.

Toch bestaat deze hele diversiteit aan levende materie, met haar talrijke vormen en eindeloze verscheidenheid aan functies, uit min of meer dezelfde atomen als die welke in klompjes martiaanse chondrieten worden aangetroffen.

De grootste vraag in de wetenschap, die centraal staat in dit boek, is hoe de inerte atomen en moleculen die in gesteente worden aangetroffen dagelijks worden omgezet in rennend, springend, vliegend, varend, zwemmend, groeiend, hatend, verlangend, vrezend, denkend, lachend, huilend, lévend materiaal. Deze buitengewone transformatie valt ons niet op omdat wij er zo aan gewend zijn, maar we moeten niet vergeten dat zelfs in deze tijd van genetische manipulatie en synthetische biologie, mensen nog nooit iets levends hebben gemaakt van louter levenloze materialen. Dat onze technologie er tot dusver niet in is geslaagd om een transformatie te bewerkstelligen die zelfs de simpelste microbe op onze planeet moeiteloos kan voltrekken, suggereert dat onze kennis van wat ervoor nodig is om leven te maken onvolledig is. Hebben wij een of andere vitale vonk over het hoofd gezien die het levende bezielt en bij het niet-levende ontbreekt?

Daarmee wil niet gezegd zijn dat wij beweren dat het leven bezield wordt door een soort vitale kracht, een geest of een magisch ingrediënt. Ons verhaal is veel interessanter. In plaats daarvan zullen wij ons verdiepen in recent onderzoek waaruit blijkt dat minstens één van de ontbrekende puzzelstukjes te vinden is in de wereld van de kwantummechanica, waar objecten op twee plaatsen tegelijk kunnen zijn, spookachtige betrekkingen kunnen onderhouden en door schijnbaar ondoordringbare barrières heen kunnen gaan. Het leven lijkt met één been in de klassieke wereld van de dagelijkse dingen te staan, en met het andere in de vreemde, wonderlijke diepte van de kwantumwereld. Wij zullen betogen dat het leven zich afspeelt op de kwantumgrens.

Maar kunnen roodborstjes, mensen, dieren, planten en microben werkelijk beheerst worden door natuurwetten waarvan wij tot nu toe hebben aangenomen dat ze alleen het gedrag van elementaire deeltjes beschrijven? Levende organismen die uit talloze deeltjes bestaan zijn toch macroscopische objecten die, net als voetballen, auto's en stoomtreinen, afdoende beschreven moeten kunnen worden met de klassieke regels, zoals de bewegingswetten van Newton en de wetenschap van de thermodynamica? Om te ontdekken waarom we de verborgen wereld van de kwantummechanica nodig hebben om de verbazende eigenschappen van levende materie te verklaren, moeten we eerst een klein rondje maken langs de pogingen van de wetenschap om te begrijpen wat er zo bijzonder is aan leven.

De 'levenskracht'

Het fundamentele raadsel van het leven is: waarom gedraagt materie zich als levend wezen zo anders dan als gesteente? De oude Grieken behoorden tot de eerste volken die deze vraag probeerden te beantwoorden. De filosoof Aristoteles, waarschijnlijk 's werelds eerste grote wetenschappelijk onderzoeker, stelde correct bepaalde eigenschappen van levenloze materie vast die betrouwbaar en voorspelbaar waren: bijvoorbeeld de neiging van vaste voorwerpen om te vallen, terwijl vuur en dampen de neiging hebben om op te stijgen, en hemellichamen doorgaans een cirkelvormige baan rond de aarde beschrijven. Maar het leven was anders: hoewel veel dieren vielen, renden ze ook; planten groeiden omhoog en vogels vlogen zelfs de aarde rond. Wat maakte ze zo verschillend van de rest van de wereld? Het antwoord dat een eerdere Griekse denker, Socrates, voorstelde werd opgetekend door zijn leerling Plato: 'Wat is het dat een lichaam levend maakt als het daarin aanwezig is? – Een ziel.' Aristoteles was het met Socrates eens dat levende wezens een ziel hadden, maar hij beweerde dat die in verschillende gradaties bestond. De laagste was die van planten, die ze in staat stelde om te groeien en zich te voeden; een trede hoger op de ladder bevond zich de ziel van dieren, die ervoor zorgde dat de gastheer kon voelen en bewegen; maar alleen de menselijke ziel was verantwoordelijk voor de rede en het intellect. De oude Chinezen geloofden eveneens dat levende wezens bezield werden door een onstoffelijke levenskracht, die 'qi' (uit te spreken als 'tsjie') werd genoemd en door ze heen stroomde. Het concept van een ziel werd later opgenomen in alle grote wereldgodsdiensten; maar de aard ervan en het verband met het lichaam bleven een mysterie.

Een ander raadsel was sterfelijkheid. Over het algemeen werd aangenomen dat zielen onsterfelijk zijn, maar aan de andere kant: waarom is het leven zo kortstondig? Het antwoord waarop de meeste culturen uitkwamen was dat de dood gepaard gaat met het vertrek van de ziel uit het lichaam dat daardoor tot leven werd gebracht. Zelfs nog in 1907 beweerde de Amerikaanse arts Duncan MacDougall dat hij de ziel kon meten door zijn stervende patiënten vlak voor en vlak na hun dood te wegen. Zijn experimenten overtuigden hem ervan dat de ziel ongeveer 21 gram woog. Maar het bleef een raadsel waarom de ziel het lichaam na doorgaans zo'n zeventig jaar moest verlaten.

Het concept van een ziel betekende in elk geval een scheidslijn tussen de studie van het niet-levende en het levende, waardoor wetenschappers de oorzaken van beweging in levenloze objecten konden bestuderen zonder gehinderd te worden door de filosofische en theologische vragen die het onderzoek van levende wezens in de weg zaten. We hebben het standpunt van Aristoteles al genoemd met betrekking tot objecten die de neiging vertoonden om naar, van of rond de aarde te bewegen, wat hij allemaal als *natuurlijke* bewegingen beschouwde. Hij besefte ook dat vaste voorwerpen geduwd, getrokken en geworpen konden worden, allemaal bewegingen die hij 'heftig' noemde en die naar zijn mening werden veroorzaakt door de een of andere kracht die afkomstig was van een ander object, zoals degene die wierp. Maar wat was verantwoordelijk voor de beweging van het werpen, of de vlucht van een vogel? Daarvoor leek geen externe oorzaak te zijn. Aristoteles stelde dat levende wezens, in tegenstelling tot levenloze objecten, in staat waren om de aanzet te geven tot hun eigen beweging, en dat in dit geval de ziel de oorzaak was van die beweging.

Tot de middeleeuwen bleven de opvattingen van Aristoteles met betrekking tot de oorzaken van beweging het meest invloedrijk. Toen gebeurde er echter iets opmerkelijks. Wetenschappers (die zichzelf destijds natuurfilosofen genoemd zouden hebben) begonnen theorieën met betrekking tot de beweging van levenloze objecten te beschrijven in de taal van de logica en de wiskunde. Je kunt erover twisten wie verantwoordelijk was voor deze buitengewoon productieve verschuiving in het menselijk denken. Middeleeuwse Arabische en Perzische geleerden, zoals Alhazen en Avicenna, speelden zeker een rol, en de trend werd vervolgens overgenomen door de opkomende academische instellingen in Europa, zoals de universiteiten in Parijs en Oxford. Maar waarschijnlijk wierp deze manier om de wereld te beschrijven zijn eerste belangrijke vrucht af aan de universiteit van het Italiaanse Padua, waar Galileo Galilei eenvoudige bewegingswetten in wiskundige formules vervatte. In 1642, het jaar waarin hij overleed, werd Isaac Newton geboren in het Engelse Lincolnshire. Hij zou later een buitengewoon succesvolle wiskundige beschrijving geven van de manier waarop de beweging van levenloze objecten veranderd kan worden door de inwerking van krachten, een systeem dat tot op de dag van vandaag de newtoniaanse mechanica wordt genoemd.

De krachten van Newton waren aanvankelijk tamelijk mysterieuze zaken, maar in de loop van de daaropvolgende eeuwen werden ze steeds meer gelijkgesteld aan het concept 'energie'. Men zei dat bewegende objecten 'kinetische energie' bezaten, die kon worden overgedragen op de stilstaande objecten waar ze tegenop botsten, waardoor die gingen bewegen. Maar krachten konden ook op afstand van het ene object op het andere worden overgedragen: voorbeelden zijn de zwaartekracht van de aarde, die Newtons appel naar de grond toe trok, en de magnetische krachten die op de naald van een kompas inwerken.

De enorme wetenschappelijke vooruitgang waartoe Galilei en Newton de aanzet gaven, raakte in de achttiende eeuw in een stroomversnelling, en tegen het eind van de negentiende eeuw was het kader van wat bekend zou worden als de 'klassieke natuurkunde' in grote lijnen vastgesteld. Tegen die tijd was ook bekend dat andere vormen van energie, zoals warmte en licht, eveneens in staat waren tot een krachtige interactie met de elementaire bestanddelen van materie, atomen en moleculen, en ervoor zorgden dat ze warmer werden, licht gingen uitstralen of van kleur veranderden. Men dacht dat objecten bestonden uit deeltjes waarvan de beweging werd beïnvloed door de zwaartekracht en de krachten van het elektromagnetisme.* De stoffelijke wereld, of althans de levenloze objecten in die wereld, werd derhalve verdeeld in twee verschillende categorieën: zichtbare materie, die uit deeltjes bestond, en de onzichtbare krachten die daar op een nog slecht begrepen manier op inwerkten, als energiegolven die zich door de ruimte voortplantten of in termen van krachtvelden. Maar hoe zat het met de materie waaruit levende wezens bestonden? Waarvan was die gemaakt en hoe bewoog die?

De triomf der machines

Het oude idee dat alle levende wezens bezield werden door de een of andere bovennatuurlijke substantie of essentie bood in elk geval een zekere verklaring voor de opvallende verschillen tussen het levende en het

*Aan het eind van de negentiende eeuw toonde de Schotse natuurkundige James Clerk Maxwell aan dat elektrische en magnetische krachten twee aspecten waren van dezelfde elektromagnetische kracht.

niet-levende. Het leven was iets anders omdat het bewogen werd door een spirituele ziel en niet door een van die banale mechanische krachten. Maar dat was altijd een onbevredigende verklaring – net zoiets als de beweging van de zon, de maan en de sterren verklaren door te stellen dat ze door engelen werden rondgeduwd. Eerlijk gezegd was er geen echte verklaring, omdat de aard van zielen (en engelen) een volslagen raadsel bleef.

In de zeventiende eeuw kwam de Franse filosoof René Descartes met een totaal andere benadering. Hij was onder de indruk van de mechanische klokken, speeltjes en automatische poppen die zorgden voor vermaak aan de toenmalige Europese hoven, en werd door hun mechanismen geïnspireerd om de revolutionaire uitspraak te doen dat de lichamen van planten en dieren, waaronder mensen, niet meer waren dan complexe machines, die uit conventionele materialen bestonden en werden aangedreven door mechanische middelen zoals pompen, tandwielen, zuigers en nokken die op hun beurt onderhevig waren aan dezelfde krachten die de beweging van levenloze materie bepaalden. Volgens Descartes vormde de menselijke geest een uitzondering op dit mechanistische wereldbeeld: hij kende er een onsterfelijke ziel aan toe. In zijn filosofie deed hij in elk geval een poging om een wetenschappelijk kader te creëren dat het leven verklaarde in termen van de natuurwetten waarvan toen werd ontdekt dat ze levenloze objecten beheersten.

De mechanistische biologische benadering werd voortgezet door iemand die bijna een tijdgenoot van Sir Isaac Newton was: de arts William Harvey, die ontdekte dat het hart niets meer was dan een mechanische pomp. Een eeuw later toonde de Franse scheikundige Antoine Lavoisier aan dat een ademende cavia zuurstof verbruikt en kooldioxide genereert, net als het vuur dat de drijfkracht was van stoommachines, destijds een nieuwe technologie. Hij kwam dan ook tot de conclusie dat 'ademhaling dus een heel traag verbrandingsverschijnsel is, dat sterk lijkt op dat van kolen'. Zoals Descartes voorspeld had kunnen hebben, leken dieren niet zoveel te verschillen van de met kolen gestookte locomotieven die algauw de industriële revolutie in Europa verbreidden.

Maar kunnen de krachten die stoomtreinen voortbewegen ook het leven voortbewegen? Om die vraag te beantwoorden, moeten we begrijpen hoe een stoomtrein een heuvel op kan rijden.

Een moleculaire biljarttafel

De wetenschap die de wisselwerking tussen warmte en materie onderzoekt wordt 'thermodynamica' genoemd, en het belangrijkste inzicht ervan is afkomstig van de negentiende-eeuwse Oostenrijkse natuurkundige Ludwig Boltzmann, die de drieste stap zette dat hij de deeltjes waaruit materie bestond zag als een heel grote verzameling chaotisch botsende biljartballen die Newtons mechanische wetten gehoorzaamden.

Stel je het oppervlak van een biljarttafel voor* dat door een beweegbare biljartstok in twee helften wordt verdeeld. Alle ballen, ook de speelbal, bevinden zich links van de stok, keurig geordend in de vorm van een driehoek. Stel je nu voor dat die driehoek heel hard met de speelbal wordt geraakt, zodat de ballen snel alle kanten op gaan bewegen, op elkaar botsen en tegen de starre wanden van de tafel en de losse stok aan ketsen. Bedenk wat er met de stok gebeurt: die zal de kracht ondergaan van veel botsingen van links, waar alle ballen zich bevinden, terwijl van de lege rechterkant van de tafel geen botsingen komen. Ondanks het feit dat de beweging van de ballen volkomen willekeurig is, zal de stok, geraakt door al die willekeurig bewegende ballen, een gemiddelde kracht ondergaan die hem naar rechts duwt, waardoor het speelgedeelte aan de linkerkant groter wordt en het lege rechtergedeelte kleiner. We zouden ons vervolgens kunnen voorstellen dat we onze biljarttafel willen inzetten om wat arbeid te verrichten door middel van een constructie met hefbomen en katrollen, die de beweging naar rechts van de stok opvangt en doorgeeft om, bijvoorbeeld, een speelgoedtreintje tegen een speelgoedheuvel op te duwen.

Boltzmann besefte dat dit in wezen is hoe warmtemotoren echte stoomlocomotieven tegen echte hellingen op duwen – vergeet niet dat dit het stoomtijdperk was. De watermoleculen in de cilinder van de stoommachine gedragen zich ongeveer zoals de biljartballen nadat ze uiteen zijn gedreven door de impact van de speelbal: hun willekeurige beweging wordt versneld door de hitte van de ketel, zodat de moleculen met meer energie tegen elkaar en tegen de zuiger van de motor aan botsen, waardoor de zuiger naar buiten wordt gedrukt, om de assen, het raderwerk, de kettingen en de wielen van de stoomtrein aan te drijven en

*We hebben het hier over het Amerikaanse poolbiljart.

zo de beweging een richting te geven. Meer dan een eeuw na Boltzmann werkt jouw eigen auto volgens precies dezelfde principes, maar heeft de stoom plaatsgemaakt voor de verbranding van benzine.

Een opmerkelijk aspect van de thermodynamica is dat dit eigenlijk alles is wat ze om het lijf heeft. De ordelijke beweging van elke warmtemotor die ooit is gebouwd wordt teweeggebracht door nuttig gebruik te maken van de gemiddelde beweging van talloze willekeurig bewegende atomen en moleculen. Bovendien is de wetenschap buitengewoon algemeen toepasbaar, niet alleen op warmtemotoren, maar op vrijwel alle gewone chemische processen die zich voltrekken wanneer wij kolen verbranden, een ijzeren spijker laten roesten, een maaltijd bereiden, staal fabriceren, zout in water oplossen, een fluitketel water aan de kook brengen of een raket naar de maan sturen. Al deze processen gaan gepaard met de uitwisseling van warmte en worden, op een moleculair niveau, allemaal gedreven door thermodynamische principes die gebaseerd zijn op willekeurige beweging. Feitelijk worden alle niet-biologische (fysische en chemische) processen die voor verandering in onze wereld zorgen, gedreven door thermodynamische principes. Oceaanstromingen, hevige stormen, het verweren van rotsen, het verbranden van bossen en de corrosie van metalen worden allemaal bepaald door de onstuitbare krachten van de chaos die ten grondslag liggen aan de thermodynamica. Elk complex proces mag ons misschien gestructureerd en ordelijk toeschijnen, maar in de kern worden ze allemaal aangedreven door de willekeurige beweging van moleculen.

Leven als chaos?

Geldt hetzelfde voor het leven? Laten we terugkeren naar onze biljarttafel, maar aan het begin van het spel, wanneer de ballen in een keurige driehoek zijn opgesteld. Ditmaal voegen we er een groot aantal extra ballen aan toe (laten we ons voorstellen dat dit een heel grote tafel is) en zorgen we dat die heftige stoten krijgen rond de driehoek van de oorspronkelijke ballen. Opnieuw zal de willekeurige, door botsingen aangedreven beweging van de stok in het midden gebruikt worden om nuttige arbeid te verrichten. Maar in plaats van die alleen maar een speelgoedtreintje tegen een helling op te laten rijden, zullen wij een nog slimmere opstelling bedenken. Ditmaal zal onze bewegingsmachine, die wordt aangedreven door het chaotische gekets van al die ballen, iets heel bijzonders doen: in de chaos zal zij de keurige driehoek van de oorspronkelijke ballen intact houden. Telkens als een van de ballen in de driehoek door een willekeurig bewegende bal van zijn plek wordt gestoten, wordt dit gedetecteerd door een soort sensor, die een mechanische arm aanstuurt om de ontbrekende bal in de driehoek – misschien een bres in een van de hoeken – aan te vullen met een identieke bal uit de verzameling willekeurig botsende ballen.

Hopelijk kun je inzien dat het systeem nu een deel van de energie die vrijkomt bij al die willekeurige moleculaire botsingen, gebruikt om een deel van zichzelf op een zeer ordelijke manier in stand te houden. In de thermodynamica wordt de term 'entropie' gebruikt om een gebrek aan orde te beschrijven. Daarom wordt van zeer ordelijke toestanden gezegd dat zij een geringe entropie hebben. Van onze biljarttafel zou je kunnen zeggen dat hij de energie van hoog-entropische (chaotische) botsingen gebruikt om een deel van zichzelf, de driehoek van ballen in het midden, in een laag-entropische (ordelijke) toestand te houden.

Vergeet de vraag hoe we zo'n lastige opstelling zouden willen realiseren: waar het om gaat is dat onze door entropie aangedreven biljarttafel iets heel interessants doet. Alleen werkend met de chaotische beweging van ballen kan dit nieuwe systeem van ballen, tafel, stok, sensor en beweegbare arm de orde handhaven in een subsysteem van zichzelf.

Laten we ons nu een ander niveau van complexiteit voorstellen: ditmaal wordt een deel van de beschikbare energie van de bewegende stok – dit zouden we de 'vrije energie'* van het systeem kunnen noemen – tevens gebruikt om de sensor en de beweegbare arm te bouwen en te onderhouden en zelfs om een heleboel biljartballen te gebruiken als de grondstof waarmee deze hulpmiddelen om te beginnen gebouwd worden. Nu is het hele systeem zelfvoorzienend en zou het zichzelf in principe eindeloos in stand kunnen houden, zolang het maar voortdurend wordt gevoed met massa's willekeurig bewegende ballen en de stok voldoende bewegingsruimte heeft.

Ten slotte zal dit uitgebouwde systeem niet alleen zichzelf in stand

*'Vrije energie' is een van de belangrijkste concepten in de thermodynamica; het komt vrij goed overeen met de beschrijving die hier wordt gegeven.

houden maar ook nog één ander, verbazingwekkend kunstje doen: het zal de beschikbare vrije energie gebruiken om biljartballen te detecteren, ze op te vangen en zodanig te ordenen dat het een volledige kopie van zichzelf creëert: de tafel, de stok, de sensor om ballen te detecteren, de beweegbare arm en de ballendriehoek. En die kopieën zouden hún biljartballen en de vrije energie als gevolg van hun botsingen ook kunnen gebruiken om nog meer van zulke zelfvoorzienende systemen te genereren. En die kopieën...

Nou, je zult al wel geraden hebben waar dit naartoe gaat. Ons denkbeeldige doe-het-zelfproject heeft een door biljartballen aangedreven equivalent van het leven opgeleverd. Net als een vogel, een vis of een mens kan onze denkbeeldige installatie zichzelf in stand houden én kopieën van zichzelf maken. Dat doet het door de vrije energie van willekeurige botsingen tussen moleculen te verzamelen. En hoewel dit een complexe en zware taak is, wordt de drijvende kracht algemeen beschouwd als precies dezelfde die wordt gebruikt om een stoomtrein tegen een helling op te duwen. In het leven worden de biljartballen vervangen door moleculen die afkomstig zijn uit voedsel, maar hoewel dat een veel complexer proces is dan dat wat in ons eenvoudige voorbeeld wordt beschreven, is het principe hetzelfde: de vrije energie afkomstig van willekeurige botsingen tussen moleculen (en hun chemische reacties) wordt aangewend om een lichaam in stand te houden en een kopie van dat lichaam te maken.

Is het leven dan niet meer dan een tak van de thermodynamica? Als wij een wandeling maken, lopen wij dan een helling op door middel van dezelfde processen waardoor een stoomlocomotief wordt aangedreven? En verschilt de vlucht van een roodborstje niet zo heel veel van die van een kanonskogel? Als puntje bij paaltje komt, is de vitale vonk van het leven dan niet meer dan de willekeurige beweging van moleculen? Om die vraag te beantwoorden, moeten we de fijne structuur van levende wezens nader beschouwen.

Dieper in het leven turen

De eerste belangrijke vooruitgang in het ontdekken van de fijne structuur van het leven werd ingeluid door de zeventiende-eeuwse 'natuurfilosoof' Robert Hooke, die door zijn rudimentaire microscoop tuurde en in dunne schijfjes kurk iets zag wat hij 'cellen' noemde, en door de Nederlandse microbioloog Antoni van Leeuwenhoek, die in waterdruppels uit een vijver iets identificeerde wat hij 'animalcules' noemde – wat nu eencellig leven wordt genoemd. Hij observeerde ook plantencellen, rode bloedcellen en zelfs spermatozoïden. Later begreep men dat al het levende weefsel bestond uit deze cellulaire eenheden, de bouwstenen van levende lichamen. De Duitse natuurkundige en bioloog Rudolf Virchow schreef in 1858:

> Zoals een boom bestaat uit vormeloze materie die op een bepaalde manier is geordend, waarbij in ieder onderdeel, zowel in de bladeren als in de wortel, zowel in de stam als in de bloesem, cellen worden ontdekt als de fundamentele elementen, zo geldt dat ook voor de vormen van het dierlijk leven. Ieder dier doet zich voor als een geheel van vitale eenheden, waarvan elk alle kenmerken van het leven vertoont.

Toen levende cellen met steeds krachtiger microscopen in steeds meer detail werden bestudeerd, bleek hun interne structuur bijzonder complex te zijn. Elke cel heeft in het midden een kern, gevuld met chromosomen en omringd door 'cytoplasma' waarin gespecialiseerde subeenheden, de zogenaamde 'organellen', zijn ingebed, die – evenals de organen in ons lichaam – bepaalde functies in de cel vervullen. De hele cel wekt de indruk van een bedrijvig miniatuurfabriekje. Maar wat houdt hem op gang? Wat 'bezielt' de cel? Aanvankelijk werd algemeen aangenomen dat cellen vol zaten met 'vitale' krachten, in wezen het equivalent van het zielsconcept van Aristoteles. En gedurende een groot deel van de negentiende eeuw bleef men geloven in het vitalisme – het idee dat levende wezens bezield werden door een kracht die in levenloze zaken ontbrak. Men dacht dat cellen vol zaten met een mysterieuze levende substantie die 'protoplasma' werd genoemd en die in bijna mystieke termen werd beschreven.

Maar het vitalisme werd ondermijnd door het werk van diverse negentiende-eeuwse onderzoekers die erin slaagden om uit levende cellen chemische stoffen te isoleren die identiek waren aan de stoffen die in het laboratorium konden worden vervaardigd. Zo slaagde de Duitse scheikundige Friedrich Wöhler er in 1828 in om ureum te maken, een biochemische stof waarvan men voorheen dacht dat die aan levende cellen was voorbehouden. Het lukte Louis Pasteur zelfs om chemische transformaties, zoals gisting, na te bootsen, waarvan men eerder dacht dat ze uniek waren voor het leven, door extracten van levende cellen (die later 'enzymen' werden genoemd) te gebruiken. De materie van levende wezens bleek steeds meer te bestaan uit nagenoeg dezelfde chemische stoffen waaruit levenloze zaken bestonden, en leek daarbij waarschijnlijk door dezelfde chemische processen beheerst te worden. Het vitalisme maakte geleidelijk plaats voor het mechanisme.

Tegen het eind van de negentiende eeuw hadden de biochemici het pleit wel zo'n beetje gewonnen van de vitalisten.* Cellen werden beschouwd als zakjes met biochemische stoffen die onderhevig waren aan complexe chemische processen die niettemin werden aangestuurd door de willekeurige beweging van biljartbalachtige moleculen, zoals beschreven door Boltzmann. Algemeen werd aangenomen dat het leven inderdaad niet meer was dan een complexe vorm van thermodynamica.

Afgezien van één aspect – misschien wel het allerbelangrijkste.

Genen

Het vermogen van levende wezens om nauwkeurig de instructies door te geven om een kopie van zichzelf te maken – ongeacht of het ging om een roodborstje, een rododendron of een mens – was eeuwenlang een volslagen raadsel. In zijn '51e oefening' uit 1653 schreef de Engelse arts William Harvey:

> Hoewel het bekend is en door allen wordt onderschreven dat de foetus zijn oorsprong en geboorte te danken heeft aan de man en de vrouw, en dat bijgevolg het ei door de haan en de hen wordt voortgebracht en de kip uit het ei komt, hebben noch de scholen van artsen noch het scherpe brein van Aristoteles aangetoond hoe de haan en zijn zaad de kip uit het ei voortbrengen.

Een deel van het antwoord werd twee eeuwen later gegeven door de Oostenrijkse monnik en botanist Gregor Mendel, die rond 1850 erw-

*Hoewel we erop moeten wijzen dat sommige biochemici tevens vitalisten waren.

ten kweekte in de tuin van de Augustijnse abdij in Brno. Op grond van zijn waarnemingen stelde hij dat eigenschappen zoals de kleur van een bloem of de vorm van een erwt werden bepaald door erfelijke 'factoren' die, onveranderd, van de ene generatie op de andere konden worden overgedragen. Mendels 'factoren' behelsden dus een verzameling erfelijke informatie waardoor erwten honderden generaties lang hun karakter konden behouden – of waardoor 'de haan en zijn zaad de kip uit het ei voortbrachten'.

Het werk van Mendel werd volkomen genegeerd door de meesten van zijn tijdgenoten, onder wie ook Darwin, en werd pas aan het begin van de twintigste eeuw herontdekt. Zijn factoren kregen de nieuwe benaming 'genen' en werden spoedig opgenomen in de steeds sterkere mechanistische consensus van de twintigste-eeuwse biologie. Maar hoewel Mendel had aangetoond dat die factoren in levende cellen moesten bestaan, had niemand ze ooit gezien en wist niemand hoe ze waren samengesteld. Maar in 1902 merkte de Amerikaanse geneticus Walter Sutton op dat intracellulaire structuren, de zogenaamde 'chromosomen', meestal de erfelijkheid van de mendeliaanse factoren volgden, wat hem tot de hypothese bracht dat de genen zich in chromosomen bevonden.

Maar chromosomen zijn (relatief) grote en complexe structuren die bestaan uit eiwit, suikers en een biochemische stof die desoxyribonucleïnezuur of DNA heet. Aanvankelijk was niet duidelijk of deze componenten verantwoordelijk waren voor de erfelijkheid, en zo ja, welke. Toen, in 1943, wist de Canadese wetenschapper Oswald Avery een gen van de ene bacteriële cel naar een andere over te brengen door DNA aan de donorcel te onttrekken en dat te injecteren in de cel die als ontvanger fungeerde. Het experiment toonde aan dat het DNA in de chromosomen alle vitale genetische informatie bevatte, en niet de eiwitten of andere biochemische stoffen.* Niettemin leek er niets magisch te zijn aan DNA. Op dat moment werd het als een gewone chemische stof beschouwd.

En toch bleef de vraag: hoe werkte dit alles? Hoe brengt een chemische stof de benodigde informatie over die bepaalt 'hoe de haan en zijn zaad de kip uit het ei voortbrengen'? En hoe werden genen van de ene

*Destijds werden de experimenten van Avery echter niet beschouwd als onomstotelijk bewijs dat DNA het genetische materiaal was – die discussie pruttelde nog steeds door in de tijd van Crick en Watson.

generatie op de andere gekopieerd en doorgegeven? De conventionele scheikunde, op basis van die biljartbalachtige moleculen van Boltzmann, leek gewoon niet in staat te zijn de middelen te verschaffen om genetische informatie op te slaan, te kopiëren en foutloos door te geven.

Het beroemde antwoord werd gegeven in 1953, toen James Watson en Francis Crick, die in het Cavendish Laboratory in Cambridge werkten, erin slaagden om een opmerkelijke structuur te verbinden aan de experimentele gegevens die hun collega Rosalind Franklin had verkregen op basis van DNA: de dubbele helix. Elke DNA-streng bleek een soort moleculaire ketting te zijn die bestond uit atomen van fosfor, zuurstof en een suiker, desoxyribose, met chemische structuren die 'nucleotiden'* werden genoemd en die als kralen aan die ketting waren geregen. Er zijn vier vormen van die nucleotidekralen: adenine (A), guanine (G), cytosine (C) en thymine (T). Hun ordening langs de DNA-streng levert een eendimensionale reeks genetische lettertekens op, bijvoorbeeld 'GTCCATTGCCCGTATTACCG'. Francis Crick had in de oorlogsjaren bij de Admiralty gewerkt (de instantie die verantwoordelijk is voor het opperbevel over de marine), dus het is mogelijk dat hij vertrouwd was met codes, zoals die welke de Duitse Enigma-machines produceerden, die in Bletchley Park gedecodeerd werden. Hoe dan ook, toen hij de DNA-streng zag, besefte hij meteen dat het een code was, een opeenvolging van informatie die de cruciale instructies van de erfelijkheid verschafte. En zoals je in hoofdstuk 7 zult zien, werd met de identificatie van de dubbele helix van de DNA-streng ook het probleem opgelost hoe genetische informatie gekopieerd wordt. In één klap waren twee van de grootste raadsels van de wetenschap opgelost.

De ontdekking van de structuur van het DNA was een mechanistische sleutel die het raadsel van de genen ontsloot. Genen zijn chemische stoffen en chemie is niet meer dan thermodynamica. Kwam het leven door de ontdekking van de dubbele helix dan eindelijk volledig binnen het domein van de klassieke wetenschap?

*Die chemische structuren bestaan uit nucleotidebasen die bestaan uit koolstof, stikstof, zuurstof en waterstof, samen met minstens één fosfaatgroep, die chemisch aan de DNA-streng zijn gekoppeld.

De vreemde grijns van het leven

In *Alice in Wonderland* van Lewis Carroll blijft van de Cheshire kat als hij verdwijnt alleen zijn grijns over, wat Alice doet opmerken dat ze 'vaak een kat zonder grijns heeft gezien maar nog nooit een grijns zonder kat'. Veel biologen ervaren een soortgelijke verbijstering wanneer het raadsel van wat leven eigenlijk is naar hen blijft grijnzen, ook al weten ze hoe de thermodynamica in levende cellen werkt en hoe de genen in code alles bevatten wat nodig is voor de totstandkoming van de cel.

Een probleem is de enorme complexiteit van de biochemische reacties die zich in elke levende cel afspelen. Als scheikundigen kunstmatig een aminozuur of een suiker maken, bereiden ze bijna altijd slechts één product tegelijk. Daar slagen ze in door zorgvuldig te voldoen aan de experimentele voorwaarden voor de gekozen reactie, zoals de temperatuur en de concentraties van de diverse ingrediënten, om de synthese van de door hen gewenste verbinding te optimaliseren. Dit is geen gemakkelijke taak en het vereist zorgvuldige beheersing van veel verschillende omstandigheden in speciaal gemaakte erlenmeyers, condensors, scheidingskolommen, filtreerapparaten en andere ingewikkelde scheikundige benodigdheden. Toch synthetiseert elke levende cel in je lichaam voortdurend duizenden verschillende biochemische stoffen binnen een reactievat dat slechts een paar miljoensten van een microliter vloeistof bevat.* Hoe kunnen al deze verschillende reacties tegelijk plaatsvinden? En hoe wordt al deze moleculaire bedrijvigheid georganiseerd binnen een microscopisch kleine cel? Deze vragen zijn het brandpunt van de nieuwe wetenschap 'systeembiologie', maar eerlijk gezegd blijven de antwoorden raadselachtig.

Sterfelijkheid is een ander raadsel van het leven. Een kenmerk van chemische reacties is dat ze altijd omkeerbaar zijn. Wij kunnen een chemische reactie noteren in de richting: substraten → producten. Maar in werkelijkheid voltrekt zich tegelijk altijd de omgekeerde reactie: product → substraat. Het is gewoon zo dat onder bepaalde omstandigheden één richting meestal de overhand heeft. Aan de andere kant is het altijd mogelijk om een andere verzameling omstandigheden te vinden die bevorderlijk is voor de omgekeerde chemische reactie. Bijvoorbeeld, als fossiele brandstoffen in de lucht verbranden, zijn de substraten kool-

*Eén microliter water heeft een volume van één kubieke millimeter.

stof en zuurstof en is het enige product het broeikasgas kooldioxide. Dit wordt gewoonlijk beschouwd als een onomkeerbare reactie; maar sommige vormen van technologie om koolstof in te vangen zijn erop gericht die reactie om te keren door gebruik te maken van een energiebron. Zo heeft Rich Masel van Illinois University een bedrijf opgericht, Dioxide Materials, dat elektriciteit wil gebruiken om kooldioxide uit de atmosfeer om te zetten in brandstof voor voertuigen.[1]

Het leven is anders. Niemand heeft ooit een omstandigheid ontdekt waarin de richting dode cel → levende cel de overhand heeft. Dit was uiteraard het raadsel waardoor onze voorouders op het idee van een ziel kwamen. Wij geloven niet meer dat een cel een soort ziel bezit, maar wat is het dan dat onherroepelijk verloren gaat als een cel of een persoon sterft?

Op dit moment denk je misschien: hoe zit het met de nieuwe wetenschap van de synthetische biologie? De beoefenaars van die wetenschap hebben toch zeker wel de sleutel tot het raadsel van het leven? De waarschijnlijk bekendste naam op het gebied van de synthetische biologie is de pionier van de genoom-sequencing, Craig Venter, die in 2010 een wetenschappelijke storm opriep toen hij beweerde dat hij 'kunstmatig leven' had gecreëerd. Zijn werk haalde over de hele wereld de krantenkoppen en leidde tot angsten voor nieuwe rassen van kunstmatig gekweekte wezens die de planeet zouden overnemen. Maar Venter en zijn team waren er slechts in geslaagd om een bestaande levensvorm te veranderen, en niet om werkelijk nieuw leven te creëren. Zij deden dat door eerst het DNA te synthetiseren dat de codes bevatte voor het hele genoom van een bacteriële ziekteverwekker die bekendstaat als Mycoplasma mycoides en een ziekte bij geiten veroorzaakt. Vervolgens injecteerden zij hun gesynthetiseerde DNA-genoom in een levende bacteriële cel en wisten ze die er heel handig toe te brengen om zijn oorspronkelijke (en enige) chromosoom te vervangen door hun gesynthetiseerde versie.

Dit werk was ongetwijfeld een technisch hoogstandje. Het bacteriële genoom bevat 1,8 miljoen genetische letters, die allemaal in precies de juiste volgorde aaneengeregen moesten worden. Maar in wezen hadden de wetenschappers dezelfde transformatie voltrokken die wij allemaal moeiteloos voltrekken als wij de inerte chemische stoffen in ons voedsel omzetten in ons eigen levende vlees.

De geslaagde synthese en insertie van een surrogaat bacterieel chromosoom door Venter en zijn team ontsluit het compleet nieuwe vakgebied van de synthetische biologie, waarop we in het laatste hoofdstuk terug zullen komen. Dit zal waarschijnlijk meer efficiënte manieren opleveren om medicijnen te vervaardigen, gewassen te verbouwen of stoffen te vernietigen die het milieu vervuilen. Maar bij deze en vele andere soortgelijke experimenten hebben de onderzoekers geen nieuw leven gecreëerd. Ondanks het succes van Venter blijft het fundamentele raadsel van het leven ons toegrijnzen. Aan de natuurkundige en Nobelprijswinnaar Richard Feynman wordt de uitspraak toegeschreven: 'Wat ik niet kan maken, begrijp ik niet.' Volgens deze definitie begrijpen wij leven niet omdat we er nog niet in zijn geslaagd om het te maken. We kunnen biochemische stoffen mengen, we kunnen ze verhitten, we kunnen ze bestralen, we kunnen zelfs, zoals Mary Shelleys Frankenstein, elektriciteit gebruiken om ze tot leven te brengen, maar de enige manier waarop wij leven kunnen maken is door deze biochemische stoffen te injecteren in reeds levende cellen, of door ze op te eten, en ze zo tot een deel van ons eigen lichaam te maken.

Waarom beheersen we dan nog steeds niet een kunstje dat triljoenen van de laagste microben elke tel moeiteloos doen? Missen we een ingrediënt? Dat is de vraag waarover een beroemde natuurkundige, Erwin Schrödinger, meer dan zeventig jaar geleden peinsde. En zijn zeer verrassende antwoord is heel belangrijk voor het thema van dit boek. Om te begrijpen waarom Schrödingers oplossing voor de diepste mysteries van het leven zo revolutionair was en nog steeds is, moeten we teruggaan naar het begin van de twintigste eeuw, vóór de ontdekking van de dubbele helix, toen de wereld van de natuurkunde op haar kop werd gezet.

De kwantumrevolutie

De explosie van wetenschappelijke kennis tijdens de Verlichting in de achttiende en negentiende eeuw leverde de newtoniaanse mechanica, het elektromagnetisme en de thermodynamica op. Deze drie gebieden van de natuurkunde bleken gezamenlijk een goede beschrijving te geven van de beweging en het gedrag van alle macroscopische dagelijkse dingen en verschijnselen in onze wereld, van kanonskogels tot klokken, van stormen tot stoomtreinen, van pendels tot planeten. Maar aan het eind van de negentiende en het begin van de twintigste eeuw, toen natuurkundigen hun aandacht richtten op de microscopische onderdelen van de materie – atomen en moleculen – ontdekten ze dat de bekende wetten daar niet langer golden. De natuurkunde vereiste eén revolutie.

De eerste belangrijke doorbraak, het concept van het 'kwantum', was van de hand van de Duitse natuurkundige Max Planck, die zijn bevindingen presenteerde op een seminar voor het Duitse Natuurkundige Genootschap op 14 december 1900, een datum die algemeen wordt beschouwd als de geboorte van de kwantumtheorie. De gangbare opvatting was destijds dat warmtestraling zich, evenals andere vormen van energie, als een golf door de ruimte voortplant. Het probleem was dat de golftheorie niet kon verklaren hoe bepaalde warme objecten energie uitstralen. Daarom kwam Planck met het radicale idee dat de materie in de wanden van deze warme lichamen trilde op verschillende frequenties, met als gevolg dat de warmte-energie alleen werd uitgestraald in kleine, aparte brokjes, of 'kwantums', die niet verder opgesplitst konden worden. Zijn eenvoudige theorie was opmerkelijk succesvol, maar was een radicaal nieuwe koers ten opzichte van de klassieke stralingstheorie, waarin energie werd beschouwd als continu. Zijn theorie suggereerde dat energie niet uit materie stroomde zoals water dat continu uit een kraan stroomt, maar dat die eruit kwam als een verzameling afzonderlijke, ondeelbare pakketjes – als uit een langzaam druppelende kraan.

Het idee dat energie uit brokjes bestond heeft Planck nooit lekker gezeten, maar vijf jaar nadat hij met zijn kwantumtheorie kwam, werkte Albert Einstein dit idee verder uit en suggereerde hij dat alle elektromagnetische straling, ook licht, eerder 'gekwantiseerd' dan continu is en bestaat uit afzonderlijke pakketjes, of deeltjes, die wij nu *fotonen* noemen. Hij stelde dat deze manier om licht te bezien een verklaring zou kunnen bieden voor een oud raadsel dat bekendstond als het foto-elektrisch effect, een verschijnsel waarbij licht elektronen uit materie kon stoten. Voor dit werk, en niet voor zijn beroemdere relativiteitstheorieën, kreeg Einstein in 1921 de Nobelprijs.

Maar er waren ook heel wat aanwijzingen dat licht zich als een diffuse en continue golf gedraagt. Hoe kan licht dan tegelijk uit deeltjes en uit golven bestaan? Dat leek destijds onzinnig, althans binnen het kader van de klassieke wetenschap.

De volgende enorme stap werd gezet door de Deense natuurkundige

Niels Bohr, die in 1912 naar Manchester kwam om samen te werken met Ernest Rutherford. Rutherford had net zijn beroemde planetaire model van het atoom gepresenteerd, met een minuscule dichte kern in het midden, omringd door nog kleinere elektronen in een baan daaromheen. Maar niemand begreep hoe atomen stabiel bleven. Volgens de gangbare elektromagnetische theorie zouden de negatief geladen elektronen voortdurend lichtenergie uitstralen terwijl ze rond de positief geladen kern draaiden. Op dit manier zouden ze energie verliezen en heel snel (binnen een duizendmiljardste van een seconde) naar de kern toe spiralen, waardoor het atoom ineen zou storten. Maar dat doen elektronen niet. Dus wat was hun truc?

Om de stabiliteit van atomen te verklaren kwam Bohr met de hypothese dat elektronen niet vrij zijn om in een willekeurige baan om de kern heen te draaien, maar dat alleen kunnen doen in bepaalde vaste ('gekwantiseerde') banen. Een elektron kan alleen naar de baan eronder afdalen door een brokje, of kwantum, elektromagnetische energie (een foton) af te geven dat precies dezelfde waarde heeft als het energieverschil tussen de twee banen in kwestie. Zo kan het ook alleen maar naar een hogere baan overspringen door een foton met de juiste hoeveelheid energie op te nemen.

Een manier om dit verschil tussen de klassieke en de kwantumtheorie te visualiseren en te verklaren waarom het elektron alleen in bepaalde vaste banen in het atoom kan rondcirkelen, is door te vergelijken hoe tonen worden gespeeld op een gitaar en een viool. Als een violist een toon speelt, drukt hij of zij ergens op de hals van de viool een vinger op een van de snaren om die te verkorten en zo de gewenste toon te creëren wanneer de strijkstok erlangs gaat en de snaar in trilling brengt. Kortere snaren trillen met een hogere frequentie (veel trillingen per seconden) om hogere tonen te genereren, terwijl langere snaren met een lagere frequentie trillen (weinig trillingen per seconde) en lagere tonen genereren.

Voordat we verdergaan, moeten we het een en ander zeggen over een van de fundamentele kenmerken van de kwantummechanica, en dat is de manier waarop frequentie en energie nauw met elkaar verbonden zijn.* In het vorige hoofdstuk hebben we gezien dat subatomaire deeltjes

*In feite is de relatie vastgelegd in de vergelijking die Max Planck in 1900 presenteerde. Die wordt genoteerd als $E = hv$, waarbij E voor energie staat, v voor frequentie en h voor de constante van Planck. Aan deze vergelijking kun je zien dat de energie evenredig is met de frequentie.

ook golfeigenschappen hebben, wat betekent dat ze, net als elke golf van een zekere breedte, een bijbehorende golflengte en trillingsfrequentie hebben. Snelle trillingen of schommelingen zijn altijd energieker dan langzame trillingen – denk maar aan je wasdroger die met een hoge frequentie moet draaien (trillen) om met voldoende energie het water uit je kleren te krijgen.

Terug naar onze viool. De hoogte van de toon (de trillingsfrequentie) kan continu variëren, afhankelijk van de lengte van de snaar tussen de plaats waar hij vastzit en de vinger van de violist. Dit staat gelijk aan een klassieke golf, die elke golflengte kan krijgen (de afstand tussen de opeenvolgende toppen). Daarom zullen wij de viool als een 'klassiek' instrument definiëren – niet in de zin van 'klassieke muziek', maar veeleer in de zin van de niet-gekwantiseerde klassieke natuurkunde. Natuurlijk is dat de reden waarom het zo moeilijk is om goed viool te spelen, want de musicus moet precies weten waar hij zijn vinger moet plaatsen om de juiste toon te krijgen.

Maar de gitaar heeft een andere hals: die heeft over de hele lengte 'fretten' – metalen richels die iets boven de hals uitsteken, maar niet tegen de snaren erboven aan komen. Dus als een gitarist zijn of haar vinger op een snaar plaatst, drukt de snaar op de fret, waardoor die, en niet de vinger, tijdelijk een van de uiteinden van de snaar wordt. Als de snaar aangetokkeld wordt, is de hoogte van de toon die dan ontstaat een gevolg van de trilling van het stuk snaar tussen die fret en de brug. Het eindige aantal fretten betekent dat op de gitaar alleen bepaalde discrete (afzonderlijke) tonen gespeeld kunnen worden. Door de plaats van de vinger tussen twee fretten te veranderen zal de toon niet veranderen als op die snaar wordt getokkeld. De gitaar is dus een soort 'kwantuminstrument'. En omdat er volgens de kwantumtheorie een relatie is tussen frequentie en energie, moet de trillende snaar van een gitaar discrete in plaats van continue energieën bezitten. Zo kunnen ook elementaire deeltjes, zoals elektronen, alleen geassocieerd zijn met bepaalde karakteristieke golffrequenties die elk horen bij een eigen discreet energieniveau. Als het elektron van de ene energetische toestand naar een andere springt, moet het straling opnemen of afgeven afhankelijk van het energieverschil tussen het niveau waar het vandaan komt en het niveau waarop het aankomt.

Rond het midden van de jaren twintig van de twintigste eeuw was

Bohr, die nu weer terug was in Kopenhagen, een van diverse Europese natuurkundigen die koortsachtig werkten aan een meer volledige en coherente wiskundige theorie om te beschrijven wat er in de subatomaire wereld gebeurde. Een van de meest briljante figuren in deze groep was een jong Duits genie, Werner Heisenberg. Terwijl hij in de zomer van 1925 herstelde van een aanval van hooikoorts op het Duitse eiland Heligoland, boekte Heisenberg een belangrijke vooruitgang in het formuleren van de nieuwe wiskunde die nodig was om de wereld der atomen te beschrijven. Maar het was een vreemd soort wiskunde, en wat die ons over atomen vertelde, was nog vreemder. Zo betoogde Heisenberg niet alleen dat wij niet precies konden zeggen waar een elektron zich bevond als we het niet maten, maar ook dat het elektron zelf geen vaste locatie had omdat het op een diffuse, onkenbare manier verspreid was.

Heisenberg moest concluderen dat de atomaire wereld een spookachtig, onstoffelijk oord is dat zich alleen in een duidelijke vorm uitkristalliseert wanneer we een meetinstrument er een wisselwerking mee laten aangaan. Dit is de kwantummeting die wij in het vorige hoofdstuk kort hebben beschreven. Heisenberg heeft aangetoond dat dit proces alleen die specifieke kenmerken aan het licht brengt die daarbij gemeten worden – vergelijkbaar met hoe de individuele instrumenten op het dashboard van een auto elk informatie geven over slechts één aspect van de werking van die auto, bijvoorbeeld de snelheid, de afgelegde afstand of de temperatuur van de motor. We zouden dus een experiment zo kunnen opzetten dat we de precieze positie van een elektron op een bepaald moment kunnen bepalen, en een ander experiment om de snelheid van datzelfde elektron te meten. Maar Heisenberg heeft wiskundig aangetoond dat het onmogelijk is om één enkel experiment zo op te zetten dat we, zo nauwkeurig als we maar willen, tegelijk kunnen meten waar een elektron zich bevindt en hoe snel het beweegt. In 1927 werd dit concept samengevat in het beroemde onzekerheidsprincipe van Heisenberg, dat sindsdien duizenden malen in laboratoria over de hele wereld is geverifieerd. Het blijft een van de belangrijkste ideeën in de hele wetenschap en een van de hoekstenen van de kwantummechanica.

In januari 1926, ongeveer in dezelfde tijd dat Heisenberg zijn ideeën ontwikkelde, schreef de Oostenrijkse natuurkundige Erwin Schrödinger een artikel waarin hij een heel ander beeld van het atoom schetste. Daarin kwam hij met een wiskundige vergelijking, die nu bekendstaat als de vergelijking van Schrödinger, die niet beschrijft hoe een deeltje beweegt maar hoe een golf zich ontwikkelt. De vergelijking suggereert dat een elektron niet zozeer een diffuus deeltje in het atoom is, als wel een golf die over het hele atoom is verspreid. In tegenstelling tot Heisenberg, die geloofde dat het überhaupt niet mogelijk is om een beeld van een elektron te hebben als we het niet meten, beschouwde Schrödinger het liever als een reële fysieke golf als we er niet naar kijken, die een duidelijk deeltje wordt zodra we er wel naar kijken.* Zijn versie van de atoomtheorie werd bekend onder de naam 'golfmechanica' en zijn beroemde vergelijking beschrijft hoe die golven zich in de loop der tijd ontwikkelen en gedragen. Vandaag de dag zien we de beschrijvingen van Heisenberg en Schrödinger als verschillende manieren om de wiskunde van de kwantummechanica te interpreteren en worden ze allebei, elk op hun eigen manier, als correct beschouwd.

De golffunctie van Schrödinger

Als we de beweging van gewone objecten willen beschrijven, of het nu gaat om kanonskogels, stoomtreinen of planeten, die elk uit triljoenen deeltjes bestaan, dan lossen we dat probleem op door middel van een reeks wiskundige vergelijkingen die teruggaan op het werk van Isaac Newton. Maar als het systeem dat we beschrijven deel uitmaakt van de kwantumwereld, moeten we in plaats daarvan de vergelijking van Schrödinger gebruiken. En daarin zit hem het fundamentele verschil tussen de twee benaderingen, want in onze newtoniaanse wereld is de oplossing van een bewegingsvergelijking een getal (of een verzameling getallen) dat de precieze locatie van een object op een gegeven moment definieert. In de kwantumwereld is de oplossing van de vergelijking van Schrödinger een wiskundige kwantiteit die de golffunctie wordt genoemd, die ons níét vertelt wat de precieze locatie is van, bijvoorbeeld, een elektron op een bepaald moment, maar in plaats daarvan een hele

* Dit proces wordt soms de 'ineenstorting van de golffunctie' genoemd, en in de moderne gangbare leerboeken wordt daarmee verwezen naar een verandering in de wiskundige beschrijving van het elektron en niet naar de fysieke ineenstorting van een echte golf.

verzameling getallen geeft die de waarschijnlijkheid beschrijven dat het elektron op verschillende locaties in de ruimte aangetroffen zou kunnen worden, áls wij er daar naar zouden zoeken.

Natuurlijk zou je eerste reactie hierop moeten zijn: maar dat is niet goed genoeg. Het klinkt niet als heel bruikbare informatie als ons alleen wordt verteld waar het elektron *zou kunnen zijn*. Je zult precies willen weten waar het deeltje *is*. Maar in tegenstelling tot een klassiek object dat altijd een bepaalde positie in de ruimte inneemt, zou een elektron op meerdere plaatsen tegelijk kunnen zijn tot het moment dat het wordt gemeten. De kwantumgolffunctie is over de hele ruimte verspreid – wat betekent dat we bij de beschrijving van een elektron hooguit een verzameling getallen kunnen berekenen die de waarschijnlijkheid aangeven om het niet op één bepaalde plaats te vinden, maar op elk punt in de ruimte tegelijk. We moeten echter wel beseffen dat deze kwantumwaarschijnlijkheden niet een of andere leemte in onze kennis betekenen die verholpen kan worden door meer informatie te verzamelen: ze zijn eerder een fundamenteel kenmerk van de natuur op dit microscopische niveau.

Stel je voor dat een juwelendief net voorwaardelijk is vrijgelaten uit de gevangenis. In plaats van zijn leven te beteren vervalt hij meteen in zijn oude gewoonten en begint hij overal in de stad inbraken te plegen. Door een kaart te bestuderen kan de politie zijn vermoedelijke gangen traceren vanaf het moment dat hij is vrijgelaten. Hoewel ze zijn locatie op een bepaald moment niet precies kunnen vaststellen, kunnen ze wel waarschijnlijkheden toekennen aan de inbraken die hij in diverse wijken heeft gepleegd.

Om te beginnen lopen de huizen vlak bij de gevangenis het meeste risico, maar mettertijd wordt de gevarenzone groter. En gewapend met de wetenschap op wat voor huizen hij het in het verleden heeft gemunt kan de politie ook met enig vertrouwen zeggen dat de rijkere wijken, met hun duurdere juwelen, meer risico lopen dan de armere. Deze eenpersoonsmisdaadgolf die zich door de stad verspreidt kan beschouwd worden als een waarschijnlijkheidsgolf. Hij is niet tastbaar en niet concreet, alleen maar een verzameling abstracte getallen die aan diverse delen van de stad kunnen worden toegekend. Op soortgelijke wijze verspreidt een golffunctie zich vanaf het punt waar een elektron voor het laatst is gezien. Door de waarde van deze golffunctie op verschillende posities en momenten te berekenen kunnen we waarschijnlijkheden toekennen aan plekken waar hij zich de volgende keer zou kunnen voordoen.

Wat als de politie een tip krijgt en de dief op heterdaad kan betrappen terwijl hij uit een raam klautert met zijn tas vol buit over zijn schouder? Hun gespreide waarschijnlijkheidsverdeling die de gangen van de dief beschrijft is op slag geslonken tot één bepaalde locatie, en zeker niet ergens anders. Zo verandert ook de golffunctie van een elektron ogenblikkelijk zodra het op een bepaalde locatie wordt waargenomen. Op het moment van de waarneming zal de kans nul zijn dat het ergens anders wordt aangetroffen.

Maar – en hier houdt de analogie op – hoewel de politie nog voordat ze hem pakken slechts waarschijnlijkheden kan toekennen aan de gangen van de inbreker, weet zij dat dit alleen komt door haar gebrek aan informatie. Tenslotte heeft de inbreker zich niet echt over de stad verspreid, en hoewel de politie ervan uit moet gaan dat hij in principe overal kan zijn, bevindt hij zich in werkelijkheid natuurlijk slechts op elk moment op één bepaalde plaats. Maar in schril contrast met de inbreker kunnen wij er niet van uitgaan dat een elektron zich op een bepaald moment op een bepaalde plaats bevindt als wij de beweging ervan niet volgen. In plaats daarvan is de golffunctie – die overal tegelijk is – het enige wat we hebben om het te beschrijven. Alleen door te kijken (een meting te verrichten) kunnen we het elektron 'dwingen' om een gelokaliseerd deeltje te worden.

In 1927 was de wiskundige onderbouwing van de kwantummechanica in wezen compleet, dankzij de inspanningen van Heisenberg, Schrödinger en anderen. Vandaag de dag vormen zij het fundament waarop een groot deel van de natuur- en scheikunde is gebouwd en geven zij ons een opmerkelijk volledig beeld van de bouwstenen van het hele universum. Zonder de verklarende kracht van de kwantummechanica die beschrijft hoe alles in elkaar past, zou een groot deel van onze moderne technologische wereld gewoon niet mogelijk zijn.

De vroege kwantumbiologen

In de jaren twintig van de vorige eeuw was het leven nog steeds een raadsel. Hoewel negentiende-eeuwse biochemici grote vorderingen hadden geboekt met het ontwikkelen van een mechanistisch inzicht in de chemie van het leven, hielden veel wetenschappers nog steeds vast aan het vitalistische principe dat de biologie niet gereduceerd kon worden tot natuur- en scheikunde, maar haar eigen verzameling wetten vereiste. Het 'protoplasma' in levende cellen werd nog steeds beschouwd als een mysterieuze vorm van materie die bezield werd door onbekende krachten, en de groeiende wetenschap van de genetica kreeg nog steeds geen vat op het geheim van de erfelijkheid.

Maar in dat decennium kwam er een nieuw soort wetenschappers op, die bekendstonden als organicisten en die de idealen van zowel de vitalisten als de mechanisten verwierpen. Deze wetenschappers accepteerden dat het leven iets raadselachtigs had, maar beweerden dat het raadsel in principe verklaard kón worden door natuur- en scheikundige wetten die nog ontdekt moesten worden. Een van de grootste voorvechters van de organicistische beweging was een andere Oostenrijker, een man met de exotische naam Ludwig von Bertalanffy, die enkele van de vroegste artikelen over biologische ontwikkelingstheorieën schreef en in zijn boek *Kritische Theorie der Formbildung* (Kritische theorie van de morfogenese, 1928) de behoefte benadrukte aan een nieuw biologisch principe om de essentie van het leven te beschrijven. Zijn ideeën, met name in dat boek, beïnvloedden vele wetenschappers, onder wie een andere pionier op het gebied van de kwantumnatuurkunde, Pascual Jordan.

Pascual Jordan was geboren en getogen in Hannover en studeerde in het Duitse Göttingen onder Max Born,* een van de grondleggers van de kwantummechanica. In 1925 publiceerde Born het klassieke artikel 'Zur Quantenmechanik' (Over de kwantummechanica). Een jaar later publiceerden Jordan, Born en Heisenberg een 'vervolg', 'Zur Quantenmechanik II'. Dit artikel van drie auteurs, dat bekendstaat als het *Dreimännerwerk*, wordt beschouwd als een van de klassiekers van de kwantummechanica. Heisenbergs opmerkelijke doorbraak wordt hier uitgewerkt tot een elegante wiskundige manier om het gedrag van de atomaire wereld te beschrijven.

Het jaar daarop deed Jordan wat elke zichzelf respecterende jonge Europese natuurkundige van zijn generatie gedaan zou hebben als hij de kans had gekregen: hij ging in Kopenhagen bij Niels Bohr werken.

*Max Born was degene die als eerste het verband legde tussen Schrödingers golffunctie en de waarschijnlijkheid in de kwantummechanica.

Rond 1929 begonnen de twee mannen erover te discussiëren of de kwantummechanica een biologische toepassing zou kunnen hebben. Pascual Jordan keerde terug naar Duitsland, voor een functie aan de Universiteit van Rostock, vanwaar hij in de loop van de daaropvolgende paar jaar met Bohr bleef corresponderen over de relatie tussen natuurkunde en biologie. Hun ideeën culmineerden in wat misschien wel het eerste wetenschappelijke artikel is over de kwantumbiologie. Het werd in 1932 door Jordan geschreven voor het Duitse tijdschrift *Die Naturwissenschaften* en had als titel 'Die Quantenmechanik und die Grundprobleme der Biologie und Psychologie' (Kwantummechanica en de fundamentele problemen van de biologie en de psychologie).[2]

Jordans teksten bevatten enkele interessante inzichten in het verschijnsel leven. Zijn biologische speculaties raakten echter steeds meer gepolitiseerd en op één lijn met de nazi-ideologie, waarbij hij zelfs beweerde dat het concept van één dictatoriale leider (Führer) of gids een centraal principe van het leven was.

> Wij weten dat er in een bacterie, onder het enorme aantal moleculen waaruit dit wezen bestaat [...] een heel klein aantal speciale moleculen is met een dictatoriaal gezag over het totale organisme. Zij vormen een stuurcentrum (*Steuerungszentrum*) voor de levende cel. De absorptie van een lichtkwantum buiten dit stuurcentrum kan de cel evenmin doden als een grote natie vernietigd kan worden door de dood van één enkele soldaat. Maar de absorptie van een lichtkwantum in het stuurcentrum van de cel kan het hele organisme doden en ontbinden – zoals een geslaagde aanslag op een vooraanstaande (*führenden*) staatsman een ingrijpend ontbindingsproces op gang kan brengen in de hele natie.[3]

Deze poging om de nazi-ideologie in de biologie te importeren is zowel fascinerend als eng. Maar zij bevat de kiem van een bijzonder idee, dat Jordan de versterkertheorie (*Verstärkertheorie*) noemde. Hij wees erop dat levenloze objecten werden gestuurd door de gemiddelde willekeurige beweging van miljoenen deeltjes, zodanig dat de beweging van één deeltje geen enkele invloed heeft op het hele object. Maar bij het leven lag dat anders, zo betoogde hij, want dat werd gestuurd door een heel klein aantal moleculen binnen het stuurcentrum met een dictatoriale invloed, zodanig dat gebeurtenissen op een kwantumniveau die hun beweging bepalen, zoals Heisenbergs onzekerheidsrelatie, versterkt worden en dan inwerken op het hele organisme.

Dat is een interessant inzicht, waarop wij nog terug zullen komen. Maar het werd in die tijd niet verder ontwikkeld en het had niet veel invloed omdat Jordan na de nederlaag van Duitsland in 1945 vanwege zijn nazistische politieke opvattingen erg in diskrediet was geraakt onder zijn tijdgenoten en zijn ideeën over kwantumbiologie genegeerd werden. Anderen die de biologie en de kwantumtheorie nader tot elkaar probeerden te brengen werden na de oorlog over alle windstreken verspreid, en de natuurkunde, die diep geschokt was door de inzet van de atoombom, richtte haar aandacht op meer traditionele problemen.

Maar het vuur van de kwantumbiologie werd brandend gehouden door niemand anders dan de uitvinder van de kwantumgolfmechanica, Erwin Schrödinger. Aan de vooravond van de Tweede Wereldoorlog was hij Oostenrijk ontvlucht – zijn vrouw werd op grond van de naziwetten bestempeld als 'niet-arisch' – om zich in Ierland te vestigen, waar hij in 1944 een boek publiceerde waarvan de titel de vraag *What Is Life?* stelde en waarin hij de grote lijnen aangaf van een nieuw inzicht in de biologie, dat fundamenteel blijft voor het vakgebied van de kwantumbiologie en ook voor dit boek. Alvorens wij dit historische hoofdstuk besluiten, zullen wij iets dieper op dit inzicht ingaan.

Orde tot in het allerkleinste

Het probleem dat Schrödinger intrigeerde, was het mysterieuze proces van de erfelijkheid. Misschien herinner je je dat wetenschappers in deze tijd, de eerste helft van de twintigste eeuw, wisten dat genen van de ene generatie op de andere werden overgedragen, maar niet waaruit genen bestonden of hoe ze werkten. Schrödinger vroeg zich af welke wetten ervoor zorgden dat de erfelijkheid zo nauwkeurig was. Met andere woorden, hoe konden identieke kopieën van genen vrijwel onveranderd van de ene generatie aan de volgende worden doorgegeven?

Schrödinger wist dat de nauwkeurige en beproefde wetten van de klassieke natuur- en scheikunde, zoals die van de thermodynamica, welke berust op de willekeurige beweging van atomen en moleculen, feitelijk statistische wetten waren. Dit betekent dat ze alleen *gemiddeld genomen* waar zijn, en dat ze alleen betrouwbaar zijn omdat het gaat om de wisselwerking tussen enorme aantallen deeltjes. Als we terugkeren naar onze biljarttafel: de beweging van één enkele bal is volkomen onvoorspelbaar, maar als je een heel stel ballen op de tafel gooit en ze een uur of wat willekeurig rondstoot, kun je voorspellen dat de meeste in de pockets zullen belanden. Zo werkt de thermodynamica: niet het gedrag van individuele moleculen, maar het gemiddelde gedrag van vele moleculen is voorspelbaar. Schrödinger wees erop dat statistische wetten, zoals die van de thermodynamica, systemen die uit slechts een klein aantal deeltjes bestaan niet meer nauwkeurig kunnen beschrijven.

Neem bijvoorbeeld de gaswetten zoals die driehonderd jaar geleden door Robert Boyle en Jacques Charles zijn opgesteld. Ze beschrijven hoe het volume van een gas in een ballon zal toenemen als het wordt verwarmd en zal inkrimpen als het wordt afgekoeld. Dit gedrag kan worden weergegeven in een eenvoudige wiskundige formule, die bekendstaat als de ideale gaswet.* Een ballon volgt deze ordelijke wetten: als je hem verwarmt, zal hij uitzetten; als je hem afkoelt, zal hij inkrimpen. Hij houdt zich aan die wetten, ondanks het feit dat hij vol zit met talloze moleculen die zich elk op zich gedragen als de ordeloze biljartballen met hun volslagen willekeurige beweging, die allemaal tegen elkaar op botsen en van de binnenwand van de ballon afketsen. Hoe kan een ordeloze beweging ordelijke wetten opleveren?

Als de ballon verwarmd wordt, gaan de luchtmoleculen sneller heen en weer, waardoor ze iets harder tegen elkaar en tegen de wanden van de ballon op botsen. Deze extra kracht oefent meer druk uit op de elastische huid van de ballon (zoals ook gebeurde bij de stok op de biljarttafel van Boltzmann), waardoor hij uitzet. De mate van expansie zal afhangen van de mate van verwarming; die is volkomen voorspelbaar en wordt nauwkeurig beschreven door de gaswetten. Het gaat erom dat het enkelvoudige object, de ballon, de gaswet strikt volgt omdat de ordelijke beweging van zijn enkele continue elastische oppervlak voortkomt uit de ordeloze bewegingen van heel grote aantallen deeltjes. Aldus ontstaat er,

*De wet is vervat in de vergelijking $PV = nRT$, waarbij n de hoeveelheid gas in het monster is, R de universele gasconstante, P de druk, V het volume van een gas en T de temperatuur.

in de woorden van Schrödinger, orde uit wanorde.

Schrödinger betoogde dat niet alleen de gaswetten hun nauwkeurigheid ontlenen aan de statistische eigenschappen van grote aantallen, maar dat álle wetten van de klassieke natuur- en scheikunde – ook de wetten van de vloeistofdynamica en die voor chemische reacties – gebaseerd zijn op dit principe van het 'middelen van grote aantallen' of 'orde uit wanorde'.

Maar hoewel een ballon van normaal formaat die gevuld is met talloze luchtmoleculen altijd aan de gaswetten onderworpen zal zijn, geldt dat niet voor een ballon die zo klein is dat hij slechts een handvol luchtmoleculen bevat. Dat komt doordat, zelfs bij een constante temperatuur, die weinige moleculen in de kleine ballon zich soms volkomen willekeurig en toevallig van elkaar af blijken te bewegen, waardoor de ballon uitzet. Zo zal hij ook af en toe inkrimpen, alleen maar omdat alle moleculen die hij bevat zich toevallig naar binnen toe bewegen. Het gedrag van een heel kleine ballon zal dus over het geheel genomen onvoorspelbaar zijn.

Deze manier waarop orde en voorspelbaarheid alleen opgaan voor grote aantallen kennen wij uiteraard heel goed op andere gebieden des levens. Zo spelen Amerikanen meer honkbal dan Canadezen, terwijl Canadezen meer ijshockey spelen dan Amerikanen. Op basis van deze statistische 'wet' zou je voor elk van beide landen nog meer voorspellingen kunnen doen, bijvoorbeeld dat Amerika meer honkballen zal importeren dan Canada en dat Canada meer hockeysticks zal importeren dan Amerika. Maar hoewel zulke statistische wetten een voorspellende waarde hebben als ze worden toegepast op hele landen met miljoenen inwoners, zullen ze geen nauwkeurige voorspellingen opleveren over de handel in hockeysticks of honkballen in één kleine stad in Minnesota of Saskatchewan.

Schrödinger ging verder dan alleen maar op te merken dat de statistische wetten van de klassieke natuurkunde op microscopisch niveau onbetrouwbaar waren: hij kwantificeerde de afname van de nauwkeurigheid en berekende dat de grootte van de afwijkingen van die wetten omgekeerd evenredig is met de vierkantswortel van het desbetreffende aantal deeltjes. Een ballon die een triljoen (een miljoen miljoen) deeltjes bevat zal dus slechts één miljoenste afwijken van het strikte gedrag van de gaswetten. Maar een ballon die slechts honderd deeltjes bevat, zal in één op de tien gevallen afwijken van het ordelijke gedrag. Hoewel zo'n ballon nog steeds in de meeste gevallen zal uitzetten als hij wordt verwarmd en inkrimpen als hij wordt afgekoeld, zal dat niet op zo'n manier gebeuren dat het door een deterministische wet kan worden weergegeven. Alle statistische wetten van de klassieke natuurkunde kennen deze beperkingen: ze gelden voor objecten die bestaan uit heel grote aantallen deeltjes, maar ze kunnen niet het gedrag beschrijven van objecten die bestaan uit kleine aantallen deeltjes. Alles wat onderworpen is aan de klassieke wetten voor betrouwbaarheid en regelmaat moet dus uit veel deeltjes bestaan.

Maar hoe zit het met het leven? Kan het ordelijke gedrag van leven, zoals de wetten van de erfelijkheid, verklaard worden door middel van de statistische wetten? Toen Schrödinger over deze vraag nadacht, besloot hij dat het principe van 'orde uit wanorde' dat ten grondslag lag aan de thermodynamica niet het leven kon beheersen – want zoals hij het zag waren in elk geval sommige van de kleinste biologische machines domweg te klein om onderworpen te zijn aan de klassieke wetten.

In de tijd dat Schrödinger *What Is Life?* schreef, toen men al wel wist dat de erfelijkheid werd bepaald door genen maar de aard van genen nog een raadsel was, stelde hij de eenvoudige vraag: zijn genen groot genoeg om hun reproductieve nauwkeurigheid te ontlenen aan de statistische 'orde uit wanorde'-wetten? Hij schatte de grootte van één enkel gen op die van een kubus met zijden van zo'n 300 ångström (één ångström is 0,0000001 millimeter). Zo'n kubus zou ongeveer één miljoen atomen bevatten. Dat klinkt misschien als veel, maar de vierkantswortel van een miljoen is duizend, dus de mate van onnauwkeurigheid of 'ruis' bij de erfelijkheid zou van de orde van grootte van één op de duizend moeten zijn, oftewel 0,1 procent. Als de erfelijkheid op klassieke erfelijke statistische wetten gebaseerd zou zijn, zou zij dus in één op de duizend gevallen fouten (afwijkingen van de wetten) moeten opleveren. Het was echter bekend dat genen nauwkeurig konden worden overgedragen met een mutatiecijfer (foutmarge) van minder dan één op de miljard. Deze buitengewoon grote nauwkeurigheid overtuigde Schrödinger ervan dat de wetten van de erfelijkheid niet gebaseerd konden zijn op de klassieke wetten van 'orde uit wanorde'. In plaats daarvan stelde hij dat genen eerder leken op individuele atomen of moleculen, in die zin dat ze onderworpen waren aan de niet-klassieke maar wonderlijk ordelijke wetten van de wetenschap die hij mede had gegrondvest, de kwantummechanica. Schrödinger stelde dat de erfelijkheid gebaseerd was op het nieuwe principe van 'orde uit orde'.

Hij presenteerde zijn theorie voor het eerst tijdens een lezingenreeks op Trinity College in Dublin in 1943 en publiceerde die lezingen het jaar daarop in *What Is Life?*, waarin hij schreef: 'Het levende organisme lijkt een macroscopisch systeem te zijn, waarvan het gedrag voor een deel in de buurt komt van dat [...] waarnaar alle systemen neigen wanneer de temperatuur het absolute nulpunt nadert en de moleculaire wanorde wordt opgeheven.' Om redenen die wij spoedig zullen ontdekken, zijn alle objecten op het absolute nulpunt onderworpen aan de wetten van de kwantummechanica in plaats van aan die van de thermodynamica. Schrödinger beweerde dat het leven een kwantumverschijnsel is dat door de lucht kan vliegen, op twee of vier poten kan lopen, in de oceaan kan zwemmen, in de grond kan groeien of, zelfs, dit boek kan lezen.

De vervreemding

In de jaren na de publicatie van Schrödingers boek werd de dubbele helix van het DNA ontdekt en kwam de moleculaire biologie razendsnel opzetten, een discipline die zich grotendeels ontwikkelde zonder een beroep te doen op kwantumverschijnselen. Klonen, genetische manipulatie en het in kaart brengen van genomen werden ontwikkeld door biologen die de wiskundig moeilijke kwantumwereld doorgaans graag, en niet geheel ten onrechte, aan zich voorbij lieten gaan. Af en toe waagde men zich in het grensgebied tussen de biologie en de kwantummechanica. Maar de meeste wetenschappers vergaten Schrödingers boude bewering; velen stonden zelfs openlijk vijandig tegenover het idee dat de kwantummechanica nodig was om het leven te verklaren. Zo schreef de Engelse scheikundige en cognitiewetenschapper Christopher Longuet-Higgins in 1962:

> Ik herinner me een discussie van enkele jaren geleden over het mogelijke voorkomen van op lange afstand werkende kwantummechanische krachten tussen enzymen en hun substraat. Het was echter volstrekt terecht dat zo'n hypothese met terughoudendheid tegemoet

> werd getreden, niet alleen vanwege het gebrekkige experimentele bewijsmateriaal maar ook vanwege het feit dat zo'n idee zeer moeilijk te verzoenen was met de algemene theorie van intermoleculaire krachten.[4]

Zelfs in 1993, toen het boek *What Is Life? The Next Fifty Years* werd gepubliceerd,[5] waarin artikelen werden gebundeld die waren geschreven door deelnemers aan een bijeenkomst in Dublin vijftig jaar na de presentatie van Schrödinger, werd de kwantummechanica amper genoemd.

Het merendeel van de scepsis die de uitspraak van Schrödinger destijds opriep vond zijn oorsprong in de algemene overtuiging dat de subtiele kwantumtoestanden zich onmogelijk konden handhaven in de warme, vochtige en hectische moleculaire omgeving binnen in levende organismen. Zoals we in het vorige hoofdstuk hebben ontdekt, was dat de belangrijkste reden waarom vele wetenschappers zeer sceptisch tegenover het idee stonden (en voor velen geldt dat nog steeds) dat het vogelkompas door kwantummechanica beheerst zou kunnen worden. Je herinnert je misschien nog dat toen we deze kwestie in hoofdstuk 1 bespraken, we van de kwantumeigenschappen van de materie zeiden dat die werden weggevaagd door de willekeurige verdeling van moleculen in grote objecten. Met ons thermodynamische inzicht kunnen we nu zien wat de oorzaak hiervan is: het is het gedrang van biljartbalachtige moleculen, waarvan door Schrödinger werd vastgesteld dat het de oorzaak was van de op 'orde uit wanorde' gebaseerde statistische wetten. Verspreide deeltjes kunnen weer zodanig gericht worden dat ze hun verborgen kwantumdiepten onthullen, maar alleen onder bijzondere omstandigheden en doorgaans slechts zeer kortstondig. Zo hebben we gezien hoe verstrooide ronddraaiende waterstofkernen in ons lichaam gericht kunnen worden om een *coherent* MRI-signaal te genereren op basis van de kwantumeigenschap spin – maar alleen door middel van een heel sterk magnetisch veld dat door een grote, krachtige magneet wordt opgewekt en alleen zolang die magnetische kracht wordt gehandhaafd: zodra het magnetische veld wordt uitgeschakeld, raken de deeltjes weer willekeurig verspreid door al het moleculaire gedrang en wordt het kwantumsignaal verstrooid en onwaarneembaar. Dit proces waarbij de willekeurige moleculaire beweging zorgvuldig uitgelijnde kwantummechanische systemen verstoort staat bekend als 'decoherentie', en de vreemde kwantumeffecten in grote levenloze objecten worden daardoor al snel weggevaagd.

Met een toename van de temperatuur nemen ook de energie en de snelheid van het moleculaire gedrang toe, zodat decoherentie zich eerder voordoet bij hogere temperaturen. Maar denk niet dat 'hoger' heet betekent. Feitelijk treedt decoherentie zelfs bij kamertemperatuur onmiddellijk op. Daarom werd het idee dat warme levende lichamen subtiele kwantumtoestanden konden handhaven als hoogst onwaarschijnlijk beschouwd, aanvankelijk althans. Alleen als objecten tot het absolute nulpunt worden afgekoeld – een temperatuur van -273 °C – komt de willekeurige moleculaire beweging volledig tot stilstand en treedt er geen decoherentie op, zodat de kwantummechanica zich kan manifesteren. Nu wordt de betekenis van Schrödingers eerder aangehaalde uitspraak duidelijker. De natuurkundige beweerde dat het leven er op de een of andere manier in slaagt om regels te volgen die normaliter alleen gelden bij temperaturen die 273° kouder zijn dan enig levend wezen.

Maar, zoals zowel Jordan als Schrödinger betoogde, en zoals jij zult ontdekken als je verder leest, het leven verschilt van levenloze objecten omdat relatief kleine aantallen bijzonder ordelijke deeltjes, zoals die in een gen of in het vogelkompas, voor een heel organisme veel kunnen uitmaken. Dat is wat Jordan 'versterking' noemde en Schrödinger 'orde uit orde'. De kleur van je ogen, de vorm van je neus, aspecten van je karakter, je intelligentieniveau en zelfs je vatbaarheid voor ziektes worden feitelijk allemaal bepaald door precies zesenveertig zeer ordelijke supermoleculen: de DNA-chromosomen die je van je ouders hebt geërfd. Geen levenloos macroscopisch object in het bekende universum is zo gevoelig voor de microstructuur van de materie op het meest fundamentele niveau – een niveau waar eerder de kwantummechanica heerst dan de klassieke wetten. Schrödinger betoogde dat dit is wat het leven zo bijzonder maakt. In 2014, zeventig jaar nadat Schrödinger zijn boek publiceerde, beginnen wij eindelijk te beseffen wat de verrassende implicaties zijn van het buitengewone antwoord dat hij gaf op de vraag: wat is leven?

Hoofdstuk 3

De motoren van het leven

Alles wat levende wezens kunnen doen kan worden begrepen in termen van het schudden en schommelen van atomen...

Richard Feynman[1]

Hamlet: Hoe lang zal iemand in de aarde liggen voordat hij gaat rotten?
Doodgraver: Als hij niet al verrot is vóór zijn dood – omdat wij tegenwoordig veel pokkige lijken krijgen die bijna uit elkaar vallen als je ze erin stopt – dan kan het wel acht tot negen jaar duren. Bij een leerlooier is het negen jaar.
Hamlet: Waarom is het bij hem meer dan bij een ander?
Doodgraver: Nou, meneer, zijn huid is door zijn vak zo gelooid dat hij water langer weert; en water doet een kreng al snel ontbinden.

William Shakespeare,
Hamlet, vijfde bedrijf, eerste scène, 'Op een kerkhof'

Achtenzestig miljoen jaar geleden, in de periode die wij nu Laat-Krijt noemen, baande een jonge tyrannosaurus zich een weg door een dun bebost rivierdal in een subtropisch woud. Het dier was ongeveer achttien jaar oud en nog niet volwassen, maar het was wel bijna vijf meter hoog. Elke zware stap gaf de vele tonnen dinosaurusvlees zo'n vaart dat het dier bomen verpletterde, en wellicht ook kleinere schepselen die het ongeluk hadden dat ze op zijn weg kwamen. Dat zijn lichaam bijeen bleef terwijl hij onderworpen was aan deze vleesvernietigende krachten, kwam doordat elk bot, elke pees en elke spier op zijn plek werd gehouden door taaie maar elastische vezels van een eiwit, *collageen*. Dit eiwit fungeert als een soort lijm voor vlees en het is een essentieel onderdeel van alle dierlijke lichamen, ook dat van onszelf. Zoals alle biomoleculen wordt het gemaakt en tenietgedaan door de meest opmerkelijke machines in het universum. In dit hoofdstuk richten we onze aandacht op de vraag hoe deze biologische nanomachines* werken; en vervolgens zullen we ingaan op de recente ontdekking dat het raderwerk en de hefbomen van deze levensmachines zich bedienen van de kwantummechanica om ons en alle andere levende wezens in leven te houden.

Maar eerst gaan we terug naar dat dal in de oertijd. Op deze dag zou de dinosaurus ten onder gaan aan zijn eigen omvang, tot stand gebracht door miljoenen nanomachines, omdat hij weinig zou hebben aan de ledematen die zo effectief waren bij het jagen op en uiteenrijten van zijn prooi toen hij zich daarmee moest bevrijden uit de plakkerige modder van de rivierbedding waarin hij was terechtgekomen. Nadat hij vele uren tevergeefs had geworsteld, liepen de enorme kaken van de tyrannosaurus vol troebel water en zonk het stervende dier in de modder. Onder de meeste omstandigheden zou het vlees van het dier even snel zijn verrot als de 'krengen' van de doodgraver uit Hamlet, maar deze dinosaurus zonk zo snel dat zijn hele lijf spoedig werd bedolven onder een dikke laag vlees conserverende modder en zand. In de loop der jaren en eeuwen drongen fijnkorrelige mineralen door in de holtes en poriën in zijn vlees en botten, om zijn weefsel te vervangen door steen: het lijk van de dinosaurus werd een fossiel van een dinosaurus. Boven, aan de oppervlakte, bleven de rivieren door het landschap kronkelen en zetten ze vele lagen zand, modder en slib af, tot het fossiel onder tientallen meters zandsteen en schalie lag.

Zo'n veertig miljoen jaar later werd het klimaat warmer, droogden de rivieren op en erodeerden de rotslagen boven de allang dode botten in de hete woestijnwinden. Er verstreken nog achtentwintig miljoen jaar voordat leden van een andere tweebenige soort, *Homo sapiens*, het rivierdal in liepen, maar de meesten van deze rechtopstaande primaten meden dit droge en barre land. Toen er in modernere tijden Europese kolonisten arriveerden, noemden ze dit dorre gebied de Badlands van Montana en het dal van de drooggevallen rivier Hell Creek. In 2002 had een team van paleontologen onder leiding van Jack Horner, de beroemdste fossielenjager van allemaal, daar zijn kamp opgeslagen. Een lid van die groep, Bob Hormon, zat te lunchen toen hij een groot bot zag dat vlak boven hem uit de rots stak.

*'Nano' verwijst naar structuren op de schaal van één nanometer, oftewel een miljardste van een meter.

In de loop van drie jaar werd bijna de helft van het hele skelet van het dier zorgvuldig uit de omringende steen gegraven – een taak waar het Korps Ingenieurs van het leger aan te pas kwam, evenals een helikopter en een hoop afgestudeerde studenten. Vervolgens werd het naar het Museum of the Rockies in Bozeman, Montana, gebracht, waar het werd aangeduid als specimen 'MOR 1255'. Het dijbeen van de dinosaurus moest in tweeën gezaagd worden voordat het met een helikopter kon worden opgehesen, waarbij een stuk gefossiliseerd bot afbrak. Jack Horner gaf enkele van de fragmenten aan een collega, de paleontologe dr. Mary Schweitzer van North Carolina State University, van wie hij wist dat ze geïnteresseerd was in de chemische samenstelling van fossielen.

Toen Schweitzer de doos openmaakte, wachtte haar een verrassing. Het eerste fragment dat ze bekeek leek aan de binnenkant van het bot (de mergholte) weefsel te hebben dat er heel bijzonder uitzag. Ze deed het bot in een zuurbad, dat de buitenste steenachtige mineralen zou oplossen en de diepere structuren aan het licht zou brengen. Maar daarbij liet ze het fossiel per ongeluk te lang in het bad liggen, en tegen de tijd dat ze terugkwam, waren álle mineralen opgelost. Schweitzer verwachtte dat het hele fossiel uiteengevallen zou zijn, maar zij en haar collega's waren verbaasd toen ze ontdekten dat er een flexibele vezelachtige substantie was achtergebleven, die onder de microscoop precies leek op het soort zacht weefsel dat je in moderne botten aantrof. En evenals in moderne botten bleek dit weefsel stampvol te zitten met bloedvaten, bloedcellen en die lange ketens van collageenvezels, de biologische lijm die het enorme levende dier bijeen had gehouden.

Fossielen die de structuur van zacht weefsel intact houden zijn zeldzaam, maar zeker niet onbekend. In de Burgess Shale-fossielen, die tussen 1910 en 1925 hoog in de Canadese Rocky Mountains van British Columbia zijn gevonden, zijn verbazingwekkend gedetailleerde afdrukken bewaard gebleven van het vlees van dieren die bijna zeshonderd miljoen jaar geleden in de Cambrische zeeën zwommen. Hetzelfde geldt voor de beroemde geveerde archeopteryx uit de groeve bij het Duitse Solnhofen, die zo'n honderdvijftig miljoen jaar geleden leefde. Maar bij de gebruikelijke fossielen van zachte weefsel blijft alleen de *afdruk* van biologisch weefsel bewaard, niet de *substantie* ervan. Niettemin leek het flexibele materiaal dat overbleef in het zuurbad van Mary Schweitzer het zachte weefsel van de dinosaurus zelf te zijn. Toen Schweitzer in

2007 haar ontdekking publiceerde in het tijdschrift *Science*,[2] stuitte haar artikel aanvankelijk op verbazing en flink wat scepsis. Maar hoewel het inderdaad verbazingwekkend is dat biomoleculen miljoenen jaren behouden waren gebleven, gaat onze belangstelling vooral uit naar wat er vervolgens gebeurde. Om te bewijzen dat de vezelachtige structuren inderdaad uit collageen bestonden, toonde Schweitzer eerst aan dat eiwitten die zich verbinden aan het moderne collageen, ook verbonden waren aan de vezels in haar oeroude bot. Bij wijze van laatste test mengde ze het dinosaurusweefsel met een enzym, *collagenase*, een van de vele biomoleculaire machines die collageenvezels aanmaken en tenietdoen in de lichamen van dieren. Binnen enkele minuten werden de collageenketens die achtenzestig miljoen jaar behouden waren gebleven, afgebroken door het enzym.

Enzymen zijn de motoren van het leven. De bij ons waarschijnlijk meest bekende enzymen hebben een ietwat banale dagelijkse toepassing, zoals de proteasen die aan 'biologische' wasmiddelen worden toegevoegd om vlekken te helpen verwijderen, de pectine die aan jam wordt toegevoegd om te zorgen dat hij indikt en de leb die aan melk wordt toegevoegd om ervoor te zorgen dat hij stremt en kaas wordt. Misschien zijn we ons ook bewust van de rol die de diverse enzymen in onze maag en darmen spelen bij het verteren van ons voedsel. Maar dat zijn tamelijk triviale voorbeelden van de werking van de nanomachines van de natuur. Alle leven is of was afhankelijk van enzymen, van die allereerste microben die uit de oersoep sijpelden en aan de dinosauriërs die door de Jurassische bossen denderden, tot ieder nu levend organisme. Elke cel in je lichaam zit vol met honderden of zelfs duizenden van die moleculaire machines, die helpen om dat voortdurende proces van het samenstellen en recyclen van biomoleculen op gang te houden, het proces dat wij leven noemen.

'Helpen' is hier het sleutelwoord dat definieert wat enzymen doen: hun taak is om allerlei biochemische reacties te versnellen (te 'katalyseren'), die anders veel te langzaam zouden gaan. Zo versnellen de protease-enzymen die aan wasmiddelen worden toegevoegd de vertering van eiwitten in vlekken, versnellen pectine-enzymen de vertering van polysacchariden in fruit en versnellen leb-enzymen het stremmen van melk. Zo ook versnellen de enzymen in onze cellen het *metabolisme*: het proces waardoor talloze biomoleculen in onze cellen voortdurend worden omgezet in talloze andere biomoleculen om ons in leven te houden.

Het collagenase-enzym dat Mary Schweitzer aan haar dinosaurusbotten toevoegde is slechts één van die biomachines die gewoonlijk de taak hebben om in dierlijke lichamen collageenvezels af te breken. De versnellingsfactor waarvoor enzymen zorgen kan grofweg geschat worden door de tijd te vergelijken die het kost om collageenvezels af te breken zonder die enzymen (klaarblijkelijk meer dan achtenzestig miljoen jaar) en mét die enzymen (ongeveer dertig minuten): een triljoenvoudig verschil.

In dit hoofdstuk zullen wij verkennen hoe het komt dat enzymen zoals collagenase deze astronomische chemische versnellingen weten te bewerkstelligen. Een van de verrassingen van de afgelopen jaren is de ontdekking dat de kwantummechanica een belangrijke rol speelt bij de werking van althans een aantal van deze enzymen, en omdat die essentieel zijn voor het leven, zijn zij de eerste haven die we aandoen op onze reis door de kwantumbiologie.

Enzymen: tussen het levende en het dode in

Het gebruik van enzymen is vele duizenden jaren ouder dan hun ontdekking en beschrijving. Enkele duizenden jaren geleden zetten onze voorouders graan of druivensap om in bier of wijn door de toevoeging van gist – in wezen een microbiële zak met enzymen.* Zij begrepen ook dat extracten van de maagwand van kalveren (leb) de omzetting van melk in kaas versnelden. Vele eeuwen lang geloofde men dat deze transformerende eigenschappen voortkwamen uit vitale krachten die verbonden waren aan levende organismen en die hun de vitaliteit en de veranderlijkheid verleenden die het levende van het dode onderscheidden.

In 1752 begon de Franse wetenschapper René-Antoine Ferchault de Réaumur, geïnspireerd door de mechanistische filosofie van René Descartes, aan een onderzoek van een van die zogenaamde vitale activiteiten, de spijsvertering, met een ingenieus experiment. Destijds werd algemeen aangenomen dat dieren hun voedsel verteren door middel

*Gisten zijn eencellige schimmels.

van een mechanisch proces dat wordt bewerkstelligd door het stampen en karnen in hun spijsverteringsorganen. Deze theorie leek vooral van toepassing op vogels, wier ingewanden kleine steentjes bevatten waarvan men dacht dat die hun voedsel zacht maakten – een mechanische actie die aansloot op de opvatting van René Descartes (in grote lijnen weergegeven in het vorige hoofdstuk) dat dieren niet meer dan machines waren. Maar de Réaumur verbaasde zich erover dat roofvogels, wier ingewanden geen spijsverteringssteentjes bevatten, er toch ook in slaagden om hun voedsel te verteren. Dus voerde hij zijn troetelvalk kleine stukjes vlees in kleine metalen capsules met kleine gaatjes erin. Toen hij de capsules had teruggevonden, ontdekte hij dat het vlees volledig was verteerd, ondanks het feit dat het, beschermd in het metaal, geen mechanische inwerking had kunnen ondergaan. De tandwielen, hefbomen en maalstenen van Descartes voldeden duidelijk niet als verklaring voor minstens één van de vitale krachten van het leven.

Een eeuw na het werk van de Réaumur bestudeerde een andere Fransman, de scheikundige en grondlegger van de microbiologie Louis Pasteur, een andere biologische transformatie die tot dan toe aan 'vitale krachten' was toegeschreven: de omzetting van druivensap in wijn. Hij toonde aan dat het omzettingsprincipe van de fermentatie intrinsiek verband leek te houden met levende gistcellen in de 'fermenten' die in de brouwerij werden gebruikt, en in het zuurdeeg dat werd gebruikt om brood te maken. De term *enzym* (van het Griekse 'in gist') werd vervolgens in 1877 door de Duitse fysioloog Wilhelm Friedrich Kühne geïntroduceerd om de uitvoerenden van deze 'vitale activiteiten', zoals die van levende gistcellen, te beschrijven, of zelfs alle transformaties die werden bewerkstelligd door substanties afkomstig uit levende weefsels.

Maar wat zijn enzymen, en hoe versnellen ze de transformaties van het leven? Laten we terugkeren naar het enzym waarmee ons verhaal in dit hoofdstuk begon: collagenase.

Waarom wij enzymen nodig hebben en hoe kikkervisjes hun staart verliezen

Collageen is het meest voorkomende eiwit bij dieren (inclusief mensen). Het fungeert als een soort moleculair garen dat in en tussen onze weefsels is geweven en ons vlees bijeenhoudt. Zoals alle eiwitten bestaat het uit fundamentele chemische bouwstenen: slierten *aminozuren*. Er zijn zo'n twintig varianten, waarvan je sommige (bijvoorbeeld glycine, glutamine, lysine, cysteïne, tyrosine) misschien zult kennen als voedingssupplement die je in natuurvoedingswinkels kunt kopen. Elk molecuul van zo'n aminozuur bestaat uit tussen de tien en vijftig atomen van koolstof, stikstof, zuurstof, waterstof en soms zwavel, die in hun eigen unieke, karakteristieke driedimensionale vorm bij elkaar worden gehouden door chemische verbindingen.

Enkele honderden van deze verdraaide moleculaire slierten worden op hun beurt aaneengeregen tot een eiwit, vergelijkbaar met vreemd gevormde kralen aan een ketting. Elke kraal is verbonden met de volgende via een *peptidebinding*, die een koolstofatoom in het ene aminozuur koppelt aan een stikstofatoom in het andere. Peptidebindingen zijn heel sterk; tenslotte waren de bindingen die collageenvezels van de tyrannosaurus bijeenhielden, achtenzestig miljoen jaar bewaard gebleven.

Collageen is een bijzonder sterk eiwit, wat cruciaal is voor zijn rol als de inwendige lijm die de vorm en structuur van onze weefsels handhaaft. De eiwitten worden in drieledige strengen ineengedraaid, die op hun beurt gebundeld worden tot dikke kabels of *fibrillen*. Deze vezels worden door onze weefsels geregen om onze cellen aan elkaar te naaien. Ze zijn ook aanwezig in de pezen waarmee onze spieren aan onze botten zijn bevestigd, en in de ligamenten die botten met botten verbinden. Dit hechte netwerk van vezels wordt 'extracellulaire matrix' genoemd en dat is wat ons feitelijk bij elkaar houdt.

Iedereen die geen vegetariër is, kent de extracellulaire matrix al als het zenige kraakbeen dat je kunt aantreffen in een onverteerbare worst of in een goedkoop stuk vlees. Koks zullen zich ook bewust zijn van de onoplosbaarheid van dit taaie materiaal, dat zelfs niet mals wordt als een stoofpot urenlang op het vuur heeft gestaan. Maar hoe onwelkom de extracellulaire matrix op ons bord ook mag zijn, de aanwezigheid ervan in de lichamen van de eters is absoluut noodzakelijk. Zonder collageen zouden onze botten uit elkaar vallen, zouden onze spieren van onze botten vallen en zouden onze inwendige organen in een soort gelei veranderen.

Maar de collageenvezels in je botten, spieren en eten zijn niet onverwoestbaar. Als je ze kookt in een sterk zuur of loog, zullen de peptidebindingen tussen de aminozuurkralen uiteindelijk verbroken worden en zullen deze taaie vezels veranderen in oplosbare gelatine, de geleiachtige substantie die gebruikt wordt om marshmallows en drilpudding te maken. Filmfans zullen zich misschien de Stay Puft Marshmallow Man in *Ghostbusters* nog wel herinneren, die enorme logge massa wit vlees die New York terroriseerde. Maar de Marshmallow Man werd makkelijk verslagen door er gesmolten marshmallowroom van te maken. De peptidebindingen tussen de aminozuurkralen van de collageenvezels zijn het verschil tussen de Marshmallow Man en de tyrannosaurus rex. Taaie collageenvezels maken echte dieren taai.

Er is echter een probleem als je het lichaam van een dier ondersteunt met taaie, duurzame materialen zoals collageen. Bedenk maar eens wat er gebeurt als je je snijdt, kneust of zelfs een arm of been breekt: er gaan weefsels kapot en de kans is groot dat de ondersteunende extracellulaire matrix, dat taaie inwendige netwerk, ook beschadigd raakt. Als een huis schade oploopt door een storm of aardbeving, moet vóór het herstel eerst het kapotte geraamte worden verwijderd. Zo gebruikt het lichaam van een dier het enzym collagenase om beschadigde delen van de extracellulaire matrix te verwijderen zodat het weefsel hersteld kan worden door een andere reeks enzymen.

Nog crucialer is dat de extracellulaire matrix voortdurend vernieuwd moet worden wanneer een dier groeit: de inwendige stellage die een zuigeling ondersteunt zal dat niet kunnen doen bij de veel grotere volwassene. Dit is vooral een nijpend probleem – en daarom is de oplossing bijzonder leerzaam – bij amfibieën, waarvan de volwassen vorm heel anders is dan die van het onvolwassen dier. Het bekendste voorbeeld is de gedaanteverwisseling van amfibieën: de transformatie van een rond eitje tot een kronkelend donderkopje, dat eenmaal volgroeid een rondspringende kikker wordt. Fossielen van deze staartloze amfibieën met hun korte lichaam en hun onmiskenbare krachtige achterpoten worden aangetroffen in Jurassische rotsen die stammen uit het midden van het Mesozoïcum, 200 miljoen jaar geleden, dat bekendstaat als de Tijd van de Reptielen. Maar ze kunnen ook worden aangetroffen in rotsen uit de Krijtperiode. Het lijkt derhalve waarschijnlijk dat er kikkers zwommen in diezelfde rivier in Montana waar de dinosaurus die MOR 1255 werd aan zijn eind kwam. Maar in tegenstelling tot de dinosauriërs wisten kikkers de grote uitsterving in de Krijtperiode te overleven en bleven ze veel voorkomen in onze eigen vijvers, rivieren en moerassen, zodat hele generaties schoolkinderen en onderzoekers konden bestuderen hoe lichamen gevormd worden en veranderen.

De transformatie van een donderkopje in een kikker gaat gepaard met heel wat sloop- en verbouwingswerk van, bijvoorbeeld, de staart van het dier, die geleidelijk in het lichaam wordt opgenomen. Het vlees wordt gerecycled tot de nieuwe ledematen van de kikker. Voor dit alles moet de op collageen gebaseerde extracellulaire matrix, die de staartstructuur van het dier ondersteunde, snel ontmanteld en dan opnieuw gevormd worden in de nieuwe ledematen. Maar vergeet die achtenzestig miljoen jaar onder de rotsen van Montana niet: collageenvezels gaan niet zo snel kapot. De gedaanteverwisseling van een kikker zou dan ook heel lang duren als het collageen alleen chemisch afgebroken zou worden door middel van anorganische processen. Het is duidelijk dat een dier zijn taaie pezen niet in heet zuur kan koken, en dat het daarom een veel minder ingrijpende manier nodig heeft om zijn collageenvezels af te breken.

En daarin ligt de rol van het enzym collagenase.

Maar hoe werkt het? Hoe werken enzymen in het algemeen? De vitalistische overtuiging dat de activiteit van enzymen door de een of andere mysterieuze levenskracht werd bewerkstelligd hield stand tot aan het eind van de negentiende eeuw. Toen toonde een van de collega's van Kühne, Eduard Buchner, aan dat niet-levende extracten van gistcellen precies dezelfde chemische transformaties konden stimuleren die de levende cellen teweegbrachten. Vervolgens kwam Buchner met de revolutionaire these dat de *vitale kracht* niets meer was dan een vorm van chemische *katalyse*.

Katalysatoren zijn stoffen die gewone chemische reacties versnellen en waren al bekend bij scheikundigen in de negentiende eeuw. Vele van de chemische processen die de drijvende kracht waren achter de industriële revolutie, waren fundamenteel afhankelijk van katalysatoren. Zo was zwavelzuur een essentiële chemische stof die zowel de industriële als de landbouwrevolutie stimuleerde. Het werd gebruikt bij de fabricage van ijzer en staal, in de textielindustrie en voor de fabricage van kunstmest op basis van fosfaten. Het komt tot stand als gevolg van een chemische reactie die begint met zwaveldioxide (SO_2) en zuurstof (de *reactanten*), die allebei met water reageren om het *product* zwavelzuur

(H_2SO_4) te vormen. De reactie verloopt echter heel traag en was daarom aanvankelijk moeilijk te commercialiseren. Maar in 1831 ontdekte Peregrine Phillips, een azijnmaker uit het Engelse Bristol, een manier om de reactie te versnellen door de zwaveldioxide en de zuurstof over heet platina te leiden, dat als katalysator werkte. Katalysatoren verschillen van reactanten (de stoffen die in het begin meedoen aan de reactie) in die zin dat ze de reactie helpen versnellen zonder er deel aan te hebben of erdoor veranderd te worden. Daarom stelde Buchner dat enzymen in principe niet verschilden van anorganische katalysatoren, zoals die welke Phillips had ontdekt.

Decennia van later biochemisch onderzoek hebben Buchners inzicht in grote lijnen bevestigd. Lebferment, dat wordt aangemaakt in de magen van kalveren, was het eerste enzym dat gezuiverd werd. De oude Egyptenaren sloegen melk op in zakken die gemaakt waren van de maagwanden van kalveren. Zij zijn degenen aan wie doorgaans de ontdekking wordt toegeschreven dat dit onwaarschijnlijke materiaal de omzetting van melk in de beter houdbare kaas versnelde. Deze praktijk duurde tot aan het eind van de negentiende eeuw. Tegen die tijd werden de magen van kalveren als geheel gedroogd en verkocht door apothekers. In 1874 had de Deense scheikundige Christian Hansen een sollicitatiegesprek voor een baan bij een apotheek toen hij toevallig hoorde dat er een order voor een dozijn lebmagen arriveerde. Nadat hij had gevraagd waar die voor waren, kwam hij op het idee om zijn scheikundige vaardigheden te gebruiken om een minder onappetijtelijke bron van stremsel te vinden. Hij ging terug naar zijn laboratorium, waar hij een methode ontwikkelde om de stinkende vloeistof die men verkreeg door de gedroogde magen van kalveren te rehydreren, om te zetten in een droog poeder. Hij verdiende een fortuin door het product op de markt te brengen, dat over de hele wereld werd verkocht als Dr Hansen's Rennet Extract.

Lebferment is feitelijk een mengeling van diverse enzymen. Het voor het maken van kaas meest actieve wordt *chymosine* genoemd en maakt deel uit van een enorme familie van enzymen die *proteasen* worden genoemd, die het splijten van eiwitten versnellen. Bij het maken van kaas zorgt chymosine ervoor dat de melk stremt, zodat hij in wrongel en wei kan worden gescheiden. Maar de natuurlijke rol ervan in het lichaam van een jong kalf is de melk die het tot zich neemt te laten klonteren, zodat die langer in het spijsverteringskanaal blijft en er meer tijd is om de voedingsstoffen op te nemen.

Collagenase is ook een protease, maar de methoden om deze te zuiveren werden pas vijftig jaar later ontwikkeld, toen Jerome Gross, die in de jaren vijftig klinisch wetenschapper was aan Harvard Medical School in Boston, geïntrigeerd werd door de vraag hoe donderkopjes hun staart in zich opnemen om kikkers te worden.

Gross was geïnteresseerd in de rol van collageenvezels als een voorbeeld van moleculaire zelfassemblage, iets wat volgens hem 'een van de grote geheimen des levens in zich herbergde'.[3] Hij besloot onderzoek te doen naar de tamelijk forse staart van het donderkopje van de brulkikvors, die meer dan vijf centimeter lang kan worden. Gross vermoedde terecht dat er bij het proces van de opname van de staart in het lichaam veel assemblage en demontage van de collageenvezels van het dier kwamen kijken. Om de collagenase-activiteit te detecteren ontwikkelde hij een simpele test waarbij een petrischaaltje werd gevuld met een laag melkachtige collageengel, tjokvol met die taaie, onverslijtbare collageenvezels. Toen hij stukjes weefsel uit de staarten van een donderkopje op het oppervlak van de gel legde, zag hij een zone rondom het weefsel waar die taaie vezels werden afgebroken en in het oplosbare gelatine veranderden. Vervolgens zuiverde hij de collageen verterende substantie, het enzym collagenase.

Collagenase bevindt zich in het weefsel van kikkers en andere dieren, ook van de dinosaurus waarvan de botten in Hell Creek waren achtergebleven. Het enzym deed achtenzestig miljoen jaar geleden hetzelfde als nu. Het brak collageenvezels af, maar toen het dier doodging en in de modder belandde werd het enzym gedeactiveerd, zodat zijn collageenvezels intact bleven totdat Mary Schweitzer wat verse collagenase aan de botfragmenten toevoegde.

Collagenase is slechts één van de miljoenen enzymen waarvan dieren, microben en planten afhankelijk zijn voor bijna alle essentiële levensactiviteiten. Andere enzymen maken de collageenvezels van de extracellulaire matrix; weer andere maken andere biomoleculen, waaronder eiwitten, DNA, vetten en koolhydraten; en een heel andere verzameling enzymen breekt deze biomoleculen af en recyclet ze. Enzymen zijn verantwoordelijk voor de spijsvertering, de ademhaling, de fotosynthese en het metabolisme. Ze maken ons van top tot teen en houden ons in leven. Zij zijn de motoren van het leven.

Maar zijn enzymen slechts biologische katalysatoren, die dezelfde soort chemische reacties teweegbrengen als gebruikt worden om zwavelzuur en vele andere industriële chemicaliën te maken? Enkele decennia geleden zouden de meeste biologen het eens zijn geweest met Buchners opvatting dat de chemie van het leven niet verschilt van de soorten processen die zich afspelen in een chemische fabriek, of zelfs de scheikundedoos van een kind. Maar de laatste decennia is dat helemaal omgeslagen, doordat een aantal belangrijke experimenten opmerkelijke nieuwe inzichten heeft opgeleverd in de manier waarop enzymen werken. Naar het schijnt kunnen de katalysatoren van het leven een dieper realiteitsniveau bereiken dan de goeie ouwe klassieke scheikunde, en maken ze gebruik van een aantal handige kwantumtrucjes.

Maar om te begrijpen waarom de kwantummechanica nodig is om de vitaliteit van het leven te verklaren, moeten we eerst onderzoeken hoe de veel alledaagsere industriële katalysatoren werken.

Het veranderende energielandschap

Katalysatoren werken door middel van diverse mechanismen, maar de meeste kunnen begrepen worden dankzij een idee dat de theorie van de overgangstoestand of TST (van het Engelse *transition state theory*[4]) wordt genoemd. Deze geeft een eenvoudige verklaring voor de manier waarop katalysatoren reacties versnellen. Om TST te begrijpen, is het waarschijnlijk handig om het probleem eerst om te keren en te bedenken *waarom* katalysatoren nodig zijn om reacties te versnellen. Het antwoord is dat de meeste gewone chemische stoffen in onze omgeving vrij stabiel en niet reactief zijn. Ze vallen niet spontaan uiteen en reageren ook niet snel met andere chemische stoffen. Als ze dat wel deden, zouden ze tenslotte nu niet zoveel voorkomen.

De reden waarom veelvoorkomende chemische stoffen stabiel zijn, is dat hun bindingen niet vaak worden verbroken door de onvermijdelijke moleculaire turbulentie die altijd optreedt in materie. We kunnen ons dit voorstellen alsof de moleculen van de reactant zich een weg moeten banen door een soort landschap van energie, en over de top van een heuvel heen moeten die zich tussen de moleculen en de omzetting in producten in bevindt (figuur 3.1). De benodigde energie om de 'helling' op te gaan wordt voornamelijk gegenereerd door warmte, die de beweging van atomen en moleculen versnelt zodat ze sneller gaan bewegen of trillen. Dit moleculaire botsen en stoten kan de chemische verbindingen verbreken die de atomen binnen moleculen bijeenhouden, en het zelfs mogelijk maken dat ze nieuwe verbindingen vormen. Maar de atomen van relatief stabiele moleculen – de atomen die in onze omgeving veel voorkomen – worden bijeengehouden door bindingen die sterk genoeg zijn om de omringende moleculaire turbulentie te weerstaan. De chemische stoffen die wij rondom ons aantreffen komen dus veel voor omdat hun moleculen, over het algemeen, stabiel zijn* ondanks het heftige moleculaire gedrang in hun omgeving.

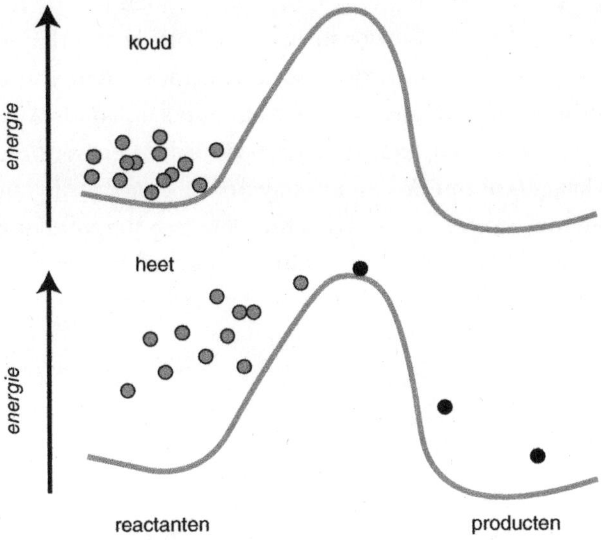

Figuur 3.1 Reactante moleculen, voorgesteld door de grijze stippels, kunnen worden omgezet in productmoleculen, voorgesteld door de zwarte stippels, maar eerst moeten ze over een heuvel van energie heen klimmen. Koele moleculen hebben daartoe zelden voldoende energie, maar hete moleculen kunnen er makkelijk overheen komen.

*Er zijn uiteraard heel belangrijke uitzonderingen: in de eerste plaats chemische stoffen, zoals zuurstof, die weliswaar reactief zijn maar voortdurend opnieuw worden aangevuld door processen die zich op onze planeet voltrekken, met name die van levende organismen zoals de planten die zuurstof toevoegen aan onze atmosfeer.

Maar zelfs stabiele moleculen kunnen uiteengereten worden als ze voldoende energie krijgen. Een mogelijke bron voor die energie is meer warmte, omdat de moleculaire beweging daardoor wordt versneld. Het verhitten van een chemische stof zal de bindingen uiteindelijk verbreken. Daarom koken wij zoveel van ons eten: de hitte versnelt de chemische reacties waardoor de rauwe ingrediënten – de reactanten – in smakelijker producten worden omgezet.

Een goede manier om te visualiseren hoe hitte chemische reacties versnelt is door je de moleculen van de reactant voor te stellen als de zandkorrels in de linkerkamer van een zandloper die op zijn kant ligt (figuur 3.2a). Als ze met rust gelaten worden, zullen de zandkorrels eeuwig blijven waar ze zijn, omdat ze niet genoeg energie hebben om de hals van de zandloper te bereiken en door te stromen naar de rechterkamer, die staat voor de eindproducten van de reactie. De moleculen van de reactant in een chemisch proces kunnen meer energie krijgen als we ze verwarmen, waardoor ze sneller gaan bewegen en trillen en sommige voldoende energie krijgen om in producten te worden omgezet. Je kunt je dit voorstellen als het simpelweg goed schudden van de zandloper, zodat een deel van de zandkorrels in de rechterkamer zal belanden en van een reactant in een product zal veranderen (figuur 3.2b).

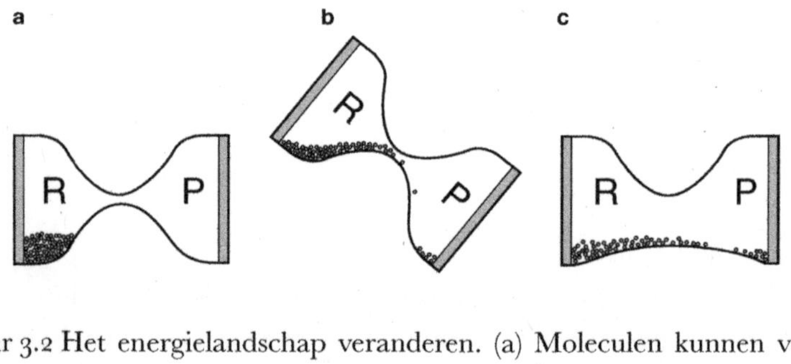

Figuur 3.2 Het energielandschap veranderen. (a) Moleculen kunnen van de staat van reactant (R) naar de staat van product (P) gaan, maar eerst moeten ze voldoende energie hebben om over de overgangstoestand heen te komen (de hals van de zandloper). Door de zandloper schuin te houden, geven we de reactant (het substraat) meer energie dan het product, zodat hij makkelijk door kan stromen. (c) Enzymen werken door de overgangstoestand te stabiliseren, waardoor in feite de energie ervan (de hals van de zandloper) omlaag gaat, zodat de substraten makkelijker de staat van product kunnen bereiken.

Een andere manier om reactanten in producten om te zetten, is door de energiebarrière te verlagen waar ze overheen moeten. Dat is wat katalysatoren doen. Zij zorgen voor het equivalent van het verbreden van de hals van de zandloper, zodat het zand in de linkerkamer met slechts een minimale hoeveelheid thermale onrust naar de rechterkamer kan stromen (figuur 3.2c). Bijgevolg wordt de reactie sterk versneld door het vermogen van de katalysator om het aanzien van het energielandschap zodanig te veranderen dat substraten* veel sneller producten kunnen worden dan zonder een katalysator.

We kunnen laten zien hoe dit op een moleculair niveau werkt door eerst te kijken naar de zeer trage reactie die verantwoordelijk is voor het afbreken van een collageenmolecuul zonder het enzym collagenase** (figuur 3.3). Zoals we al hebben uitgelegd, bestaat collageen uit een reeks aminozuren, waarvan elk aan de volgende wordt gekoppeld door een *peptidebinding* (in de figuur weergegeven als een dikke lijn) tussen een koolstof- en een stikstofatoom. De peptidebinding is slechts één van de verschillende verbindingen die atomen binnen moleculen bijeenhouden. Deze bestaat in wezen uit een elektronenpaar dat wordt gedeeld tussen de stikstof- en de koolstofatomen. Deze gedeelde negatief geladen elektronen trekken de positief geladen atoomkernen van de atomen aan weerskanten van de binding aan, en fungeren zo als een soort elektronische lijm die de atomen in de peptidebinding bijeenhoudt.***

Peptidebindingen zijn heel stabiel, want om ze te verbreken door de gedeelde elektronen met geweld te scheiden is een hoge 'activatie-energie' nodig: de binding moet een heel hoge energieheuvel op alvorens de hals van de reactiezandloper te bereiken. In de praktijk wordt de binding doorgaans niet uit eigen beweging verbroken en is er een helpende hand nodig van een van de omringende watermoleculen, in een proces dat bekendstaat als *hydrolyse*. Wil dit plaatsvinden, dan moet het

*De eerste chemische stof in een reactie wordt de reactant genoemd. Maar als de reactie wordt versneld door een katalysator zoals een enzym, dan wordt de beginstof het substraat genoemd.

** De meeste namen van enzymen beginnen met die van het beginmolecuul, het 'substraat', dat wordt opgebruikt in de reactie, en eindigen op -ase. Collagenase is derhalve een enzym dat op collageen inwerkt.

*** Een dergelijke binding staat bekend als een covalente binding.

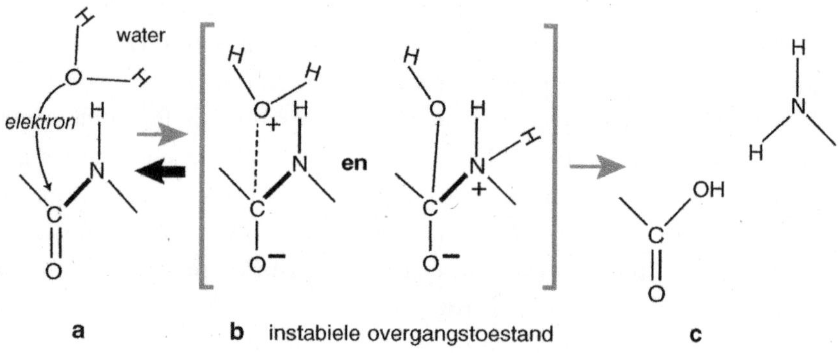

Figuur 3.3 Eiwitten zoals collageen (a) bestaan uit ketens van aminozuren die op hun beurt bestaan uit atomen koolstof (C), stikstof (N), zuurstof (O) en waterstof (H) die aan elkaar gekoppeld zijn door peptidebindingen. Een van deze bindingen wordt weergegeven door de dikke lijn in de figuur. De peptidebinding kan *gehydroliseerd* worden door een watermolecuul (H_2O), waardoor de peptidebinding wordt verbroken (c), maar daarvoor moet het molecuul eerst een instabiele overgangstoestand (b) doorlopen, die bestaat uit minstens twee verschillende structuren die beide kanten op in elkaar overgaan.

watermolecuul eerst dicht genoeg bij de peptidebinding komen om een van zijn elektronen af te staan aan het koolstofatoom van de verbinding, en een nieuwe zwakke verbinding vormen waarmee het watermolecuul op zijn plaats wordt gehouden (zoals weergegeven door de stippeltjeslijn in figuur 3.3). Dit tussenstadium wordt een overgangstoestand genoemd (vandaar de 'theorie van de overgangstoestand') en is de instabiele top van de energieheuvel die beklommen moet worden wil de verbinding verbroken worden, wat hier wordt voorgesteld door de hals van de zandloper. Merk op dat het elektron dat het water in de figuur heeft afgestaan helemaal naar het zuurstofatoom dat grenst aan de peptidebinding is gegaan, dat nu negatief geladen is door het extra elektron dat erbij is gekomen. Intussen heeft het watermolecuul dat het elektron heeft afgestaan in de overgangstoestand als geheel een positieve lading gekregen.

Hier wordt het wat lastiger om het proces te bevatten. Beschouw dit watermolecuul (H_2O) als positief geladen, niet omdat het een elektron heeft verloren, maar omdat het nu een kale waterstofkern heeft, een proton, weergegeven door het plusteken in de figuur. Dit positief geladen proton wordt niet meer stevig op zijn plaats in het watermolecuul gehouden en raakt *gedelokaliseerd* in de kwantummechanische betekenis die we in het vorige hoofdstuk hebben besproken. Hoewel het een flink deel van de tijd nog steeds verbonden is met het watermolecuul (de linkerstructuur in figuur 3.3b), kan het soms ook verder weg worden aangetroffen, dichter bij het stikstofatoom (de rechterstructuur in figuur 3.3b) aan de andere kant van de peptidebinding. In deze positie kan het rondzwervende proton een van de elektronen van de peptidebinding uit zijn positie losrukken en zo de binding verbreken.

Maar doorgaans zal dat niet gebeuren. De reden is dat overgangstoestanden, zoals die welke geïllustreerd is in figuur 3.3b, heel kortstondig zijn; ze zijn dermate instabiel dat het minste of geringste 'duwtje' ze teniet kan doen. Zo kan het negatief geladen elektron dat het watermolecuul heeft afgestaan makkelijk teruggewonnen worden, zodat de oorspronkelijke reactanten opnieuw gevormd worden (weergegeven door de dikke pijl in de figuur). Dit is een veel waarschijnlijker scenario dan de voorwaartse reactie waarbij de binding wordt verbroken. Peptidebindingen worden doorgaans dus niet verbroken. In feite is de tijd totdat in neutrale oplossingen (noch zuur noch alkalisch) de helft van de peptidebindingen in een eiwit verbroken is, de zogenaamde halveringstijd van de reactie, meer dan 500 jaar.

Dit alles is uiteraard wat er *zonder* enzymen gebeurt. Wij moeten nog beschrijven hoe het enzym het hydrolyseproces te hulp komt. Volgens de TST versnellen katalysatoren chemische processen, zoals het verbreken van de peptidebinding, door de overgangstoestand stabieler te maken en zo de kans te vergroten dat er zich eindproducten vormen. Dit kan op diverse manieren gebeuren. Zo kan een positief geladen atoom in de buurt van de binding het negatief geladen zuurstofatoom in de overgangstoestand neutraliseren, waardoor die toestand gestabiliseerd wordt (en er niet meer zo'n haast is om het elektron terug te geven dat door het watermolecuul is afgestaan). Door overgangstoestanden te stabiliseren reiken katalysatoren een helpende hand, wat te vergelijken valt met het verbreden van de hals van de zandloper.

De vraag is nu of de theorie van de overgangstoestand, bezien vanuit onze zandlopervergelijking, ook opgaat als verklaring voor de manier waarop enzymen al die reacties versnellen die noodzakelijk zijn voor het leven.

Schudden en schommelen

Het collagenase-enzym dat Mary Schweitzer gebruikte om de collageenvezels van die oeroude tyrannosaurus uiteen te doen vallen, is hetzelfde enzym dat Jerome Gross bij kikkers ontdekte. Je zult je nog wel herinneren dat dit enzym nodig is om de extracellulaire matrix van het donderkopje te ontmantelen zodat zijn weefsels, cellen en biomoleculen tot een volwassen kikker kunnen worden omgevormd. Bij de dinosaurus vervulde het dezelfde functie, en dat doet het in ons lichaam nog steeds: het ontmantelen van collageenvezels om groei en de vorming van nieuwe weefsels mogelijk te maken tijdens de ontwikkeling en na een verwonding. Om te kijken hoe dit enzymatische proces werkt, zullen we een idee lenen uit een lezing van Richard Feynman die het aanzien van de wetenschap heeft veranderd, en die hij in 1959 hield op het California Institute of Technology. De titel was 'Onderop is heel wat ruimte' (*'There's Plenty of Room at the Bottom'*). De lezing wordt algemeen gezien als het intellectuele fundament voor het vakgebied van de nanotechnologie: engineering op de schaal van atomen en moleculen. Feymans idee inspireerde ook de film *Fantastic Voyage* uit 1966, waarin een onderzeeër en zijn bemanning zodanig werden verkleind dat ze in het lichaam van een wetenschapper geïnjecteerd konden worden om een mogelijk dodelijke bloedprop in de hersenen te verwijderen. Om te onderzoeken hoe dit werkt zullen wij een reisje maken in een denkbeeldige onderzeeër. Onze bestemming zal de staart van een donderkopje zijn.

Eerst moeten we ons donderkopje vinden. Bij een bezoekje aan een vijver in de buurt vinden we wat kikkerdril. Zorgvuldig pakken we een handjevol van de geleiachtige, zwart gestippelde bolletjes, dat we overbrengen naar een glazen waterbak. Het duurt niet lang voordat we in de eitjes iets zien wriemelen, en binnen enkele dagen komen er piepkleine donderkopjes uit. Nadat we met behulp van een vergrootglas snel wat aantekeningen hebben gemaakt van hun voornaamste kenmerken – een relatief grote kop met een snuit boven een kleine bek, aan de zijkant geplaatste ogen en gevederde kieuwen, met daarachter een lange, krachtige staartvin – geven we de donderkopjes voldoende te eten (algen) en keren we dagelijks terug voor observaties. Enkele weken lang zien we weinig veranderingen in de vorm van het dier, al zijn we wel onder de indruk van hoe snel het in lengte en omvang toeneemt. Na zo'n acht weken zien we dat de kieuwen van het dier zich in het lichaam hebben teruggetrokken en er voorpoten zichtbaar worden. Na nog twee weken komen de achterpoten tevoorschijn aan de basis van zijn stevige staart. In dit stadium moeten we vaker observaties doen, omdat het tempo lijkt te versnellen waarin de gedaanteverwisseling van het dier zich voltrekt. De kieuwen en de kieuwzakken van het donderkopje verdwijnen volledig en de ogen komen hoger op zijn kop te zitten. Tegelijk met deze ingrijpende veranderingen aan de voorkant van het donderkopje begint de staart kleiner te worden. Dit is het signaal waarop we gewacht hebben. We stappen dus in onze onderzeeër en laten die te water in de glazen bak om een van de meest opmerkelijke transformaties in de natuur te bestuderen.

Naarmate ons vaartuig kleiner wordt, zien we meer details van de gedaanteverwisseling van de kikker, zoals ingrijpende veranderingen in de huid van het donderkopje, die dikker en taaier is geworden en slijmklieren heeft gekregen die hem vochtig en soepel zullen houden als het de vijver verlaat en het land op gaat. Wij duiken in een van deze klieren en gaan zo door de huid van het dier heen. Nadat we ongedeerd door diverse celbarrières zijn gegaan, komen we in zijn bloedsomloop aan. Terwijl we door de bloedvaten en slagaderen varen, zijn we van binnenuit getuige van de vele veranderingen die zich in zijn lichaam voltrekken. Vanuit hun zakachtige beginstadium vormen de longen zich. Ze zetten uit en vullen zich met lucht. De lange spiraalvormige darmen van het donderkopje, die geschikt waren voor het verteren van algen, rechten zich tot een darmkanaal dat typisch is voor een roofdier. Het transparante kraakbeenachtige skelet, inclusief de chorda dorsalis (een primitieve ruggengraat die langs zijn hele lichaam loopt), wordt compact en ondoorzichtig doordat kraakbeen plaatsmaakt voor bot. Wij gaan verder en volgen de zich ontwikkelende ruggengraat tot in de staart van het donderkopje, waar het proces van heropname in het groeiende lichaam van de kikker net begint. Op deze schaal kunnen we zien dat hij in de lengte allemaal dikke, gegroefde spieren heeft.

Als we nog kleiner worden, kunnen we zien dat elke spiervezel bestaat uit lange zuilen van cilindrische cellen waarvan de periodieke contracties ten grondslag liggen aan het voortbewegingsvermogen van het donderkopje. Rond deze spiercilinders bevindt zich een dicht netwerk van vezelige kabels: de extracellulaire matrix die het doel van ons onderzoek is. De matrix zelf lijkt voortdurend te veranderen: de individuele kabels vallen uiteen, waardoor er ingesloten spiercellen vrijkomen die zich losmaken om zich aan te sluiten bij een steeds sterkere massale celmigratie vanuit de verdwijnende staart van het donderkopje naar het lichaam van de kikker.

We krimpen nog verder en zoomen in op een van die uiteenvallende kabels van de desintegrerende extracellulaire matrix. Naarmate de omvang ervan toeneemt, zien we dat hij, net als een touw, bestaat uit duizenden individuele eiwitstrengen, waarvan elk op zijn beurt een bundeling van collageenvezels is. Elke vezel bestaat uit drie strengen van het collageeneiwit – die aminozuurkralen aan die ketting die we eerder zijn tegengekomen toen we over het over dat dinosaurusbot hadden. Deze strengen zijn om elkaar heen gewikkeld en vormen een taaie spiraalvormige draad die enigszins lijkt op DNA, maar dan met drie in plaats van twee strengen. En hier komt eindelijk het doelwit van onze expeditie in zicht: een molecuul van een collagenase-enzym. Het lijkt op een oesterachtige structuur die vastgeklemd zit aan een van de collageenvezels en langs de vezel omlaag schuift om de strengen van de drievoudige helix los te ritsen en vervolgens de peptidebindingen die de aminozuurkralen met elkaar verbinden gewoon door te knippen. De keten die anders misschien wel miljoenen jaren intact zou blijven valt in een oogwenk uiteen. We zullen nu nog verder inzoomen, om precies te zien hoe dit doorknippen in zijn werk gaat.

Met onze volgende verkleining komen we op een moleculaire schaal van slechts enkele nanometers (miljoensten van een millimeter). Het is moeilijk te bevatten hoe klein dit feitelijk is. Om je dus een beter idee te geven: neem de grootte van de letter ‘o’ op deze pagina. Als jij van je normale formaat zou krimpen tot de schaal van een nanometer, dan zou die ‘o’ voor jou ongeveer zo groot lijken als de hele Verenigde Staten. Op deze schaal kunnen we zien dat het inwendige van de cel tjokvol zit met watermoleculen, metaalionen* en een enorme verscheidenheid aan biomoleculen, waaronder een heleboel van die vreemd gevormde aminozuren. Deze bedrijvige, overvolle moleculaire vijver verkeert in een

*Een ion is een atoom of molecuul dat een elektrische lading heeft doordat er een elektron ontbreekt (een positief ion) of doordat het een extra elektron heeft (een negatief ion).

staat van constante beroering en turbulentie: de moleculen tollen, trillen en ketsen tegen elkaar, bewegend zoals de biljartbalachtige moleculen uit het vorige hoofdstuk.

En daar, te midden van al deze willekeurige, turbulente moleculaire bedrijvigheid, zijn die oesterachtige enzymen die langs de collageenvezels schuiven. Die bewegen zich dus op een heel andere manier. Op deze schaal kunnen wij inzoomen op één enkel enzym terwijl het zich een weg baant langs de eiwitketen van het collageen. Op het eerste gezicht lijkt de vorm van het enzymmolecuul nogal bobbelig en amorf, wat de valse indruk wekt dat het een nogal ordeloze verzameling onderdelen is. Maar zoals alle enzymen heeft collagenase een precieze structuur, waarbij ieder atoom een specifieke plaats heeft binnen het molecuul. In tegenstelling tot het chaotische gedrang van de omringende moleculen voert het enzym een elegante en nauwkeurige moleculaire dans uit, waarbij het zich rond de collageenvezel wikkelt, de spiraalvormige krommingen ontrafelt en met grote precisie de peptidebindingen doorknipt die de aminozuren in de keten met elkaar verbinden, alvorens door te gaan naar de volgende peptidebinding in de keten. Dit zijn geen verkleinde versies van door mensen gemaakte machines waarvan de werking, op een moleculair niveau, berust op de chaotische beweging van talloze biljartbalachtige deeltjes; deze nanomachines van de natuur voeren, op een moleculair niveau, een zorgvuldig gechoreografeerde dans uit, waarvan de passen door miljoenen jaren van natuurlijke selectie precies zo zijn uitgewerkt dat ze de beweging van fundamentele deeltjes sturen.

Om beter te kijken naar hoe het knippen in zijn werk gaat, dalen wij af in de gapende opening van het enzym waarin het de substraten op hun plaats houdt: de eiwitketen van het collageen en één enkel watermolecuul. Dit is het actieve centrum van het enzym – de plek waar het enzym het verbreken van peptidebindingen versnelt door de hals van de energiezandloper te verbuigen. Er is een groot verschil tussen de choreografische actie die in dit moleculaire stuurcentrum plaatsvindt en al het chaotische gedrang buiten en rondom het enzym, en die actie speelt een onevenredig belangrijke rol in het leven van de hele kikker.

Het actieve centrum van het enzym wordt geïllustreerd in figuur 3.4. Als je dit diagram vergelijkt met figuur 3.3, kun je zien dat het enzym ervoor zorgt dat de peptidebinding in de instabiele overgangstoestand blijft die bereikt moet worden voordat de binding verbroken kan worden. De substraten worden op hun plaats gehouden door zwakke chemische bindingen, aangegeven door stippellijnen in de figuur, die in wezen elektronen zijn die het substraat en het enzym met elkaar delen. Zo worden de substraten in een precieze configuratie gefixeerd, klaar voor de knippende moleculaire kaken van het enzym.

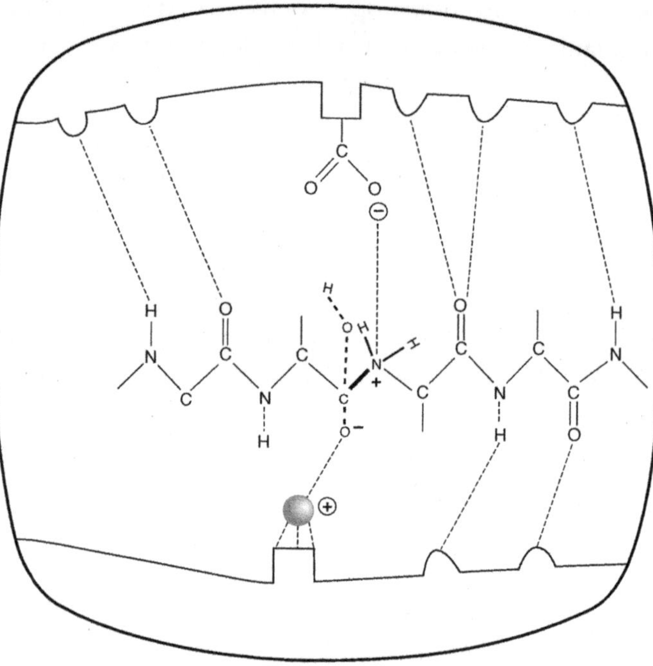

Figuur 3.4 Verbreking van de peptidebinding (de dikke lijn) van collageen in het actieve centrum van collagenase. De overgangstoestand van het substraat wordt weergegeven door de stippellijnen. Het bolletje onderaan links van het midden is het positief geladen zinkion; de bovenste carboxygroep (COO) is van een glutaminezuur in het actieve centrum van het enzym. Let wel, de afstanden in en tussen de moleculen zijn niet op schaal getekend.

Als de kaken van het enzym zich sluiten, doen ze iets wat veel subtieler is dan het simpelweg 'doorbijten' van de binding: ze zorgen voor de middelen waardoor de katalyse zich kan voltrekken. We zien hoe een groot positief geladen atoom direct onder zijn doel, de peptidebinding, in positie komt. Dit is een positief geladen zinkatoom. Als we het actieve centrum van het enzym als de kaken beschouwen, dan is het zinkatoom een van de twee snijtanden. Het positief geladen atoom plukt een elektron uit het zuurstofatoom van de substraten om de overgangstoestand te stabiliseren en zo het energielandschap te veranderen: de hals van de zandloper is zojuist verbreed.

De rest van de taak wordt uitgevoerd door de tweede moleculaire snijtand van het enzym. Dit is een van de eigen aminozuren van het enzym, dat glutamaat wordt genoemd, en dat in positie is gekomen en met zijn negatief geladen zuurstofatoom boven de tweede peptidebinding hangt. De rol van dat aminozuur is allereerst om een positief geladen proton aan het gefixeerde watermolecuul te onttrekken. Vervolgens spuugt het dit proton in het stikstofatoom aan de andere kant van de peptidebinding, waardoor dat atoom een positieve lading krijgt, die elektronen aan de peptidebinding onttrekt. Misschien herinner je je nog dat elektronen zorgen voor de lijm van chemische verbindingen – dus het onttrekken van het elektron is als het onttrekken van lijm aan een verlijmde verbinding, waardoor die verzwakt en breekt.[5] Als er nog enkele elektronen worden uitgewisseld, worden de producten van de reactie, de verbroken peptideketens, uit de moleculaire kaken van het enzym gestoten. Een reactie die anders misschien wel meer dan achtenzestig miljoen jaar zou kosten heeft zich binnen nanoseconden voltrokken.

Maar wat heeft dit met kwantummechanica te maken? Om te begrijpen waarom we kwantummechanica nodig hebben om de katalyse van enzymen te verklaren, zullen we even stilstaan bij de inzichten van de pioniers op het gebied van de kwantummechanica. We hebben het reeds gehad over de bijzondere rol die dat kleine aantal deeltjes in het actieve centrum van het enzym speelt, waarvan de gechoreografeerde bewegingen in schril contrast staan met het chaotische moleculaire gedrang elders in de moleculaire omgeving. Hier gaan zeer gestructureerde biomoleculen heel specifieke interacties aan met andere zeer gestructureerde biomoleculen. Dit kun je zien als Jordans dictatoriale versterking of Erwin Schrödingers 'orde uit orde', die vanaf het hoogste niveau van de zich ontwikkelende kikker via diens georganiseerde weefsels en cellen doorloopt tot op het niveau van de vezels die deze weefsels en cellen bijeenhouden. De orde loopt helemaal door tot in de gechoreografeerde beweging van fundamentele deeltjes binnen het actieve centrum van het enzym collagenase, dat de vezels omvormt en aldus van invloed is op de ontwikkeling van de hele kikker. Of wij nu het model van Jordan kiezen of dat van Schrödinger, hier speelt zich duidelijk heel iets anders af dan bij de chaotische moleculaire beweging die een trein tegen een heuvel op duwt.

Maar betekent deze moleculaire orde dat er in het geval van leven een andere verzameling regels gaat meespelen, zoals Schrödinger beweerde? Om het antwoord op deze vraag te vinden moeten we iets meer weten over die andere verzameling regels die geldt op het niveau van het zeer kleine.

Kan de theorie van de overgangstoestand dit allemaal verklaren?

Betekent een dergelijke gechoreografeerde moleculaire beweging noodzakelijkerwijs dat de kwantummechanica daar een rol in speelt? We hebben ontdekt dat bij het vermogen van collagenase om de afbraak van peptidebindingen te versnellen, enkele katalytische mechanismen komen kijken die scheikundigen doorgaans gebruiken om chemische reacties te versnellen, zonder hun toevlucht te hoeven nemen tot de kwantummechanica. Zo lijkt het atoom van het metaal zink in het actieve centrum van het enzym eenzelfde rol te spelen als het hete platina dat Peregrine Phillips in de negentiende eeuw gebruikte om de fabricage van zwavelzuur te versnellen. Deze anorganische katalysatoren maken gebruik van willekeurige bewegingen van moleculen en niet van gechoreografeerde activiteiten, om hun katalytische groepen dicht bij de substraten te brengen en zo hun chemische reacties te versnellen. Is de katalyse van enzymen domweg een verzameling van diverse simpele klassieke katalytische mechanismen die in actieve centra bijeenkomen en zo de vitale vonk verschaffen die het leven doet ontbranden?

Tot voor kort zouden bijna alle enzymologen ja hebben gezegd: de gangbare theorie van de overgangstoestand, met haar beschrijving van de verschillende processen die helpen om de duur van de overgangstoestand te verlengen, werd beschouwd als de beste verklaring voor de manier waarop enzymen werken. Maar toen alle bekende meespelende factoren in beschouwing waren genomen, rezen er enkele twijfels. Zo zijn de verschillende mogelijke mechanismen die de splijtingsreactie van de peptiden kunnen versnellen allemaal welbegrepen en leveren die, elk op zich, een ongeveer honderdvoudige versnellingsfactor op. Maar zelfs als je al deze factoren met elkaar vermenigvuldigt, kom je hooguit tot een miljoenvoudige versnelling van de reactie. Dat is een schamel getal vergeleken met de bekende maten van versnelling die enzymen teweeg kunnen brengen: er lijkt een beschamend grote kloof te gapen tussen de theorie en de praktijk.

Een ander raadsel is hoe de activiteit van enzymen wordt beïnvloed door allerlei veranderingen in de structuur van de enzymen zelf. Bijvoorbeeld: zoals alle enzymen bestaat collagenase in wezen uit een eiwitchassis op een streng die de kaken en tanden van het enzym in zijn actieve centrum ondersteunt. We zouden verwachten dat veranderingen in de aminozuren die als kaken en tanden fungeren een grote impact zouden hebben op de efficiëntie van een enzym, en dat is ook zo. Verrassender is de ontdekking dat veranderingen van de aminozuren in het enzym die zich ver van het actieve centrum bevinden ook ingrijpende gevolgen kunnen hebben voor de efficiëntie ervan. Waarom deze schijnbaar onschuldige wijzigingen van de enzymstructuur zo'n enorm verschil maken, blijft een beetje een raadsel binnen de gangbare theorie van de overgangstoestand. Maar het blijkt logisch te zijn als de kwantummechanica ook aan het plaatje wordt toegevoegd. In het laatste hoofdstuk van dit boek zullen wij op deze ontdekking terugkomen.

Nog een probleem is dat de theorie van de overgangstoestand tot dusver geen kunstmatige enzymen heeft opgeleverd die even goed werken als de echte. Misschien herinner je je nog de beroemde uitspraak van Richard Feynman: 'Wat ik niet kan maken, begrijp ik niet.' Dit is relevant voor enzymen, want ondanks het feit dat wij zoveel weten over de mechanismen ervan, is er tot nu toe niemand in geslaagd om vanuit het niets een enzym te maken met een effect dat ook maar in de buurt komt van de versnellingen die natuurlijke enzymen teweegbrengen.[6] Volgens het criterium van Feynman begrijpen we dus nog niet hoe enzymen werken.

Maar kijk nog eens naar figuur 3.4 en stel de vraag: wat doet het enzym? Het antwoord ligt nogal voor de hand: enzymen manipuleren individuele atomen, protonen en elektronen, binnen en tussen moleculen. Tot nu toe hebben we in dit hoofdstuk gedaan alsof deze deeltjes zich min of meer gedroegen als kleine brokjes elektrische lading die van de ene plek naar de andere werden geduwd en getrokken in moleculen die op bolletjes en stokjes leken. Maar zoals we hebben gezien in onze verkenningen in het vorige hoofdstuk, verschillen elektronen, protonen en zelfs hele atomen enorm van zulke klassieke ballen, omdat ze de wetten van de kwantummechanica volgen, ook de vreemde wetten die gebaseerd zijn op coherentie maar die normaliter op het macroscopische niveau van biljartballen verdwijnen als gevolg van het proces van decoherentie. Tenslotte zijn biljartballen geen goede modellen voor fundamentele deeltjes. Om te begrijpen wat er werkelijk gebeurt in de actieve centra van enzymen moeten we dus onze klassieke vooroordelen loslaten en de vreemde wereld van de kwantummechanica betreden, waar objecten twee of honderd dingen tegelijk kunnen doen, spookachtige relaties met elkaar kunnen hebben en door schijnbaar ondoordringbare barrières heen kunnen gaan. Dat zijn kunststukjes die geen enkele biljartbal ooit voor elkaar heeft gekregen.

Elektronen rondschuiven

Zoals we hebben ontdekt, is een van de belangrijkste activiteiten van enzymen dat ze her en der elektronen verschuiven binnen de moleculen van substraten, bijvoorbeeld wanneer collagenase duwt en trekt aan elektronen binnen het peptidemolecuul. Maar elektronen worden niet alleen rondgeschoven binnen moleculen; ze kunnen ook van het ene molecuul op het andere worden overgedragen.

Een veelvoorkomende vorm van een chemische reactie waarbij dat gebeurt vindt plaats bij een proces dat *oxidatie* wordt genoemd. Dit is wat er gebeurt als wij fossiele brandstoffen, zoals kolen, verbranden. Oxidatie is in wezen de beweging van elektronen van een donor- naar een acceptormolecuul. Wanneer er een brokje steenkool wordt verbrand, verplaatsen hoogenergetische elektronen van koolstofatomen zich om minder energetische verbindingen met zuurstofatomen aan te gaan. Hierbij ontstaat kooldioxide. De overtollige energie komt vrij als de warmte van een kolenvuurtje. Wij gebruiken deze warmte-energie om ons huis te verwarmen, ons voedsel te koken en water te veranderen in de stoom die een motor of een elektriciteit opwekkende turbine aandrijft. Maar het verbranden van kolen en de verbrandingsmotor zijn tamelijk grove en inefficiënte middelen om de energie van elektronen te gebruiken. Lang geleden heeft de natuur een veel efficiëntere manier ontdekt om deze energie op te vangen, namelijk het proces van de gasstofwisseling.

Wij denken bij gasstofwisseling meestal aan de ademhaling: we nemen de zuurstof die wij nodig hebben op in onze longen en stoten kooldioxide uit bij wijze van afvalproduct. Maar ademhalen is feitelijk een combinatie van alleen de eerste (de inname van zuurstof) en de laatste (de uitstoot van kooldioxide) stappen van een veel complexer en gestructureerder moleculair proces dat zich in al onze cellen afspeelt. Het speelt zich af in complexe organellen,* de zogenaamde *mitochondriën*, die een beetje lijken op bacteriële cellen die gevangenzitten in onze eigen grotere dierlijke cellen, omdat ze net als bacteriën interne structuren hebben zoals membranen en zelfs hun eigen DNA. In feite hebben mitochondriën zich met aan zekerheid grenzende waarschijnlijkheid ontwikkeld uit een symbiotische bacterie die honderden miljoenen jaren geleden haar intrek heeft genomen in de voorouder van dierlijke en plantaardige cellen en vervolgens het vermogen is kwijtgeraakt om onafhankelijk te leven. Maar hun afkomst als een zelfstandig levende bacteriële cel verklaart waarschijnlijk waarom ze in staat zijn tot een zo complex proces als de ademhaling. Qua chemische complexiteit overtreft waarschijnlijk alleen de fotosynthese – die we in het volgende hoofdstuk zullen behandelen – de ademhaling.

Om in te zoomen op de rol die de kwantummechanica hier speelt, zullen we moeten simplificeren hoe de ademhaling werkt. En zelfs in een gesimplificeerde vorm komt daar een opmerkelijke reeks processen bij kijken, die prachtig het wonder van deze biologische nanomachines duidelijk maken. Het begint met het verbranden van een op koolstof gebaseerde brandstof, in dit geval de voedingsstoffen die wij betrekken uit ons eten. Zo worden koolhydraten in onze darmen afgebroken om suikers, zoals glucose, op te leveren, die in ons bloed worden opgenomen en vervolgens naar cellen worden gebracht die naar energie smachten. De zuurstof die nodig is om deze suikerbrandstof te verbranden wordt door het bloed vanuit de longen naar diezelfde cellen toe gebracht.

*Zoals je je misschien uit hoofdstuk 2 zult herinneren, zijn organellen de 'organen' van cellen: inwendige structuren die bepaalde functies vervullen, zoals de ademhaling.

Evenals bij het verbranden van kolen worden elektronen in de buitenste banen van koolstofatomen binnen een molecuul, verschoven naar een molecuul met de naam NADH. De elektronen worden daar echter niet meteen gebruikt om de zuurstofatomen te binden, maar worden van het ene enzym aan het andere doorgegeven via een *ademhalingsketen* van enzymen in onze cellen, zoals het stokje dat bij een estafette door de ene loper aan de andere wordt doorgegeven. Bij elke overdracht belandt het elektron in een minder energetische toestand, en het energieverschil wordt gebruikt om enzymen te voeden die protonen uit de mitochondriën pompen. De daaruit voortvloeiende protonengradiënt van de buitenkant naar het inwendige van de mitochondriën wordt vervolgens gebruikt om de rotatie van een ander enzym aan te drijven, het zogenaamde ATPase, dat een molecuul aanmaakt dat ATP wordt genoemd. ATP is heel belangrijk in alle levende cellen omdat het fungeert als een soort energiebatterij die makkelijk in de cel kan worden rondgeschoven als voeding voor allerlei energieverslindende activiteiten, zoals bewegen of de bouw van het lichaam.

De functie van de door elektronen aangedreven, protonen pompende enzymen lijkt een beetje op die van hydro-elektrische pompen die overtollige energie opslaan door water tegen een heuvel op te pompen. De opgeslagen energie kan vervolgens worden vrijgemaakt door het water langs de heuvel naar beneden te laten stromen en een turbinemotor te laten draaien die elektrische energie opwekt. Zo pompen ook de enzymen van de ademhaling protonen uit de mitochondriën. Als de protonen weer terug naar binnen stromen, leveren zij de energie voor de rotaties van het op een turbine lijkende enzym ATPase. Die rotaties zijn de drijvende kracht voor een volgende reeks moleculaire bewegingen, die een hoogenergetische fosfaatgroep aan een molecuul binden om ATP te maken.

We hebben zojuist het opvangen van energie vergeleken met een estafette. Als we die vergelijking verder uitwerken, kunnen we ons voorstellen dat het stokje wordt vervangen door een fles water (die staat voor de energie van het elektron), waarbij elke loper (het enzym) een slokje water neemt om de fles vervolgens door te geven, tot uiteindelijk de rest van het water in een emmer wordt gegoten, de zuurstof. Door de energie van het elektron in kleine hoeveelheden op te vangen wordt dit hele proces veel efficiënter dan wanneer zij direct in de zuurstof zou worden gegoten, omdat er heel weinig verloren gaat in de vorm van overtollige warmte.

De belangrijkste onderdelen van de gasstofwisseling hebben feitelijk heel weinig te maken met het proces van ademhalen, maar bestaan uit een ordelijke overdracht van elektronen via een estafette van ademhalingsenzymen binnen in onze cellen. Elke overdracht van elektronen, tussen het ene enzym en het volgende in de estafette, speelt zich af over een tussenruimte van enkele tientallen ångström – een afstand van vele atomen –, veel verder dan men mogelijk had geacht voor de gebruikelijke sprongetjes van elektronen. Het raadsel van de ademhaling is hoe de enzymen deze elektronen zo snel en efficiënt over zulke grote moleculaire tussenruimtes kunnen verplaatsen.

Deze vraag werd reeds aan het begin van de jaren veertig van de vorige eeuw voor het eerst gesteld door de Oostenrijks-Hongaars-Amerikaanse biochemicus Albert Szent-Györgyi, die in 1937 de Nobelprijs voor de Geneeskunde had ontvangen voor zijn aandeel in de ontdekking van vitamine C. In 1941 hield Szent-Györgyi een lezing met de titel 'Op weg naar een nieuwe biochemie', waarin hij stelde dat het gemak waarmee elektronen door biomoleculen stromen, vergelijkbaar is met de manier waarop ze zich verplaatsen in halfgeleiders zoals de siliciumkristallen die in de elektronica worden gebruikt. Helaas besefte men slechts enkele jaren later dat eiwitten feitelijk erg slechte elektrische geleiders zijn, zodat elektronen niet zo makkelijk door de enzymen zouden kunnen stromen als Szent-Györgyi dacht.

In de jaren vijftig werden er grote vorderingen gemaakt in de scheikunde, met name door de Canadese chemicus Rudolph Marcus, die een invloedrijke theorie heeft ontwikkeld die nu naar hem is genoemd (de Marcustheorie). Deze verklaart de snelheid waarmee elektronen zich tussen verschillende atomen of moleculen kunnen verplaatsen. Uiteindelijk kreeg Marcus voor zijn werk in 1992 de Nobelprijs voor de Scheikunde.

Maar een halve eeuw geleden was het nog steeds een raadsel hoe met name de ademhalingsenzymen zo'n snelle overdracht van elektronen over relatief grote moleculaire afstanden konden bevorderen. Een suggestie was dat eiwitten misschien een voor een roteerden, als het mechanisme van een klok, waardoor ver van elkaar verwijderde moleculen zo dicht bij elkaar kwamen dat de elektronen makkelijk konden overspringen. Een belangrijke voorspelling van deze modellen was dat dit mechanisme bij lage temperaturen sterk zou vertragen, als er weinig warmte-energie is om de beweging van het uurwerk aan te drijven. Maar in 1996 leidden experimenten die aan de Universiteit van Pennsylvania werden uitgevoerd door twee Amerikaanse scheikundigen, Don DeVault en Britton Chance, tot een van de eerste echte doorbraken in de kwantumbiologie. Zij toonden aan dat, in tegenstelling tot alle verwachtingen, de snelheid waarmee elektronen bij ademhalingsenzymen oversprongen niet afnam bij lage temperaturen.[7]

Don DeVault werd in 1915 in Michigan geboren, maar verhuisde tijdens de Depressie met zijn familie naar het westen. Hij studeerde aan Caltech en Berkeley in Californië en promoveerde in 1940 in de scheikunde. Hij was een toegewijde mensenrechtenactivist en zat tijdens de Tweede Wereldoorlog enige tijd in de gevangenis vanwege zijn standpunt als gewetensbezwaarde. In 1958 nam hij ontslag uit zijn functie als hoogleraar scheikunde aan de Universiteit van California om naar Georgia te gaan, zodat hij zich kon inzetten voor de strijd voor rassengelijkheid en integratie in het zuiden van de Verenigde Staten. Door zijn krachtige overtuiging, toewijding aan de zaak en het feit dat hij een voorstander was van vreedzaam protest riskeerde hij fysieke aanvallen tijdens demonstraties met zwarte activisten. Hij brak zelfs een keer zijn kaak toen zijn groep demonstranten, waarin allerlei rassen vertegenwoordigd waren, door een meute werd aangevallen. Maar daardoor liet hij zich niet weerhouden.

In 1963 ging DeVault aan de Universiteit van Pennsylvania werken met Britton Chance, een man die slechts twee jaar ouder was dan hij maar die al een wereldwijde reputatie had als een van de meest vooraanstaande wetenschappers op zijn vakgebied. Chance had niet één maar twee doctorstitels, de eerste in de fysische chemie en de tweede in de biologie. Zijn 'vakgebied' was dus heel breed en zijn onderzoeksinteresses liepen erg uiteen. Hij had een groot deel van zijn carrière gewerkt aan de structuur en functie van enzymen – terwijl hij tussendoor ook nog als zeiler een gouden medaille had gewonnen voor de Verenigde Staten op de Olympische Spelen van 1952.

Britton Chance was geïntrigeerd door een mechanisme waardoor licht de overdracht van elektronen van het ademhalingsenzym cytochroom naar zuurstof kon stimuleren. Samen met Mitsuo Nishimura ontdekte Chance dat deze overdracht bij de bacterie *Chromatium vinosum* zelfs plaatsvond wanneer de cellen ervan werden afgekoeld tot de temperatuur van vloeibare stikstof, -190 °C.* Maar het was nog niet bekend hoe dit proces met de temperatuur veranderde, wat inzicht zou kunnen bieden in het moleculaire mechanisme dat erbij kwam kijken. Chance besefte dat de reactie heel snel en met een heel korte maar felle lichtflits op gang moest worden gebracht. En dat raakte aan de expertise van Don DeVault. Die had een paar jaar gewerkt als elektrotechnisch adviseur voor een klein bedrijf dat een laser ontwikkelde die juist dat soort korte lichtpulsen kon genereren.

Samen ontwierpen DeVault en Chance een experiment waarbij een robijnlaser slechts 30 nanoseconden (30 biljoensten van een seconde) een korte, felle rode lichtflits afgaf aan bacteriële cellen tjokvol ademhalingsenzymen. Ze ontdekten dat wanneer ze de temperatuur lieten dalen, de snelheid van de elektronenoverdracht afnam totdat, bij zo'n 100 K (of -173 °C), de reactietijd van die overdracht ongeveer duizendmaal langer was dan bij kamertemperatuur. Dit viel te verwachten als het proces van de elektronenoverdracht voornamelijk werd aangedreven door de hoeveelheid warmte-energie. Maar toen DeVault en Chance de temperatuur onder de 100 K lieten dalen, gebeurde er iets vreemds. In plaats van nog verder af te nemen, leek de snelheid van de elektronenoverdracht een plateau te hebben bereikt en bleef die constant, ook als de temperatuur nog verder werd verlaagd, tot maar liefst 35 graden boven het absolute nulpunt (-238 °C). Hieruit bleek dat het mechanisme van de elektronenoverdracht niet alleen kan worden toegeschreven aan het 'klassieke' overspringen van elektronen zoals eerder beschreven. Het antwoord lijkt in de kwantumwereld te liggen, en met name in het vreemde kwantumtunneleffect dat we in hoofdstuk 1 zijn tegengekomen.

*Veel onderzoekers gebruiken de Kelvin (K) als temperatuureenheid. Een temperatuursverandering van 1 K komt overeen met een verandering van 1 °C. Maar de Kelvinschaal begint in het zogenaamde absolute nulpunt, dat gelijkstaat aan -273 °C. De lichaamstemperatuur van een mens is derhalve 310 K.

Kwantumtunneling

Misschien herinner je je uit hoofdstuk 1 nog dat tunneling het eigenaardige kwantumproces is waardoor deeltjes net zo makkelijk door ondoordringbare barrières heen kunnen als geluid door muren gaat. Het werd in 1926 voor het eerst ontdekt door de Duitse natuurkundige Friedrich Hund en werd kort daarop door George Gamow, Ronald Gurney en Edward Condon met succes gebruikt om het concept van radioactief verval te verklaren. Zij bedienden zich allemaal van de toen nieuwe wiskunde van de kwantummechanica. Kwantumtunneling werd een belangrijk aspect van de kernfysica, maar verwierf later erkenning als een verschijnsel met een bredere toepassing in de materiaalleer en de scheikunde. Zoals we al gezien hebben, is het fundamenteel voor het leven op aarde, omdat daardoor paren positief geladen waterstofkernen in het inwendige van de zon kunnen fuseren in de eerste stap van de omzetting van waterstof in helium, waarbij de enorme energie van de zon vrijkomt. Maar tot voor kort dacht men niet dat het een rol speelde bij de processen van het leven.

Bij kwantumtunneling kunnen deeltjes van de ene kant van een barrière naar de andere kant gaan op een manier die volgens ons gezond verstand onmogelijk zou moeten zijn. Onder een 'barrière' verstaan wij hier een fysiek (door onvoldoende energie) onoverkomelijk stuk ruimte – denk maar aan de krachtvelden die in sciencefictionverhalen worden gebruikt. Dit stuk ruimte zou kunnen bestaan uit een dunne laag isolerend materiaal dat twee zijden van elektrische geleiders of zelfs lege ruimte van elkaar scheidt, zoals de ruimte tussen twee enzymen in een ademhalingsketen. Het kan ook het soort energieberg zijn dat wij eerder hebben beschreven, dat de snelheid van chemische reacties inperkt (figuur 3.1). Neem het voorbeeld van een bal die tegen een lage heuvel op wordt geschopt. Om de top te bereiken en aan de andere kant naar beneden te rollen, moet de schop hard genoeg zijn. Terwijl hij tegen de heuvel op rolt, zal hij geleidelijk aan langzamer gaan, en als hij niet genoeg energie heeft (als de schop niet hard genoeg is), tot stilstand komen en weer terugrollen naar waar hij vandaan kwam. Volgens de klassieke newtoniaanse mechanica kan een bal alleen over de barrière heen komen als hij voldoende energie heeft om over de energieberg heen getild te worden. Maar als, bijvoorbeeld, die bal een elektron zou zijn en de berg een afstotende energiebarrière, zou er een kleine kans zijn dat het elektron als een golf door de barrière zou stromen en er feitelijk op een andere, meer efficiënte manier doorheen zou gaan. Dat is het kwantumtunneleffect (figuur 3.5).

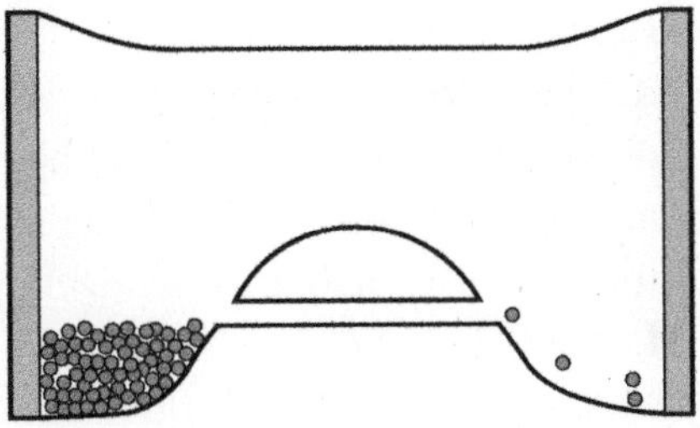

Figuur 3.5 Kwantumtunneling door het energielandschap.

Een belangrijk aspect van de kwantummechanica is dat hoe lichter het deeltje is, des te makkelijker het kan 'tunnelen'. Het is daarom niet verbazend dat toen men eenmaal begreep dat dit proces zich overal in de subatomaire wereld voordeed, het tunneleffect bij elektronen het meest bleek voor te komen, aangezien dat heel lichte elementaire deeltjes zijn. Aan het eind van de jaren twintig werd de veldemissie van elektronen bij metalen verklaard als een tunneleffect. Kwantumtunneling verklaarde ook hoe radioactief verval in zijn werk gaat: het vindt plaats wanneer bepaalde atoomkernen zoals die van uranium af en toe een deeltje uitspuwen. Dit werd de eerste succesvolle toepassing van de kwantummechanica op de problemen van de kernfysica. In de scheikunde heeft men nu veel inzicht in het kwantumtunneleffect bij elektronen, protonen (waterstofkernen) en zelfs zwaardere atomen.

Een cruciaal aspect van het kwantumtunneleffect is dat het, zoals vele andere kwantumverschijnselen, afhankelijk is van de verspreide, golfachtige aard van deeltjes. Maar als een lichaam dat uit vele kwantumdeeltjes bestaat probeert te tunnelen, moet het de golfaspecten van al die deeltjes zien te synchroniseren, zodat de toppen en dalen van de golven samenvallen. In dat geval zeggen wij dat het systeem coherent of gewoon 'zuiver' is. Decoherentie beschrijft het proces waarbij de vele kwantumgolven binnen de kortste keren geen gelijke tred meer met elkaar houden en elk algemeen coherent gedrag verdwijnt. Daarmee gaat het vermogen tot kwantumtunneling van het lichaam verloren. Wil een deeltje op dit niveau tunnelen, dan moet het golfachtig blijven om door de barrière heen te kunnen sijpelen. Daarom komt het kwantumtunneleffect niet voor bij grote objecten, zoals voetballen: die bestaan uit talloze atomen die zich niet op een onderling afgestemde, golfachtige manier kunnen gedragen.

Naar kwantummaatstaven zijn levende cellen ook grote objecten, dus op het eerste gezicht lijkt het onwaarschijnlijk dat het kwantumtunneleffect zou worden aangetroffen in warme, vochtige levende cellen waarvan de atomen en moleculen voor het merendeel op een incoherente manier bewegen. Maar zoals we hebben ontdekt gaat het er in een enzym anders aan toe: daarvan voeren de deeltjes een gechoreografeerde dans uit en niet een chaotische rave. Laten we daarom onderzoeken wat voor verschil deze choreografie kan maken voor het leven.

Het kwantumtunneleffect bij elektronen in de biologie

Het heeft enkele jaren geduurd voordat het onverwachte temperatuurprofiel in het experiment uit 1966 van DeVault en Chance volledig werd verklaard. John Hopfield is ook een Amerikaanse onderzoeker wiens werk vele disciplines omvatte, van moleculaire biologie tot natuurkunde en informatica. Hoewel hij het meest bekend is vanwege zijn werk aan het ontwikkelen van neurale netwerken voor computers, was Hopfield erg geïnteresseerd in de natuurkundige processen in de biologie. In 1974 publiceerde hij een artikel met de titel 'Electron transfer between biological molecules by thermally activated tunneling' ('Elektronenoverdracht tussen biomoleculen door thermaal geactiveerd tunnelen'),[8] waarin hij een theoretisch model ontwikkelde om het resultaat van DeVault en Chance te verklaren. Hopfield wees erop dat bij hoge temperaturen de trillingsenergie van de moleculen voldoende zou zijn om de elektronen zonder tunnelen over een barrière heen te laten springen. Wanneer de temperatuur verlaagd werd, zou er niet genoeg trillingsenergie zijn voor de enzymatische reactie. DeVault en Chance hadden echter ontdekt dat de reactie zich toch voltrok bij lage temperaturen. Hopfield opperde daarom dat bij die lagere temperaturen het elektron in een toestand halverwege de energieberg wordt gebracht, waar de afstand die het moet overbruggen korter is dan onder aan de helling, zodat de kans groter wordt dat het door middel van een kwantumtunneleffect door de barrière heen gaat. En hij had gelijk: de overdracht van elektronen door middel van tunneling vindt zelfs bij heel lage temperaturen plaats, zoals DeVault en Chance al hadden ontdekt.

Er zijn nu nog maar weinig wetenschappers die betwijfelen dat elektronen zich door middel van een kwantumtunneleffect voortbewegen langs de ademhalingsketens. Hiermee komen de belangrijkste reacties waarbij energie wordt aangewend in dierlijke en (niet-fotosynthetische) microbiële cellen duidelijk binnen het domein van de kwantumbiologie. Maar elektronen zijn heel licht, zelfs naar de maatstaven van de kwantumwereld, en hun gedrag is dan ook heel erg 'golfachtig'. Men zou daarbij dus niet moeten denken aan de manier waarop minuscule klassieke deeltjes zich verplaatsen en rondstuiteren, ondanks het feit dat er wel nog steeds zo over wordt gesproken in veel standaardteksten over biochemie waarin het 'zonnestelsel'-model van het atoom wordt gebruikt. Een veel betere voorstelling van de elektronen in een atoom is een diffuse, golfachtige wolk van 'elektronigheid' rond een piepkleine kern, de 'waarschijnlijkheidswolk' die we in hoofdstuk 1 hebben besproken. Het is daarom misschien niet zo verbazend dat zelfs in biologische systemen elektronengolven door energiebarrières heen kunnen gaan zoals geluidsgolven door muren, zoals we ook in het eerste hoofdstuk hebben beschreven.

Maar hoe zit het met de grotere deeltjes, zoals protonen of zelfs hele atomen? Kunnen die ook tunnelen in biologische systemen? Op het eerste gezicht zou je denken dat het antwoord nee moet zijn. Zelfs één enkel proton is duizendmaal zo zwaar als een elektron, en van het kwantumtunneleffect is bekend dat het buitengewoon gevoelig is voor de massa van het tunnelende deeltje: kleine deeltjes tunnelen makkelijk, terwijl dat voor zware deeltjes veel moeilijker is, tenzij de afstanden die ze moeten afleggen heel kort zijn. Maar recente opmerkelijke experimenten wijzen uit dat zelfs die relatief zware deeltjes een kwantumtunneleffect kunnen vertonen bij enzymatische reacties.

Het rondschuiven van protonen

Misschien herinner je je dat naast het stimuleren van de elektronenoverdracht, het verschuiven van protonen om de afbraak van de collageenketen te stimuleren een van de belangrijkste activiteiten is van het enzym collagenase (figuur 3.4). Zoals reeds gezegd zijn dergelijke reacties een van de meest voorkomende trucjes van enzymen om deeltjes te manipuleren. Ongeveer een derde van alle enzymatische reacties gaat gepaard met het verplaatsen van een waterstofatoom. Let wel, een 'waterstofatoom' kan diverse dingen betekenen: het kan een neutraal waterstofatoom zijn (H), dat bestaat uit een elektron dat rond de kern ervan (een proton) cirkelt; het zou ook een positief gelaten waterstofion (H^+) kunnen zijn, dat niet meer is dan een kale kern – een proton zonder elektron; en het zou zelfs een negatief geladen hybride ion kunnen zijn, een waterstofatoom met een extra elektron (H^-).

Zoals elke zichzelf respecterende scheikundige of biochemicus je al snel zal vertellen, impliceert het feit dat waterstofatomen (nou ja, protonen) zich binnen en tussen moleculen verplaatsen niet per se dat er een kwantumeffect optreedt; of althans niet een effect waarbij we nadrukkelijk een beroep hoeven te doen op de vreemdere processen van de kwantumwereld, zoals tunneling. Met betrekking tot de meeste chemische reacties die zich voltrekken bij het soort temperaturen waarbij het leven zich afspeelt, wordt zelfs gedacht dat de protonen zich voornamelijk verplaatsen door van het ene atoom naar het andere over te springen als gevolg van warmte, zonder dat er kwantumeffecten aan te pas komen. Maar het tunnelen van protonen speelt wel een rol bij een paar chemische reacties die te herkennen zijn aan hun relatieve ongevoeligheid voor temperatuur, net als DeVault en Chance dat hadden aangetoond bij het tunnelen van elektronen.

Het leven speelt zich af bij hoge temperaturen (naar de maatstaven van de kwantumwereld). Dus voor het grootste deel van de geschiedenis van de biochemie zijn wetenschappers ervan uitgegaan dat de enzymatische overdracht van protonen volledig werd bewerkstelligd door het (niet-kwantum)mechanisme van over de energiebarrière heen springen.* In 1989 kwam er echter verandering in die opvatting toen Judith Klinman en haar collega's aan Berkeley het eerste bewijs leverden voor het

*Misschien vraag je je af waarom het kwantumtunneleffect dan nodig is om de fusieprocessen in de zon te verklaren. Maar daar zijn zelfs de ongelooflijk hoge temperaturen en de ongelooflijk hoge druk niet genoeg om de elektrische afstoting te overwinnen die de fusie van twee positief geladen protonen in de weg staat, en daarom is de kwantummechanica nodig om een handje te helpen.

tunnelen van protonen bij enzymatische reacties.[9] Klinman is een biochemicus die lange tijd een lans heeft gebroken voor het belang van protontunneling in het moleculaire apparaat van het leven. Ze is zelfs zo ver gegaan te beweren dat het een van de belangrijkste en meest voorkomende mechanismen in de hele biologie is. Haar doorbraak kwam als gevolg van een onderzoek naar een bepaald enzym in gist dat alcoholdehydrogenase (ADH) wordt genoemd, en dat tot taak heeft om een proton van een alcoholmolecuul over te dragen op een ander klein molecuul, NAD^+, om NADH (nicotinamide adenine dinucleotide) te vormen, een molecuul dat wij in het volgende hoofdstuk weer tegen zullen komen als de belangrijkste drager van elektronen in de cel. Het team kon het tunnelen van protonen bevestigen door een ingenieuze techniek te gebruiken die *kinetische isotoopeffect* wordt genoemd. Dit is een welbekend idee in de scheikunde, dat hier goed uitgelegd dient te worden, want het ondersteunt een van de belangrijkste bewijzen voor de kwantumbiologie en het zal in dit boek nog een paar keer terugkomen.

Het kinetische isotoopeffect

Ben je ooit tegen een steile helling op gefietst, om te merken dat je door mensen te voet werd ingehaald? Op vlak terrein kost het je geen enkele moeite om elke voetganger voorbij te fietsen, zelfs hardlopers. Waarom is tegen een heuvel op fietsen dan zoveel minder efficiënt?

Stel je voor dat je niet gaat fietsen, maar afstapt en met de fiets over vlak terrein of tegen de heuvel op gaat lopen. Nu wordt het probleem duidelijk. In het tweede geval moet je zowel de fiets als jezelf tegen de heuvel op duwen. Het gewicht van de fiets, dat tamelijk irrelevant was toen die horizontaal over een vlakke weg werd verplaatst, werkt je tegen bij je pogingen om tegen een heuvel op te komen: je moet het gewicht vele meters tegen de zwaartekracht van de aarde in omhoog hijsen. Daarom vinden de makers van racefietsen het zo belangrijk dat hun fietsen licht zijn. Het is zonneklaar dat het gewicht van een object veel kan uitmaken voor het gemak waarmee het verplaatst kan worden, maar ons fietsvoorbeeld illustreert dat dit verschil afhankelijk is van het soort beweging waar we het over hebben.

Stel je nu voor dat je wilt ontdekken of het terrein tussen twee steden, zeg maar stad A en stad B, vlak of heuvelachtig is, maar zelf niet van de ene plaats naar de andere kunt reizen. Een mogelijke strategie doet zich voor als je ontdekt dat er een postdienst is tussen de twee steden, met postbodes die op ofwel een lichte ofwel een zware fiets rijden. Om erachter te komen of het tussengelegen terrein vlak of heuvelachtig is hoef je alleen maar een stel identieke pakketjes van de ene stad naar de andere te sturen. De helft gaat mee met de postbodes die op de lichte fietsen rijden en de rest met de postbodes op de zware fietsen. Als je ontdekt dat de bezorging van alle pakketjes ongeveer even lang duurt, kun je concluderen dat het terrein tussen de twee steden waarschijnlijk vlak is; maar als alle pakketjes die met zware fietsen worden vervoerd er veel langer over doen, zul je concluderen dat het terrein tussen A en B waarschijnlijk heuvelachtig is. Jouw fietsende postbodes fungeren dus als verkenners van het onbekende terrein.

Atomen van elk scheikundig element bestaan, net als fietsen, in groepjes van verschillend gewicht. Laten we waterstof als voorbeeld nemen, want dat is zowel het eenvoudigste atoom als het hier voor ons meest interessante. Een element wordt bepaald door het aantal protonen in zijn kern (samen met het corresponderende gelijke aantal elektronen rond de kern). Zo heeft waterstof één proton in zijn kern, helium heeft er twee, lithium heeft er drie, enzovoort. Maar de kernen van atomen bevatten ook een ander soort deeltje: het neutron, dat we in hoofdstuk 1 zijn tegengekomen toen we het hadden over de fusie van waterstofkernen binnen in de zon. Als er neutronen aan de kern worden toegevoegd, wordt het atoom zwaarder, waardoor zijn fysische eigenschappen veranderen. Atomen van een bepaald element met een verschillend aantal neutronen worden *isotopen* genoemd. Het normale isotoop van waterstof dat alleen uit één proton en één elektron bestaat, is het lichtste. Dit is de meest voorkomende vorm van waterstof. Maar er zijn ook twee zeldzamere, zwaardere isotopen van waterstof: deuterium (D), dat naast het proton in zijn kern ook een neutron heeft, en tritium (T), dat twee neutronen bevat.

Omdat de chemische eigenschappen van elementen in de eerste plaats worden bepaald door het aantal elektronen in hun atomen, zullen verschillende isotopen van hetzelfde element – met een verschillend aantal neutronen in de kern – chemisch sterk vergelijkbaar zijn, zij het niet identiek. Bij het kinetische isotoopeffect gaat het om het meten van de gevoeligheid van een chemische reactie voor de atomaire verandering van lichte in zware isotopen. Het wordt gedefinieerd als de verhouding tussen de waargenomen reactiesnelheden bij zware en lichte isotopen. Bijvoorbeeld, als water betrokken is bij een reactie kunnen de waterstofatomen in de H_2O-moleculen vervangen worden door hun zwaardere verwanten, deuterium of tritium, om D_2O of T_2O te maken. Evenals onze fietsende postbodes kan de reactie al dan niet gevoelig zijn voor het veranderende gewicht van de atomen, afhankelijk van de route die de reactie neemt bij de omzetting in producten.

Voor significante kinetische isotoopeffecten zijn diverse mechanismen verantwoordelijk, en een daarvan is het kwantumtunneleffect, dat, net als fietsen, bijzonder gevoelig is voor de massa van het deeltje dat probeert te tunnelen. Als de massa wordt vergroot, wordt het gedrag van het deeltje minder golfachtig en is de kans dus kleiner dat het door een energiebarrière heen zal sijpelen. Als de massa van een atoom wordt verdubbeld, bijvoorbeeld als normale waterstof wordt vervangen door deuterium, zal de kans op een kwantumtunneleffect drastisch afnemen.

Een sterk kinetisch isotoopeffect kan daarom een aanwijzing zijn dat het reactiemechanisme – de route tussen reactanten en producten – gebruikmaakt van een kwantumtunneleffect. Het zou echter nog niet overtuigend zijn, omdat het effect mogelijk ook zou kunnen worden toegeschreven aan klassieke (niet op kwantummechanica gebaseerde) chemische processen. Maar als het kwantumtunneleffect een rol speelt, zou de reactie ook op een vreemde manier op temperatuur moeten reageren: de snelheid ervan zou bij lage temperaturen moeten afvlakken, net zoals DeVault en Chance hadden aangetoond voor het tunnelen van elektronen. Dat is precies wat Klinman en haar team ontdekten voor het ADH-enzym; en het resultaat was een sterke aanwijzing dat het kwantumtunneleffect een rol speelde bij het reactiemechanisme.

Klinmans groep heeft vervolgens veel overtuigend bewijsmateriaal verzameld dat het tunnelen van protonen algemeen voorkomt bij veel enzymatische reacties bij het soort temperaturen waarbij het leven zich afspeelt. Diverse andere groepen, zoals die van Nigel Scrutton aan de Universiteit van Manchester, hebben soortgelijke experimenten uitgevoerd met andere enzymen en hebben kinetische isotoopeffecten aangetoond die sterk wijzen op het kwantumtunneleffect.[10] Maar hoe enzymen kwantumcoherentie in stand houden om het tunneleffect mogelijk te maken, blijft een zeer omstreden onderwerp. Het is al enige tijd bekend dat enzymen niet statisch zijn, maar voortdurend trillen tijdens hun reacties. Zo gaan de 'kaken' van het enzym collagenase telkens open en dicht als ze een collageenbinding verbreken. Aangenomen werd dat deze bewegingen ofwel een bijkomstigheid waren van het reactiemechanisme ofwel betrokken waren bij het fixeren van de substraten en het uitlijnen van alle reactieve atomen. Maar onderzoekers op het gebied van de kwantumbiologie beweren nu dat deze trillingen zogenaamde 'drijvende bewegingen' zijn, waarvan de belangrijkste functie is dat ze atomen en moleculen zo dicht bij elkaar brengen dat het kwantumtunneleffect kan optreden bij hun deeltjes (elektronen en protonen).[11] In het laatste hoofdstuk van het boek zullen wij op dit onderwerp terugkomen, een van de meest prikkelende en zich snel ontwikkelende gebieden in de kwantumbiologie.

Is het kwantum in de kwantumbiologie hiermee bewezen?

Enzymen hebben ieder biomolecuul in iedere cel die ooit heeft geleefd aangemaakt en afgebroken. Enzymen zijn een van de meest onontbeerlijke elementen van het leven. De ontdekking dat sommige, en misschien wel alle, enzymen werken door de dematerialisatie van deeltjes op het ene punt en hun onmiddellijke materialisatie op een ander punt te stimuleren, verschaft ons een nieuw inzicht in het raadsel van het leven. En hoewel er met betrekking tot enzymen nog steeds veel onopgeloste vraagstukken zijn die beter begrepen moeten worden, zoals de rol van de verplaatsingen van eiwitten, lijdt het geen twijfel dat het kwantumtunneleffect een rol speelt bij hun werking.

Toch moeten we ingaan op een punt van kritiek van vele onderzoekers die de resultaten van Klinman, Scrutton en anderen accepteren, maar niettemin beweren dat kwantumeffecten in de biologie een net zo belangrijke rol hebben als bij de werking van een stoomtrein: ze zijn er altijd, maar doorgaans zijn ze niet relevant voor ons inzicht in de werking van die systemen. Hun argumentatie is doorgaans te horen binnen een debat over de vraag of enzymen zich al dan niet *ontwikkeld* hebben om kwantumverschijnselen zoals het tunneleffect te benutten. De critici betogen dat het voorkomen van kwantumverschijnselen bij biologische processen onvermijdelijk is, gezien de atomaire schaal van de meeste biochemische reacties. Tot op zekere hoogte hebben ze gelijk. Het kwantumtunneleffect is geen magie; het heeft zich van meet af aan in het universum voorgedaan. Het is zeker geen trucje dat op de een of andere manier door het leven is 'uitgevonden'. Toch willen wij betogen dat het optreden ervan bij de activiteit van enzymen lang niet onvermijdelijk is, gezien de warme, vochtige en hectische omstandigheden in levende cellen.

Vergeet niet dat het een enorme drukte is in levende cellen. Ze zitten tjokvol complexe moleculen in een staat van constante beroering en turbulentie, vergelijkbaar met die beweging van biljartbalachtige moleculen die we in het vorige hoofdstuk onder de loep hebben genomen, die stoomtreinen tegen een heuvel op drijft. Je herinnert je misschien nog wel dat dit het soort chaotische beweging is dat de broze kwantumcoherentie verstoort en ervoor zorgt dat onze wereld van alledag ons 'normaal' toeschijnt. Je zou niet verwachten dat kwantumcoherentie zich kan handhaven binnen deze moleculaire turbulentie. Daarom is het heel verbazingwekkend om te ontdekken dat kwantumeffecten, zoals tunneling, standhouden in de kolkende moleculaire beroering van een levende cel. Tenslotte verwierpen nog maar zo'n tien jaar geleden de meeste onderzoekers het idee dat tunneling en andere delicate kwantumverschijnselen in de biologie konden optreden. Het feit dat ze in een dergelijke omgeving zijn aangetroffen, suggereert dat het leven bijzondere maatregelen neemt om de voordelen die de kwantumwereld biedt te benutten *voor het functioneren van zijn cellen.* Maar welke maatregelen? Hoe houdt het leven de decoherentie, die vijand van het kwantumgedrag, op afstand? Dit is een van de grootste raadsels van de kwantumbiologie, maar wel een dat langzaam wordt opgelost, zoals we in het laatste hoofdstuk zullen ontdekken.

Maar voordat we verdergaan, moeten we terugkeren naar waar we onze nano-onderzeeër hebben achtergelaten: in het actieve centrum van het enzym collagenase in de verdwijnende staart van een donderkopje. We verlaten snel het actieve centrum als de kaken weer opengaan, waardoor de afgebroken collageenketen (en wij!) vrijkomen en het oesterachtige enzym over kan gaan tot het afknippen van de volgende peptidebinding in de keten. Vervolgens maken we een kort uitstapje door de rest van het lichaam van het donderkopje, om getuige te zijn van de ordelijke activiteiten van enkele van de andere enzymen die even onontbeerlijk zijn voor het leven. Als we de cellen volgen die vanuit de verdwijnende staart naar de zich ontwikkelende achterpoten migreren, zijn we getuige van de aanleg van nieuwe collageenvezels, als nieuwe spoorrails, om de bouw van het lichaam van de volwassen kikker te ondersteunen. Deze nieuwe vezels worden aangemaakt door enzymen die de aminozuur-subunits opvangen die door collagenase zijn vrijgemaakt en ze weer aaneensmeden tot nieuwe collageenvezels. Hoewel we geen tijd hebben om diep op deze enzymen in te gaan, zien we in hun actieve centrum hetzelfde soort gechoreografeerde processen dat we in het enzym collagenase hebben gezien. Nu bewerkstelligen die echter een omgekeerde reactie. Elders worden alle biomoleculen van het leven – vetten, DNA, aminozuren, eiwitten, suikers – aangemaakt en afgebroken door verschillende enzymen. Daar komt nog bij dat alles wat de groeiende kikker doet, ook door enzymen wordt bewerkstelligd. Als het dier bijvoorbeeld een vlieg ziet, worden de zenuwsignalen die de boodschap van zijn ogen aan zijn hersenen doorgeven, overgebracht door een groep neurotransmitterenzymen waarmee de zenuwcellen tjokvol zitten. Als zijn tong uitschiet, worden de spiercontracties waarmee hij de vlieg binnenhaalt aangedreven door een ander enzym, myosine, waarmee spiercellen boordevol zitten en die ervoor zorgen dat die cellen zich samentrekken. Als de vlieg in de maag van de kikker belandt, komt er een hele reeks enzymen vrij om de spijsvertering te versnellen en te zorgen dat de voedingsstoffen vrijkomen zodat ze geabsorbeerd kunnen worden. Weer andere enzymen zetten die voedingsstoffen om in kikkerweefsel of vangen de energie ervan op via ademhalingsenzymen in zijn mitochondriale celorganellen.

Elke *vitale* activiteit van kikkers en andere levende organismen, elk proces dat ze – en ons – in leven houdt, wordt versneld door enzymen, de motoren van het leven, waarvan de buitengewone katalytische kracht voortkomt uit hun vermogen om de bewegingen van fundamentele deeltjes te choreograferen en zo gebruik te maken van de vreemde wetten van de kwantumwereld.

Maar het tunneleffect is niet het enige potentiële voordeel dat de kwantummechanica het leven te bieden heeft. In het volgende hoofdstuk zullen we ontdekken dat bij de belangrijkste chemische reactie in de biosfeer een ander kunstje uit de kwantumwereld komt kijken.

Hoofdstuk 4

De kwantumzweving

Een boom bestaat uit koolstof, en waar is die vandaan gekomen? Die komt uit de lucht; het is kooldioxide uit de lucht. Als mensen naar bomen kijken, denken ze dat [de stof waaruit de boom bestaat] uit de grond komt; planten groeien uit de grond. Maar als je vraagt 'waar komt die stof vandaan', ontdek je [...] dat bomen uit de lucht komen [...] de kooldioxide en de lucht gaan in de boom, waardoor die verandert en de zuurstof eruit wordt getrapt [...] We weten dat de zuurstof en de koolstof [in kooldioxide] heel hecht met elkaar verbonden zijn [...] hoe kan de boom dat zo makkelijk van elkaar krijgen? [...] Het komt door het zonlicht dat neerdaalt en die zuurstof bij de koolstof weg stoot [...] waardoor de koolstof, en water, overblijven om de stof van de boom te vormen!

Richard Feynman[1]

Het Massachusetts Institute of Technology, beter bekend als MIT, is een van 's werelds wetenschappelijke krachtcentrales. Het is in 1861 opgericht in Cambridge, Massachusetts, en telt onder zijn duizend hoogleraren op dit moment (2014) negen Nobelprijswinnaars. Tot de oud-studenten behoren astronauten (een derde van de ruimtevluchten van NASA werd bemand door mensen die aan MIT waren afgestudeerd), politici (onder anderen Kofi Annan, de voormalige secretaris-generaal van de Verenigde Naties en winnaar van de Nobelprijs voor de Vrede in 2001), ondernemers zoals William Redding Hewlett, medeoprichter van Hewlett-Packard – en, natuurlijk, veel wetenschappers, onder wie Richard Feynman, de Nobelprijswinnaar en grondlegger van de kwantumelektrodynamica. Maar een van de meest illustere bewoners van MIT is geen mens: het is zowaar een plant, een appelboom. In de

President's Garden in de schaduw van de iconische pantheoneske koepel van het instituut groeit een stek van een andere boom, die in Engeland in de Royal Botanic Gardens staat en die een directe afstammeling is van de boom waaronder Sir Isaac Newton zat toen hij zijn beroemde appel zag vallen.

De simpele maar diepzinnige vraag waar Newton over nadacht terwijl hij daar drieënhalve eeuw geleden op de boerderij van zijn moeder in Lincolnshire onder een boom zat, was: *waarom vallen appels?* Het lijkt misschien lomp om te suggereren dat zijn antwoord, dat een revolutie teweegbracht in de natuurkunde en zelfs de hele natuurwetenschap, in enig opzicht inadequaat zou kunnen zijn, maar er is een aspect van dat beroemde tafereel dat Newton niet opmerkte en dat sindsdien door niemand is opgemerkt: wat deed die appel daar überhaupt in die boom? Als de versnelde val van de appel naar de grond al een raadsel was, hoeveel onbegrijpelijker was het dan niet dat de lucht in Lincolnshire en het water aaneen waren gesmeed om een bolvormig object te vormen dat aan de takken van een boom hing? Waarom verbaasde Newton zich over de betrekkelijk triviale kwestie dat de appel werd aangetrokken door de zwaartekracht van de aarde, en ging hij volkomen voorbij aan het werkelijk ondoorgrondelijke raadsel van de totstandkoming van het stuk fruit?

Iets wat misschien Isaac Newtons gebrek aan nieuwsgierigheid naar deze vraag kan verklaren was de gangbare zeventiende-eeuwse opvatting dat hoewel de brute mechanica van alle objecten, ook levende, wellicht verklaard zou kunnen worden door middel van natuurwetten, hun vreemde interne dynamiek (die onder andere dicteerde hoe appels groeien) werd gedreven door die vitale kracht of *élan vital*, die afkomstig was uit een bovennatuurlijke bron buiten het bereik van enige goddeloze wiskundige vergelijking. Maar zoals we al ontdekt hebben, werd het vitalisme weggevaagd door latere ontwikkelingen op het gebied van de biologie, de genetica, de biochemie en de moleculaire biologie. Vandaag de dag is er geen serieuze wetenschapper die eraan twijfelt dat het leven verklaard kan worden binnen het domein van de wetenschap. Het blijft echter de vraag welke van de natuurwetenschappen zich het best leent voor die verklaring. Ondanks de onconventionele uitspraken van wetenschappers zoals Schrödinger geloven de meeste biologen nog steeds dat de klassieke wetten volstaan, waarbij newtoniaanse krachten inwerken op biomoleculen die zich gedragen als balletjes en stokjes. Zelfs Richard Feynman, een van Schrödingers intellectuele opvolgers, beschreef de fotosynthese (in de aan het begin van dit hoofdstuk geciteerde passage) in strikt klassieke termen: 'zonlicht dat neerdaalt en die zuurstof bij de koolstof weg stoot,' alsof licht een soort golfclub is die de bal van de zuurstof uit het kooldioxidemolecuul kon meppen.

De moleculaire biologie en de kwantummechanica hebben zich naast elkaar, maar niet gezamenlijk ontwikkeld. Biologen gingen zelden naar natuurkundecolleges en natuurkundigen besteedden weinig aandacht aan biologie. Maar in april 2007 waren enkele natuur- en wiskundigen van MIT die op een nogal esoterisch vakgebied werkzaam waren, de kwantuminformatietheorie, bijeen voor een van hun regelmatige leesclubjes (waarbij de leden om beurten een nieuw artikel presenteerden dat ze in de wetenschappelijke literatuur hadden gevonden) toen een lid van de groep aan kwam zetten met een exemplaar van de *New York Times*, waarin een artikel stond dat suggereerde dat planten *kwantumcomputer(r)s* waren. (Meer over deze opmerkelijke machines in hoofdstuk 8.) De groep barstte in lachen uit. Een lid van het team, Seth Lloyd, herinnerde zich later dat hij voor het eerst hoorde over deze 'kwantumhocuspocus'. 'Wij vonden het echt hilarisch... Zo van: "O god, dat is het meest krankzinnige wat ik ooit heb gehoord!"'[2] De reden voor hun ongeloof was het feit dat vele van de intelligentste en best gesubsidieerde onderzoeksgroepen ter wereld tientallen jaren hadden geprobeerd erachter te komen hoe ze een kwantumcomputer moesten bouwen, een machine die bepaalde berekeningen veel sneller en veel efficiënter kon uitvoeren dan de krachtigste computers die er op dit moment zijn. (Omdat die niet afhankelijk zou zijn van digitale informatie-eenheden die of 0 of 1 zijn, maar het mogelijk zou maken dat ze 0 en 1 tegelijk konden zijn, waardoor hij alle mogelijke berekeningen tegelijk zou kunnen uitvoeren – het toppunt van parallelle verwerking.) In het artikel in de *New York Times* werd beweerd dat een bescheiden grassprietje het soort kwantumkunstjes kon doen dat ten grondslag lag aan kwantumcomputers. Geen wonder dat deze MIT-onderzoekers het niet konden geloven. Misschien dat zij geen werkende kwantumcomputer konden bouwen, maar als het artikel gelijk had, konden ze er eentje opeten in de vorm van hun lunchsalade!

Intussen suisde, niet ver van het vertrek waar het leesclubje van MIT in een kwantumdeuk lag, een lichtfoton met een snelheid van zo'n 300 000 kilometer per seconde op een boom met een beroemde afkomst af.

Het centrale mysterie van de kwantummechanica

We zullen straks terugkomen op dat foton en die boom en wat die te maken zouden kunnen hebben met de kwantumwereld, maar eerst moet je ingevoerd worden in een mooi, eenvoudig experiment waaruit goed blijkt hoe vreemd de kwantumwereld werkelijk is. Hoewel wij onze uiterste best doen om zo goed mogelijk uit te leggen wat er bedoeld wordt met termen als 'kwantumsuperpositie', kan niets het duidelijker maken dan het beroemde experiment met de twee spleten, dat we hier zullen beschrijven.

Het tweespletenexperiment is het eenvoudigste, zuiverste bewijs dat *alles anders is* in de kwantumwereld. Deeltjes kunnen zich gedragen als door de ruimte verspreide golven, en golven kunnen zich soms gedragen als individuele gelokaliseerde deeltjes. Deze golfdeeltjesdualiteit ben je al tegengekomen: in het eerste hoofdstuk, als het merkwaardige verschijnsel dat nodig is om te verklaren hoe de zon zijn energie genereert; en in hoofdstuk 3, waar we hebben gezien hoe elektronen en protonen dankzij hun golfeigenschappen door energiebarrières heen kunnen sijpelen in enzymen. In dit hoofdstuk zul je ontdekken dat de golfdeeltjesdualiteit ook een rol speelt bij de belangrijkste biochemische reactie in de biosfeer: de omzetting van lucht, water en licht in planten, microben en, indirect, alle andere levensvormen, waaronder wij. Maar eerst moeten we onthullen hoe het bizarre idee dat deeltjes op vele plaatsen tegelijk kunnen zijn, onontkomelijk wordt gemaakt door een van de eenvoudigste, elegantste en meest verstrekkende experimenten die ooit zijn uitgevoerd: het experiment dat volgens Richard Feynman 'de kern van de kwantummechanica in zich draagt'.

Wees er echter op bedacht dat wat hier beschreven gaat worden onmogelijk zal lijken, en dat je er wellicht van overtuigd zult zijn dat er gewoon een redelijkere manier moet zijn om te verklaren wat er gebeurt. Misschien dat je je af zult vragen wat het foefje is achter deze schijnbare goocheltruc. Of misschien veronderstel je dat het experiment niet meer is dan een theoretische speculatie, die verzonnen is door onderzoekers die niet beschikken over de verbeelding om te begrijpen hoe de natuur werkt. Maar deze verklaringen zijn allebei onjuist. Het tweespletenexperiment is in strijd met het gezond verstand, maar het is reëel en het is al duizenden malen uitgevoerd.

We zullen het experiment in drie stappen beschrijven. De eerste twee zijn alleen bedoeld ter voorbereiding, zodat je vervolgens de verbijsterende resultaten van de derde stap naar waarde kunt schatten.

Om te beginnen wordt er een straal monochromatisch licht (licht dat uit één kleur, of golflengte, bestaat) gericht op een scherm met twee smalle spleten, die allebei een deel van het licht doorlaten, dat op een tweede scherm valt (figuur 4.1). Door zorgvuldig de breedte van de spleten in te stellen, alsook hun onderlinge afstand en de afstand tussen de twee schermen, kunnen we een reeks lichte en donkere banden op het tweede scherm creëren, een zogenaamd *interferentiepatroon.*

Interferentiepatronen zijn kenmerkend voor golven. Ze zijn makkelijk waar te nemen bij elk golvend medium. Gooi een steentje in een stille vijver en kijk hoe een reeks concentrische cirkelvormige golven zich vanaf dat punt naar buiten verbreidt. Als je twee steentjes in diezelfde vijver gooit, zal elke steen zijn eigen zich verbreidende concentrische golf genereren, maar waar de golven van de twee steentjes elkaar overlappen, zul je een interferentiepatroon zien (figuur 4.2). Overal waar de top van de ene golf het dal van een andere ontmoet, heffen ze elkaar op, zodat er op die punten geen golf is. Dat wordt destructieve interferentie genoemd. En omgekeerd, als twee toppen of twee dalen elkaar treffen, versterken ze elkaar en ontstaat er een twee keer zo grote golf: dit wordt constructieve interferentie genoemd. Dit patroon van opheffing en versterking bij golven kan in elk golvend medium worden opgewekt. In feite zorgde de demonstratie van de interferentie van lichtgolven door de Engelse natuurkundige Thomas Young in een vroege versie van het tweespletenexperiment ervoor dat hij en de meeste andere wetenschappers ervan overtuigd raakten dat licht inderdaad een golfverschijnsel was.

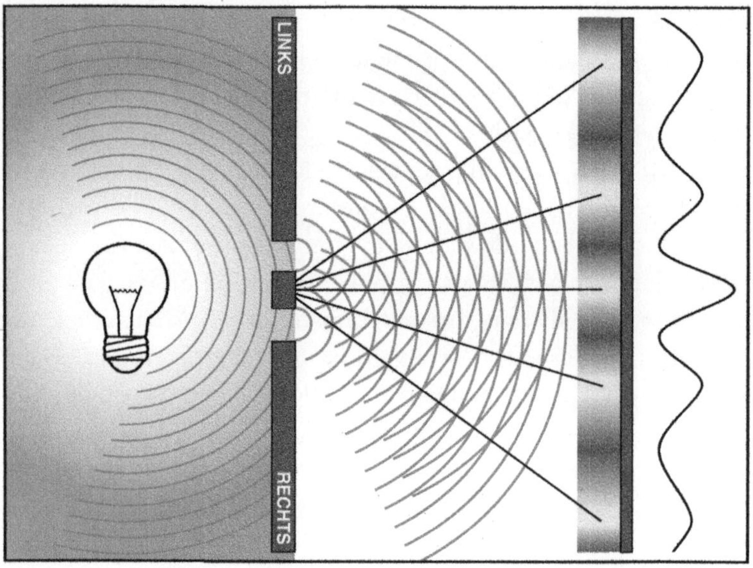

Figuur 4.1 Het tweespletenexperiment, stap 1. Als monochromatisch licht (met een specifieke golflengte) op de twee spleten wordt gericht, fungeert elke spleet aan de andere kant als een nieuwe lichtbron. Vanwege zijn golfachtige aard verspreidt het licht zich (diffractie) terwijl het zich door elke spleet wurmt, zodat de cirkelvormige golven elkaar overlappen en met elkaar interfereren, hetgeen leidt tot lichte en donkere banden op het achterste scherm.

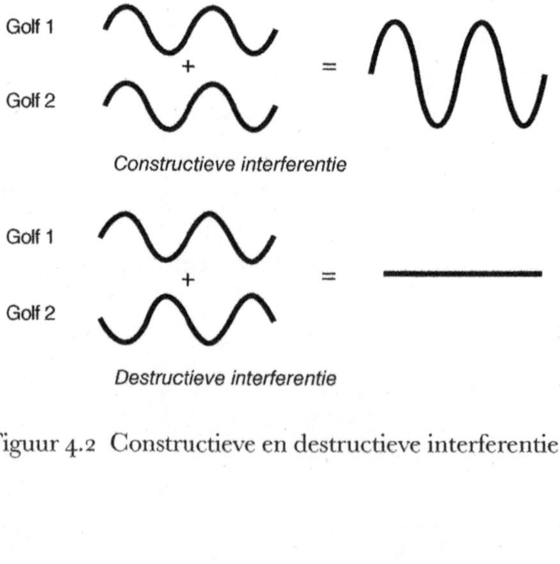

Figuur 4.2 Constructieve en destructieve interferentie van golven.

De interferentie in het tweespletenexperiment komt in de eerste plaats door de manier waarop lichtgolven door beide spleten gaan en zich vervolgens verspreiden (een eigenschap van golven die bekendstaat als *diffractie*), zodat de stralen die uit de spleten komen elkaar overlappen en samenvloeien, net zoals golven in water, voordat ze op het achterste scherm vallen. Op bepaalde plekken op het scherm zullen de lichtgolven die uit de twee spleten komen *in fase* arriveren, wat inhoudt dat hun toppen en dalen gelijke tred houden, ofwel omdat ze dezelfde afstand tot het scherm hebben afgelegd of omdat het verschil in de afstand die ze hebben afgelegd precies een veelvoud is van de afstand tussen hun toppen. Waar dit gebeurt, stapelen de toppen en dalen van de golven zich op tot hogere toppen en diepere dalen: constructieve interferentie. De gefuseerde golven creëren op deze punten licht van hoge intensiteit en dus een lichte band op het scherm. Maar op andere plekken arriveert het licht vanuit de twee spleten *uit fase*, zo dat de top van de ene golf samenvalt met het dal van de andere. Op die plekken heffen de golven elkaar op, met als gevolg een donkere band op het scherm: destructieve interferentie. Tussen deze twee extremen is de combinatie noch volledig in fase, noch volledig uit fase, en blijft er enig licht behouden. Daarom zien we geen scherp afgetekende reeks lichte en donkere banden op het scherm maar een geleidelijk wisselende intensiteit, tussen wat bekendstaat als de 'maxima' en de 'minima' in het interferentiepatroon. Deze geleidelijk wisselende variatie in de intensiteit, die toepasselijk genoeg aan golven doet denken, is een belangrijk kenmerk van golfverschijnselen.

Een bekend voorbeeld hiervan is te vinden bij geluidsgolven: een musicus die een instrument stemt luistert naar de 'zwevingen'* die zich voordoen als de frequentie van de ene toon heel dicht bij die van een andere ligt, zodat ze soms in fase en soms uit fase bij het oor van de musicus arriveren. Deze variatie in hun gecombineerde patroon genereert een resulterend geluid waarvan het volume periodiek toe- en afneemt. Deze geleidelijke variatie in de intensiteit van het geluid komt door de interferentie tussen twee afzonderlijke golven. Let wel, deze zwevingen zijn een volstrekt klassiek voorbeeld, dat geen kwantumverklaring behoeft.

*De zwevingen zijn schommelingen in het volume – een soort puls – als gevolg van twee tonen die bijna dezelfde frequentie hebben, wat aangeeft dat het instrument bijna goed gestemd is.

Een belangrijke factor in het tweespletenexperiment is dat de lichtbundel die op het eerste scherm valt mochromatisch moet zijn (uit één enkele golflengte moet bestaan). Wit licht daarentegen, zoals afkomstig uit een gewone gloeilamp, bestaat uit vele verschillende golflengten (alle kleuren van de regenboog), zodat de golven op een chaotische manier op het scherm zullen vallen. Hoewel de toppen en dalen nog steeds met elkaar zullen interfereren, zal het resulterende patroon zo complex en diffuus zijn dat er geen duidelijke banden te zien zijn. Het is weliswaar makkelijk om een interferentiepatroon te creëren als we twee steentjes in een vijver gooien, maar een enorme waterval die in een vijver plenst genereert zoveel golven dat het onmogelijk is om een coherent interferentiepatroon te vinden.

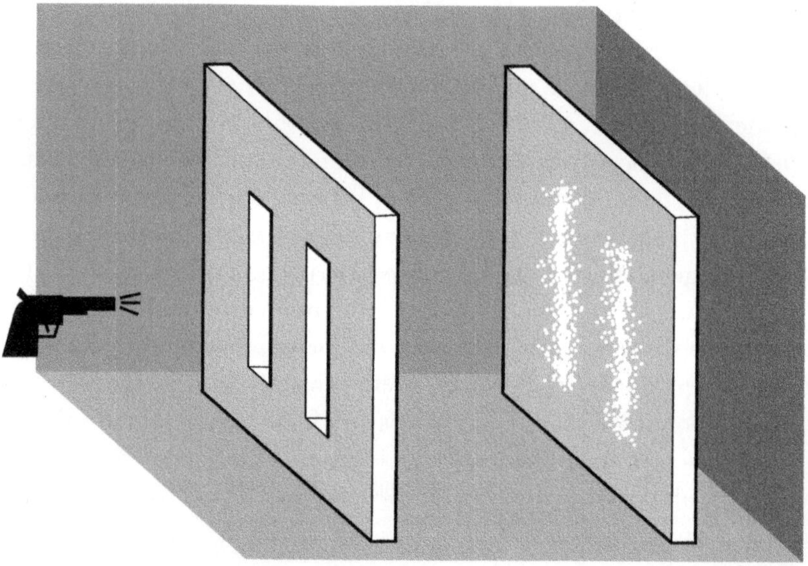

Figuur 4.3 Het tweespletenexperiment, stap 2. In tegenstelling tot het golfgedrag dat we bij licht hebben gezien, zien we deeltjesgedrag als we een reeks kogels op de spleten afvuren. Elke kogel die het achterste scherm raakt moet door een van beide spleten zijn gegaan, en niet door allebei (uiteraard aangenomen dat het voorste scherm dik genoeg is om eventuele kogels tegen te houden die de spleten missen). In plaats van een interferentie met meerdere banden, vertoont het achterste scherm nu een kogelpatroon dat bestaat uit twee smalle banden ter hoogte van de twee spleten.

De tweede stap van het tweespletenexperiment voeren we niet uit met licht, maar door kogels op het scherm af te vuren. Het gaat erom dat we massieve deeltjes gebruiken in plaats van diffuse golven. Uiteraard kan elke kogel slechts door een van beide spleten, en niet door allebei. Als er genoeg kogels door de spleten komen, zullen we zien dat er op het achterste scherm twee banden van kogelgaten verschijnen die overeenkomen met de twee spleten (figuur 4.3). Het is duidelijk dat we niet met golven te maken hebben. Elke kogel is een op zich staand deeltje en heeft geen relatie met enige andere kogel, en er is dan ook geen interferentie.

En nu stap drie: de kwantum-'goocheltruc'. Het experiment wordt herhaald met atomen in plaats van kogels. Een bron die een bundel atomen kan genereren vuurt die af op een scherm met twee bijpassende smalle spleten.* Om de atomen die erop vallen te detecteren, heeft het tweede scherm een fotoluminescente coating die telkens als hij door een atoom wordt geraakt oplicht met een fel stipje.

Als op het microscopische niveau het gezond verstand zou overheersen, zouden de atomen zich moeten gedragen als minuscule kogeltjes. We voeren het experiment eerst uit met alleen de linkerspleet geopend: we zien dan een strook van lichtvlakjes op het tweede scherm achter de open spleet. Er is wel enige spreiding van de vlekjes, waarvan je mag aannemen dat die het gevolg is van het feit dat sommige van de atomen bij de randen zijn weggeketst en daardoor een afwijking hebben gekregen in plaats van recht door de spleet te gaan. Vervolgens openen we ook de rechterspleet en wachten we tot de vlekken op het scherm erachter verschijnen.

Als jou zou worden gevraagd om de verdeling van de lichte stippen te voorspellen en je zou niets van kwantummechanica weten, zou je natuurlijk veronderstellen dat het patroon erg zou lijken op dat van de kogels, en dat er achter elke spleet een strook van stippen zou ontstaan. Dit zou twee duidelijke lichte banden opleveren, die in het midden het felst zijn en naar de randen toe minder fel worden – naarmate er minder plekken zijn die door atomen worden getroffen. Je zou ook verwachten dat de zone tussen de twee felle banden donker zou zijn, omdat die overeenkomt met een deel van het scherm dat de atomen moeilijker kunnen

* De spleten moeten erg smal zijn en zich heel dicht bij elkaar bevinden. Bij de experimenten die in de jaren negentig werden uitgevoerd was het scherm een vel goudfolie en hadden de spleten een breedte van één micrometer (een duizendste millimeter).

bereiken, ongeacht door welke spleet ze gaan.

Maar dat is niet wat er gebeurt. In plaats daarvan zien we een heel duidelijk interferentiepatroon van lichte en donkere randen, net zoals bij het lichtexperiment. Geloof het of niet, maar het helderste deel van het scherm bevindt zich in het midden: juist dat deel waarvan je niet zou verwachten dat er veel atomen op zouden vallen (figuur 4.4). Met de juiste afstand tussen de spleten en de juiste afstand tussen de twee schermen kunnen we er zelfs voor zorgen dat de heldere zone op het achterste scherm (waar atomen konden komen toen er slechts één spleet geopend was) nu donker wordt (doordat er geen atomen op vallen) als we de tweede spleet openen. Hoe zou het openen van een tweede spleet, die alleen maar meer atomen zou moeten doorlaten, kunnen voorkomen dat atomen bepaalde zones van het scherm bereiken?

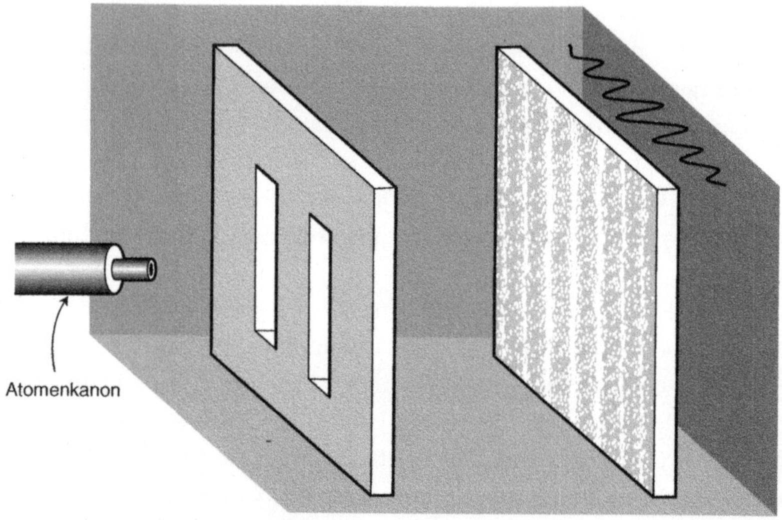

Figuur 4.4 Het tweespletenexperiment, stap 3. Als we de kogels vervangen door een bron die atomen op de spleten kan afvuren (uiteraard worden bij elke stap een gepaste breedte van en afstand tussen de spleten gekozen), zien we het golfachtige interferentiepatroon weer ontstaan. Ondanks het feit dat elk atoom het achterste scherm op een bepaald punt raakt, waaruit blijkt dat het om deeltjes gaat, groeperen ze zich in banden, net zoals we bij het lichtexperiment hebben gezien. Wat is het dan dat door beide spleten tegelijk gaat en maakt dat we meerdere interferentiebanden zien?

Laten we eens kijken of we met gewoon gezond verstand kunnen verklaren wat er gebeurt, nog even zonder een beroep te doen op de kwantummechanica. Stel dat, ondanks het feit dat elk atoom een minuscuul gelokaliseerd deeltje is – tenslotte raakt elk atoom het scherm op één punt – de betrokken atomen, alleen al door hun aantal, omdat ze allemaal op een bepaalde gecoördineerde manier tegen elkaar aan botsen en op elkaar inwerken, een patroon opleveren dat op interferentie *lijkt*. Per slot van rekening weten we dat watergolven feitelijk uit heel veel watermoleculen bestaan, waarvan je niet zou verwachten dat ze, elk op zich, zouden golven. Wat de golfachtige eigenschappen oplevert, is niet het afzonderlijke molecuul maar de gecoördineerde beweging van talloze watermoleculen. Misschien produceert het atomenkanon een gecoördineerde stroom atomen, vergelijkbaar met een golfmachine in een zwembad.

Om de theorie van de gecoördineerde atomen te toetsen herhalen we het experiment, maar nu sturen we de atomen *een voor een* door de spleten. We vuren het atomenkanon af en wachten tot er een lichtvlek op het achterste scherm verschijnt voordat we het weer afvuren, enzovoort. Aanvankelijk lijkt het gezond verstand te zegevieren. Elk atoom dat erin slaagt om door de spleten te gaan, laat slechts één piepklein gelokaliseerd lichtvlekje achter ergens op het scherm. Zo te zien verlaten de atomen het kanon als kogelachtige deeltjes en raken ze het achterste scherm als deeltjes. Dan moeten ze zich tussen het kanon en het scherm in toch ook als deeltjes gedragen? Maar nu komt het kwantumkonijn uit de hoge hoed. Naarmate op het scherm geleidelijk steeds meer plekjes oplichten, die elk een treffer van één kogelachtig atoom aangeven, verschijnen de lichte en donkere interferentiebanden opnieuw. Omdat de atomen nu een voor een door het instrument gaan, kunnen we niet meer betogen dat het gaat om het collectieve gedrag van heel veel atomen die tegen elkaar aan botsen en op elkaar inwerken. Dit lijkt niet op een watergolf. En wederom moeten wij het tegen de intuïtie indruisende resultaat onder ogen zien dat er plaatsen op het achterste scherm zijn die de atomen zouden kunnen bereiken als slechts één van de spleten geopend zou zijn, en die toch volledig donker zijn als ook de tweede spleet open is, ondanks het feit dat die opening het atoom een extra route biedt om het scherm te bereiken. Het lijkt alsof een atoom dat door de ene spleet gaat, op de een of andere manier *beseft* of de andere spleet open is of niet, en zich daarnaar gaat gedragen!

Om het samen te vatten: elk atoom verlaat het kanon als een minuscuul gelokaliseerd deeltje en bereikt het tweede scherm ook als een deeltje, zoals blijkt uit de kleine lichtflits als het erop valt. Maar daartussenin, als het op de twee spleten stuit, gebeurt er iets raadselachtigs wat lijkt op het gedrag van een diffuse golf die in twee componenten uiteenvalt, die elk tevoorschijn komen uit een spleet en aan de andere kant met elkaar interfereren. Hoe kan één atoom zich anders *bewust* zijn van de toestand (hetzij open, hetzij dicht) van beide spleten tegelijkertijd?

Omdat we ergens goochelarij vermoeden, gaan we kijken of we de atomen kunnen opvangen door ze achter de spleten op te wachten. Dat kunnen we doen door een detector op te stellen, bijvoorbeeld achter de linkerspleet, die een 'signaal' geeft (misschien een piepje) telkens als er een atoom op weg naar het achterste scherm door die spleet gaat.* We kunnen bij de rechterspleet een tweede detector opstellen om de atomen te betrappen die door die spleet gaat. Als een atoom nu door een van beide spleten gaat, zullen we een piepje van ofwel de linker- ofwel de rechterdetector horen; maar als een atoom er op de een of andere manier in slaagt om zich van zijn kogelachtige aard te ontdoen en door beide spleten heen te gaan, dan zullen beide detectoren tegelijkertijd piepen.

Wat we nu ontdekken is dat telkens als we het atomenkanon afvuren en dat gepaard gaat met de verschijning van een felle stip op het scherm, ofwel de linker ofwel de rechter detector piept, maar nooit allebei. We hebben nu toch zeker eindelijk het bewijs dat de interfererende atomen inderdaad door een van beide spleten gaan, maar niet door allebei tegelijk? Maar... wees geduldig en blijf naar het scherm kijken. Naarmate er steeds meer individuele lichte plekjes verschijnen en samen beginnen te vallen, zien we dat dit geen interferentiepatroon meer oplevert. In plaats daarvan zijn er slechts twee heldere banden te zien, die wijzen op een opeenhoping van atomen achter elke spleet, net als bij het kogelexperiment. De atomen gedragen zich nu gedurende het hele experiment als conventionele deeltjes. Het is alsof elk atoom zich als een golf gedraagt

*We gaan er hier van uit dat de detector 100 procent efficiënt is en met zekerheid zal reageren als er een atoom door de spleet gaat die hij bewaakt, zonder echter de baan van het atoom te verstoren. Uiteraard is dit in de praktijk niet mogelijk omdat, zoals we zullen zien, we onvermijdelijk de baan van het atoom verstoren door onze waarneming.

als het door de spleten moet, *tenzij* het bespioneerd wordt. In dat geval gedraagt het zich heel onschuldig als een minuscuul deeltje.

Misschien veroorzaakt de aanwezigheid van de detector een probleem, verstoort die het vreemde, gevoelige gedrag van de atomen die door de spleten gaan. Laten we dit testen door een van de detectoren weg te halen, bijvoorbeeld die bij de rechter spleet. We kunnen aan deze opstelling nog steeds dezelfde informatie ontlenen, want als we het kanon afvuren, een piepje horen en een heldere stip op het scherm zien verschijnen, weten we dat het atoom door de linkerspleet moet zijn gegaan. Als we het kanon afvuren, geen piepje horen maar wel een stip zien, weten we dat de atomen via de rechterspleet op het scherm moeten zijn gevallen. We kunnen nu weten of de atomen door de linker- of de rechterspleet zijn gegaan, maar we 'verstoren' slechts één van beide routes. Als de detector zelf het probleem veroorzaakte, zouden we verwachten dat de atomen die gepaard gingen met een piepje zich als kogels zouden gedragen, maar dat die waarbij dat niet zo was (de atomen die door de rechterspleet gingen) zich als golven zouden gedragen. Nu zullen we op het scherm misschien een mengeling zien van een kogelachtig patroon (van atomen die door de linkerspleet gaan) en een interferentiepatroon (van atomen die door de rechterspleet gaan).

Maar dat is niet het geval. Bij deze opstelling zien we nog steeds geen interferentiepatroon. Achter elke spleet is op het scherm alleen het kogelachtige patroon van stippen te zien. Naar het schijnt is alleen al de aanwezigheid van een detector die de locatie van een atoom kan waarnemen voldoende om zijn golfachtige gedrag te doen verdwijnen, zelfs als die detector zich op enige afstand bevindt van de baan van het atoom door de andere spleet!

Misschien is alleen al de fysieke aanwezigheid van de detector bij de linkerspleet voldoende om de baan van de atomen die erdoorheen gaan te beïnvloeden, vergelijkbaar met een groot rotsblok dat de loop van water in een snelstromende beek verandert. Dit kunnen we testen door de linkerdetector uit te zetten. Omdat hij er nog wel is, zouden we verwachten dat hij nagenoeg dezelfde invloed uitoefent. Maar nu de detector is uitgeschakeld, ontstaat er opnieuw dat interferentiepatroon op het scherm! Alle atomen die door de experimentele opstelling gaan, zijn zich weer als golven gaan gedragen. Hoe komt het dat atomen zich als deeltjes gedroegen toen de detector bij de linkerspleet aan stond, maar zich als golven gingen gedragen zodra hij werd uitgeschakeld? Hoe *weet* een deeltje dat door de rechterspleet gaat of de detector bij de linkerspleet aan of uit staat?

In dit stadium moet je je gezond verstand even uitzetten. Nu moeten wij de golfdeeltjesdualiteit onder ogen zien van minuscule objecten zoals atomen, elektronen en fotonen, die zich als een golf gedragen wanneer we niet weten door welke spleet ze gaan, maar als een deeltje wanneer we ze observeren. Dit is de observatie of meting van kwantumobjecten die we voor het eerst in hoofdstuk 1 zijn tegengekomen toen we stilstonden bij Alain Aspects bewijs van de kwantumverstrengeling bij gescheiden fotonen. Je zult je nog wel herinneren dat het team van Aspect fotonen mat door ze door een gepolariseerde lens te sturen waardoor hun verstrengeling – een aspect van hun golfkarakter – teniet werd gedaan en ze werden gedwongen om één klassieke polarisatierichting te kiezen. Op soortgelijke wijze dwingt de meting van atomen bij het tweespletenexperiment ze te kiezen of ze door de linker- of de rechterspleet gaan.

De kwantummechanica biedt ons zowaar een heel logische verklaring voor dit verschijnsel; maar het is alleen maar een verklaring van wat wij waarnemen – het resultaat van een experiment –, niet van wat er gebeurt als we niet kijken. Maar omdat we alleen kunnen afgaan op wat wij kunnen zien en meten, heeft het misschien geen zin om meer te vragen. Hoe kunnen we de geldigheid of waarheid inschatten van een beschrijving van een verschijnsel dat we, zelfs in principe, nooit kunnen controleren? Zodra we het proberen, veranderen we het eindresultaat.

De kwantuminterpretatie van het tweespletenexperiment is dat op elk gegeven moment elk atoom beschreven moet worden met een reeks getallen die zijn waarschijnlijke plaats in de ruimte definiëren. Dat is de grootheid die wij in hoofdstuk 2 hebben geïntroduceerd als de *golffunctie*. Daar hebben we die beschreven als vergelijkbaar met het idee van het natrekken van een misdaadgolf die zich over een stad verspreidt door de kansen op inbraken in verschillende wijken aan te geven. Zo ook brengt de golffunctie die een atoom beschrijft dat door de twee spleten gaat, de kans in kaart dat het op een gegeven moment ergens in de opstelling kan worden aangetroffen. Maar zoals we eerder hebben benadrukt, kan een inbreker zich maar op één locatie in tijd en ruimte bevinden, en is de golf van de 'misdaadkans' slechts een beschrijving van ons gebrek aan kennis met betrekking tot zijn werkelijke verblijfplaats, terwijl de golffunctie van het atoom in het tweespletenexperiment reëel is in die zin dat die de fysieke toestand van het atoom zelf weergeeft. Dat atoom heeft niet echt een specifieke locatie tenzij wij die meten, en is tot dat moment overal tegelijk – uiteraard met een wisselende waarschijnlijkheid, zodat het onwaarschijnlijk is dat we het atoom zullen aantreffen op plaatsen waar zijn golffunctie klein is.

Dus in plaats van individuele atomen die door de twee spleten van het experiment gaan, moeten we de golffunctie beschouwen die van de bron naar het achterste scherm toe gaat. Als de golffunctie bij de spleten komt, splitst zij zich in tweeën, waarbij elke helft door een van de spleten gaat. Let wel, wat wij hier beschrijven is de manier waarop een abstracte *wiskundige* grootheid in de loop van de tijd verandert. Het is zinloos om te vragen wat er *werkelijk* gebeurt, omdat we ernaar zouden moeten kijken om dat te controleren. Maar zodra we dat proberen, veranderen we het eindresultaat. Vragen wat er werkelijk gebeurt tussen de waarnemingen in is net zoiets als vragen of het lampje van je koelkast aan is voordat je de deur opendoet: je kunt het nooit weten omdat je het systeem verandert zodra je een kijkje neemt.

Dit roept de vraag op: wanneer 'wordt' de golffunctie weer een gelokaliseerd atoom? Het antwoord is: wanneer we die proberen te detecteren. Als er een meting wordt uitgevoerd, *vervalt* de golffunctie tot één enkele mogelijkheid. Wederom is dit heel iets anders dan de situatie van de inbreker, waarbij de onzekerheid omtrent zijn verblijfplaats plotseling tot één punt vervalt als hij door de politie wordt ingerekend. In dat geval werd alleen onze informatie omtrent de verblijfplaats van de inbreker beïnvloed door de waarneming. De inbreker was op elk gegeven ogenblik steeds maar op één plaats. Dat geldt niet voor het atoom: zonder meting is dat werkelijk overal.

De kwantumgolffunctie berekent derhalve de kans dat wij het atoom op een bepaalde plaats zullen waarnemen *als we een meting van zijn positie op dat moment zouden verrichten.* Waar de golffunctie groot is vóór de meting, zal de resulterende kans dat we het atoom daar aantreffen ook groot zijn. Maar waar hij klein is, misschien als gevolg van destructieve golfinterferentie, zal de kans dat we het atoom daar aantreffen als we zouden besluiten te gaan kijken navenant klein zijn.

We kunnen ons voorstellen dat we de golffunctie volgen die een beschrijving geeft van het individuele atoom vanaf het moment dat het de bron verlaat. Het gedraagt zich net als een golf die in de richting van de spleten stroomt en zal dus, ter hoogte van het eerste scherm, bij beide spleten een gelijke amplitude hebben. Als we bij een van de spleten een detector plaatsen, zouden we gelijke kansen mogen verwachten: 50 procent van de tijd zullen we het atoom bij de linkerspleet waarnemen en 50 procent van de tijd bij de rechterspleet. Maar – en hier gaat het om – als we het atoom niet proberen te detecteren ter hoogte van het eerste scherm, stroomt de golffunctie door beide spleten zonder te vervallen. Daarna kunnen we in kwantumtermen praten over een golffunctie die één atoom in superpositie beschrijft: waarbij het op twee plaatsen tegelijk is, overeenkomstig de golffunctie die tegelijk door de linker- en de rechterspleet is gegaan.

Aan de andere kant van de spleten verspreidt elk deel van de golffunctie, een van de linker- en een van de rechterspleet, zich weer en vormen ze allebei een reeks wiskundige rimpelingen die elkaar overlappen. Op sommige punten versterken ze elkaars amplitude en op andere heffen ze die op. Het gecombineerde effect is dat de golffunctie nu hetzelfde patroon vertoont als andere golfverschijnselen, zoals licht. Maar vergeet niet dat deze nu complexe golffunctie nog steeds slechts één atoom beschrijft.

Op het tweede scherm, waar de positie van het atoom eindelijk wordt gemeten, stelt de golffunctie ons in staat om de kans te berekenen dat we het deeltje op verschillende punten op het scherm zullen detecteren. De lichte stippen op het scherm komen overeen met die posities waar de twee delen van de golffunctie, afkomstig van de twee spleten, elkaar versterken, en de donkere plekken corresponderen met die posities waar ze elkaar opheffen en een nulkans opleveren dat er op die posities atomen gedetecteerd zullen worden.

Het is belangrijk om in gedachten te houden dat dit proces van versterking en opheffing – kwantuminterferentie – zelfs plaatsvindt als het slechts om één deeltje gaat. Vergeet niet dat bepaalde zones van het scherm bereikt kunnen worden door een voor een afgevuurde atomen als er slechts één spleet open is, maar niet meer als beide spleten open zijn. Dat valt alleen te rijmen als elk atoom dat door het atomenkanon wordt afgevuurd beschreven wordt door een golffunctie die beide routes tegelijk kan volgen. De gecombineerde golffunctie met haar zones van constructieve en destructieve interferentie doet de kans teniet dat het atoom wordt aangetroffen in sommige posities op het scherm die het zou bereiken als er slechts één spleet open zou zijn.

Alle kwantumeenheden, of het nu fundamentele deeltjes zijn of de atomen en moleculen die uit zulke deeltjes bestaan, vertonen een coherent golfachtig gedrag, zodat ze met zichzelf kunnen interfereren. In deze kwantumtoestand kunnen ze allerlei vreemd kwantumgedrag vertonen, zoals op twee plaatsen tegelijk zijn, tegelijk twee kanten op spinnen, door ondoordringbare barrières tunnelen of spookachtig verstrengeld zijn met een ver verwijderde partner.

Maar waarom kunnen jij en ik dan niet op twee plaatsen tegelijk zijn? Uiteindelijk bestaan wij ook uit kwantumdeeltjes. Op een drukke dag zou dat in elk geval bijzonder handig zijn. Het antwoord is op een bepaald niveau heel simpel: hoe groter en massiever een lichaam is, hoe geringer zijn golfkarakter zal zijn, en iets wat zo groot en zwaar is als een mens (of alles wat groot genoeg is om zichtbaar te zijn met het blote oog) zal een kwantumgolflengte hebben die zo gering is dat zij geen meetbaar effect zal hebben. Maar op een dieper niveau kun je elk atoom in je lichaam beschouwen alsof het waargenomen, of gemeten, wordt door alle andere atomen in zijn omgeving, zodat alle subtiele kwantumeigenschappen die het zou kunnen bezitten al snel verloren gaan.

Wat verstaan we nu eigenlijk onder 'meting'? In hoofdstuk 1 hebben we ons al even over deze vraag gebogen, maar nu moeten we er dieper op ingaan omdat hij fundamenteel is voor de vraag hoeveel 'kwantum' er in kwantumbiologie zit.

Kwantummeting

Ondanks al het succes ervan vertelt de kwantummechanica ons niets over hoe we de stap moeten zetten van de vergelijkingen die beschrijven hoe, bijvoorbeeld, een elektron rond een atoom beweegt, naar wat we zien als we een specifieke meting aan dat elektron verrichten. Daarom hebben de grondleggers van de kwantummechanica een reeks ad-hocregels bedacht, die een addendum bij het wiskundige formalisme zijn geworden. Ze staan bekend als de 'kwantumpostulaten' en vormen een soort handleiding voor hoe de wiskundige voorspellingen van de vergelijkingen vertaald moeten worden naar tastbare eigenschappen die we kunnen waarnemen, zoals de positie of de energie van een atoom op een bepaald moment.

Wat betreft het feitelijke proces waarbij een atoom onmiddellijk niet meer 'hier én daar' is maar alleen maar 'hier' zodra wij ernaar kijken: niemand weet wat er gebeurt, en de meeste natuurkundigen hebben het pragmatische standpunt ingenomen dat het 'gewoon gebeurt'. Het probleem is dat daarbij een willekeurig onderscheid gemaakt moet worden tussen de kwantumwereld, waar rare dingen gebeuren, en onze alledaagse macrowereld waar objecten zich redelijk gedragen. Een meetinstrument dat een elektron detecteert moet deel uitmaken van deze macrowereld. Maar *hoe, waarom* en *wanneer* dit metingsproces plaatsvindt is nooit opgehelderd door de grondleggers van de kwantummechanica.

In de jaren tachtig en negentig van de vorige eeuw begonnen natuurkundigen te begrijpen wat er vermoedelijk gebeurt wanneer een geïsoleerd kwantumsysteem, zoals één enkel atoom in het tweespletenexperiment (waarvan de golffunctie bestaat uit de superpositie dat het op twee plaatsen tegelijk is), een wisselwerking aangaat met een macroscopisch meetinstrument dat, bijvoorbeeld, bij de linkerspleet wordt opgesteld. Het blijkt dat het waarnemen van het atoom (let wel, zelfs het niet-waarnemen van het atoom wordt beschouwd als een meting, aangezien dat betekent dat het atoom door de andere spleet moet zijn gegaan) ervoor zorgt dat de golffunctie van het atoom een interactie aangaat met al de talloze atomen in het meetinstrument. Deze complexe interactie zorgt ervoor dat de subtiele kwantumcoherentie heel snel weglekt en verloren gaat in de incoherente ruis van haar omgeving. Dit is het proces dat decoherentie wordt genoemd en dat we in hoofdstuk 2 al zijn tegengekomen.

Maar er is geen meetinstrument nodig om decoherentie te laten optreden. Het gebeurt voortdurend in ieder klassiek object, wanneer de kwantumcomponenten ervan – de atomen en moleculen – blootgesteld zijn aan thermale trillingen en alle omringende atomen en moleculen erop inbeuken, waardoor hun golfachtige coherentie verloren gaat. Zo kunnen we decoherentie beschouwen als de manier waarop al het materiaal rondom een atoom – de omgeving ervan – voortdurend dat atoom *meet* en het dwingt om zich als een klassiek deeltje te gedragen. In feite is decoherentie een van de snelste en meest efficiënte processen in de hele natuurkunde. En vanwege die opmerkelijke efficiëntie is decoherentie zo lang onontdekt gebleven. Nu pas komen natuurkundigen erachter hoe ze dit proces kunnen beïnvloeden en bestuderen.

Om terug te keren naar onze analogie van de in het water gegooide steentjes: zolang we die in een stille vijver gooiden, was het makkelijk te zien hoe hun elkaar overlappende golven met elkaar interfereerden. Maar probeer diezelfde steentjes maar eens onder aan de Niagara Falls in het water te gooien. De enorm complexe en chaotische aard van het water vaagt nu meteen elk interferentiepatroon weg dat door de steentjes wordt veroorzaakt. Dit woelige water is het klassieke equivalent van de chaotische moleculaire beweging rondom een kwantumsysteem, die leidt tot onmiddellijke decoherentie. De meeste omgevingen zijn, op een moleculair niveau, even woelig als het water onder aan de Niagara Falls. Deeltjes in materialen worden voortdurend door hun omgeving (andere atomen, moleculen en lichtfotonen) door elkaar geschud en weggestoten.

Op dit punt moeten we iets van de terminologie verduidelijken die wij in dit boek gebruiken. We hebben het over atomen die op twee plaatsen tegelijk zijn, zich gedragen als verstrooide golven en bestaan in een superpositie van twee of meer verschillende toestanden tegelijk. Om het jou, de lezer, makkelijker te maken kunnen we kiezen voor één term die al deze concepten omvat: 'kwantumcoherentie'. Als we het dus hebben over 'coherente' effecten, bedoelen we dat iets zich op een kwantummechanische manier gedraagt, golfachtig gedrag vertoont of meer dan één ding tegelijk doet. 'Decoherentie' is derhalve het fysische proces waarbij de coherentie verloren gaat en kwantumverschijnselen klassiek worden.

Van kwantumcoherentie kun je verwachten dat die gewoonlijk heel kortstondig is, tenzij het kwantumsysteem geïsoleerd kan worden van zijn omgeving (minder elkaar verdringende deeltjes) en/of wordt afgekoeld tot een zeer lage temperatuur (veel minder gedrang) om de subtiele coherentie te behouden. Om interferentiepatronen bij enkele atomen aan te tonen pompen wetenschappers alle lucht uit de opstelling en koelen ze de apparatuur tot heel dicht bij het absolute nulpunt. Alleen door dergelijke extreme maatregelen kunnen ze hun atomen lang genoeg in een rustige kwantumcoherente toestand houden om de interferentiepatronen aan te tonen.

De kwestie van de fragiele kwantumcoherentie (het voorkomen dat de golffunctie vervalt) is uiteraard de belangrijkste uitdaging voor de MITgroep die we in de eerste alinea's van dit hoofdstuk zijn tegengekomen, alsook voor hun collega's over de hele wereld, in hun streven een kwantumcomputer te bouwen. Daarom waren ze zo sceptisch over de stelling in de *New York Times* dat planten kwantumcomputers zijn. Natuurkundigen bedenken allerlei slimme (en dure) listen om de kwantumwereld in hun computers af te schermen voor de buitenwereld die de coherentie tenietdoet. Dus het is begrijpelijk dat ze het een krankzinnig idee vonden dat kwantumcoherentie gehandhaafd zou kunnen blijven in de warme, vochtige en moleculair woelige omgeving in een grassprietje.

Maar wij weten nu dat op een moleculair niveau veel belangrijke biologische processen zich inderdaad heel snel kunnen voltrekken (in triljoensten van een seconde) en ook beperkt kunnen worden tot korte atomaire afstanden – juist het soort tijdschaal en afstand waarbij kwantumprocessen zoals het tunneleffect een uitwerking kunnen hebben. Hoewel decoherentie nooit helemaal voorkomen kan worden, kan die dus wel lang genoeg tot staan worden gebracht om biologisch bruikbaar te zijn.

Reis naar het hart van de fotosynthese

Als je een seconde opkijkt naar de hemel, valt er een 300 000 kilometer lange kolom licht in je oog. In diezelfde seconde die het je kost om op te kijken, innen de planten en de fotosynthetische microben op deze planeet de kolom zonlicht om ongeveer 16 000 ton aan nieuwe organische materie aan te maken in de vorm van bomen, gras, zeewier, paardenbloemen, reuzensequoia's en appels. Ons doel in deze paragraaf is te ontdekken hoe deze eerste stap in de omzetting van levenloze materie in vrijwel alle biomassa op onze planeet feitelijk werkt. Ons voorbeeld zal de omzetting van de lucht in New England in een appel aan Newtons boom zijn.

Om te zien hoe dit proces in zijn werk gaat, zullen we nogmaals gebruikmaken van de nano-onderzeeër die we in het vorige hoofdstuk hebben gebruikt om de werking van enzymen te bestuderen. Als we eenmaal aan boord zijn geklauterd en de schakelaar voor de miniaturisering hebben omgezet, stijgt het vaartuig op naar het gebladerte van de boom, waar het landt op een van de groter wordende bladeren. Het blad wordt nog steeds groter, tot de verste randen achter de horizon verdwijnen en het schijnbaar gladde oppervlak een hobbelig terras wordt, dat geplaveid is met rechthoekige groene bakstenen doorspekt met lichtere ronde blokken, waarvan elk in het midden een porie heeft. De groene bakstenen worden epidermiscellen genoemd en de ronde blokken stomata (huidmondjes): het is hun taak om lucht en water (de substraten van de fotosynthese) via het oppervlak van het blad door te laten naar het inwendige. We sturen het vaartuig naar het dichtstbijzijnde huidmondje, en als het slechts een micron lang is (een miljoenste van een meter), richten we de boeg naar beneden om de porie in te duiken en in het groene, lichte inwendige van het blad uit te komen.

Eenmaal daarbinnen komen we tot rust in een riante en tamelijk stille ruimte. De vloer van het inwendige bestaat uit rijen op keien lijkende groene cellen en het plafond uit dikke cilindrische kabels. Die kabels zijn de *aderen* van het blad, die water van de wortels naar het blad brengen (xyleemvaten) of nieuw aangemaakte suikers van het blad naar de rest van de plant vervoeren (floëemvaten). Als we nog verder krimpen, expandeert de wand van de kei-achtige cel in alle richtingen tot hij de omvang van een voetbalveld lijkt te hebben. Op deze schaal – wij zijn nu ongeveer 10 nanometer, oftewel een honderdduizendste van een millimeter, groot – kunnen we zien dat het oppervlak bekleed is met een vezelig netwerk van draden, dat wel iets weg heeft van een dikke jutezak. Dit draderige materiaal is de *celwand*, een soort cellulair exoskelet. Onze nano-onderzeeër is voorzien van instrumenten die we gebruiken om ons een weg te banen door deze dikke jutezak. Daaronder vinden we een wasachtige onderlaag, het celmembraan, de laatste voor water ondoordringbare barrière tussen de cel en zijn omgeving. Bij nadere beschouwing blijkt dat het niet volkomen glad is, maar pokkenputjes heeft in de vorm van met water gevulde gaten. Deze kanalen in het membraan heten *porines*. Zij zijn het leidingenstelsel van de cel, dat voedingsstoffen binnenlaat en afvalproducten afvoert. Om de cel binnen te gaan, hoeven we alleen maar buiten bij een van de porines te wachten tot die zo groot is geworden dat we daardoor in het waterige inwendige van de cel kunnen duiken.

Als we eenmaal door het porinekanaal zijn, zien we meteen dat de binnenkant van de cel heel anders is dan de buitenkant. In plaats van majestueuze zuilen en weidse ruimtes, is het hier overvol en een beetje rommelig. We zien hier ook een enorme bedrijvigheid! De waterige vloeistof in de cel, het zogenaamde *cytoplasma*, is dik en stroperig. Op sommige plaatsen lijkt het eerder op een gel dan op een vloeistof. En in die gel hangen duizenden onregelmatige bolvormige objecten, die vanbinnen voortdurend in beweging lijken te zijn. Dit zijn eiwitenzymen, zoals die waarmee we in het vorige hoofdstuk kennis hebben gemaakt. Zij zijn verantwoordelijk voor de metabolische processen van de cel: het afbreken van voedingsstoffen en het aanmaken van biomoleculen zoals koolhydraten, DNA, eiwitten en vetten. Vele van deze enzymen zijn verbonden met een netwerk van kabels (het *cytoskelet* van de cel) die, een beetje zoals de kabels van een stoeltjeslift, allerlei vrachten naar diverse bestemmingen in de cel lijken te vervoeren. Dit transportnetwerk ontspringt zo te zien uit diverse centra, waar de kabels vastzitten aan grote groene capsules, de *chloroplasten* van de cel. Daarin spelen de belangrijkste activiteiten van de fotosynthese zich af.

We sturen de onderzeeër door het stroperige cytoplasma. Het gaat langzaam, maar uiteindelijk komen we aan bij de dichtstbijzijnde chloroplast. Die ligt onder ons als een enorme groene ballon. We kunnen zien dat hij, net als de cel eromheen, begrensd wordt door een transparant membraan, waardoor grote stapels groene, op munten lijkende objecten te zien zijn. Dit zijn de *thylakoïden* en die zitten tjokvol chlorofylmoleculen, ook wel bladgroen genoemd, het pigment dat planten groen maakt. Thylakoïden zijn de motoren van de fotosynthese die, van energie voorzien door lichtfotonen, koolstofatomen (opgenomen uit de kooldioxide in de lucht) kunnen binden tot de suikers in onze appel. Om beter zicht te krijgen op deze eerste stap in de fotosynthese, sturen wij het vaartuig door een van de poriën in het membraan van een chloroplast naar het bovenste groene muntje van de stapel thylakoïden toe. Nu we onze bestemming bereikt hebben, zetten we de motor van het vaartuig uit en laten we het zweven boven deze krachtcentrale van fotosynthetische activiteit.

Onder ons ligt slechts één van de talloze fotosynthesemachines die 's werelds biomassa produceren. Van waar wij zweven kunnen we zien dat er, ondanks al het gewoel van botsende, biljartbalachtige moleculen om ons heen, een indrukwekkende orde heerst, net als we hebben ontdekt toen we in het vorige hoofdstuk het enzymsysteem onderzochten. Het vliezige oppervlak van de thylakoïde is bezaaid met rotsige groene eilanden, bebost met boomachtige structuren die uitlopen in vijfhoekige platen als een soort antennes. Deze antenneplaten zijn moleculen die het licht verzamelen. Ze heten *chromoforen* – chlorofyl is er het beroemdste voorbeeld van – en zij zijn verantwoordelijk voor de eerste cruciale stap van de fotosynthese: het opvangen van fotonen.

Aangezien het waarschijnlijk het op een na belangrijkste molecuul op onze planeet is (na DNA), verdient chlorofyl een nader onderzoek (figuur 4.5). Het is een tweedimensionale structuur die bestaat uit vijfhoekige aaneenschakelingen van voornamelijk koolstofatomen (de grijze bolletjes) en stikstofatomen (N), die een centraal magnesiumatoom (M) insluiten, met een lange staart van koolstof-, zuurstof- (O) en (witte) waterstofatomen. Het buitenste elektron van het magnesiumatoom is slechts losjes verbonden met de rest van het atoom en kan de koolstofkooi eromheen in worden gestoten als het een foton zonne-energie opneemt, waardoor er een gat ontstaat in wat nu een positief geladen atoom is. Dit gat, het elektrongat, kan op een nogal abstracte manier worden beschouwd als een 'ding' op zich: een positief geladen gat. Het idee is dat we de rest van het magnesiumatoom beschouwen als iets wat neutraal blijft terwijl

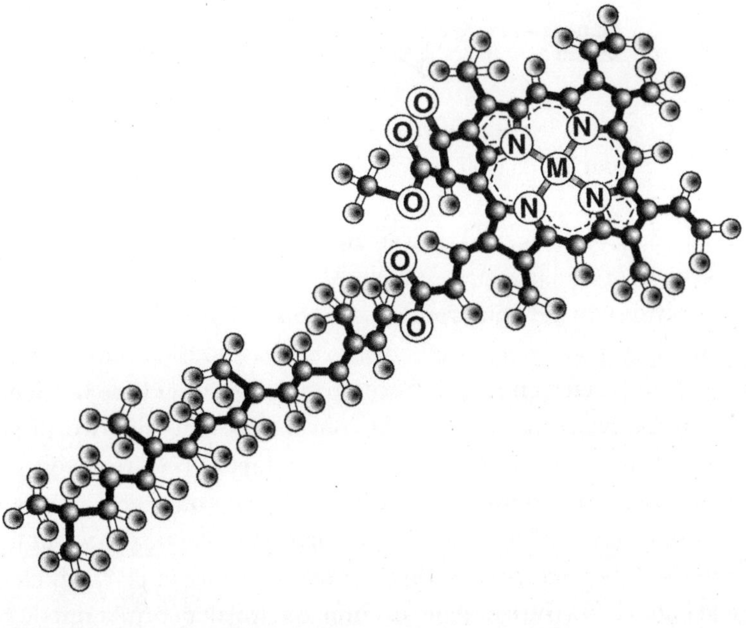

Figuur 4.5 Het chlorofylmolecuul.

er, door de opname van het foton, een systeem is gecreëerd dat bestaat uit het ontsnapte negatieve elektron en het positieve gat dat dit heeft achtergelaten. Dit binaire systeem wordt een *exciton* genoemd (zie figuur 4.6) en het kan worden voorgesteld als een minuscule batterij met een positieve en een negatieve pool die energie kan opslaan voor later gebruik.

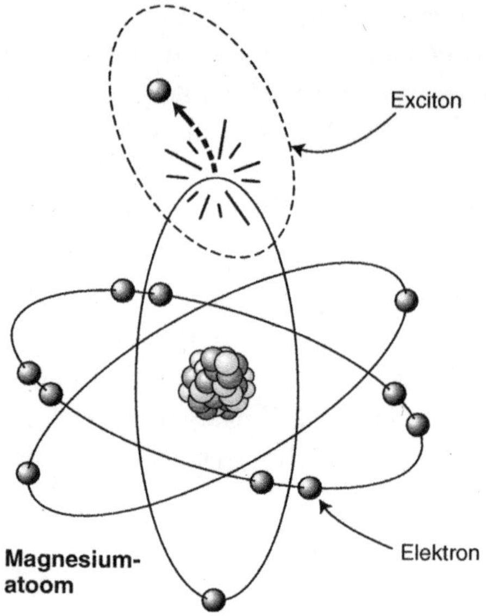

Figuur 4.6 Een exciton bestaat uit een elektron dat uit zijn baan is gestoten, samen met het gat dat het daarbij achterlaat.

Excitons zijn instabiel. Het elektron en zijn gat worden door een elektrostatische kracht tot elkaar aangetrokken. Als ze zich weer verenigen, gaat de zonne-energie van het oorspronkelijke foton verloren als warmte. Dus als de plant de opgevangen zonne-energie wil vasthouden, moet hij het exciton heel snel naar een moleculaire productie-eenheid toe brengen, het *reactiecentrum*, waar zich een proces voltrekt dat scheiding wordt genoemd. In wezen gaat het er hierbij om een energetisch elektron volledig los te maken van zijn atoom en het over te brengen naar een aangrenzend molecuul, vergelijkbaar met de enzymatische reactie die we in het vorige hoofdstuk hebben gezien. Bij dit proces ontstaat er een stabielere chemische batterij (NADPH) dan het exciton, die wordt gebruikt om de zo belangrijke fotosynthetische chemische reacties aan te drijven.

Maar reactiecentra liggen, in moleculaire termen, doorgaans op vrij grote afstand (nanometers) van de geëxciteerde chlorofylmoleculen, zodat de energie van het ene antennemolecuul op het andere moet worden overgedragen in het chlorofylwoud om het reactiecentrum te bereiken. Dat kan dankzij het dicht opeengepakte karakter van het chlorofyl. Moleculen naast het molecuul dat het foton heeft opgenomen kunnen zelf geëxciteerd raken, en zo feitelijk de energie van het eerst geëxciteerde elektron overnemen, die vervolgens op het elektron van hun eigen magnesiumatoom wordt overgedragen.

Het probleem is, uiteraard, welke route deze energie-overdracht zou moeten volgen. Als hij de verkeerde kant op gaat en in het chlorofylwoud willekeurig van het ene molecuul op het andere overspringt, zal de energie uiteindelijk verloren gaan en niet bij het reactiecentrum worden afgeleverd. Welke kant moet de overdracht op gaan? Er is niet erg veel tijd om de bestemming te bereiken voordat het exciton vervalt.

Tot voor kort dacht men dat deze energie-overdracht van het ene chlorofylmolecuul op het andere lukraak was, feitelijk een vertwijfelde zoekstrategie, die bekendstaat als een *random walk* (toevalsbeweging). Men noemt dit soms ook een *drunken walk*, omdat het lijkt op de manier waarop iemand die dronken is bij het verlaten van een bar alle kanten op zwalkt tot hij uiteindelijk de weg naar huis vindt. Maar toevalsbewegingen zijn geen erg efficiënte manier om ergens te komen: als de dronkaard ver van huis is, kan hij best de volgende ochtend wakker worden in een bosje aan de andere kant van de stad. Een object dat zich zo beweegt zal zich over het algemeen van zijn beginpunt verwijderen over een afstand die evenredig is met de wortel uit de tijd die het ervoor neemt. Als een dronkaard in één minuut één meter is opgeschoten, dan zal hij na vier minuten twee meter ver zijn gekomen en na negen minuten slechts drie meter. Gezien deze trage vordering is het niet verbazend dat dieren en microben zelden hun toevlucht nemen tot een dergelijk bewegingspatroon om voedsel of een prooi te vinden, tenzij er niets anders op zit. Als je een mier uitzet op onbekend terrein, zal die niet kiezen voor een toevalsbeweging, maar zijn neus gaan volgen zodra hij een geurspoor heeft gevonden.

Omdat de energie van het exciton geen neus of oriëntatievermogen heeft, dacht men dat ze zich door het chlorofylwoud verplaatste door middel van de strategie van de dronkaard. Maar dat beeld leek niet erg logisch, want van deze eerste stap in de fotosynthese is bekend dat hij bijzonder efficiënt is. In feite heeft de overdracht van de opgevangen fotonenergie van een antennemolecuul van chlorofyl naar het reactiecentrum de hoogste efficiëntie van alle bekende natuurlijke of kunstmatige reacties: bijna 100 procent. Onder optimale omstandigheden bereikt vrijwel elk energiepakketje dat door een chlorofylmolecuul wordt opgenomen het reactiecentrum. Als ze een zwervende route zouden afleggen, zouden die pakketjes bijna allemaal, in elk geval de meeste ervan, verloren gaan. Hoe deze fotosynthetische energie zoveel beter de weg naar haar bestemming kan vinden dan dronkaards, mieren of zelfs onze meest energie-efficiënte technologie, is een van de grootste raadsels in de biologie.

De kwantumzweving

De belangrijkste auteur van de wetenschappelijke paper[3] die aanleiding gaf tot het krantenartikel waar het leesclubje van MIT zo hard om had moeten lachen was een genaturaliseerde Amerikaan, Graham Fleming. Fleming is in 1949 geboren in het Noord-Engelse Barrow en heeft nu de leiding over een groep aan de Universiteit van Berkeley in Californië, die wordt beschouwd als een van 's werelds meest vooraanstaande onderzoeksteams op dit gebied. Er wordt gebruikgemaakt van een effectieve techniek met de indrukwekkende naam 'tweedimensionale Fourier-transformatie elektronische spectroscopie' (2D-FTES). 2D-FTES kan doordringen tot de interne structuur en dynamiek van zelfs de allerkleinste moleculaire systemen door die te bestoken met zeer sterk gefocuste kortstondige laserpulsen. Het meeste werk van de groep bestond niet uit het bestuderen van planten, maar van een fotosynthetisch complex dat het Fenna-Matthews-Olson-eiwit (FMO-eiwit) wordt genoemd en dat gemaakt wordt door fotosynthetische microben, groene zwavelbacteriën, die gevonden worden in de diepte van zwavelrijke wateren zoals de Zwarte Zee. Om het chlorofylspecimen te onderzoeken vuurden de onderzoekers drie opeenvolgende pulsen laserlicht af op fotosynthetische complexen. Die pulsen geven in heel snelle en precies getimede salvo's hun energie af en genereren een lichtsignaal van het specimen dat door detectoren wordt opgepikt.

Greg Engel, de eerste auteur van de paper, bracht de hele nacht door met het verwerken van de gegevens op basis van de signalen over een tijdsduur van 50 tot 600 femtoseconden*, om een grafiek te maken van de resultaten. Wat hij ontdekte was een stijgend en dalend signaal, dat minstens zeshonderd femtoseconden oscilleerde (zie figuur 4.7). Deze oscillaties lijken op het interferentiepatroon van lichte en donkere banden bij het tweespletenexperiment, het kwantumequivalent van de pulserende zwevingen die je hoort bij het stemmen van een muziekinstrument. Uit deze 'kwantumzweving' bleek dat het exciton niet één route volgde door de chlorofyldoolhof, maar meerdere routes tegelijk (figuur 4.8). Die alternatieve routes fungeren enigszins als de zwevende tonen van een bijna zuiver gestemde gitaar: ze genereren zwevingen als ze bijna even lang zijn.

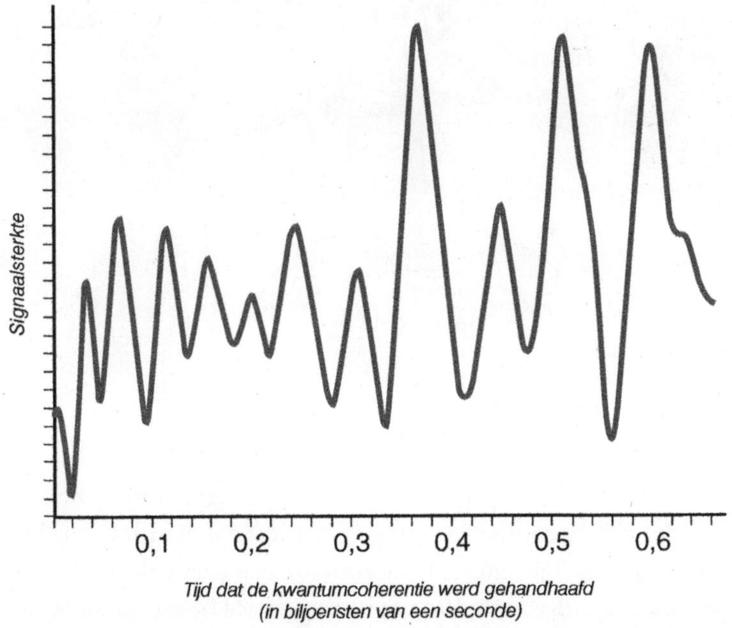

Figuur 4.7 De kwantumzwevingen zoals waargenomen door Graham Fleming en zijn collega's bij hun experiment in 2007. Het gaat niet om de onregelmatige vorm van de schommelingen, maar om het feit dat er überhaupt schommelingen zijn.

*Een femtoseconde is een miljoenste van een miljardste seconde, oftewel 10^{-15} seconden.

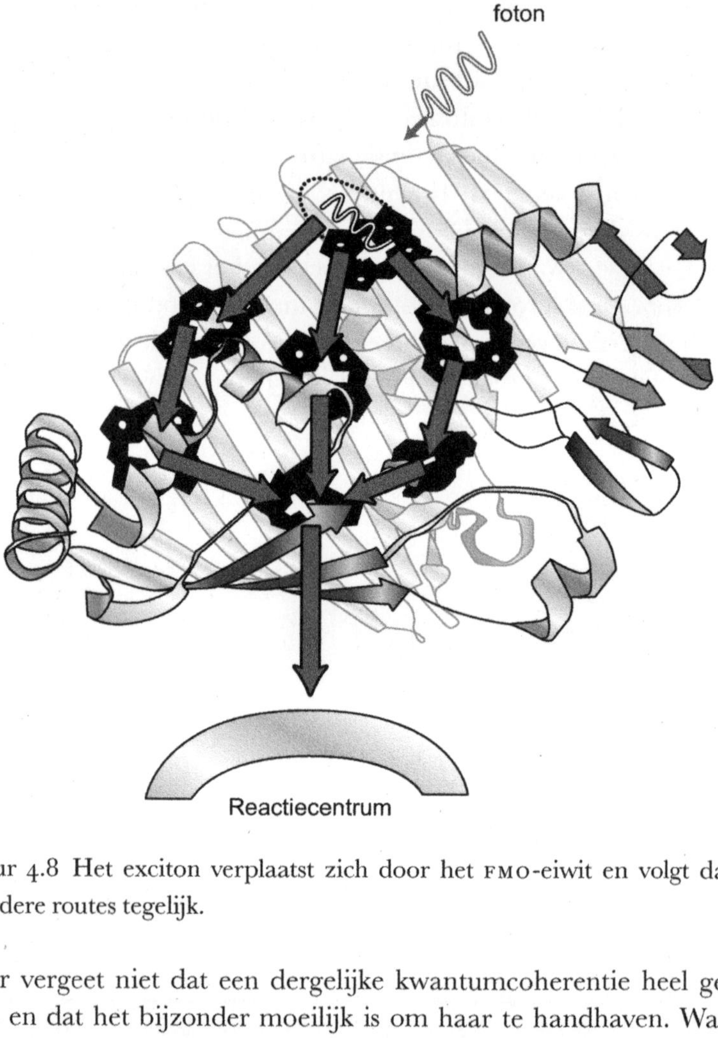

Figuur 4.8 Het exciton verplaatst zich door het FMO-eiwit en volgt daarbij meerdere routes tegelijk.

Maar vergeet niet dat een dergelijke kwantumcoherentie heel gevoelig is en dat het bijzonder moeilijk is om haar te handhaven. Was het werkelijk aannemelijk dat een microbe of een plant decoherentie kon voorkomen, waar de heroïsche pogingen van de beste, intelligentste onderzoekers aan MIT op het gebied van kwantumcomputers faalden? Dat was inderdaad de gedurfde bewering in Flemings paper, en het was deze 'kwantumhocuspocus', zoals Seth Lloyd het beschreef, die de leden van het leesclubje van MIT tegen de haren in streek. De groep uit Berkeley suggereerde dat het FMO-complex zich als een kwantumcomputer gedroeg om de snelste route naar het reactiecentrum te vinden, een uitdagend optimaliseringsprobleem, vergelijkbaar met het beroemde probleem van de handelsreiziger in de wiskunde, dat bij reisplannen met meer dan een handjevol bestemmingen alleen met een zeer krachtige computer kan worden opgelost.*

Ondanks de scepsis van het leesclubje belastte het Seth Lloyd met de taak om de bewering na te trekken. Tot verbazing van iedereen aan MIT was de conclusie van Lloyds wetenschappelijke detectivewerk dat de uitspraken van de Californische groep inderdaad gegrond waren. De zwevingen die Flemings groep in het FMO-complex had ontdekt waren inderdaad een teken van kwantumcoherentie, en Lloyd concludeerde dat de chlorofylmoleculen zich bedienden van een nieuwe zoekstrategie, de zogenaamde *quantum walk*.

Het voordeel van zo'n kwantumbeweging ten opzichte van een klassieke toevalsbeweging wordt duidelijk als we terugkeren naar onze zich traag verplaatsende dronkaard en ons voorstellen dat er lekkage is in de bar waaruit hij vertrekt en dat er water uit de deur stroomt. In tegenstelling tot onze dronkaard, die één route moet kiezen, gaan de golven van het water dat uit de bar ontsnapt alle kanten op. Onze dronken wandelaar zal al snel worden ingehaald, omdat de watergolf door de straten stroomt met een snelheid die recht evenredig is met de tijd die het kost, en niet met de wortel ervan. Dus als het water na één seconde één meter verder is, zal het na twee seconden twee meter hebben afgelegd, en na drie seconden drie meter, enzovoort. En dat niet alleen, maar omdat het, zoals de atomen in superpositie in het tweespletenexperiment, alle mogelijke routes tegelijk neemt, zal een deel van het golffront ongetwijfeld veel eerder bij het huis van de dronkaard aankomen dan hijzelf.

Flemings paper leidde tot zijn eigen golf van verbazing en ontsteltenis, die veel verderging dan het leesclubje aan MIT. Maar sommige commentatoren wezen er snel op dat de experimenten werden uitgevoerd met geïsoleerde FMO-complexen die waren afgekoeld tot 77 K (een ijskoude -196 °C): duidelijk veel kouder dan enige temperatuur die verenigbaar was met de fotosynthese bij planten of zelfs leven, en wel zo laag dat die hinderlijke decoherentie werd voorkomen. Hoe relevant

*Het probleem van de handelsreiziger is de kortste route te vinden om via een groot aantal steden te reizen. Dit wordt wiskundig beschreven als een 'NP-moeilijk probleem', wat wil zeggen dat het een opgave is waarvoor geen kortere weg naar een oplossing is, zelfs niet in theorie. De enige manier om de optimale oplossing te vinden is het rekentechnisch intensieve zorgvuldig nalopen van alle mogelijke routes.

waren die afgekoelde bacteriën voor zaken die zich afspelen in het warme, chaotische inwendige van plantencellen?

Maar al spoedig werd duidelijk dat kwantumcoherentie zich niet beperkte tot koude FMO-complexen. In 2009 nam Ian Mercer aan University College Dublin kwantumzwevingen waar in een ander bacterieel fotosynthetisch systeem (ook wel verkort tot 'fotosysteem') dat Light Harvesting Complex II (licht vergarend complex, LHC2) werd genoemd en dat erg lijkt op een plantaardig fotosysteem, bij de normale omgevingstemperaturen waarin fotosynthese gewoonlijk plaatsvindt bij planten en microben.[4] Toen, in 2010, toonde Greg Scholes van de Universiteit van Ontario kwantumzwevingen aan in het fotosysteem van een groep wieren (die, in tegenstelling tot de hogere planten, geen wortels, stengels en bladeren hebben), de zogenaamde cryptofyten. Deze komen bijzonder veel voor, zelfs zo veel dat zij evenveel koolstof (kooldioxide) aan de atmosfeer onttrekken en binden als hogere planten.[5] Rond dezelfde tijd toonde Greg Engel kwantumzwevingen aan in hetzelfde FMO-complex dat hij in het laboratorium van Graham Fleming had bestudeerd, maar nu bij veel hogere temperaturen, waarbij leven mogelijk is.[6] En mocht je misschien denken dat dit opmerkelijke verschijnsel zich beperkt tot bacteriën en algen: Tessa Calhoun en haar collega's in Flemings laboratorium in Berkeley hebben onlangs kwantumzwevingen ontdekt in een ander LHC2-systeem, ditmaal bij spinazie.[7] LHC2 komt voor bij alle hogere planten en bevat ongeveer 50 procent van alle chlorofyl op deze planeet.

Voordat we verdergaan zullen we in het kort beschrijven hoe de van de zon afkomstige energie van het exciton gebruikt wordt om, zoals Feynman het beschreef, 'deze zuurstof bij de koolstof weg te stoten [...] waardoor de koolstof, en water, overblijven om de stof van de boom [of de appel] te vormen!'

Als er genoeg energie bij het reactiecentrum is gearriveerd, zorgt die ervoor dat een speciaal paar chlorofylmoleculen (P680) elektronen uitstoot. In hoofdstuk 10 zul je wat meer te weten komen over wat er zich afspeelt in het reactiecentrum, want dat is een fascinerende plek waar zich nog een nieuw kwantumproces af zou kunnen spelen. De bron van deze elektronen is water (dat, zoals je je zult herinneren, een van de ingrediënten is in Feynmans beschrijving van de fotosynthese). Zoals we in het vorige hoofdstuk hebben ontdekt, noemt men het proces waarbij elektronen aan een stof worden onttrokken oxidatie. Dit is hetzelfde proces dat zich voltrekt bij verbranding. Als, bijvoorbeeld, hout brandt, onttrekken zuurstofatomen elektronen aan koolstofatomen. De elektronen in de buitenste baan van de koolstof zitten nogal los, wat de reden is waarom koolstof makkelijk brandt. Maar in water worden ze stevig op hun plaats gehouden: fotosynthetische systemen zijn uniek in die zin dat zij de enige plek in de natuur zijn waar *water* wordt 'verbrand' om elektronen af te staan.*

Tot zover geen problemen: wij hebben nu een voorraad vrije elektronen, dankzij de energie die door de excitons in chlorofyl wordt afgegeven. Vervolgens moet de plant die elektronen ergens heen sturen waar ze aan het werk gezet kunnen worden. Ze worden eerst opgevangen door de elektronentransporteur van de cel, NADPH. We zijn een soortgelijk molecuul, NADH, al even tegengekomen in het vorige hoofdstuk, waar het een rol speelde bij het vervoeren van elektronen die waren onttrokken aan voedingsstoffen zoals suikers, om ze naar de ademhalingsketens van de enzymen in de mitochondriën te sturen, de organellen in de cel die verantwoordelijk zijn voor het energiebeheer. Misschien weet je nog dat de opgevangen elektronen die door NADH aan de mitochondriën werden afgegeven, vervolgens door een ademhalingsketen van enzymen gingen als een soort elektrische stroom die gebruikt wordt om protonen door een membraan te pompen, en de resulterende terugloop van deze protonen werd gebruikt om ATP aan te maken, de energiedrager van de cel. Een proces dat daar veel op lijkt vindt plaats om ATP aan te maken in de chloroplasten van planten. Het NADPH geeft de elektronen die het transporteert door aan een keten van enzymen, die op vergelijkbare wijze protonen uit het membraan van de chloroplast pompt. De terugloop van deze protonen wordt gebruikt om ATP-moleculen aan te maken, die vervolgens de energie kunnen leveren voor allerlei energieverslindende processen in de cel van de plant.

Maar het feitelijke proces waarbij koolstof wordt gebonden, het opvangen van koolstofatomen uit kooldioxide in de lucht en het gebruik ervan om energierijke organische moleculen zoals suikers aan te maken, speelt zich af buiten de thylakoïd. Dit wordt bewerkstelligd door een groot, log enzym dat Rubisco heet en dat waarschijnlijk het meest

*Als we het hebben over het 'verbranden van water' bedoelen we natuurlijk niet dat water een brandstof is, zoals kolen. We gebruiken de term eerder in vrije zin voor het moleculaire oxidatieproces.

voorkomende eiwit ter wereld is, omdat het de grootste taak heeft: het aanmaken van vrijwel alle biomassa op deze planeet. Dit enzym bindt het koolstofatoom dat aan kooldioxide is onttrokken aan een eenvoudig suikermolecuul met vijf koolstofatomen, ribulose-1,5-bifosfaat, om een suiker met zes koolstofatomen te maken. Voor dit kunststukje maakt het gebruik van de twee ingrediënten die het heeft gekregen: elektronen (afgegeven door NADPH) en een energiebron (ATP). Beide ingrediënten zijn producten van de door licht gevoede processen van de fotosynthese.

De door Rubisco aangemaakte suiker met zes koolstofatomen valt meteen uiteen in twee suikers met drie koolstofatomen, die vervolgens op veel verschillende manieren aaneen worden gesmeed om alle biomoleculen te produceren waaruit een appelboom bestaat, inclusief de appels. Levenloze lucht en water in New England zijn, met behulp van licht en een beetje kwantummechanica, het levende weefsel geworden van een boom in New England.

Door de fotosynthese bij planten te vergelijken met de ademhaling (de verbranding van ons voedsel) in onze eigen cellen, zoals besproken in het vorige hoofdstuk, kun je zien dat dieren en planten in wezen niet zoveel van elkaar verschillen. Het fundamentele onderscheid ligt in waar wij, en zij, de elementaire bouwstenen van het leven vandaan halen. Beide hebben koolstof nodig, maar planten halen die uit de lucht, terwijl wij die betrekken uit organische bronnen, zoals de planten zelf. Beide hebben elektronen nodig om biomoleculen te maken: wij *verbranden* organische moleculen om hun elektronen op te vangen, waar planten licht gebruiken om water te *verbranden* om de elektronen daarvan op te vangen. En beide hebben energie nodig: wij onttrekken die aan de hoogenergetische elektronen uit ons voedsel door ze van de energiebergen van de ademhaling omlaag te laten bewegen; planten vangen de energie van zonnefotonen op. Al deze processen gaan gepaard met de beweging van fundamentele deeltjes die onderworpen zijn aan kwantumwetten. Het leven lijkt gebruik te maken van kwantumprocessen om het een handje te helpen.

De ontdekking van kwantumcoherentie in warme, vochtige, roerige systemen zoals planten en microben was een enorme schok voor kwantumfysici, en een groot deel van het onderzoek is er nu op gericht om er precies achter te komen hoe levende systemen hun subtiele kwantumcoherentie beschermen en gebruiken. Wij zullen op dit raadsel terugkomen in hoofdstuk 10, waar we enkele zeer verbazingwekkende mogelijke antwoorden onder de loep zullen nemen die misschien zelfs natuurkundigen, zoals de kwantumtheoretici aan MIT, kunnen helpen om praktische kwantumcomputers te bouwen die op je bureau zouden kunnen functioneren en niet alleen in de vriezer. De kans is ook groot dat het onderzoek de inspiratie zou kunnen vormen voor een nieuwe generatie artificiële fotosynthetische technologieën. De huidige zonnecellen zijn losjes gebaseerd op fotosynthetische principes en concurreren al met zonnepanelen om een aandeel in de markt voor schone energie, maar hun efficiëntie is beperkt door verliezen tijdens het energietransport (een efficiëntie van hooguit zo'n 70 procent, vergeleken met de efficiëntie van bijna 100 procent van de stap in de fotosynthese waarbij de energie van fotonen wordt opgevangen). Als de door de biologie geïnspireerde kwantumcoherentie benut zou kunnen worden in zonnecellen, zou dat de efficiëntie van zonne-energie sterk kunnen verhogen en zo een bijdrage kunnen leveren aan een schonere wereld.

Laten we ten slotte in dit hoofdstuk even stilstaan bij het belang van wat we nu hebben toegevoegd aan ons inzicht in wat het leven zo bijzonder maakt. Neem nogmaals die kwantumzwevingen die Greg Engel voor het eerst zag in de gegevens van zijn FMO-complex, die aantonen dat deeltjes zich binnen levende cellen verplaatsen als golven. De verleiding bestaat om dit te beschouwen als verschijnselen die zich alleen in een laboratorium voordoen en die buiten biochemische experimenten geen enkele relevantie hebben. Maar uit later onderzoek is gebleken dat ze wel degelijk ook in de natuur voorkomen, in bladeren, wieren en microben, en dat ze een (mogelijk cruciale) rol spelen bij de totstandkoming van onze biosfeer.

Niettemin komt de kwantumwereld ons heel vreemd voor en wordt er dikwijls gezegd dat deze vreemdheid een symptoom is van een fundamentele scheiding tussen de wereld om ons heen en de kwantumfundering ervan. Maar in werkelijkheid is er slechts één verzameling wetten die bepaalt hoe de wereld werkt: de kwantumwetten.* De bekende sta-

*We moeten hier een voorbehoud maken, omdat de kwantummechanica tot nu toe nog niet de zwaartekracht kan verklaren. De algemene relativiteitstheorie (de manier waarop wij de zwaartekracht begrijpen) lijkt namelijk onverenigbaar te zijn met de kwantummechanica. Het verenigen van de kwantummechanica en de algemene relativiteitstheorie tot een kwantumtheorie voor de zwaartekracht blijft daarom een van de grootste uitdagingen voor de natuurkunde.

tistische en newtoniaanse wetten zijn uiteindelijk kwantumwetten, gefilterd door een lens van decoherentie die de vreemde zaken eruit zeeft. (Daarom lijken kwantumverschijnselen vreemd in onze ogen.) Als je dieper spit, zul je zien dat de kwantummechanica in het hart van onze vertrouwde werkelijkheid altijd op de loer ligt.

Bovendien zijn bepaalde macroscopische objecten wel degelijk gevoelig voor kwantumverschijnselen, en de meeste daarvan leven. In het vorige hoofdstuk hebben we ontdekt dat het kwantumtunneleffect in enzymen een verschil kan maken voor hele cellen, en hier hebben we onderzocht hoe het proces van het opvangen van fotonen, dat de eerste stap vormt bij de totstandkoming van het merendeel van de biomassa op onze planeet, gebruik lijkt te maken van een subtiele kwantumcoherentie die gehandhaafd kan worden gedurende een biologisch relevante tijdspanne binnen het warme maar uiterst georganiseerde inwendige van een blad of een microbe. Opnieuw zien we dat Schrödingers 'orde uit orde' kwantumgebeurtenissen kan inzetten. Hetzelfde geldt voor Jordans zogenaamde 'versterking' van kwantumverschijnselen tot in de macroscopische wereld. Het leven lijkt zich te manifesteren op het grensvlak tussen de kwantummechanische en de klassieke wereld.

Wij richten onze aandacht nu op een ander proces dat essentieel is voor onze biosfeer. Newtons appelboom had geen appels kunnen maken als de bloesem ervan niet was bevrucht door vogels en insecten, met name bijen. Maar de bijen moesten de appelbloesem eerst vinden, en dat deden ze met behulp van een ander vermogen waarvan velen geloven dat het berust op de kwantummechanica – de reukzin.

Hoofdstuk 5

Op zoek naar Nemo's huis

De neus, bijvoorbeeld, waarover geen enkele filosoof ooit met eerbied en dankbaarheid heeft gesproken – de neus is, onder voorbehoud, het gevoeligste instrument waarover wij beschikken. Het is een instrument dat in staat is om de minste of geringste veranderingen te registreren die zelfs door middel van spectroscopie niet waargenomen kunnen worden.

Friedrich Nietzsche, *Götzen-Dämmerung*, 1889

Zij lijken ons een bepaalde boodschap van een materiële werkelijkheid over te brengen.

Gaston Bachelard, *La Formation de l'esprit scientifique, contribution à une psychoanalyse de la connaissance objective*, 1938

Tussen de armen van een dodelijke zeeanemoon die vastzit aan een koraalrif voor de kust van Isla Verde in de Filippijnen houden zich twee kleine oranje-wit gestreepte vissen schuil, die bekendstaan als clownvissen, of beter, driebandanemoonvissen, of, zelfs nog beter, *Amphiprion ocellaris.* Een van de twee, een vrouwtje, heeft een interessanter leven geleid dan de meeste gewervelde dieren, omdat zij niet altijd een vrouwtje is geweest. Zoals alle anemoonvissen is zij haar leven begonnen als een kleiner mannetje, dat ondergeschikt was aan het enige vrouwtje in de groep vissen die de bewoners waren van deze anemoon. Anemoonvissen hebben een strikte sociale structuur, en als mannetje heeft deze vis geconcurreerd met de andere mannetjes tot hij uiteindelijk dominant werd en de eer had om met het enige vrouwtje te paren. Maar toen zijn partner door een aal werd opgegeten, rijpten de eierstokken die enkele jaren in zijn lichaam hadden gesluimerd, werden zijn testes inactief en werd de mannelijke clownvis de koningin, klaar om te paren met het volgende mannetje in de pikorde.

Driebandanemoonvissen zijn veelvoorkomende bewoners van koraalriffen, van de Indische Oceaan tot het westen van de Stille Oceaan. Ze voeden zich met planten, wier, plankton en dieren zoals weekdieren en kleine schaaldieren. Door hun geringe formaat, felle kleuren en het ontbreken van doornen, scherpe vinnen, weerhaken en stekels zijn ze een makkelijke prooi voor de alen, haaien en andere roofdieren rond het rif. Als ze bedreigd worden, is hun belangrijkste verdediging snel beschutting zoeken tussen de tentakels van de anemoon die hun gastheer is. Een dikke slijmlaag over hun schubben beschermt ze tegen de giftige netelcellen. De anemoon profiteert op zijn beurt van zijn bonte bewoners omdat ze ongewenste indringers, zoals grazende vlindervissen, wegjagen.

Tegen deze achtergrond is de driebandanemoonvis bij ons het bekendst geworden in de animatiefilm *Finding Nemo*.* De grote uitdaging voor Nemo's vader, Marlin, was dat hij zijn zoon moest vinden, die uit zijn woongebied in het Grote Barrièrerif was ontvoerd en helemaal naar Sydney was gebracht. Maar voor echte anemoonvissen is de grote uitdaging om de weg terug naar huis te vinden.

Elke anemoon kan onderdak bieden aan een hele kolonie anemoonvissen, die bestaat uit een dominant mannetje en een vrouwtje, samen met een aantal jonge mannetjes die met elkaar wedijveren om de rol van prins-gemaal. Het bijzondere vermogen van het dominante mannetje om van geslacht te veranderen als de koningin overlijdt, het zogenaamde 'protandrisch hermafroditisme', is wellicht een aanpassing aan het leven in het gevaarlijke rif. Daardoor kan de kolonie het overlijden van het enige zich voortplantende vrouwtje overleven zonder ooit de bescherming van de gastanemoon te hoeven verlaten. Maar hoewel een hele kolonie vissen vele jaren in de armen van een anemoon kan wonen, moet het kroost van die vissen de veiligheid van zijn huis verlaten. En uiteindelijk zal het de weg terug moeten vinden.

Een vollemaan is voor de meeste koraalvissen het sein om te gaan paaien.** Als de maan boven de oceaan begint af te nemen, legt het vrouwtje van het paar een broedsel, dat door het dominante mannetje

* Helaas is die populariteit nu een bedreiging voor het dier in het wild, omdat het een favoriet is geworden voor stropers die te veel anemoonvissen vangen voor de bloeiende aquariummarkt. Dus hou Nemo niet thuis; hij of zij hoort in echte koraalriffen.

** Op dit moment denkt men dat het sterke getij de verspreiding in de hand werkt.

bevrucht moet worden. Daarna zit haar werk erop; het bewaken van de eitjes en het wegjagen van vleesetende rifvissen is de taak van de mannelijke anemoonvis. Nadat hij ze ongeveer een week heeft bewaakt, komen de eitjes uit en worden er honderden larven de stromingen in gestuurd.

De larven van driebandanemoonvissen zijn slechts een paar millimeter lang en bijna volledig transparant. Ongeveer een week lang drijven ze in de stromingen van de diepzee en voeden ze zich met zoöplankton. Zoals iedereen weet die bij koraalriffen heeft gedoken, zul je al snel ver van je beginpunt verwijderd raken als je je laat meevoeren door een oceaanstroming. Larven van anemoonvissen kunnen vele kilometers van het rif af belanden waar ze geboren zijn. De meeste worden opgegeten, maar sommige blijven in leven. Na ongeveer een week zwemmen deze gelukkigen naar de zeebodem, om binnen een dag te veranderen in hun juveniele vorm (net als onze kikker in hoofdstuk 3), een kleinere versie van de volwassen vis. Zonder de bescherming van de giftige anemoon zijn de bonte juvenielen een makkelijke prooi voor roofdieren die de zeebodem afstruinen. Om te overleven moeten ze snel een veilig onderdak vinden in een koraalrif.

Men dacht dat de larven van rifvissen met de oceaanstromingen meedreven en dat het van het toeval afhing of ze dicht bij een geschikt rif zouden terechtkomen. Maar die verklaring was niet zo sterk, omdat bekend was dat de meeste larven goede zwemmers zijn en dat het geen zin heeft om te kunnen zwemmen als je niet weet waar je heen moet. Toen, in 2006, maakte Gabriele Gerlach, een onderzoekster van het beroemde Marine Biological Laboratory in Woods Hole, Massachusetts, genetische vingerafdrukken van vissen die leefden op tussen de 3 en 23 kilometer van elkaar verwijderde riffen in het complex dat het Australische Grote Barrièrerif vormt. Zij ontdekte dat vissen die in hetzelfde rif woonden veel nauwer verwant waren met elkaar dan met vissen in verder verwijderde riffen. Omdat alle juveniele larven van rifvissen zich over grote afstanden verspreiden, is die ontdekking alleen verklaarbaar als de meeste volwassen exemplaren terugkeren naar het rif waar ze geboren zijn. Op de een of andere manier moet elke larvale rifvis ingeprent worden met een signatuur die kenmerkend is voor het gebied waar hij ter wereld is gekomen.

Maar hoe weten larvale of juveniele anemoonvissen die zo ver van huis zijn geraakt welke kant ze op moeten zwemmen? De zeebodem geeft geen bruikbare visuele aanwijzingen. Er zijn geen referentiepunten en hij ziet er dan ook in alle richtingen hetzelfde uit: een zandwoestijn met hier en daar wat keien, rotsen en af en toe een rondzwalkende geleedpotige. Het is onwaarschijnlijk dat het verre koraalrif geluidssignalen afgeeft die meerdere kilometers zouden kunnen overbruggen. De stromingen zelf vormen een extra probleem, omdat hun richting varieert met de diepte en het heel moeilijk kan zijn om vast te stellen of het water zich verplaatst of stilstaat. Er is niets wat erop wijst dat anemoonvissen beschikken over het soort magnetisch kompas waardoor ons roodborstje zich laat leiden op haar wintertrek. Hoe vinden ze de weg dan?

Vissen hebben wel een scherp reukvermogen. Twee derde van de hersenen van haaien wordt gebruikt voor de reuk. Ze staan erom bekend dat ze een druppel bloed op meer dan een kilometer afstand kunnen ruiken. Misschien kunnen rifvissen door middel van hun reuk de weg naar huis vinden? Om deze theorie te toetsen ontwierp Gabriele Gerlach in 2007 een 'tweekanaalstest voor olfactorische stroomkeuze' waarbij larvale rifvissen werden uitgezet op een plek waar twee zeestromen langskwamen: de ene stroom was afkomstig van het rif waar ze uit het ei waren gekomen en de andere van een ver verwijderd rif. Vervolgens keek ze aan welke waterstroom de larven de voorkeur gaven: die van thuis of die van ver?

De larven zwommen allemaal in de richting van de stroom met water van het rif waar ze verwekt waren. Ze konden duidelijk een onderscheid maken tussen water van een vreemd rif en dat van hun geboorterif, vermoedelijk door een geurverschil. Michael Arvedlund, een onderzoeker van de James Cook University in het Australische Queensland, gebruikte een soortgelijke proefopzet om aan te tonen dat anemoonvissen hun gastanemoonsoort konden ruiken en die konden onderscheiden van andere die ze niet koloniseren. Nog opmerkelijker was dat Daniella Dixson, eveneens van de James Cook University, ontdekte dat anemoonvissen een onderscheid kunnen maken tussen water uit hun voorkeurshabitat, riffen onder begroeide eilanden, en minder gewild water van riffen voor de kust. Het ziet er werkelijk naar uit dat Nemo en andere rifvissen door middel van hun reuk de weg naar huis vinden.

Het vermogen van dieren om te navigeren met hun reukzin is legendarisch. Elk jaar verzamelen zich bij riviermondingen langs oceaankusten over de hele wereld miljoenen zalmen in grote scholen, waarna ze tegen de stroom in landinwaarts zwemmen, waarbij ze stroomversnellingen, watervallen en zandbanken overwinnen om hun paaigebieden te bereiken. Evenals bij de anemoonvis dacht men dat de keuze van de zalm voor een geschikte rivier min of meer op toeval berustte. Maar in 1939 voorzag de Canadees Wilbert A. Clemens 469 326 jonge zalmen die in een bepaalde zijrivier van het Fraser River-systeem waren gevangen, van een merkteken. Jaren later ving hij 10 958 van de gemerkte zalmen die naar diezelfde zijrivier waren teruggekeerd. Geen van de gemerkte zalmen werd in een andere zijrivier van het systeem gevonden. Geen ervan was verdwaald op zijn reis van de oceaan naar de stroom waar ze vandaan kwamen. Hoe ze erin slagen om tijdens die reis hun koers te bepalen, is vele jaren een raadsel gebleven. Toen suggereerde professor Arthur Hasler van de Universiteit van Wisconsin-Madison dat de jonge zalmen een geurspoor volgen. In 1954 toetste hij zijn theorie door een paar honderd terugkerende vissen te vangen boven een vertakking in de rivier de Issaquah bij Seattle, die hij vervolgens stroomafwaarts bracht tot onder de vertakking. Alle zalmen keerden terug naar dezelfde arm van de vertakking waarin ze gevangen waren. Maar toen hij hun neusgaten dichtstopte met watten voordat hij ze vrijliet, zwommen ze naar de vertakking in de rivier, waar ze alle kanten op gingen en niet konden besluiten of ze naar rechts of naar links moesten.

De reukzin is op land misschien wel nog opmerkelijker omdat het volume van de atmosfeer, waarin geurstoffen verdund worden, nog groter is dan dat van de oceaan. De atmosfeer kent ook meer turbulentie, vanwege het weer, zodat geurmoleculen in de lucht sneller verspreid worden dan in het water. Toch is de reukzin van levensbelang voor de meeste landdieren. Hij wordt niet alleen gebruikt om de weg naar huis te vinden maar ook om een prooi te vangen, aan roofdieren te ontkomen, een partner te vinden, alarmsignalen af te geven, een territorium te markeren, de aanzet te geven tot fysiologische veranderingen en te communiceren. Dit hele 'geurenlandschap' van de reuk is voor mensen veel minder duidelijk. Zij maken vaak gebruik van de scherpere reukzin van hun huisdieren om deze signalen en tekens waar te nemen. Honden staan, uiteraard, bekend om hun belangstelling voor geuren en de bloedhond, wiens reukepitheel (hierover later meer) veertigmaal groter is dan het onze, is terecht beroemd vanwege zijn vermogen om het geurspoor van één individu te volgen. Wij hebben allemaal die films gezien met een goeie speurhond die alleen maar even aan het weggegooide hemd van een ontsnapte gevangene hoeft te snuffelen om de boef over de hei en door bos en beek op te kunnen sporen. En hoewel die verhalen misschien verzonnen zijn, geldt dat zeker niet voor het vermogen van de hond. Honden kunnen uit een spoor opmaken welke kant een mens of dier op ging en kunnen een geurspoor volgen dat al een paar dagen oud is.

Hoe goed de reukzin van dieren is, beseffen we pas als we stilstaan bij de prestaties die voor een bloedhond of een anemoonvis dagelijks werk zijn. Neem eerst de bloedhond, waarvan de reukzin zo fijn is dat hij minuscule hoeveelheden organische chemische stoffen, zoals boterzuur, kan waarnemen, die door mensen en andere dieren worden afgegeven. Hij heeft werkelijk een heel gevoelige neus. Als men slechts één gram boterzuur in een ruimte zou laten verdampen, zouden wij mensen de zoete, ranzige geur net kunnen ruiken. Maar een hond kan diezelfde gram ook ruiken als de dampen volledig verdund zouden zijn in de lucht boven een hele stad, tot een hoogte van 100 meter. En neem nogmaals die anemoonvissen of zalmen die de geur van hun verre thuis bespeuren, op een afstand van vele kilometers, verdund in de enorme oceaan.

Maar de reukzin van het dier is niet alleen opmerkelijk vanwege zijn gevoeligheid, maar ook vanwege zijn sterk ontwikkelde onderscheidingsvermogen. Honden worden altijd gebruikt door douanebeambten om allerlei geurstoffen te bespeuren, van drugs zoals marihuana en cocaïne tot chemische stoffen in explosieven zoals C4 – vaak dwars door dikke verpakkingen en koffers. Ze kunnen ook de geuren van individuen onderscheiden, zelfs bij een identieke tweeling. Hoe doen ze dat dan? Het boterzuur dat wij allemaal afscheiden is toch zeker bij iedereen hetzelfde? Natuurlijk is dat zo, maar behalve boterzuur geeft ieder van ons een subtiele, complexe cocktail van honderden organische moleculen af, die een signatuur van onze aanwezigheid nalaat die even individueel is als onze vingerafdrukken. Honden kunnen onze olfactorische vingerafdruk even makkelijk 'zien' als wij de kleur van iemands overhemd kunnen zien. Zo moeten anemoonvissen of zalmen ook de geur van hun thuis herkennen, net zoals wij onze straat kunnen herkennen of de kleur van onze voordeur kunnen zien.

Maar honden, zalmen en anemoonvissen zijn niet de superatleten van het reukvermogen. De reukzin van een beer is meer dan zevenmaal zo gevoelig als zelfs die van een bloedhond. Hij kan een kadaver ruiken op 20 kilometer afstand. Een mot kan een paringspartner bespeuren op een afstand van zo'n 10 kilometer; ratten ruiken in stereo en slangen ruiken met hun tong. Al deze olfactorische vermogens zijn essentieel voor dieren die voedsel en een partner moeten zoeken en/of roofdieren uit de weg moeten gaan. Ze hebben een gevoeligheid ontwikkeld voor vluchtige prikkels die de nabijheid van die hulpbronnen of gevaren verraden, hetzij in de lucht, hetzij in het water. Voor het overleven van dieren is de reukzin zo belangrijk dat gedragsmatige reacties op geuren bij een aantal soorten aangeboren lijken te zijn. Experimenten met woelmuizen op het eiland Orkney hebben aangetoond dat deze dieren vallen meden die waren voorzien van de afscheidingen van roofdieren, in dit geval hermelijnen, ook al zijn hermelijnen al vijfduizend jaar niet op het eiland voorgekomen!

Men zegt dat mensen een slechtere reukzin hebben dan onze verwanten. Toen *Homo erectus* enkele miljoenen jaren geleden zijn bovenlichaam van de bosbodem verhief om rechtop te gaan lopen, raakte ook zijn neus verder verwijderd van de grond, een rijke bron van geurstoffen. Daarna werden het gezicht en het gehoor, die allebei efficiënter zijn vanaf een hogere positie, zijn belangrijkste informatiebronnen. De menselijke snuit werd dan ook korter, de neusgaten smaller, en er traden mutaties op in de meeste van de ongeveer duizend zoogdiergenen van onze voorouders die coderen voor olfactorische receptoren (hierover later meer). Misschien is het jammer dat wij ook een extra reukvermogen verloren dat bij andere dieren wel wordt aangetroffen en dat te danken is aan het vomeronasale orgaan (VNO), of het orgaan van Jacobson, dat tot taak heeft om geslachtsferomonen te bespeuren.

Toch hebben wij ondanks ons afgenomen genetische repertoire van slechts zo'n driehonderd olfactorische receptorgenen en onze veranderde anatomie nog steeds een verrassend goede reukzin. Wij kunnen dan misschien niet van een paar kilomater afstand een partner of ons eten ruiken, maar we kunnen wel zo'n tienduizend verschillende geuren van elkaar onderscheiden en, zoals Nietzsche opmerkte, onze neus kan zelfs de spectroscopische waarneming van geurige chemische stoffen overtreffen. Onze gevoeligheid voor geuren heeft in sommige gevallen onze grootste poëzie geïnspireerd ('Zou niet een roos, wanneer ze anders heette, even lieflijk ruiken?') en speelt een cruciale rol in ons gevoel van welbehagen en voldoening.

Onze reukzin heeft ook een verbazend actieve rol gespeeld in de menselijke geschiedenis. Uit de vroegste teksten blijkt een eerbied voor aangename geuren en een afschuw van stank. Kerken en tempels werden dikwijls geurig gemaakt met parfums en kruiden. In de Hebreeuwse Bijbel geeft God Mozes opdracht om een kerk te bouwen en zegt Hij tegen hem: 'Neem tot u welriekende specerijen, mirresap, en oniche, en galban; deze welriekende specerijen, en zuiveren wierook, dat elk bijzonder zij. En gij zult een reukwerk ener zalf daaruit maken, naar het werk des apothekers, gemengd, rein, heilig.'[1] De oude Egyptenaren hadden zelfs een parfumgod, Nefertum, die ook een god van de geneeskunde was, een soort mythische aromatherapeut.

Door de associatie van gezondheid met aangename geuren, en omgekeerd, ziekte en bederf met stank, geloven velen dat de causaliteit van geur naar gezondheid of ziekte liep, in plaats van andersom. Zo onderwees de grote romeinse arts Galenus dat onwelriekende lakens, matrassen en dekens de vervuiling van de lichaamssappen konden versnellen. Misselijkmakende afscheidingen (miasma's) afkomstig van riolen, slachthuizen, beerputten en moerassen werden beschouwd als een bron van vele dodelijke ziektes. Omgekeerd dacht men dat aangename geuren ziektes afwendden, zodat artsen in het middeleeuwse Europa volhielden dat het huis van een pestslachtoffer voordat ze er binnengingen grondig gelucht en doorgeurd moest worden door het aansteken van welriekende vuren geparfumeerd met wierook, mirre, kruidnagels en andere aromatische kruiden. De parfumerie was oorspronkelijk gewijd aan het desinfecteren van huizen, en niet aan persoonlijke verzorging.

Het belang van de reukzin beperkt zich natuurlijk niet tot het bespeuren van geurstoffen die door onze neusgaten worden ingeademd. Het is opmerkelijk dat doorgaans wordt aangenomen dat onze *smaak* voor zo'n 90 procent bestaat uit reukvermogen. Als wij eten proeven, nemen de smaakreceptoren in onze tong en ons verhemelte chemische stoffen waar die in speeksel zijn opgelost; maar er zijn slechts vijf soorten receptoren die combinaties van slechts vijf basale smaken kunnen thuisbrengen – zoet, zuur, zout, bitter en umami (een Japans woord dat 'plezierige hartige smaak' betekent). Maar vluchtige geurstoffen die uit ons eten en drinken verdampen komen van achter in onze keel in de neusholte, waar ze combinaties van honderden verschillende geurreceptoren activeren. Daardoor hebben wij, vergeleken met de smaakzin, een veel groter vermogen om duizenden verschillende aroma's te onderscheiden en te genieten van de rijke *smaken* (voornamelijk geuren) van goede wijn, geurig eten, specerijen, kruiden en koffie. En hoewel wij het vomeronasale vermogen hebben verloren dat de meeste van onze medezoogdieren wel hebben, blijkt uit de enorme parfumindustrie dat geuren nog steeds een grote rol spelen bij de menselijke hofmakerij en seksualiteit. Freud zag zelfs een verband tussen seksuele remmingen en de sublimatie van de reukzin bij de meesten onder ons. Niettemin beweerde hij dat er 'zelfs in Europa'* volken bestaan die een grote waardering hebben voor de sterke geur van de geslachtsdelen'.[2]

Dus hoe worden mensen, honden, beren, slangen, motten, haaien, ratten en anemoonvissen zich dan gewaar van deze boodschappen 'van een materiële werkelijkheid'? Hoe maken wij een onderscheid tussen zo'n grote verscheidenheid aan geuren?

De fysieke werkelijkheid van geuren

In tegenstelling tot het zicht en het gehoor, die informatie indirect registreren via elektromagnetische golven of geluidsgolven die ons vanaf een object bereiken, ontvangen zowel de reuk als de smaak hun informatie direct door contact met het waargenomen object (een molecuul), dat boodschappen 'van een materiële werkelijkheid' overbrengt. Beide lijken volgens ongeveer dezelfde principes te werken. De moleculen die ze bespeuren zijn ofwel opgelost in speeksel of ze hangen in de lucht. Vervolgens worden ze opgepikt door receptoren op de tong (smaak) of in het reukepitheel boven in onze neusholte (reuk). De vluchtigheid van de prikkel betekent dat de meeste geurstoffen vrij kleine moleculen zijn.

De neus zelf speelt geen directe rol bij het ruiken, afgezien van het feit dat hij de lucht naar het reukepitheel toe leidt, dat zich achter in de neus bevindt (figuur 5.1). Dit weefsel is best klein, bij mensen slechts drie vierkante centimeter (ongeveer zo groot als een postzegel), maar het is bekleed met slijmklieren en miljoenen *reukzenuwen*. Dit zijn een

*Let op het impliciete racisme.

soort zenuwcellen die voor de reukzin zijn wat de kegeltjes en staafjes in het netvlies van het oog voor het zicht zijn. Het voorste uiteinde van de reukzenuw lijkt een beetje op een bezem. Hij heeft een borstel met vele vertakkingen waar het celmembraan tot veel trilharen (*cilia*) is geplooid. Deze bezem met zijn borstel van cilia steekt uit de cellaag waar hij langskomende geurmoleculen kan oppikken. Het achterste uiteinde van de cel lijkt op de steel van de bezem en vormt het *axon* oftewel de zenuw zelf, die door een klein bot achter in de neusholte naar de hersenen loopt, naar een gebied dat *bulbus olfactorius* wordt genoemd.

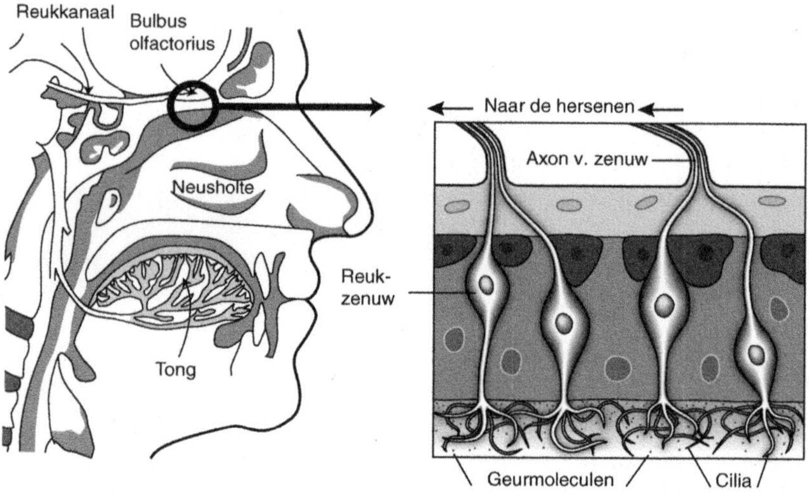

Figuur 5.1 De anatomie van de reukzin.

De rest van dit hoofdstuk kan het best gelezen worden met een sinaasappel voor je neus, misschien in partjes zodat de sterke aroma's vrijkomen en via je neus bij het reukepitheel kunnen komen. Misschien kun je zelfs een van de partjes in je mond steken, zodat de vluchtige geurstoffen via de retronasale route datzelfde weefsel bereiken. Zoals alle natuurlijke geuren is die van een sinaasappel heel complex en bestaat hij uit honderden vluchtige verbindingen, maar een van de meest aromatische heet limoneen,* waarvan we nu de weg die wordt afgelegd van molecuul tot geur zullen bekijken.

* 1-methyl-4-(1-methylethenyl)-cyclohexeen.

Limoneen komt, zoals de naam suggereert, veel voor in citrusvruchten zoals sinaasappels en citroenen en is grotendeels verantwoordelijk voor hun zurige geur en smaak. De chemische stof behoort tot een categorie van verbindingen die bekendstaat als *terpenen.* Dit zijn de geurige bestanddelen van de essences van veel planten en bloemen, die zorgen voor de rijke geur van pijnbomen, rozen, druiven en hop. Dus als je wilt, kun je de sinaasappel omruilen voor een glas bier of wijn als je dat liever hebt. Deze chemische stof wordt in vele delen van de citrusplant aangemaakt, maar komt het meest voor in de schil van de vrucht, die uitgeperst kan worden en dan bijna pure limoneen oplevert.

Limoneen is een vluchtige vloeistof die op kamertemperatuur geleidelijk verdampt, waardoor jouw sinaasappel miljoenen limoneenmoleculen aan de omringende lucht afgeeft. De meeste daarvan zullen de kamer in zweven en door de deur en de ramen naar buiten, maar enkele zullen door de luchtstromingen in de buurt van je neus worden gebracht. Bij je volgende inademing zul je enkele liters van de geurige lucht opsnuiven, die via je neusgaten langs het reukepitheel worden geleid, dat met ongeveer tien miljoen reukzenuwen is bekleed.

Als er limoneenmoleculen langs de borstels van het reukepitheel drijven, worden sommige opgevangen door de reukzenuwen. Als dit bij ook maar één limoneelmolecuul gebeurt, is dat voldoende om te zorgen dat er een minuscuul kanaaltje in het membraan van de zenuwcel opengaat waardoor een stroom positief geladen calciumionen van buitenaf de cel in stroomt. Als er ongeveer 35 limoneenmoleculen zijn ingevangen, komt de resulterende instroom van ionen in de cel neer op een klein elektrisch stroompje van in totaal ongeveer één picoampère.* Zo'n stroom fungeert als een schakelaar die een elektrisch signaal, een zogenaamde *actiepotentiaal* (in hoofdstuk 9 zullen we daarover meer te weten komen), door het axon, de steel van de bezemachtige cel, stuurt. Dit signaal gaat helemaal naar de bulbus olfactorius in je hersenen. Na verdere neurale verwerking ervaren wij deze 'boodschap van een materiële werkelijkheid' als de sterke geur van sinaasappels.

Het belangrijkste moment in dit hele proces is uiteraard het opvangen van het geurmolecuul door de reukzenuw. Hoe gaat dat in zijn werk? Naar analogie met het zicht en de lichtgevoelige staaf- en kegelcellen

*Een picoampère is één triljoenste (10^{-12}) van een ampère.

(ook soorten neuronen), werd er verwacht dat de reukzin gewoon voortkwam uit olfactorische receptoren die zich aan de oppervlakte bevonden. Maar in de jaren zeventig van de vorige eeuw was er niets bekend omtrent de aard en de identiteit van olfactorische receptoren.

Richard Axel werd in 1948 in Brooklyn, New York, geboren als het eerste kind van ouders die vóór de nazi-invasie uit Polen naar Amerika waren gevlucht. Zijn jeugd was typisch voor die buurt: hij deed boodschappen voor zijn vader, een kleermaker, wanneer hij niet 'stickball' (een soort straathonkbal, met putdeksels als honken en een bezemsteel als knuppel) of basketbal speelde op de straten en pleinen in de buurt. Op zijn elfde had hij zijn eerste baantje, als koerier. Hij bracht kunstgebitten naar tandartsen. Op zijn twaalfde legde hij tapijten en op zijn dertiende serveerde hij cornedbeef en pastrami bij een plaatselijk delicatessenrestaurant. De chef was een Rus die Shakespeare declameerde terwijl hij kolen aan plakken sneed. Hij zorgde dat de jonge Richard voor het eerst kennismaakte met een culturele wereld die verder ging dan delicatessenrestaurants en basketbalvelden, en inspireerde hem tot een diepe, blijvende liefde voor grote literatuur. Axels intellectuele talenten vielen een leraar aan de plaatselijke middelbare school op, die hem aanmoedigde een beurs aan te vragen om aan Columbia University in New York literatuur te gaan studeren. En met succes.

Als eerstejaars stortte Axel zich in de intellectuele maalstroom van het universiteitsleven in de jaren zestig. Maar om zijn levensstijl als fuifnummer te financieren nam hij een baantje als afwasser van glaswerk in een laboratorium voor moleculaire genetica. Hij raakte gefascineerd door deze opkomende wetenschap, maar bleef hopeloos in het afwassen van glaswerk en werd daarom ontslagen en opnieuw aangenomen als onderzoeksassistent. Heen en weer geslingerd tussen literatuur en wetenschap, besloot hij zich uiteindelijk in te schrijven voor een doctoraalcursus genetica, maar toen stapte hij over op medicijnen om onder de dienstplicht voor Vietnam uit te komen. Kennelijk was hij even slecht in geneeskunde als in het afwassen van glaswerk. Hij kon een hartruis niet horen en heeft het netvlies nooit gezien; zijn bril viel een keer in een incisie in een buik en hij presteerde het zelfs om de vinger van een chirurg aan diens patiënt vast te naaien. Uiteindelijk liet men hem alleen afstuderen op voorwaarde dat hij beloofde om nooit de geneeskunde te beoefenen bij levende patiënten. Hij keerde terug naar Columbia om pathologie te studeren, maar na een jaar eiste de voorzitter van de vakgroep dat hij de geneeskunde ook niet bij dode patiënten zou beoefenen.

Axel besefte dat de geneeskunde duidelijk niet voor hem was weggelegd en wist uiteindelijk als onderzoeker terug te keren aan Columbia University. Daar maakte hij snel vorderingen en vond hij zelfs een nieuwe techniek uit om vreemd DNA in de cellen van zoogdieren te krijgen, die een steunpilaar zou worden van de revolutie in genetische manipulatie en biotechnologie aan het eind van de twintigste eeuw en die Columbia University honderden miljoenen dollars aan licentiecontracten opleverde: een riant rendement op hun investering in Axels beurs.

In de jaren tachtig vroeg Axel zich af of de moleculaire biologie van pas kon komen bij de oplossing van het allergrootste mysterie: hoe de menselijke hersenen werken. Van het bestuderen van het gedrag van genen stapte hij over op de genen voor het gedrag, met als langetermijndoel 'analyseren hoe hogere hersencentra een "beeld" genereren van bijvoorbeeld de geur van een lelie, koffie of een stinkdier...'[3] Zijn eerste uitstapje op het gebied van de neurowetenschap was een onderzoek naar het gedrag van een zeeslak wanneer die eieren legt. Het was rond die tijd dat een zeer getalenteerde onderzoekster, Linda Buck, zijn lab kwam versterken. Zij was opgeleid als immunoloog aan de Universiteit van Dallas voordat ze gefascineerd raakte door het opkomende vakgebied moleculaire neurowetenschap en naar het laboratorium van Axel kwam om in de voorhoede van dit onderzoek te werken. Samen bedachten Axel en Buck een ingenieuze reeks experimenten om de moleculaire basis van de reuk te doorgronden. De eerste kwestie waar zij zich over bogen was het identificeren van de receptormoleculen die geacht werden zich aan het oppervlak van reukzenuwen te bevinden, waar ze verschillende geurmoleculen moesten opvangen en identificeren. Op basis van wat er bekend was omtrent andere zintuigcellen extrapoleerden zij dat de receptoren een soort eiwitten waren die uit het celmembraan staken waar ze langskomende geurmoleculen konden binden. Maar destijds had nog nooit iemand een van die geurreceptoren geïsoleerd en had dus niemand enig idee hoe ze eruitzagen of hoe ze werkten. Het team kon alleen afgaan op een vaag vermoeden dat de ongrijpbare receptoren misschien behoorden tot een familie van eiwitten, de zogenaamde G-eiwit-gekoppelde receptoren, waarvan bekend was dat die een rol speelden bij het oppikken van andere soorten chemische signalen, zoals hormonen.

Linda Buck slaagde erin om een heel nieuwe genenfamilie te identificeren die de code bevatte voor dit soort receptoren, die alleen tot expressie kwam* in olfactorische receptorneuronen. Vervolgens toonde zij aan dat deze genen inderdaad codeerden voor de ongrijpbare, geur opvangende receptoren. Uit verdere analyse bleek dat het genoom van een rat codeerde voor ongeveer duizend van deze net geïdentificeerde receptoren, die allemaal een beetje anders waren, en waarvan elk vermoedelijk zo was afgestemd dat hij één enkele geurstof op kon pikken. Mensen hebben een vergelijkbaar aantal olfactorische receptorgenen, maar twee derde daarvan is gedegenereerd tot zogenaamde *pseudogenen*, een soort genetische fossielen waarin zich zoveel mutaties hebben opgehoopt dat ze niet meer werken.

Maar of er nu driehonderd of duizend receptorgenen zijn, dit zijn nog lang niet de tienduizend verschillende geuren die mensen kunnen onderscheiden. Bij dit detectieproces gaat het duidelijk niet om een een-op-eenrelatie tussen soorten geurreceptoren en soorten geuren. Het bleef dus een raadsel hoe de signalen die de olfactorische receptoren opvingen werden omgezet in geuren. Het was ook niet duidelijk hoe het oppikken van de enorme verscheidenheid aan geurmoleculen werd verdeeld over de verschillende cellen. Het genoom van elke cel heeft de complete verzameling olfactorische receptorgenen, en zou dus in principe elke geur kunnen detecteren. Of is er een soort taakverdeling? Om deze vragen te beantwoorden bedacht het team van Columbia University een nog ingenieuzer experiment. Muizen werden genetisch zo gemanipuleerd dat alle reukzenuwen waarbij één bepaalde geurreceptor tot expressie kwam een blauwe kleur kregen. Als alle cellen blauw werden, zou dat beteken dat deze receptor bij alle cellen tot expressie kwam. Het antwoord was duidelijk toen het team de reukcellen van de genetisch gemanipuleerde muizen onderzocht: ongeveer één op de duizend cellen werd blauw. Naar het scheen was elke reukzenuw geen generalist maar een specialist, die slechts één enkele geurstof kon onderscheiden.

Het duurde niet lang voordat Linda Buck bij Columbia vertrok om

*In deze context heeft 'tot expressie komen' betrekking op een actief gen in die zin dat de informatie die het bevat naar het RNA wordt gekopieerd, dat vervolgens het systeem voor de synthese van eiwitten aanstuurt om het eiwit aan te maken waarvoor dat gen codeert, bijvoorbeeld een enzym of een bepaalde olfactorische receptor.

aan Harvard haar eigen laboratorium op te zetten. De twee groepen bleven er allebei naar streven de resterende geheimen van de reukzin te achterhalen. Ze bedachten algauw technieken om individuele reukzenuwen te isoleren en direct hun gevoeligheid voor bepaalde geurstoffen te onderzoeken, zoals het limoneen van een sinaasappel. Ze ontdekten dat elke geurige chemische stof niet slechts één, maar diverse zenuwen activeerde, en ook dat enkele zenuwen reageerden op meerdere verschillende geurstoffen. Deze bevindingen leken de oplossing te leveren voor het raadsel hoe slechts driehonderd olfactorische receptoren tienduizend verschillende geuren kunnen identificeren. Net zoals slechts 26 letters op veel verschillende manieren gecombineerd kunnen worden om elk woord in dit boek te schrijven, zo kunnen ook een paar honderd olfactorische receptoren in talloze verschillende combinaties geactiveerd worden, met als gevolg een enorme verscheidenheid aan geuren.

Richard Axel en Linda Buck kregen in 2004 de Nobelprijs voor hun baanbrekende ontdekkingen van 'geurreceptoren en de organisatie van het olfactorische systeem'.

Het ontsluiten van de geursleutel

Inmiddels begrijpt men dat het eerste wat er gebeurt bij het bespeuren van een geur, bijvoorbeeld die van een sinaasappel, een koraalrif, een paringspartner, een roofdier of een prooi, de binding is van één enkel geurmolecuul op één enkele olfactorische receptor aan het oppervlak van de borstel van zo'n op een bezem lijkende geurzenuw. Maar hoe herkent elke receptor zijn eigen verzameling geurmoleculen, zoals limoneen, en pikt hij niet ieder molecuul op uit de chemische oceaan van andere mogelijke geurstoffen die langs het reukepitheel drijft?

Dit is het fundamentele mysterie van de reuk.

De gangbare verklaring is gebaseerd op wat bekendstaat als het slot-en-sleutelmechanisme. Men denkt dat de geurmoleculen in de olfactorische receptoren passen als een sleutel in een sleutelgat. Zo dacht men dat het limoneenmolecuul precies paste in een gespecialiseerde olfactorische receptor. Aangenomen werd dat deze binding op de een of andere manier, in een proces dat nog niet duidelijk is, het slot van de receptor omdraaide en de aanzet gaf tot de afgifte van een eiwit, een

G-eiwit, dat normaliter gebonden is aan het inwendige oppervlak van de receptor, ongeveer zoals een torpedo aan de romp van een schip vastzit. Als het torpedo-eiwit eenmaal in de cel is gevuurd, baant het zich een weg naar het celmembraan, waar het een kanaal opent waardoor elektrisch geladen moleculen de cel in stromen. Deze elektrische stroom die door het membraan gaat zorgt ervoor dat de zenuw gaat vuren (hierover meer in hoofdstuk 9) en een zenuwsignaal afgeeft dat helemaal van het reukepitheel naar de hersenen gaat.

Het slot-en-sleutelmechanisme suggereert dat de receptormoleculen en de geurmoleculen die daarin passen een complementaire vorm hebben. Een eenvoudige vergelijking is die van de vormenpuzzel voor peuters waarbij een blokje met een bepaalde vorm (bijvoorbeeld een cirkel, vierkant of driehoek) in een houten plank moet passen waarin de complementaire vorm is uitgezaagd. We kunnen elk geurmolecuul beschouwen als een van de blokvormen – zo zou de geurstof van een sinaasappel zoals limoneen een cirkel kunnen zijn, de geurstof van een appel een vierkant, en die van een banaan een driehoek. We kunnen ons vervolgens voorstellen dat elke olfactorische receptor een *holte* heeft om een geurstof te binden die de ideale vorm heeft voor het geurmolecuul dat er precies in past.

Natuurlijk hebben echte moleculen zelden zulke keurige vormen. Daarom veronderstelt men dat de bindingsholtes van echte receptoreiwitten veel complexer zijn, zodat de meer complexe vormen van echte geurmoleculen erin passen. De meeste hebben waarschijnlijk bijzonder complexe vormen die vergelijkbaar zijn met de actieve centra van enzymen die, zoals je je uit hoofdstuk 3 zult herinneren, de moleculen van substraten binden. Men gelooft zelfs dat moleculen van geurstoffen een interactie aangaan met de bindingsholtes op een manier die lijkt op die waarop de substraten van enzymen aan de actieve centra van enzymen worden gebonden (figuur 3.4) of zelfs op het samenspel tussen medicijnen en enzymen. Men heeft dan ook betoogd dat inzicht in de rol die de kwantummechanica speelt in de interactie tussen geurstoffen en hun receptoren uiteindelijk zou kunnen leiden tot de ontwikkeling van efficiëntere medicijnen.

Hoe dan ook, een duidelijke voorspelling van de vormentheorie is dat er een of andere samenhang zou moeten zijn tussen de moleculaire vorm van een geurstof en zijn geur: gelijkvormige moleculen zouden ongeveer hetzelfde moeten ruiken en heel verschillend gevormde moleculen zullen waarschijnlijk heel verschillende geuren hebben.

Een van de meest gevreesde geuren in de menselijke geschiedenis was de geur van mosterd of rottend hooi in de loopgraven van de Eerste Wereldoorlog. Onzichtbare gassen dreven over het niemandsland en slechts een heel vage zweem van mosterd (mosterdgas) of schimmelend hooi (fosgeen) kon voldoende zijn om een soldaat een paar kostbare seconden te verschaffen waarin hij zijn masker kon opzetten voordat het dodelijke gas zijn longen vulde. De chemicus Malcolm Dyson overleefde een aanval met mosterdgas, en misschien kwam het door dit inzicht in de overlevingswaarde van een scherpe neus dat hij ging nadenken over de aard van geuren, want na de oorlog ging hij zich bezighouden met het synthetisch bereiden van vele industriële verbindingen, waarbij hij

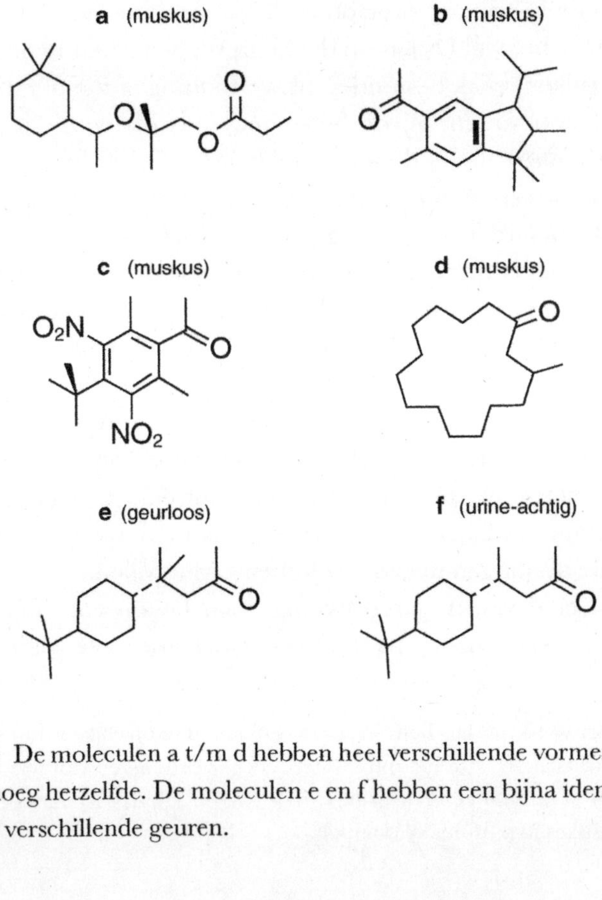

Figuur 5.2 De moleculen a t/m d hebben heel verschillende vormen maar ruiken nagenoeg hetzelfde. De moleculen e en f hebben een bijna identieke vorm maar heel verschillende geuren.

zijn neus gebruikte om de producten van zijn synthetische reacties te ruiken. Dyson verbaasde zich echter over het schijnbaar ontbreken van een evidente relatie tussen de vorm van een molecuul en de geur ervan. Zo ruiken veel moleculen met heel verschillende vormen, zoals de verbindingen a t/m d in figuur 5.2, hetzelfde. In dit geval ruiken ze allemaal muskusachtig.* Omgekeerd hebben verbindingen met structuren die erg op elkaar lijken (zoals de verbindingen e en f in de figuur) dikwijls heel verschillende geuren – in dit geval ruikt verbinding f naar urine terwijl e helemaal geen geur heeft.[4]

Deze lang niet eenvoudige relatie tussen de vorm van een molecuul en zijn geur was, en is, een groot probleem voor de fabrikanten van parfums en geur- en smaakstoffen. Parfumeurs kunnen een parfum niet ontwerpen zoals ze de vorm van de parfumfles zouden ontwerpen, maar moeten vertrouwen op chemische synthese door middel van bruut geweld en reuktesten op proefondervindelijke basis door chemici zoals Dyson. Maar het viel Dyson op dat geurgroepen (chemische stoffen die hetzelfde ruiken) vaak bestonden uit verbindingen die dezelfde chemische groepen bevatten, bijvoorbeeld het zuurstofatoom dat verbonden is met een koolstofatoom door een dubbele C=O-binding in de muskusachtig ruikende chemische stoffen in figuur 5.2. Deze chemische groepen zijn de onderdelen van elk groot molecuul en bepalen vele van de eigenschappen ervan, waaronder kennelijk ook de geur, zoals Dyson opmerkte. Een andere reeks verbindingen met een op elkaar lijkende geur is het grote aantal chemische stoffen, met diverse moleculaire vormen, dat een *waterstofsulfide*-groep (S–H) bevat, waarin een waterstofatoom verbonden is met een zwavelatoom. Deze stoffen hebben de karakteristieke geur van rotte eieren. Dyson stelde vervolgens dat wat de neus detecteert niet de vorm van een geheel molecuul is maar veeleer een andere natuurkundige eigenschap, namelijk de frequentie waarmee de moleculaire bindingen tussen de atomen ervan trillen.

Aan het eind van de jaren twintig, toen Dyson voor het eerst met deze stellingen kwam, had niemand enig idee hoe moleculaire trillingen

*Van oudsher werd muskus betrokken uit een aantal natuurlijke bronnen, waaronder de geslachtsklieren van het muskushert, de gezichtsklieren van de muskusos, de faeces van de boommarter en de urine van de Kaapse klipdas. Maar tegenwoordig is bijna alle muskus in parfums synthetisch.

gedetecteerd moesten worden. Maar tijdens een reis naar Europa aan het begin van de jaren twintig had de Indiase natuurkundige Chandrasekhara Venkata Raman, betoverd door 'de geweldige blauwe glinstering van de Middellandse Zee', gespeculeerd dat 'het verschijnsel zijn oorsprong vond in de verstrooiing van het licht door watermoleculen'. Normaliter ketst licht 'op een elastische manier' van een atoom of molecuul af, dat wil zeggen zonder enige energie te verliezen, vergelijkbaar met een harde rubberen bal die van een onbuigzaam oppervlak terugkaatst. Raman suggereerde dat heel soms het licht ook 'niet-elastisch' verstrooid kan worden, vergelijkbaar met een harde bal die een houten knuppel raakt en een deel van zijn energie op de knuppel en de slagman overdraagt (denk aan Bugs Bunny die een snelle honkbal zo hard slaat dat zowel de knuppel als het konijn ervan trillen). Bij een niet-elastische verstrooiing verliezen fotonen ook energie aan de moleculaire bindingen waar ze tegenop botsen, zodat ze gaan trillen; het verstrooide licht heeft daarna dus minder energie. Als de energie van licht afneemt, wordt de frequentie lager en verschuift de kleur ervan naar het blauwe uiteinde van het spectrum. Zo kwam Raman aan zijn 'geweldige blauwe schittering'.

Scheikundigen gebruiken dit principe om door te dringen in de moleculaire structuur. In wezen wordt licht gericht op een chemisch specimen en wordt het verschil in kleur of frequentie (en dus energie) tussen het invallende en het uittredende licht geregistreerd als het *Ramanspectrum* van een bepaalde chemische stof, een soort signatuur voor de chemische verbindingen ervan. De techniek draagt de naam van de bedenker ervan, Raman-spectroscopie, en heeft hem een Nobelprijs opgeleverd. Toen Dyson hoorde over het werk van Raman, zag hij in dat dit een mechanisme kon opleveren waarmee de neus de moleculaire trillingen van geurmoleculen zou kunnen onderzoeken. Hij stelde dat de neus 'misschien een spectroscoop' was die de karakteristieke frequenties kon oppikken waarmee verschillende chemische verbindingen trillen. Hij identificeerde zelfs gemeenschappelijke frequenties in de Ramanspectra van verbindingen die correleerden met hun geuren. Zo hebben alle *mercaptanen* (verbindingen die uitlopen op een zwavel-waterstofverbinding) een bepaalde Raman-piek met elkaar gemeen met een frequentie van 2567-2580. En ze stinken allemaal naar rotte eieren.

Dysons theorie verklaarde in elk geval de analytische aard van geuren, maar niemand had ook maar enig idee hoe onze neus iets als Raman-spectroscopie kon gebruiken om dingen te ruiken. Tenslotte moest er niet alleen verstrooid licht opgevangen en geanalyseerd worden door een biologische spectroscoop, maar moest er dus ook een lichtbron zijn.

Een nog serieuzere tekortkoming van Dysons theorie werd duidelijk toen men ontdekte dat de neus makkelijk moleculen van elkaar kan onderscheiden die precies dezelfde chemische structuur hebben en identieke Ramanspectra, maar die elkaars spiegelbeeld zijn. Zo kan het limoneenmolecuul dat grotendeels verantwoordelijk is voor de geur van jouw sinaasappel, beschreven worden als een rechtsom draaiend molecuul. Maar er is een bijna identiek molecuul dat dipenteen heet, dat het linksom draaiende spiegelbeeld ervan is (zie figuur 5.3, waar de puntige pijl in grijstinten onderaan staat voor de koolstof-koolstofbinding die in geval a naar beneden wijst de pagina in, en bij b juist omhoog). Dipen-

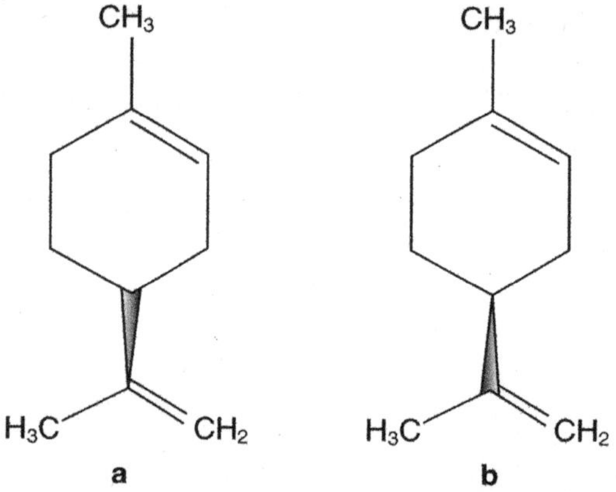

a
limoneen

b
dipenteen

Figuur 5.3 Limoneen (a) en dipenteen (b) zijn spiegelmoleculen met heel verschillende geuren. De moleculen verschillen alleen in de oriëntatie van de onderste chemische groep, die in deze weergave de pagina in wijst (pijl naar beneden) bij limoneen en er juist bovenuit komt (pijl omhoog) bij dipenteen. Natuurlijk zou het dipenteenmolecuul omgedraaid kunnen worden zodat zijn chemische groep naar beneden wijst, maar dan zou de dubbele verbinding aan de linkerkant terechtkomen, in plaats van aan de rechterkant, zodat er nog steeds een verschil zou zijn. De moleculen lijken op linker- en rechterhandschoenen.

teen heeft dezelfde moleculaire bindingen als limoneen en levert derhalve een identiek Ramanspectrum op, maar het ruikt heel anders: het ruikt naar terpentine. Moleculen waarvan een rechtsom en een linksom draaiende variant bestaan worden *chiraal* genoemd* en ze hebben vaak heel verschillende geuren. Een andere chirale verbinding is carvon, de chemische stof die wordt aangetroffen in kruiden zoals dille en komijn en die verantwoordelijk is voor de komijngeur; het spiegelmolecuul ervan ruikt naar groene munt. Een Raman-spectroscopist zou deze verbindingen met een spectrometer niet van elkaar kunnen onderscheiden, maar met één snuifje lukt dat makkelijk. Het is duidelijk dat de reukzin niet bestaat, althans niet alleen, bij de gratie van het detecteren van moleculaire trillingen.

Deze schijnbaar fatale tekortkomingen in de trillingstheorie van de reukzin leidde ertoe dat zij voor het merendeel van de tweede helft van de twintigste eeuw werd overschaduwd door de slot-en-sleuteltheorie, ondanks de inspanningen van enkele aanhangers van de moleculaire trillingstheorie, zoals de Canadese scheikundige Robert H. Wright. Deze bood een mogelijke oplossing voor het probleem van linksom en rechtsom draaiende moleculen die dezelfde bindingen hebben maar anders ruiken. Hij wees erop dat de olfactorische receptoren zelf waarschijnlijk chiraal zijn (voorkomen in linksom en rechtsom draaiende vormen), zodat ze een geurmolecuul op een linksom of rechtsom draaiende manier opvangen, waardoor de bindingen ervan een ander effect hebben op de trillingsdetector. Om weer een muzikale vergelijking te maken: de linkshandige Jimi Hendrix (die voor de olfactorische receptor staat) hield zijn gitaar (het chirale geurmolecuul) gewoonlijk vast met de hals naar rechts, terwijl de rechtshandige Eric Clapton zijn gitaar (die staat voor het gespiegelde molecuul) vasthield met de hals naar links.** Beide muzikanten konden dezelfde riff spelen (dezelfde trillingen genereren) op gitaren die elkaars spiegelbeeld waren; maar dan zou er wel een subtiel verschil zijn in het geluid dat werd opgepikt door een vaste, net links

* Een chiraal molecuul heeft een niet-superponeerbaar spiegelbeeld.

** In feite speelde Hendrix doorgaans op een gitaar voor rechtshandigen, die hij ondersteboven hield. Hij keerde echter wel de snaren om, zodat de hoge E zich wel op dezelfde plek zou bevinden als wanneer hij een gitaar voor linkshandigen zou bespelen.

van de muzikant opgestelde microfoon (die staat voor dat deel van de olfactorische receptor dat trillingen detecteert), omdat de snaren (de moleculaire verbindingen) zich op een andere plaats bevinden ten opzichte van de microfoon. Wright stelde dat chirale olfactorische receptoren de trillingsfrequenties van chemische bindingen oppikken, maar alleen als die bindingen zich op de juiste plek bevinden: hij beweerde dus dat de receptoren in rechtsom en linksom draaiende vormen voorkomen, net als rechts- en linkshandige gitaristen. Maar de trillingstheorie bleef in de marge van de geurwetenschap, omdat men nog steeds geen idee had hoe de biologische trillingsdetector dan zou moeten werken.

Maar aan de theorie op basis van vorm kleven ook problemen. Zoals we al besproken hebben, kan die geurmoleculen met heel andere vormen maar dezelfde geur, en andersom, moeilijk verklaren. Om deze problemen aan te pakken kwamen Gordon Shepherd en Kensaku Mori in 1954 met iets wat soms de theorie van de 'zwakke vorm' of 'odotoop' wordt genoemd.[5] Het belangrijkste verschil tussen deze en de klassieke vormentheorie ligt in de stelling van Shepherd en Mori dat niet zozeer de vorm van het hele molecuul wordt herkend door de olfactorische receptoren, als wel dat zij alleen de vorm hoeven te identificeren van de chemische groepen waaruit dat molecuul bestaat. Zo hebben, zoals we al hebben opgemerkt, alle muskusachtig ruikende verbindingen in figuur 5.2 een zuurstofatoom dat met een dubbele binding aan een koolstofatoom is gekoppeld. De odotooptheorie stelt dat olfactorische receptoren de vorm van de chemische substructuren herkennen, en niet die van het hele molecuul. Deze theorie lijkt een betere verklaring te geven voor het analytische karakter van de reukzin, maar ze levert ongeveer dezelfde problemen op als de trillingstheorie als het gaat om moleculen met dezelfde chemische groepen waarvan de ordening anders is. Dus noch de odotoop- noch de trilingstheorie kan verklaren hoe het kan dat paren chemische stoffen verschillend ruiken als ze dezelfde chemische groepen hebben, maar anders geordend binnen hetzelfde moleculaire stramien. Zo bestaan vanilline (het belangrijkste bestanddeel van natuurlijke vanille) en isovanilline allebei uit een ring van zes koolstofatomen, waaraan drie identieke chemische groepen zijn verbonden, maar op verschillende posities (figuur 5.4). De odotooptheorie zou voorspellen dat de identieke chemische groepen hetzelfde zouden ruiken. Maar vanilline ruikt, tja, als vanille, terwijl isovanilline een nare, fenolachtige (zoet medicinale) geur heeft.

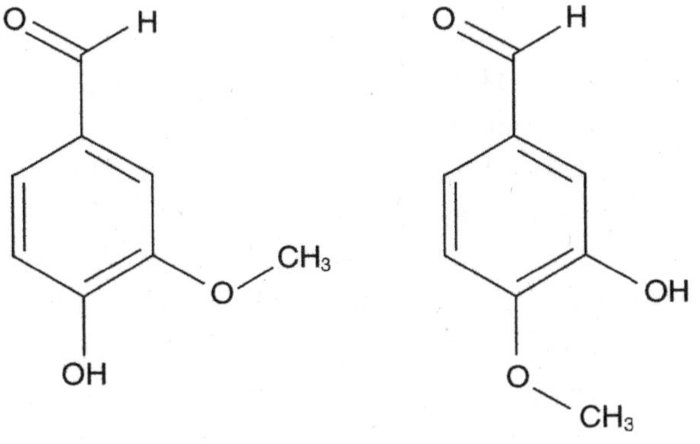

Figuur 5.4 Moleculen met dezelfde chemische basisbestanddelen – zoals de hier afgebeelde vanilline en isovanilline – kunnen niettemin een heel andere geur hebben.

Om dit probleem te ondervangen komen vormtheoretici doorgaans met een combinatie van de odotooptheorie en een soort algemeen chiraal vormherkenningsmechanisme. Niettemin kan dit nog steeds niet de even vaak voorkomende situatie verklaren waarbij spiegelmoleculen wél dezelfde geur hebben.* Het suggereert dat ze door dezelfde receptor herkend worden, wat het moleculaire equivalent is van het hebben van een hand die zowel in een linker- als een rechterhandschoen zou passen. Het lijkt niet echt steekhoudend.

Ruiken met een kwantumneus

Het herkennen van vormen is intuïtief makkelijk te begrijpen: we hebben dagelijks te maken met complementaire vormen telkens als we een handschoen aantrekken, een sleutel in een slot steken of een moersleutel gebruiken om een moer aan te draaien. Van enzymen (waarvan we de werking in hoofdstuk 3 hebben gezien), antilichamen, hormoonrecepto-

* Bijvoorbeeld (4S,4aS,8aR)-(K)-geosmine en het spiegelmolecuul ervan (4R,4aR,8aS)-(C)-geosmine, die allebei een 'aardachtige, schimmelige' geur hebben.

ren en andere biomoleculen is ook bekend dat ze in de eerste plaats een interactie aangaan door middel van de geometrische ordening van hun atomen en moleculen. Het is dan ook niet verbazend dat veel biologen fervente aanhangers zijn van de vormtheorie van de reukzin, onder wie Richard Axel en Linda Buck, de winnaars van de Nobelprijs voor hun werk op het gebied van reukreceptoren.

Met communicatie op basis van trillingen zijn we veel minder vertrouwd, ondanks het feit dat die fundamenteel is voor minstens twee van onze zintuigen, ons zicht en ons gehoor. Maar terwijl men een vrij goed natuurkundig inzicht heeft in de manier waarop het oog de trillingsfrequenties van licht en het oor de trillingsfrequenties van lucht waarneemt, had tot voor kort niemand enig idee hoe de neus de frequentie van een moleculaire trilling zou kunnen waarnemen.

Luca Turin werd in 1953 in Libanon geboren en studeerde fysiologie aan het University College London. Na zijn afstuderen verhuisde hij naar Frankrijk om te gaan werken bij het Nationaal Centrum voor Wetenschappelijk Onderzoek, en het was in Nice dat hij een olfactorische openbaring had bij een bezoek aan de Galeries Lafayette. Midden in de parfumkamer stond een display van het Japanse bedrijf Shiseido voor hun nieuwe parfum, Nombre Noir, dat Turin als volgt beschrijft: 'Het hield het midden tussen een roos en een viooltje, maar zonder een spoor van hun zoetheid, en het was afgezet tegen een sobere, bijna gewijde achtergrond van cedertonen als van een sigarendoos. Tegelijkertijd was het niet droog en leek het te glinsteren met een vochtige frisheid, die de diepe kleuren ervan deed gloeien als een glas-in-loodraam.'[6] Turins kennismaking met het Japanse parfum zou de inspiratie vormen tot een levenslange queeste om het geheim te ontdekken van de manier waarop moleculen die de neus binnendreven zulke suggestieve ervaringen konden oproepen.

Evenals Dyson vóór hem was Turin ervan overtuigd dat de samenhang tussen trillingsspectra en de reukzin niet alleen maar op toeval kon berusten. Hij onderschreef Dysons redenering dat de olfactorische receptoren op de een of andere manier moleculaire trillingen moesten oppikken. Maar anders dan Dyson poneerde Turin een speculatief, en toch aannemelijk, moleculair mechanisme waardoor biomoleculen de trillingen konden bespeuren door middel van het kwantummechanische tunnelen van elektronen.[7]

Zoals je je vast nog wel herinnert uit hoofdstuk 1, is tunneling die bijzondere kwantummechanische eigenschap die voortkomt uit het vermogen van deeltjes als elektronen of protonen om zich te gedragen als waarschijnlijkheidsgolven die in staat zijn om door barrières heen te sijpelen die via klassieke routes ondoordringbaar zijn. In hoofdstuk 3 hebben we ontdekt dat het een cruciale rol speelt bij vele enzymatische reacties. Terwijl Turin piekerde over het geheim van de reukzin, stuitte hij op een artikel waarin een nieuwe analytische chemische techniek werd beschreven, *inelastic electron tunnelling spectroscopy* (IETS). Bij IETS worden twee metalen platen heel dicht bij elkaar opgesteld, gescheiden door een zeer kleine tussenruimte. Als er tussen de platen een elektrische spanning wordt gegenereerd, zullen zich op de ene plaat elektronen verzamelen, waardoor die negatief geladen wordt (de donor) en zal worden aangetrokken door de andere, positief geladen plaat (de acceptor). Klassiek bezien hebben de elektronen niet de energie om de isolerende ruimte tussen de platen te overbruggen; maar elektronen zijn kwantumobjecten, en als de tussenruimte klein genoeg is, kunnen ze van de donor naar de acceptor komen door middel van het kwantumtunneleffect. Dit proces wordt elastisch tunnelen genoemd omdat de elektronen daarbij geen energie krijgen of verliezen.

Er is echter nog een cruciale extra voorwaarde: een elektron kan alleen elastisch van de donor naar de acceptor tunnelen als er een vrije plek is met precies dezelfde energie. Als de dichtstbijzijnde opening in de acceptor minder energie heeft, moet het elektron iets van zijn energie kwijtraken om over te kunnen springen. Maar die geloosde energie moet ergens heen, want anders kan het elektron niet tunnelen. Als er een chemische stof in de ruimte tussen de platen wordt aangebracht, kan een elektron naar de overkant tunnelen als het zijn overtollige energie aan die chemische stof kan afgeven – en dat is mogelijk indien de moleculen in de tussenruimte bindingen hebben die op precies de juiste frequentie kunnen trillen, een frequentie die dus overeenkomt met die van de geloosde energie. Wanneer ze aldus hun overtollige energie hebben afgegeven, bereiken de 'niet-elastisch' tunnelende elektronen de acceptorplaat met iets minder energie. Door de verschillen in energie te analyseren tussen de elektronen als ze vertrekken vanuit de donor en als ze aankomen bij de acceptor, onderzoekt IETS dus het karakter van de moleculaire bindingen van een chemische stof.

Om terug te keren naar onze muzikale vergelijking: als je ooit een snaarinstrument hebt bespeeld, zul je weten dat het mogelijk is om een toon uit een snaar te krijgen zonder die zelfs maar aan te raken, door resonantie. Dat trucje kan zelfs gebruikt worden om een gitaar te stemmen. Als je een snipper heel licht papier over een van de snaren vouwt, en dan dezelfde toon aantokkelt op een aangrenzende snaar, kun je het papiertje op de eerste snaar eraf laten wippen zonder die snaar aan te raken. Dat komt doordat de aangetokkelde snaar de lucht doet trillen, en de trillende lucht geeft die trilling door aan de niet-aangeraakte snaar, als je hem tenminste goed gestemd hebt, en zorgt ervoor die dat mee gaat trillen met de aangetokkelde snaar. Bij IETS wipt het elektron ook alleen van de donor af als de chemische stof tussen de twee platen een binding heeft die op precies de juiste frequentie is afgestemd zodat het de sprong kan wagen. Het tunnelende elektron verliest als het ware energie door een moleculaire binding aan te tokkelen op zijn kwantumreis tussen de platen.

Turin stelde dat olfactorische receptoren op dezelfde manier werken, maar dat daarbij één molecuul – de olfactorische receptor – de plaats inneemt van de IETS-platen en hun tussenruimte. Hij zag een elektron voor zich dat zich eerst op een donorlocatie in het receptormolecuul bevond. Evenals bij IETS zou het elektron in principe naar een acceptorlocatie in hetzelfde molecuul kunnen tunnelen, maar, zo poneerde hij, het wordt daarvan weerhouden door een verschil in energie tussen de twee locaties. Maar als de receptor een geurmolecuul opvangt met een binding die precies op de juiste trillingsfrequentie is afgestemd, dan kan het elektron van de donor naar de acceptor overwippen door te tunnelen en kan het tegelijk precies de juiste hoeveelheid energie op de geurstof overdragen. Daarbij tokkelt het als het ware op een van de moleculaire bindingen ervan. Turin stelde dat het getunnelde elektron, dat zich nu op de acceptorlocatie bevindt, de aanzet kon geven tot de afgifte van het gekoppelde G-eiwit, de moleculaire torpedo, zodat de reukzenuw gaat vuren en een signaal naar de hersenen stuurt, waardoor wij de geur van de sinaasappel 'ervaren'.

Turin wist veel indirect bewijsmateriaal te vergaren voor zijn kwantumtrillingstheorie. Zo ruiken bijvoorbeeld zwavel-waterstofverbindingen, zoals reeds gezegd, doorgaans sterk naar rotte eieren en bezitten ze allemaal een moleculaire verbinding van zwavel en waterstof, die trilt rond de 76 terahertz (76 triljoen trillingen per seconde). Zijn theorie doet een sterke voorspelling: elke andere verbinding met een trillingsfrequentie van 76 terahertz zou ook een rotte-eierengeur moeten hebben, ongeacht de vorm ervan. Helaas hebben heel weinig andere verbindingen diezelfde trillingsband in hun spectrum. Turin kamde de literatuur over spectroscopie uit op zoek naar een molecuul met dezelfde trilling. Ten slotte ontdekte hij dat de terminale boor-waterstofverbindingen in chemische stoffen die boranen worden genoemd trillingen hebben rond de 78 terahertz, wat heel dicht bij de 76 terahertz van zwavel-waterstof ligt. Maar hoe roken boranen? Die informatie werd niet gegeven in de literatuur over spectroscopie, en de chemische stoffen waren zo exotisch dat hij er niet aan kon komen om er even aan te snuffelen. Hij vond echter wel een oud artikel waarin hun geur werd omschreven als 'duivels', een term die dikwijls wordt gebruikt voor een zwavelachtige geur. Het blijkt zelfs dat boranen de enige bekende moleculen *zonder* zwavel zijn met dezelfde stank van rotte eieren als waterstofsulfide; decaboraan bijvoorbeeld, dat alleen bestaat uit boor- en waterstofatomen (chemische formule $B_{10}H_{14}$).

Deze ontdekking dat van de letterlijk duizenden chemische stoffen die men heeft opgesnoven, de enige die net zo stinkt als waterstofsulfide een molecuul is met dezelfde trillingsfrequentie, was een sterk bewijs voor de trillingstheorie van de reuk. Vergeet niet dat parfumeurs al tientallen jaren hebben geprobeerd om de moleculaire sleutel voor geuren te vinden. Turin had klaargespeeld wat geen van hun scheikundigen voor elkaar had gekregen: een geur voorspellen op grond van louter theorie. Het was het scheikundige equivalent van het voorspellen van de geur van een parfum op basis van de vorm van het flesje. Turins theorie voorzag ook in een biologisch aannemelijk kwantummechanisme waardoor een biomolecuul een moleculaire trilling kon detecteren. Maar een 'aannemelijk mechanisme' is niet genoeg. Klopte het ook?

De strijd van de neuzen

De trillingstheorie had enkele bemoedigende successen geboekt, zoals bij decaboraan, maar had nog steeds last van dezelfde problemen als de vormentheorie, zoals het feit dat de spiegelmoleculen (bijvoorbeeld limoneen en dipenteen) heel verschillend roken, maar wel hetzelfde trillingsspectrum hadden. Turin besloot nog een voorspelling van zijn theorie te toetsen. Misschien herinner je je nog dat de tunneltheorie voor de werking van enzymen (hoofdstuk 3) werd getoetst door de meest voorkomende vorm van waterstof te vervangen door een van de zwaardere isotopen ervan, zoals deuterium, om gebruik te maken van het kinetische isotoopeffect. Turin probeerde iets dergelijks met een geurstof, *acetofenon*, waarvan de geur werd beschreven als 'penetrant zoet [...] lijkend op die van haagdoorn of een scherpe sinaasappelbloesem'. Hij kocht een heel dure partij van de chemische stof waarbij elk van de acht waterstofatomen in de koolwaterstofverbindingen was vervangen door deuterium. Net als dikkere gitaarsnaren trillen zwaardere atomen met lagere frequenties: een normale koolwaterstofverbinding trilt met de hoge frequentie van tussen de 85 en 93 terahertz, maar als de waterstof wordt vervangen door deuterium, daalt de trillingsfrequentie van de koolstof-deuteriumverbinding tot ongeveer 66 terahertz. De 'gedeutereerde' chemische stof heeft dus een heel ander trillingsspectrum dan die met waterstof. Maar ruikt hij ook anders? Turin deed de deur van zijn laboratorium op slot voordat hij voorzichtig aan beide verbindingen ging ruiken. Hij was ervan overtuigd dat ze 'anders roken, de gedeutereerde minder zoet, meer als een oplosmiddel'.[8] Zelfs nadat hij beide verbindingen zorgvuldig had gezuiverd, was hij ervan overtuigd dat de waterstof- en de deuteriumvorm anders roken. Hij beweerde dat zijn theorie bewezen was.

Turins onderzoek bracht hem onder de aandacht van beleggers die zorgden voor de benodigde financiering om een nieuw bedrijf te beginnen, Flexitral, dat gewijd was aan de exploitatie van zijn ideeën over kwantumtrillingen om nieuwe parfums te maken. De auteur Chandler Burr schreef zelfs een boek waarin hij Turins zoektocht naar de moleculaire mechanismen van de reuk beschreef;[9] en de BBC maakte een documentaire over zijn werk.

Maar velen waren nog lang niet overtuigd, met name de aanhangers van de vormentheorie. Leslie Vosshall en Andreas Keller van de Rockefeller University herhaalden de reuktesten met normale en gedeutereerde acetofenon, maar zij vertrouwden niet op Turins fijne neus en vroegen 24 naïeve proefpersonen of zij de verbindingen van elkaar konden onderscheiden. De resultaten waren duidelijk: geen verschil in geur.

Hun artikel, dat in 2004 werd gepubliceerd in *Nature Neuroscience*,[10] ging vergezeld van een redactioneel commentaar waarin de trillingstheorie van de reuk werd beschreven als 'ongeloofwaardig in wetenschappelijke kringen'.

Maar, zoals elke medisch onderzoeker je zal kunnen vertellen, kunnen proeven bij mensen in de war gestuurd worden door allerlei complicaties, zoals de verwachtingen van de proefpersonen en hun ervaringen vóór het experiment. Om die problemen te vermijden besloot een team onder leiding van Efthimios Skoulakis van het Alexander Fleming Instituut in Griekenland, onder wie ook onderzoekers van MIT, inclusief Luca Turin, over te stappen op een soort die zich veel beter gedroeg: in het laboratorium gekweekte fruitvliegjes. Het team bedacht het fruitvliegjesequivalent van het stroomkeuze-experiment van Gabriele Gerlach met vissen van het koraalrif, zoals eerder in dit hoofdstuk beschreven. De vliegjes werden via een buisje uitgezet in een T-vormige doolhof en aangemoedigd om naar de splitsing te vliegen, waar ze zouden moeten kiezen of ze naar links of naar rechts zouden gaan. In beide vertakkingen werd geurige lucht gepompt, dus door het aantal vliegen te tellen dat elk van beide kanten op ging konden de onderzoekers erachter komen of de vliegen de geurstoffen konden onderscheiden die in respectievelijk de linker- en de rechterluchtstroom waren geladen.

De groep onderzocht eerst of de vliegen acetofenon konden ruiken. Dat konden ze inderdaad: slechts een beetje van de chemische stof aan het eind van de rechtse vertakking van de doolhof was voldoende om vrijwel alle vliegen zover te krijgen dat ze in de richting van de fruitige geur vlogen. Vervolgens verving de groep de waterstofatomen in het acetefenon door deuterium. Een nieuwe wending was dat ze drie, vijf of alle acht waterstofatomen vervingen door deuterium en elke variant van de chemische stof apart testten, waarbij zich in de andere vertakking van de doolhof altijd de niet-gedeutereerde verbinding bevond. De resultaten waren opmerkelijk. Bij slechts drie deuteriumatomen verloren de vliegen hun voorkeur om bij de splitsing naar rechts te gaan en gingen ze willekeurig naar links of naar rechts. Maar toen de onderzoekers de rechtse vertakking laadden met de chemische stof waarbij vijf of acht atomen waren vervangen, gingen de vliegen resoluut naar links, weg van de gedeutereerde geurstof. Ze leken het verschil te kunnen ruiken tussen de normale en de zwaar gedeutereerde vorm van acetofenon, en nu beviel het ze niet wat ze roken. Het team testte nog twee geurstoffen en ontdekte dat de vliegen de waterstof- en de deuteriumvorm van octanol makkelijk van elkaar konden onderscheiden, maar geen verschil merkten tussen de corresponderende vormen van benzaldehyde. Om te tonen dat de vliegen hun reukzin gebruikten om de deuteriumverbindingen te detecteren, testten de onderzoekers ook een gemuteerde vliegenstam die geen functionele olfactorische receptoren heeft. Zoals verwacht konden deze *anosmische** mutanten totaal geen onderscheid maken tussen de waterstof- en de deuteriumvorm van de geurstoffen.

Met een pavloviaanse conditioneringsopstelling slaagden de onderzoekers er zelfs in om de vliegen zo te trainen dat ze bepaalde vormen van chemische stoffen met straf associeerden: een lichte elektrische schok aan hun pootjes. Vervolgens konden ze een nog opmerkelijker test van de trillingstheorie uitvoeren. Eerst trainden ze vliegen om verbindingen met de koolstof-deuteriumverbinding te mijden, met haar karakteristieke trilling op 66 terahertz. Ze wilden uitzoeken of dit vermijdingsgedrag gegeneraliseerd kon worden tot heel verschillende verbindingen die toevallig op dezelfde frequentie trilden. En dat kon. Het team ontdekte dat de vliegen die getraind waren om koolstof-deuteriumverbindingen te mijden, ook verbindingen meden die nitrilen heetten en waarvan de koolwaterstofverbindingen op dezelfde frequentie trilden, ondanks hun totaal andere chemische samenstelling. De studie leverde overtuigend bewijs voor een trillingscomponent bij de reukzin, althans bij vliegen, en werd in 2011 gepubliceerd in het prestigieuze wetenschappelijke tijdschrift *Proceedings of the National Academy of Science.*[11]

Het jaar daarop gingen Skoulakis en Turin samenwerken met onderzoekers van het University College London om terug te komen op de lastige vraag of mensen ook konden ruiken op basis van trillingen. Het team vertrouwde niet alleen op Turins bijzonder gevoelige neus, maar rekruteerde ook elf 'neuzen'. Eerst bevestigden ze het resultaat van Vosshall en Keller: hun proefpersonen konden de koolstof-deuteriumverbindingen in acetofenon niet onderscheiden op basis van hun geur. Maar het team meende dat met slechts acht koolwaterstofverbin-

*Van anosmie, het onvermogen om te kunnen ruiken, dat bij mensen doorgaans verband houdt met beschadigingen van het neusepitheel, hoewel er zeldzame genetische varianten bekend zijn.

dingen het signaal van de gedeutereerde vorm van de chemische stof misschien heel zwak zou zijn en dus voor de gemiddelde neus niet te onderscheiden. Daarom besloot het complexere muskusachtig ruikende moleculen te onderzoeken (zoals die in figuur 5.2) met maar liefst 28 waterstofatomen, die allemaal door deuterium vervangen konden worden. Anders dan bij de acetofenontest konden ditmaal alle elf proefpersonen gemakkelijk de normale en volledig gedeutereerde muskus van elkaar onderscheiden. Misschien kunnen mensen toch werkelijk de verschillen ruiken tussen moleculen met verschillende frequenties.

Snuffelende natuurkundigen

Een van de kritiekpunten die tegen de kwantumtrillingstheorie werden ingebracht was dat de theoretische basis ervan tamelijk vaag was. Een team natuurkundigen van het University College Londen heeft dit aangepakt en in 2007 zijn neus gestoken (vergeef ons de woordspeling) in de kwantumberekeningen achter de theorie van het tunneleffect. Het kwam tot de slotsom dat die 'strookte met zowel de onderliggende natuurkunde als de waargenomen kenmerken van de reukzin, mits de receptor bepaalde algemene eigenschappen heeft'.[12] Een lid van het team, Jenny Brookes, kwam vervolgens zelfs met een plan voor een oplossing voor dat knagende vraagstuk van spiegelmoleculen zoals limoneen en dipenteen (figuur 5.3) die dezelfde trilling hebben maar een heel verschillende geur.

Eigenlijk was Jenny's supervisor en mentor, wijlen professor Marshall Stoneham, degene die als eerste kwam met wat soms het 'pasjesmodel' (*swipe card model*) wordt genoemd. Stoneham was een van de vooraanstaande natuurkundigen van zijn generatie, met interesses die uiteenliepen van nucleaire veiligheid tot kwantumcomputers, biologie en, toepasselijk voor dit hoofdstuk, muziek: hij speelde hoorn. Hun theorie is een kwantummechanische uitwerking van het idee van Robert H. Wright: dat zowel de vorm van de olfactorische receptor als de trillingen van de bindingen in het geurmolecuul een rol spelen bij de reuk. Zij stelden dat de bindingsholte van de olfactorische receptor werkt als een pasjeslezer. Pasjes hebben een magnetische strip die als hij gelezen wordt een elektrische stroom in de lezer opwekt. Maar niet alles past in een pasjeslezer: de kaart moet de juiste vorm en dikte hebben en de magneetstrip moet op de juiste plaats zitten voordat je hem überhaupt kunt gebruiken en kunt kijken of de lezer hem herkent. Brookes en haar collega's postuleerden dat olfactorische receptoren op een vergelijkbare manier werken en dat een geurmolecuul eerst in een ofwel linksom ofwel rechtsom draaiende chirale bindingsholte moest passen, zoals een betaalpasje in een kaartlezer. Geurstoffen met dezelfde bindingen maar verschillende vormen, zoals een linksom en een rechtsom draaiende versie van hetzelfde molecuul, zullen door verschillende receptoren worden opgepikt. Pas nadat een van beide geurstoffen zijn bijpassende receptor heeft gevonden, kan hij het door trillingen teweeggebrachte elektronische tunneleffect opwekken om te zorgen dat de receptorzenuw gaat vuren; maar omdat het linksom draaiende molecuul een linksom draaiende receptor zal laten vuren, zal dat anders ruiken dan een rechtsom draaiend molecuul dat een rechtsom draaiende receptor laat vuren.

Als we nog één laatste keer terugkomen op onze muzikale vergelijking, waarbij de gitaar fungeert als het geurmolecuul en de snaren als de moleculaire bindingen die aangetokkeld moeten worden, dan zijn de receptoren er in Eric Clapton- en Jimi Hendrixvormen. Beide kunnen dezelfde moleculaire tonen spelen, maar rechts- en linksom draaiende moleculen moeten opgepikt worden door rechts- en linksom draaiende receptoren, net zoals rechtshandige gitaren bespeeld moeten worden door rechtshandige gitaristen. Hoewel limoneen en dipenteen dezelfde trillingen hebben, moeten ze worden opgevangen door links- of rechtsom draaiende olfactorische receptoren. De verschillende receptoren zullen verbonden zijn met verschillende gebieden in de hersenen en derhalve verschillende geurervaringen opwekken. Deze combinatie van vormherkenning en herkenning op basis van kwantumtrillingen verschaft ons in elk geval een model dat klopt met bijna alle experimentele gegevens.

Uiteraard bewijst het feit dat dit model klopt met de bevindingen op zich niet dat de reukzin een kwantumbasis heeft. De experimenten hebben overtuigend bewijs opgeleverd voor een theorie van de reuk waarbij zowel vorm als trilling een rol speelt. Maar er is nog geen experiment geweest waarbij direct getoetst is of het kwantumtunneleffect een rol speelt bij de reuk. Echter, tot dusver is het niet-elastisch tunnelen van elektronen het enige bekende mechanisme dat een aannemelijke verklaring biedt voor de manier waarop eiwitten trillingen in geurmoleculen kunnen detecteren.

Het belangrijkste stuk van de reukpuzzel dat nog ontbreekt, is de structuur van de olfactorische receptoren. Als we die zouden kennen, zou dat het makkelijker maken om het antwoord te vinden op belangrijke vragen zoals hoe de bindingsholtes precies op maat zijn gemaakt voor ieder geurmolecuul, of spiegelmoleculen zich aan dezelfde receptoren binden en of de receptormoleculen punten hebben waar elektronen worden afgegeven of opgenomen, op geschikte posities om het niet-elastisch tunnelen van elektronen mogelijk te maken. Maar hoewel over de hele wereld de beste groepen op het gebied van de structurele biologie al vele jaren hun best doen, is er tot nu toe niemand in geslaagd om de moleculen van olfactorische receptoren te isoleren zodat ze op dezelfde manier bestudeerd kunnen worden als de kwantummechanismen bij enzymen (hoofdstuk 3) of de fotosynthetische pigmenteiwitten (hoofdstuk 4). Het probleem is dat de olfactorische receptor in zijn natuurlijke toestand ingebed is in het celmembraan, een beetje als een kwal die op het zeeoppervlak drijft. Als je het receptoreiwit uit het membraan haalt, is het net alsof je een kwal uit de oceaan haalt: het zal gewoon zijn vorm verliezen. En nog niemand heeft een manier gevonden om de structuur van eiwitten te bepalen terwijl die in celmembranen zijn ingebed.

Dus hoewel er nog steeds heel wat controverse is, is de enige theorie die een verklaring biedt voor de manier waarop vliegen en mensen de geuren van normale en gedeutereerde verbindingen kunnen onderscheiden, gebaseerd op het kwantummechanisme van niet-elastisch tunnelende elektronen. Bij experimenten is onlangs aangetoond dat niet alleen vliegen en mensen maar ook andere insecten en zelfs vissen de verschillen tussen waterstof- en deuteriumverbindingen kunnen ruiken. Als kwantumruiken bij zulke uiteenlopende dieren wordt aangetroffen, is het waarschijnlijk heel wijdverbreid. Mensen, fruitvliegjes, anemoonvissen en tal van andere dieren maken waarschijnlijk gebruik van het feit dat een elektron op het ene punt kan verdwijnen om onmiddellijk op een ander punt te verschijnen, zodat ze die 'boodschap van een materiele werkelijkheid' kunnen opvangen en daardoor hun eten, een partner of de weg naar huis kunnen vinden.

Hoofdstuk 6

De vlinder, het fruitvliegje en het kwantumroodborstje

Fred Urquhart werd in 1912 geboren in het Canadese Toronto. Hij ging naar een school die grensde aan een lisdoddenmoeras. Daar bracht hij eindeloze uren door met het observeren van de insecten, met name de vlinders in de rietkragen. Zijn favoriete tijd van het jaar was het begin van de zomer, als er duizenden monarchvlinders naar het moeras kwamen, die iconische Noord-Amerikaanse vlinders met hun bekende oranje-zwarte vleugelpatroon. De monarchen bleven daar de hele zomer en deden zich tegoed aan de inheemse zijdeplanten, om in het najaar weer weg te trekken. En de vraag die Fred vooral intrigeerde, was: waar gaan de vlinders heen?

Zoals Sint-Paulus naar verluidt heeft gezegd, laten volwassenen doorgaans hun kinderlijke dingen achter zich. Dat gold echter niet voor Fred, die zich toen hij opgroeide bleef afvragen waar de monarchvlinders de winter doorbrachten. Nadat hij zoölogie had gestudeerd aan de Universiteit van Toronto en daar uiteindelijk hoogleraar in was geworden, keerde hij terug naar de vraag uit zijn kindertijd. Tegen die tijd was hij getrouwd met Norah Patterson, ook een zoöloge en vlinderliefhebster.

Fred en Norah gebruikten de klassieke technieken om dieren te merken en probeerden nu het geheim achter de verdwijning van de monarchen te ontdekken. Dat was niet makkelijk. Waar je roodborstjes kunt merken met een ringetje om hun poot, en walvissen met een plaatje aan hun vin, is het een heel andere uitdaging om een merkje te bevestigen aan de tere, vliesachtige vleugels van een vlinder. Het echtpaar experimenteerde met stickers en merkjes die aan de vleugels van het insect werden vastgelijmd. Maar of de merkjes vielen eraf, of de gemerkte vlinders hadden moeite om te vliegen. Pas in 1940 vonden ze de oplossing: een heel klein plakkertje, zoals de stickertjes die je zo moeilijk van nieuw glaswerk af kunt krijgen. Gewapend met dit hulpmiddel begonnen ze honderden monarchen te merken en vrij te laten, elk met een identificatienummer en de instructie dat als het dier werd gevonden, de vinder het naar 'Zoölogie, Universiteit van Toronto' moest sturen.

Maar er waren miljoenen monarchen in Amerika en slechts twee vlinderminnende Urquharts. Het stel ging dus vrijwilligers rekruteren en in de jaren vijftig had het een netwerk van duizenden vlinderfanaten op de been gebracht, die op hun beurt honderdduizenden vlinders hadden gemerkt, vrijgelaten, gevangen en geregistreerd. Toen Fred en Nora steeds hun kaart bijwerkten waarop ze de plaatsen markeerden waar de vlinders waren gevangen en vrijgelaten, verscheen er geleidelijk een patroon. De meeste van de vlinders die vertrokken vanuit het gebied rondom Toronto werden gevangen langs een diagonale vliegroute in de richting van het zuiden, waarbij de Verenigde Staten vanuit het noordoosten naar het zuidwesten werden overgestoken en ze ook door Texas kwamen. Maar ondanks vele excursies in het veld konden de Urquharts niet vaststellen wat de eindbestemming was van deze vlinders die in de zuidelijke staten van de VS overwinterden.

Uiteindelijk richtten ze hun blik verder naar het zuiden, en in 1972 schreef een gefrustreerde Norah over hun project aan kranten in Mexico. Ze vroeg vrijwilligers om waarnemingen te melden en te helpen met het merken. In februari 1973 kreeg ze een brief van ene Kenneth C. Brugger uit Mexico City. Hij bood aan om te helpen. Met zijn hond Kola sloot Ken zich aan bij de zoektocht. 's Avonds laat reed hij met zijn camper naar het Mexicaanse platteland op zoek naar vlinders. Meer dan een jaar later, in april 1974, meldde hij dat hij grote aantallen monarchen had gezien in de Sierra Madre-bergketen in Midden-Mexico. Toen, tegen het eind van dat jaar, meldde Ken dat hij de lijkjes van veel gehavende en dode vlinders had gezien langs wegen in de Sierra's. Norah en Fred schreven terug dat volgens hen vluchten vogels zich te goed moesten hebben gedaan aan grote zwermen trekkende monarchen.

Op de avond van 9 januari 1975 belde een ietwat opgewonden Ken de Urquharts met het nieuws dat hij 'de kolonie had gevonden! [...] miljoenen monarchen – in naaldbomen bij een open plek in de bergen'. Ken vertelde hun dat hij getipt was door Mexicaanse houthakkers die beweerden dat ze zwermen rode vlinders hadden gezien toen ze met hun beladen ezels door het gebergte trokken. Met steun van de National Geographic Society zetten Norah en Fred vervolgens een expeditie op touw om het moeilijk vindbare winterkwartier van de monarchen te achterhalen en vast te leggen. In januari 1976 arriveerden ze in Mexico. De dag daarop reden ze naar een dorpje vanwaar ze te voet de 'Vlinderberg' op gingen, een stijging van drie kilometer. Zo'n zware klim op die hoogte was geen kleinigheidje voor een stel dat nu op leeftijd was (Fred was vierenzestig), en ze maakten zich veel zorgen of ze de top wel zouden halen. Niettemin slaagden ze daarin, met een bonkend hart en herinneringen aan bonte vlinders die in Toronto in het zonnetje fladderden. De top was een plateau dat dun bebost was, met jeneverbes en hulst. Er waren geen vlinders. Teleurgesteld en uitgeput daalden ze af, naar een open plek vol *oyamel*, een soort inheemse spar in de bergen in Midden-Mexico. En daar vonden Fred en Norah eindelijk datgene waarnaar ze hun halve leven hadden gezocht. 'Massa's vlinders – overal. Stil en half slapend versierden ze de boomtakken. Ze zaten overal op de oyamelstammen en ook de bodem was bedekt met een tapijt van talloze vlinders.' Terwijl ze met open mond naar het ongelooflijke schouwspel stonden te kijken, brak er een boomtak af en daar, tussen de her en der verspreide vlinders die van de tak waren losgeraakt, zag Fred het bekende witte plakkertje met de instructie: 'Stuur naar Zoölogie, Universiteit van Toronto'. Die vlinder was op een afstand van meer dan drieduizend kilometer gemerkt door een vrijwilliger, ene Jim Gilbert in Chaska, Minnesota![1]

De trek van de monarchvlinder wordt nu erkend als een van 's werelds grote dierenmigraties. Jaarlijks trekken tussen september en november miljoenen monarchen vanuit Zuidoost-Canada naar het zuidwesten op een reis van een paar duizend kilometer, waarbij ze woestijn, prairie, velden en bergen doorkruisen en onderweg door het geografische oog van de naald gaan bij een 80 kilometer brede kloof van koele rivierdalen tussen Eagle Pass en Del Rio in Texas, om uiteindelijk hun bedje te spreiden op de toppen van slechts een stuk of zes hoge bergen in Centraal-Mexico. En nadat ze overwinterd hebben op de koele Mexicaanse bergtoppen, maken de monarchen in het voorjaar de reis in omgekeerde richting, om terug te keren naar de plaats waar ze 's zomers foerageren. Het meest opmerkelijke is dat geen enkele vlinder de hele reis maakt. In plaats daarvan planten ze zich onderweg voort, zodat de vlinders die in Toronto terugkeren de kleinkinderen zijn van de monarchen die het najaar daarvoor uit Canada vertrokken.

Hoe navigeren deze insecten zo nauwkeurig dat ze zo'n kleine bestemming kunnen bereiken, duizenden kilometers van hun vertrekpunt, een bestemming waar alleen hun voorouders eerder zijn geweest? Dit is ook weer een van die grote raadsels van de natuur die men nu pas begint op te lossen. Zoals alle trekkende dieren maakt de vlinder gebruik van diverse zintuigen, waarbij het zicht en de reukzin een rol spelen, en ook een zonnekompas dat de wisselende positie van de zon overdag kan compenseren door middel van zijn *biologische* of *circadische kl*ok, het biochemische proces dat bij alle dieren en planten zorgt voor een oscillatie met een periode van 24 uur, die de cyclus van dag en nacht bijhoudt.

Wij kennen de biologische klok als de oorzaak waardoor we 's avonds moe zijn en 's ochtends wakker, en waardoor we last hebben van jetlag als ons ritme wordt verstoord door een lange vliegreis. De laatste paar decennia is er een reeks fascinerende ontdekkingen gedaan omtrent de werking van die klok. Een van de meest verrassende is de ontdekking dat proefpersonen die onder constante lichtomstandigheden worden afgezonderd, nog steeds een grove 24 uurscyclus van waken en slapen weten te handhaven, ook zonder externe informatie. Naar het schijnt is de klok van ons lichaam, onze biologische klok, vastgelegd in onze genen. Deze ingebouwde klok, de 'pacemaker' of het circadische zintuig van ons lichaam, bevindt zich in de hypothalamus, een klier diep in de hersenen. Maar hoewel proefpersonen onder constante lichtomstandigheden er nog steeds een cyclus van grofweg 24 uur op na houden, verwijdert hun biologische klok zich langzaam van het feitelijke uur van de dag, zodat hun waak- en slaapperiodes niet meer in de pas zullen lopen met die van mensen buiten het onderzoek. Zodra ze weer aan natuurlijk licht worden blootgesteld, zal de biologische klok van de proefpersonen zich spoedig weer aanpassen aan de natuurlijke cyclus van licht en donker, in een proces dat bekendstaat als *entrainment* (synchronisatie).

Het zonnekompas van de monarchvlinder werkt door de hoogte van de zon te vergelijken met het uur van de dag – een relatie die varieert al naargelang de breedte- en de lengtegraad. Hij moet ook een biologische klok hebben die, net als die van ons, automatisch door licht wordt gesynchroniseerd, om de veranderende tijden van zonsopkomst en zonsondergang tijdens zijn lange trek te compenseren. Maar waar zit dit circadische zintuig bij de monarchvlinder?

Zoals de Urquharts ontdekten, zijn vlinders niet het makkelijkste dier om mee te werken. Het fruitvliegje, *Drosophila*, is een veel geschikter laboratoriuminsect, omdat het zich heel snel voortplant en makkelijk kan muteren. Net als wij passen fruitvliegjes hun waak-slaapritme aan aan de cycli van licht en donker. In 1998 vonden genetici een gemuteerde fruitvlieg waarbij het dagritme niet door blootstelling aan licht werd beïnvloed.[2] Ze ontdekten dat de mutatie zich in een gen bevond dat codeerde voor een oogeiwit dat cryptochroom heet. Net als de eiwitstellages in de fotosynthetische complexen die chlorofylmoleculen bijeenhouden (zoals we in hoofdstuk 4 hebben gezien), is het eiwit cryptochroom rond een pigmentmolecuul gewikkeld, dat FAD (*flavine adenine dinucleotide*) wordt genoemd en blauw licht absorbeert. En net als bij de fotosynthese stoot het geabsorbeerde licht een elektron uit het pigment, wat gepaard gaat met de opwekking van een signaal dat naar de hersenen van het vliegje gaat om zijn biologische klok te synchroniseren met de dagelijkse cyclus van licht en donker. De gemuteerde vliegen die in 1998 werden ontdekt waren dit eiwit kwijtgeraakt, zodat hun biologische klok zich niet meer aanpaste aan deze cyclus: ze hadden hun circadische zintuig verloren.

Soortgelijke cryptochroompigmenten werden later aangetroffen in de ogen van vele andere dieren, waaronder ook mensen, en zelfs bij planten en fotosynthetische microben, waar ze helpen om het uur van de dag te voorspellen dat het meest geschikt is voor de fotosynthese. Misschien zijn ze een oeroud zintuig om licht te detecteren, dat zich miljarden jaren geleden bij microben heeft ontwikkeld om hun celactiviteiten te synchroniseren met het dag-en-nachtritme.

Cryptochroom wordt ook aangetroffen in de voelsprieten van monarchvlinders. Dat was aanvankelijk een raadsel: wat deed een oogpigment in voelsprieten? Maar de voelsprieten van insecten zijn werkelijk verbazingwekkende organen, die meerdere zintuigen herbergen, waaronder zicht en gehoor, alsook het waarnemen van de luchtdruk en zelfs de zwaartekracht. Zouden die ook het circadische zintuig van het insect kunnen bevatten? Om deze hypothese te toetsen verfden wetenschappers een aantal voelsprieten van vlinders zwart, zodat ze geen lichtsignalen meer konden opvangen. Wat zij ontdekten, was dat de vlinders met zwartgeverfde voelsprieten hun zonnekompas niet meer konden synchroniseren met de cyclus van nacht en dag: ze hadden geen biologische klok meer. Die leek zich dus in de voelsprieten van de vlinder te bevinden. Opmerkelijk was dat de klok in de voelsprieten zelfs door licht gesynchroniseerd kon worden als die van de rest van het lichaam van het insect gescheiden waren.

Was cryptochroom verantwoordelijk voor de lichtsynchronisatie van de monarch? Helaas is het bij vlinders niet zo makkelijk om genen te laten muteren als bij fruitvliegjes, dus in 2008 deden Steven Reppert en zijn collega's van de Universiteit van Massachusetts het op een na beste. Het team verving het defecte cryptochroomgen bij gemuteerde fruitvliegjes door het *gezonde* gen van de monarchvlinder, en toonde aan dat dit het vermogen van de vliegjes herstelde om hun dag-en-nachtritme te synchroniseren met licht.[3] Als het cryptochroom van de vlinder ervoor zorgde dat fruitvliegjes bij de tijd waren, was het heel waarschijnlijk dat het ook verantwoordelijk was voor het synchroniseren van de zo belangrijke biologische klok van de monarch, zodat hij helemaal van Toronto naar Mexico kon vliegen zonder te verdwalen.

Maar wat heeft dit alles te maken met kwantummechanica? Het antwoord draait om een ander aspect van de trek van dieren, namelijk het zintuig dat wij 'magnetoreceptie' noemen – het vermogen om het aardmagnetisch veld waar te nemen. Zoals we in hoofdstuk 1 hebben gezien, is het al enige tijd bekend dat veel dieren, waaronder fruitvliegjes en vlinders, dit vermogen hebben, en magnetoreceptie, met name bij roodborstjes, is het boegbeeld van de kwantumbiologie geworden. In 2008 was het duidelijk dat licht een rol speelde bij het magnetische zintuig van het roodborstje (hierover later meer), maar de aard van de lichtreceptor bleef onduidelijk. Steven Reppert vroeg zich af of het cryptochroom waaraan vliegen de lichtgevoeligeid te danken hadden die ze hielp om hun dag-en-nachtritme te synchroniseren, ook een rol kon spelen bij hun magnetoreceptie. Om die theorie te toetsen voerde hij het soort stroomkeuze-experiment uit dat Gabriele Gerlach had gebruikt om navigatie op basis van reuk bij clownvissen aan te tonen (hoofdstuk 5), waarbij het proefdier gedwongen wordt zintuiglijke aanwijzingen te gebruiken om te kiezen tussen twee routes naar zijn voedsel.

De onderzoekers ontdekten dat de vliegen getraind konden worden om een beloning in de vorm van suiker te associëren met de aanwezigheid van een magnetisch veld. Als ze de keuze kregen om ofwel de gemagnetiseerde ofwel de niet-gemagnetiseerde vertakking van een doolhof in te vliegen (zonder voedsel, dus zonder een olfactorische leidraad), kozen ze voor de gemagnetiseerde vertakking. De vliegen konden het magnetische veld dus waarnemen. Speelde chryptochroom daarbij inderdaad een rol? De onderzoekers ontdekten ook dat gemuteerde fruitvliegjes die genetisch zo gemanipuleerd waren dat ze geen cryptochroom hadden, beide vertakkingen van de doolhof even vaak in vlogen, waarmee bewezen was dat cryptochroom onontbeerlijk was voor hun magnetoreceptie.

In een artikel uit 2010 toonde Repperts groep ook aan dat de vliegen hun magnetische zintuig behielden als hun cryptochroomgen werd vervangen door het gen dat bij monarchvlinders voor cryptochroom codeerde[4] – waaruit bleek dat de monarch wellicht ook cryptochroom gebruikt om het aardmagnetisch veld waar te nemen. In een paper van diezelfde groep uit 2014 werd zelfs aangetoond dat de monarchvlinder, net als het Europese roodborstje, een van licht afhankelijk inclinatiekompas heeft dat hij gebruikt om de weg te vinden van de Grote Meren naar een bergtop in Mexico. En zoals verwacht bleek dat zich in zijn voelsprieten te bevinden.[5]

Maar hoe kan een lichtpigment ook een onzichtbaar magnetisch veld bespeuren? Om die vraag te beantwoorden moeten we terugkeren naar onze vriendin, het Europese roodborstje.

Het vogelkompas

Zoals we in hoofdstuk 1 hebben opgemerkt is onze planeet een gigantische magneet, met een magnetische invloedssfeer die zich uitstrekt van de kern tot duizenden kilometers de ruimte in. Deze gemagnetiseerde bel, de zogenaamde 'magnetosfeer', beschermt alle leven op aarde, omdat zonder die bel de zonnewind – de stroom van energetische deeltjes die de zon afgeeft – onze atmosfeer al lang geleden zou hebben 'weggeblazen'. En anders dan het magnetisme van een typische staafmagneet verandert het veld van de aarde mettertijd, omdat het zijn oorsprong vindt in de aardkern van gesmolten ijzer. Het is gecompliceerd hoe dit magnetisme precies is ontstaan, maar aangenomen wordt dat het voortkomt uit wat bekendstaat als het geodynamo-effect, waarbij elektrische stromen worden gegenereerd door de circulatie van vloeibare metalen in de aardkern, die op hun beurt een magnetisch veld genereren.

Het leven op aarde heeft zijn bestaan dus te danken aan dit beschermende magnetische schild. Maar het belang ervan voor levende wezens houdt daar niet op: wetenschappers weten al meer dan een eeuw dat vele soorten ingenieuze manieren hebben ontwikkeld om er gebruik van te maken. Net zoals menselijke zeelieden duizenden jaren lang het aardmagnetisch veld hebben gebruikt om de oceanen te bevaren, zo hebben vele andere schepselen op aarde, waaronder zee- en landzoogdieren, vogels (zoals roodborstjes) en insecten, in de loop van miljoenen jaren een zintuig ontwikkeld dat het aardmagnetisch veld bespeurt en dat gebruikt om te navigeren.

Het vroegste bewijs voor dit vermogen werd geleverd door een Russische zoöloog, Aleksandr von Middendorff (1815-1894), die de aankomstplaatsen en -datums noteerde van diverse soorten trekvogels. Op basis van deze gegevens trok hij een aantal krommen op een kaart, die hij *isepiptesen* (lijnen van gelijktijdige aankomst) noemde en die de aanvliegrichtingen van de vogels weergaven. Hieruit deduceerde hij dat er 'een algemene convergentie naar het noorden' was in de richting van de magnetische noordpool. Toen hij in de jaren vijftig van de negentiende eeuw zijn bevindingen publiceerde, poneerde hij dat trekvogels zich oriënteren aan de hand van het aardmagnetisch veld. Hij noemde ze 'zeelieden van de lucht' die 'in weerwil van wind, weer, nacht of wolken' konden navigeren.[6]

De meeste andere negentiende-eeuwse zoölogen bleven sceptisch. Het paradoxale was dat zelfs die wetenschappers die bereid waren om meer excentrieke pseudowetenschappelijke ideeën te accepteren, zoals paranormale activiteit – en aan het eind van de negentiende eeuw zaten daar veel prominente wetenschappelijke namen bij – niet konden geloven dat magnetische velden van invloed konden zijn op het leven. Zo publiceerde Joseph Jastrow, een Amerikaanse psycholoog en paranormaal onderzoeker, in juli 1886 een brief in het tijdschrift *Science* met de titel 'Het bestaan van een magnetisch zintuig'. Hij beschreef experimenten die hij had uitgevoerd om te testen of mensen op de een of andere manier door een magnetisch veld konden worden beïnvloed, maar hij moest melden dat hij geen enkele gevoeligheid kon vinden.

Maar als je snel van Jastrow vooruitspoelt naar de twintigste eeuw, is daar het werk van Henry Yeagley, een Amerikaanse natuurkundige die tijdens de Tweede Wereldoorlog onderzoek deed voor het Signal Corps van het Amerikaanse leger. De navigatie van vogels was voor het leger interessant omdat er nog steeds postduiven werden gebruikt om boodschappen over te brengen en luchtvaartingenieurs hoopten te leren van hun navigatievermogens. Maar hoe de vogels zo feilloos de weg naar huis wisten te vinden bleef een mysterie. Yeagley ontwikkelde een theorie dat postduiven zowel de rotatie van de aarde konden bespeuren als haar magnetische veld. Hij beweerde dat dit een 'navigatieraster' schiep in de hersenen van de vogel, met zowel lengte- als breedtecoördinaten. Hij toetste zijn theorie zelfs door kleine magneetjes te bevestigen aan de vleugels van tien duiven en niet-magnetische koperstrips van hetzelfde gewicht bij tien andere. Acht van de tien vogels met koperstrips aan hun vleugels vonden de weg naar huis, maar slechts één van de tien duiven met magneetjes aan hun vleugels wist zijn til te bereiken. Yeagley concludeerde dat de vogels een magnetisch zintuig gebruiken om te navigeren, dat door magnetische strips verstoord kon worden.[7]

Hoewel Yeagleys experimentele resultaten aanvankelijk als vergezocht werden verworpen, hebben diverse onderzoekers sindsdien overtuigend vastgesteld dat allerlei dieren een ingebouwde gevoeligheid hebben voor het aardmagnetisch veld, dat hun een scherp richtinggevoel geeft. Zo kunnen zeeschildpadden terugkeren naar hetzelfde strand waar ze zich voortplanten, duizenden kilometers van hun foerageergebied in de oceaan, zonder enige visuele oriëntatiepunten. Onderzoekers hebben aangetoond dat hun oriëntatievermogen afneemt als er een sterke magneet aan hun kop wordt bevestigd. In 1997 publiceerde een team aan de Universiteit van Auckland in Nieuw-Zeeland een onderzoek in *Nature* waarin werd aangevoerd dat de regelboogforel gebruikmaakt van magnetoreceptorcellen in zijn neus.[8] Als dat bewezen wordt, zou dat het eerste voorbeeld zijn van een soort die de richting van het aardmagnetisch veld kan *ruiken*! Microben gebruiken het aardmagnetisch veld om zich te oriënteren in troebel water; en zelfs organismen die niet trekken, zoals planten, lijken een zintuig voor magnetoreceptie te hebben behouden.

Aan het vermogen van dieren om het aardmagnetisch veld waar te nemen wordt niet meer getwijfeld. Het raadsel is hoe ze dat doen, niet in het minst omdat het aardmagnetisch veld buitengewoon zwak is en je normaliter niet zou verwachten dat het van invloed zou kunnen zijn op chemische reacties in het lichaam. Er zijn twee belangrijke theorieën, en waarschijnlijk spelen die allebei een rol bij verschillende diersoorten. De eerste is dat het zintuig als een gebruikelijk magnetisch kompas werkt; de tweede dat magnetoreceptie werkt door middel van een chemisch kompas.

Dit eerste idee, dat zich ergens in het lichaam van een dier een conventioneel kompas bevindt, werd ondersteund door de ontdekking van minuscule magnetietkristallen (het in de natuur voorkomende magnetische mineraal ijzeroxide) in vele van de dieren en microben die een magnetisch zintuig leken te hebben. Zo zitten de bacteriën die gebruikmaken van een magnetisch zintuig om zich in modderige mariene sedimenten te oriënteren, vaak vol met kogelvormige magnetietkristallen.

Aan het eind van de jaren zeventig had men magnetiet ontdekt in het lichaam van diverse diersoorten waarvan men wist dat zij zich oriënteerden met behulp van het aardmagnetisch veld. Vooral interessant was dat het ook leek te zijn gevonden in neuronen in het bovenste deel van de snavel van de beroemdste navigatievogel, de postduif,[9] hetgeen suggereerde dat hun neuronen reageerden op magnetische signalen die werden opgepikt door de magnetietkristallen en vervolgens een signaal naar de hersenen van het dier zonden. Uit recenter onderzoek is gebleken dat duiven gedesoriënteerd raken en hun vermogen om het aardmagnetisch veld waar te nemen verliezen als er kleine magneetjes aan het bovenste deel van hun snavel worden bevestigd, waar die magnetiethoudende neuronen zich leken te bevinden.[10] Naar het scheen was de oorsprong van magnetoreceptie eindelijk vastgesteld.

Maar in 2012 moest men terug naar af, toen er weer een artikel in *Nature* verscheen waarin een uitgebreid 3D-onderzoek van de duivensnavel met een MRI-scanner werd beschreven. Hierin werd geconcludeerd dat die magnetiethoudende cellen in de snavel van duiven vrijwel zeker helemaal niets te maken hadden met magnetoreceptie, maar in feite ijzerrijke cellen waren die macrofagen heten en die een rol spelen bij de weerstand tegen ziekteverwekkers, en voor zover bekend is niet bij de zintuiglijke waarneming.[11]

Op dit punt moeten we de klok terugdraaien en terugkomen op die bijzonder Duitse ornitholoog, Wolfgang Wiltschko, met wie we in hoofdstuk 1 kennis hebben gemaakt. Wiltschko's belangstelling voor navigatie bij vogels begon in 1958, toen hij zich aansloot bij een onderzoeksgroep in Frankfurt onder leiding van de ornitholoog Fritz Merkel. Merkel was een van de weinige wetenschappers die in die tijd onderzoek deden naar het magnetische zintuig van dieren. Een van zijn studenten, Hans Fromme, had al aangetoond dat sommige vogels zich konden oriënteren in afgesloten ruimtes zonder bijzondere kenmerken, waaruit bleek dat hun navigatievermogen niet gebaseerd was op visuele aanwijzingen. Fromme stelde dat er twee mogelijke mechanismen waren: of de vogels ontvingen een soort radiosignalen van de sterren, of ze konden het aardmagnetisch veld waarnemen. Wolfgang Wiltschko vermoedde het laatste.

In het najaar van 1963 begon Wiltschko met het uitvoeren van experimenten met Europese roodborstjes, die normaliter, zoals je je misschien herinnert, van Noord-Europa naar Noord-Afrika trekken. Hij deed roodborstjes die midden in hun trek waren gevangen in magnetisch afgeschermde ruimtes en stelde ze toen bloot aan een zwak, kunstmatig, statisch magnetisch veld dat werd gegenereerd door een apparaat dat een Helmholtzspoel wordt genoemd, dat het aardmagnetisch veld kon nabootsen, maar dan met een variabele sterkte en richting. Hij ontdekte dat de vogels die tijdens hun trek in het najaar of het voorjaar waren gevangen rusteloos werden en samenschoolden aan de zijkant van de ruimte die overeenkwam met hun trekrichting ten opzichte van het kunstmatige veld. Na twee jaar nauwgezette inspanning publiceerde hij in 1965 zijn bevindingen en toonde hij aan dat de vogels gevoelig waren voor de richting van het kunstmatige veld en dus ook, zo veronderstelde hij, het aardmagnetisch veld konden bespeuren.

Deze experimenten gaven het idee van magnetoreceptie bij vogels een zekere geloofwaardigheid en gaven de aanzet tot nader onderzoek. Maar destijds had niemand enig idee hoe dit zintuig werkte – hoe het bijzonder zwakke magnetische veld van de aarde van invloed kon zijn op het lichaam van dieren. Wetenschappers konden het er niet over eens worden waar het orgaan voor magnetoreceptie zich bevond in het lichaam van een dier. Zelfs nadat er bij diverse diersoorten magnetietkristallen waren gevonden, hetgeen een conventioneel magnetisch kompasmechanisme impliceert, bleef het oriëntatievermogen van het roodborstje een raadsel omdat er in het lichaam van die vogel geen magnetiet te vinden was. Het zintuig van het roodborstje had ook een aantal onbegrijpelijke eigenschappen die niet klopten met een magnetisch kompas, niet in het minst omdat de vogels hun vermogen verloren als ze werden geblinddoekt. Dat wijst erop dat ze het aardmagnetisch veld moeten 'zien'. Maar hoe *ziet* een dier een magnetisch veld?

In 1972 ontdekten de Wiltschko's (Wolfgang was nu gaan samenwerken met zijn vrouw Roswitha) dat het kompas van het roodborstje niet leek op eerder bestudeerde kompassen. Een normaal kompas heeft een gemagnetiseerde naald, waarvan één kant (de zuidpool) wordt aangetrokken tot de magnetische noordpool van de aarde, terwijl de andere kant naar de zuidkant wijst. Maar er is een ander soort kompas dat geen onderscheid maakt tussen de magnetische polen. Zoals je je misschien herinnert uit hoofdstuk 1 is dit een *inclinatiekompas*. Dat wijst naar de op een bepaald moment dichtstbijzijnde pool, dus het kan je alleen vertellen of je naar de pool toe of ervandaan beweegt, welke pool dat ook mag zijn. Eén manier om aan dit soort informatie te komen is door de hoek van de magnetische veldlijnen van de aarde te meten ten opzichte van het aardoppervlak (figuur 6.1). Deze inclinatiehoek (vandaar de naam van dit soort kompas) is dicht bij de polen bijna verticaal (naar de grond gericht), maar loopt bij de evenaar parallel aan de grond. Tussen de evenaar en de polen gaan de magnetische veldlijnen de aarde in onder een hoek van minder dan 90 graden, en die hoek wijst naar de dichtstbijzijnde pool. Dus elk instrument dat deze hoek meet kan functioneren als een inclinatiekompas en als wegwijzer dienen.

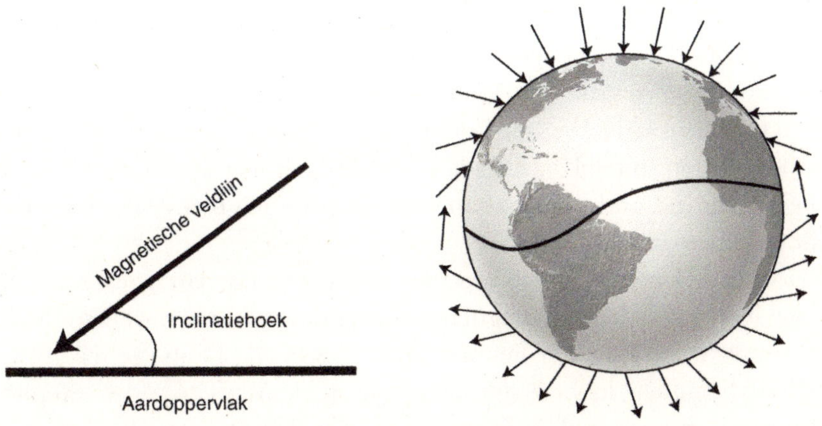

Figuur 6.1 De magnetische veldlijnen van de aarde en de inclinatiehoek.

Bij hun in 1972 gepubliceerde experimenten sloten de Wiltschko's de testvogels op in een afgeschermde ruimte om ze bloot te stellen aan een kunstmatig magnetisch veld. Cruciaal was dat toen ze de polariteit van het veld omkeerden door de magneet 180 graden te draaien, dit geen effect had op het gedrag van de vogels: ze richtten zich naar de dichtstbijzijnde magnetische pool, ongeacht welke dat was, en hadden dus geen conventioneel magnetisch kompas. Met dat artikel uit 1972 werd vastgesteld dat de magnetoreceptor van roodborstjes inderdaad een inclinatiekompas was. Maar hoe het werkte bleef een mysterie.

In 1974 werden Wolfgang en Roswitha uitgenodigd aan Cornell University in de Verenigde Staten door Steve Emlen, een Amerikaanse deskundige op het gebied van vogeltrek. In de jaren zestig had die samen met zijn vader John, eveneens een zeer gerespecteerde ornitholoog, een speciale vogelkamer ontwikkeld die bekend is komen te staan als Emlen-trechter. Deze trechter heeft de vorm van een omgekeerde kegel, met onderop een stempelkussen en aan de schuine binnenwanden vloeipapier (figuur 6.2). Als een vogel tegen de schuine wanden omhoog hipt of fladdert, laat hij pootafdrukken achter die informatie geven omtrent de voorkeursrichting waarin hij zou vliegen als hij zou kunnen ontsnappen. De vogelsoort die de Wiltschko's een jaar lang aan Cornell University bestudeerden was de indigogors, een kleine Noord-Amerikaanse zangvogel die, net als het Europese roodborstje, trekt met behulp van een of ander intern kompas. Hun onderzoek naar het gedrag van deze vogel in de Emlen-trechter werd in 1976 gepubliceerd.[12] Het bewees overtuigend dat de indigogors, net als het roodborstje, het aardmagnetisch veld kon waarnemen. Wolfgang Wiltschko beschouwt de publicatie van dit eerste artikel vanuit Cornell als de doorbraak van het team, omdat het onomstotelijk vaststelde dat trekvogels een ingebouwd kompas hebben en de aandacht trok van veel van 's werelds meest vooraanstaande ornithologen.

Natuurlijk had niemand rond het midden van de jaren zeventig enig idee hoe een biologisch magnetisch kompas zou kunnen werken. Maar zoals we in hoofdstuk 1 hebben gezien kwam de Duitse scheikundige Klaus Schulten, in hetzelfde jaar waarin de Wiltschko's en Stephen Emlen hun werk publiceerden, met een chemisch mechanisme dat een verband legt tussen licht en magnetoreceptie. Schulten was net aan Harvard gepromoveerd in de fysische chemie en was teruggegaan

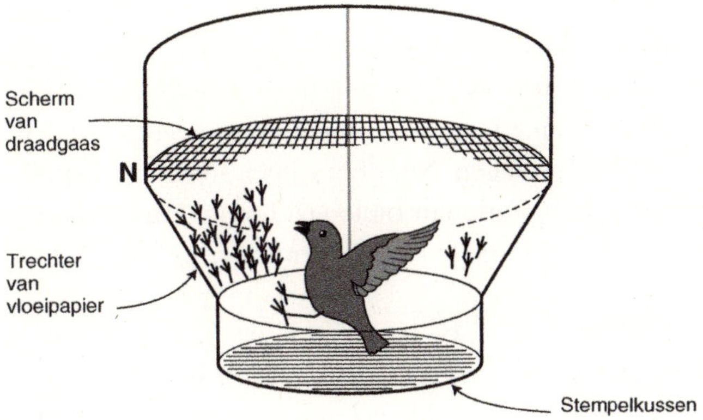

Figuur 6.2 De Emlen-trechterkamer.

naar Europa, waar hij een baan kreeg bij het Max Planck Instituut voor Biofysische Chemie in Göttingen. Daar raakte hij geïnteresseerd in de mogelijkheid dat elektronen die bij de snelle tripletreactie gegenereerd werden als gevolg van blootstelling aan licht, kwantumverstrengeld zouden kunnen zijn. Zijn berekeningen suggereerden dat als verstrengeling inderdaad een rol speelde bij chemische reacties, de snelheid van die reacties beïnvloed zou moeten worden door een extern magnetisch veld, en hij bedacht een manier om zijn theorie te bewijzen.

Doordat hij vrijelijk over zijn idee sprak, kreeg Schulten aan het Max Planck Instituut de reputatie dat hij een beetje gek was. Zijn probleem was dat hij een theoretisch natuurkundige was die werkte met papier, pen en computers, en geen scheikundige, en zeker geen experimenteel scheikundige die een labjas aantrok en het soort experiment kon uitvoeren dat zijn ideeën zou bewijzen. Hij bevond zich dus in de positie van veel theoretici die een goed idee hebben maar vervolgens op zoek moeten naar een welwillende experimentator die bereid is tijd vrij te maken in hun drukke labschema om een theorie te toetsen die, meestal, onjuist zal blijken te zijn. Het lukte Schulten niet om een van zijn scheikundige collega's over te halen zijn idee uit te proberen, want geen van hen geloofde dat het experiment dat hem voor ogen stond enige kans van slagen had.

Schulten ontdekte dat Hubert Staerck, het hoofd van het lab aan het instituut, de oorzaak was van al deze scepsis. Uiteindelijk raapte Schulten de moed bij elkaar om Staerck in zijn kantoor op te zoeken en de confrontatie met hem aan te gaan. Daar kwam hij uiteindelijk achter de reden voor deze hardnekkige scepsis: Staerck had het experiment al uitgevoerd en had geen effect van magnetische velden gevonden. Schulten was met stomheid geslagen. Naar het scheen stond zijn hypothese het lot te wachten dat de evolutionair bioloog Thomas Huxley had beschreven als de zoveelste 'prachtige theorie [...] om zeep geholpen door een lelijk feit'.

Nadat hij Staerck had bedankt voor het uitvoeren van het experiment, stond de terneergeslagen Schulten op het punt zijn kantoor te verlaten, maar toen draaide hij zich om en vroeg hij of hij de teleurstellende resultaten kon zien. Toen Staerck hem het dossier liet zien, leefde Schulten plotseling op. Hij zag iets wat Staerck had gemist: een kleine maar significante piek in de resultaten, net zoals hij voorspeld had. Hij herinnert zich dat het 'precies was wat ik verwachtte, en dus was ik heel blij dat ik het zag. Een ramp veranderde in een gelukzalig moment, want ik wist waar ik naar moest zoeken. Hij niet.'[13]

Schulten begon meteen aan het schrijven van wat volgens hem beslist een baanbrekend wetenschappelijk artikel zou worden – maar al snel werd hij opnieuw geschokt. Toen hij op een congres een borrel dronk met een collega, Maria-Elisabeth Michel-Beyerle, van de Technische Universiteit van München, ontdekte hij dat zij exact hetzelfde experiment had uitgevoerd. Dit stelde Schulten voor een ethisch dilemma. Hij kon zijn eigen ontdekking bekendmaken en mogelijk Michel-Beyerle ertoe aanzetten om snel terug te gaan naar München en haar eigen artikel te schrijven, dat zijn eigen publicatie de loef kon afsteken; of hij kon zich verontschuldigen en zich terug naar Göttingen reppen om zijn eigen bevindingen uit te schrijven. Maar als hij er inderdaad vandoor zou gaan zonder iets te zeggen en dan als eerste zijn artikel zou publiceren, zou Michel-Beyerle hem er later van kunnen beschuldigen dat hij haar idee had gestolen. Hij herinnert zich wat hij dacht: 'Als ik nu niet vertel wat ik weet, zal ze misschien zeggen dat ik naar huis ben gegaan om het experiment uit te voeren.'[14] Uiteindelijk kwam Schulten ermee voor de draad en bekende hij Michel-Beyerle dat hij vergelijkbaar werk had gedaan. Beide wetenschappers bleven tot het eind van het congres en keerden toen terug naar hun respectieve woonplaatsen om hun eigen artikel te schrijven (dat van Schulten verscheen iets eerder dan dat van

Michel-Beyerle) over de ontdekking dat de vreemde eigenschap kwantumverstrengeling inderdaad chemische reacties kan beïnvloeden.

In Schultens artikel uit 1976[15] poneerde hij dat kwantumverstrengeling verantwoordelijk was voor de snelheid van de vreemde snelle triplet-reacties die men in het Max Planck-laboratorium bestudeerde; maar in zijn baanbrekende artikel werden ook Staercks experimentele gegevens gepresenteerd, waaruit duidelijk bleek dat de chemische reactie gevoelig was voor magnetische velden. Met het behalen van twee belangrijke resultaten zouden veel wetenschappers tevreden zijn geweest, maar Schulten, die nog geen dertig was, bezat nog steeds de roekeloosheid van de jeugd en was bereid om zijn nek nog verder uit te steken. Hij was zich bewust van het werk van de Wiltschko's aan de trek van roodborstjes en het probleem van het vinden van een aannemelijk chemisch mechanisme voor een biologisch kompas. Hij besefte dat zo'n mechanisme zou kunnen berusten op zijn spinnende elektronen, en in een artikel uit 1978 opperde hij dat voor het vogelkompas een kwantumverstrengeld mechanisme van radicale paren nodig was.

Destijds nam vrijwel niemand zijn idee serieus. Schultens collega's aan het Max Planck Instituut beschouwden het als weer een van zijn gekke ideeën, en de redacteuren van *Science*, het belangrijke wetenschappelijke tijdschrift dat hij als eerste zijn artikel toezond, waren evenmin onder de indruk. Ze schreven: 'Bij een minder vermetele wetenschapper zou dit idee wellicht in de prullenbak zijn verdwenen.'[16] Schulten beschrijft zijn reactie: 'Ik krabde op mijn hoofd en dacht: "Dit is of een geweldig idee of heel erg dom." Ik besloot dat het een geweldig idee was en publiceerde het snel in een Duits tijdschrift!'[17] Maar op dat moment schoven de meeste wetenschappers Schultens speculatieve theorie – als ze daar al van wisten – terzijde als pseudowetenschappelijke en paranormale verklaringen voor magnetoreceptie.

Voordat we kunnen zien hoe het werk van Schulten en de Wiltschko's misschien kan helpen verklaren hoe vogels de weg vinden over de aardbol, moeten we terugkeren naar die mysterieuze kwantumwereld en dieper ingaan op het verschijnsel verstrengeling, dat we in het eerste hoofdstuk van dit boek kort hebben beschreven. Je herinnert je misschien nog dat verstrengeling zo vreemd is dat zelfs Einstein volhield dat ze niet juist kon zijn. Maar eerst moeten we je invoeren in een andere vreemde eigenschap van de kwantumwereld: 'spin'.

Kwantumspin en spookachtige werking

In veel populairwetenschappelijke boeken over kwantummechanica wordt het concept 'kwantumspin' gebruikt om duidelijk te maken hoe vreemd de subatomaire wereld is. Wij hebben ervoor gekozen dat hier niet te doen, omdat het waarschijnlijk het idee is dat het verst verwijderd is van alles wat wij ons kunnen voorstellen met behulp van ons dagelijkse taalgebruik. Maar we kunnen het niet langer uitstellen, dus daar gaat-ie dan.

Net zoals de aarde in haar baan om de zon om haar as draait, zo hebben elektronen en andere subatomaire deeltjes een eigenschap die spin heet en die iets anders is dan hun normale beweging. Maar zoals we in hoofdstuk 1 lieten doorschemeren lijkt 'kwantumspin' in geen enkel opzicht op wat we kunnen visualiseren op basis van onze alledaagse ervaring met spinnende objecten zoals tennisballen of planeten. Om te beginnen heeft het niet echt zin om te spreken over de snelheid van een spinnend elektron, omdat zijn spin slechts één van twee mogelijke waarden kan aannemen: hij is gekwantiseerd, net zoals energie op kwantumniveau gekwantiseerd is. Elektronen kunnen alleen – vrij geformuleerd – met de klok mee of tegen de klok in spinnen, wat overeenkomt met wat men doorgaans een toestand van spin 'up' of spin 'down' noemt. En omdat dit de kwantumwereld is, kan een elektron, als het niet wordt gadegeslagen, *twee kanten tegelijk op spinnen.* We zeggen dan dat zijn spintoestand een superpositie is (een combinatie of vermenging) van spin up en spin down. In zekere zin klinkt dit misschien nog vreemder dan zeggen dat een elektron op twee plaatsen tegelijk kan zijn – want hoe kan één elektron tegelijkertijd zowel met de klok mee als tegen de klok in spinnen?

En om te benadrukken hoezeer dit idee van kwantumspin tegen de intuïtie indruist: na wat wij zien als een rotatie van 360 graden zal een elektron niet terug zijn op zijn uitgangspositie. Daarvoor moet het twee volledige rotaties maken. Dat klinkt vreemd omdat wij nog steeds geneigd zijn om een elektron te bezien als een piepklein bolletje, misschien een soort heel klein tennisballetje. Maar tennisballen behoren tot de macroscopische wereld, en elektronen bevinden zich in de subatomaire kwantumwereld waar de regels anders zijn. In feite zijn elektronen niet alleen *geen* piepkleine bolletjes, maar kun je niet eens zeggen dat ze überhaupt afmetingen hebben. En dus heeft deze eigenschap, hoewel kwantumspin even 'reëel' is als de rotatie van een tennisbal, geen tegenhanger in de vertrouwde wereld van alledag en kan men zich er geen voorstelling van maken.

Maar daarom moet je niet denken dat dit niet meer is dan een abstract wiskundig concept dat alleen in studieboeken en onbegrijpelijke natuurkundecolleges bestaat. Elk elektron in je lichaam, en overal elders in het universum, spint op deze vreemde manier. Als ze dat niet zouden doen, zou de wereld zoals wij die kennen, inclusief onszelf, gewoon niet kunnen bestaan, want kwantumspin speelt een sleutelrol in een van de belangrijkste wetenschappelijke ideeën, namelijk het uitsluitingsprincipe van Pauli, dat ten grondslag ligt aan de hele scheikunde.

Een van de consequenties van het uitsluitingsprincipe van Pauli is dat als twee elektronen gepaard zijn in een atoom of molecuul en dezelfde energie hebben (in hoofdstuk 3 hebben we gezien dat de chemische bindingen die moleculen bijeenhouden bestaan uit elektronen die atomen met elkaar delen), ze een tegenovergestelde spin moeten hebben. Wij kunnen zeggen dat hun spins elkaar opheffen en noemen dat een 'spin-singlettoestand', omdat ze zich maar in één toestand kunnen bevinden. Dit is de normale toestand voor gepaarde elektronen in atomen en de meeste moleculen. Maar als ze niet gepaard zijn op hetzelfde energieniveau, kunnen twee elektronen dezelfde kant op spinnen, en dat wordt een 'spin-triplettoestand' genoemd,* zoals in de reactie die Schulten bestudeerde.**

Misschien ken je de uiterst dubieuze beweringen dat de leden van een eeneiige tweeling elkaars gemoedstoestanden kunnen voelen, zelfs als ze door enorme afstanden van elkaar zijn gescheiden. Het idee is

*De term 'triplet' kan hier verwarrend zijn voor iemand die niet deskundig is op het gebied van de kwantummechanica, vooral omdat hij gebruikt wordt voor slechts twee elektronen. Hier is dus een korte verklaring: van een elektron wordt gezegd dat het een spin van ½ heeft. Dus als een paar elektronen een tegenovergestelde spin hebben, heffen die waarden elkaar op: ½ – ½ = 0. Dit noemt men een spin-singlettoestand. Maar als ze dezelfde kant op spinnen, worden die waarden bij elkaar opgeteld: ½ + ½ = 1. De term 'triplet' verwijst naar het feit dat een gecombineerde spin van 1 drie mogelijke kanten op kan wijzen (naar boven, naar beneden en naar opzij).

**De twee ongepaarde elektronen in een zuurstofmolecuul die de twee atomen ervan bijeenhouden bevinden zich normaliter in een spin-triplettoestand.

dat zo'n tweeling op de een of andere manier verbonden is op een psychisch niveau dat de wetenschap nog niet begrijpt. Soortgelijke beweringen zijn gedaan om te verklaren hoe een hond lijkt te voelen wanneer zijn eigenaar thuiskomt. We moeten duidelijk maken dat geen van deze voorbeelden een wetenschappelijke grond heeft, ook al hebben sommigen ten onrechte geprobeerd om er een kwantummechanische basis aan toe te schrijven. Maar hoewel een dergelijke 'onmiddellijke werking op afstand' (zoals het vaak wordt beschreven) niet in onze klassieke wereld van alledag wordt gevonden, is die wel een fundamentele eigenschap van de kwantumwereld. De technische term is *non-lokaliteit* of *verstrengeling*. Daarmee wordt verwezen naar het idee dat iets wat 'hier' gebeurt, 'daar' een *onmiddellijk* effect kan hebben, ongeacht hoe ver 'daar' van 'hier' verwijderd is.

Neem een paar dobbelstenen. De wiskundige kans dat je met allebei de dobbelstenen hetzelfde aantal ogen gooit is makkelijk te berekenen. Voor elk getal waarop een van de dobbelstenen zal vallen, is er een kans van één op de zes dat de andere dobbelsteen op hetzelfde getal zal vallen. Zo is de kans dat de eerste dobbelsteen op vier zal vallen 1/6 en is de kans op dubbel vier één op de zesendertig (want 1/6 x 1/6 = 1/36). De kans dat je een willekeurig paar getallen, een 'dubbel', gooit is uiteraard één op de zes. En door 1/6 tien keer met 1/6 te vermenigvuldigen, is het vrij simpel om te berekenen dat de kans dat je tien keer achter elkaar een dubbel gooit ongeveer één op de zestig miljoen is (ongeacht wat die dubbel is – bijvoorbeeld dubbel vier, vervolgens dubbel één, enzovoort). Dit betekent dat als iedereen in Groot-Brittannië tienmaal achter elkaar een paar dobbelstenen zou gooien, er statistisch gezien slechts één persoon zou zijn die telkens dubbel zou gooien.

Maar stel je voor dat je een paar dobbelstenen zou krijgen dat altijd een dubbel oplevert als ze samen geworpen worden. Het getal waar ze allebei op vallen lijkt willekeurig en verandert doorgaans met elke worp, maar beide dobbelstenen komen uiteindelijk altijd op hetzelfde getal uit. Het is duidelijk dat je zou vermoeden dat daar bedrog achter zit. Misschien hebben die dobbelstenen wel een of ander complex mechanisme dat hun beweging bepaalt, zodanig dat ze in een identieke van tevoren geprogrammeerde opeenvolging op bepaalde nummers vallen? Om deze theorie te toetsen begin je door een van de dobbelstenen vast te houden terwijl je de andere gooit, maar ze daarna paarsgewijs te gooien. Nu zal een van tevoren geprogrammeerde reeks uit de pas lopen, waardoor het trucje niet meer werkt. Maar ondanks deze list blijven de dobbelstenen op hetzelfde getal vallen.

Een andere mogelijke verklaring is dat de dobbelstenen zich vóór elke worp op de een of andere manier op elkaar moeten kunnen afstemmen door op afstand een signaal uit te wisselen. Hoewel zo'n mechanisme erg complex lijkt, is het althans in principe mogelijk om het je voor te stellen. Maar zo'n mechanisme zou onderhevig zijn aan een beperking als gevolg van Einsteins relativiteitstheorie, volgens welke geen enkel signaal sneller kan gaan dan de snelheid van het licht. Dit geeft je een manier om te testen of de dobbelstenen elkaar een signaal sturen: je hoeft alleen maar te zorgen dat de dobbelstenen zo ver van elkaar verwijderd zijn dat er tussen de worpen door niet genoeg tijd is voor de uitwisseling van een synchroniserend signaal. Laten we ons daarom voorstellen dat je hetzelfde trucje probeert als hiervoor, maar op de een of andere manier regelt dat de ene dobbelsteen op aarde wordt geworpen en de andere tegelijkertijd op Mars. Zelfs wanneer die planeet het dichtst bij de aarde staat, doet het licht er vier minuten over om vandaar naar hier te komen. Je weet dus dat elk synchroniserend signaal eenzelfde vertraging moet hebben. Om dat signaal voor te zijn, hoef je de twee dobbelstenen alleen maar met kortere tussenpozen te gooien. Dat zou moeten voorkomen dat de dobbelstenen tussen de worpen door een synchroniserend signaal uitwisselen. Als ze op dezelfde getallen blijven vallen, zou er tussen de stenen een hechte verbondenheid lijken te zijn die Einsteins beroemde beperking logenstraft.

Hoewel het bovenstaande experiment niet is uitgevoerd met interplanetaire dobbelstenen, zijn er wel soortgelijke experimenten gedaan met kwantumverstrengelde deeltjes op aarde, en uit de resultaten blijkt dat gescheiden deeltjes hetzelfde soort kunstje kunnen vertonen als onze denkbeeldige dobbelstenen: hun toestand kan gecorreleerd blijven ongeacht de afstand ertussen. Deze bizarre eigenschap van de kwantumwereld lijkt zich niets aan te trekken van Einsteins kosmische maximumsnelheid, want een deeltje op de ene plek kan *onmiddellijk* invloed uitoefenen op een deeltje op een andere plek, hoe ver ze ook van elkaar verwijderd zijn. De term 'verstrengeling' als beschrijving van dit verschijnsel komt van Schrödinger, die, evenals Einstein, geen fan was van wat Einstein een 'spookachtige werking op afstand' noemde. Maar ondanks hun scepsis is kwantumverstrengeling bewezen in vele experimenten en is het een van de meest fundamentele ideeën in de kwantummechanica, met vele toepassingen en voorbeelden in de natuur- en scheikunde – en, zoals we zullen zien, mogelijk ook in de biologie.

Om te begrijpen welke rol kwantumverstrengeling in de biologie speelt moeten we twee ideeën combineren. Het eerste is deze directe connectie tussen twee deeltjes op verschillende plekken in de ruimte: verstrengeling. Het tweede is dat vermogen van één enkel kwantumdeeltje om in een superpositie van twee of meer verschillende toestanden tegelijk te verkeren: bijvoorbeeld een elektron dat twee kanten tegelijk op kan spinnen, zodat wij zouden zeggen dat het in een superpositie van 'spin up' en 'spin down' verkeert. Deze twee ideeën combineren we door twee verstrengelde elektronen in een atoom te nemen, waarvan elk in een superpositie van zijn twee spintoestanden verkeert. Hoewel geen van beide een bepaalde spinrichting heeft, is wat elk van beide doet van invloed op de spin van zijn partner, en omgekeerd. Maar vergeet niet dat gepaarde elektronen in hetzelfde atoom zich altijd in een singlettoestand bevinden, wat betekent dat ze te allen tijde een tegenovergestelde spin moeten hebben: het ene moet spin up hebben en het andere spin down. Dus hoewel beide elektronen in de superpositie verkeren dat ze zowel up als down zijn, moeten ze op een typische kwantummanier te allen tijde een tegenovergestelde spin hebben.

Laten we de twee verstrengelde elektronen nu scheiden, zodat ze zich niet meer in hetzelfde atoom bevinden. Als we vervolgens besluiten om de spintoestand van één elektron te meten, dwingen we het om te *kiezen* welke kant het op spint. Omdat de elektronen zich in een verstrengelde spin-singlettoestand bevonden, betekent dit dat het andere elektron nu spin down moet hebben. Maar vergeet niet dat ze vóór de meting allebei in een superpositie van spin up en spin down verkeerden. Na meting hebben ze allebei een verschillende toestand: de ene is up en de andere down. De fysische toestand van het tweede elektron is dus onmiddellijk en op afstand – zónder enig contact – veranderd van een superpositie waarbij het beide kanten tegelijk op spinde in een spin-downtoestand. Het enige wat wij hebben gedaan is de toestand van zijn partner meten. En in principe maakt het niet uit hoe ver het tweede elektron van het eerste is verwijderd – het zou zich aan de andere kant van het universum kunnen bevinden en dan zou het effect hetzelfde zijn: door meting van slechts één lid van een verstrengeld paar vervalt de superpositie van het andere *onmiddellijk*, ongeacht hun onderlinge afstand.

Hier is een aardige vergelijking die je misschien (een heel klein beetje) kan helpen. Stel je een paar handschoenen voor, elk in een afgesloten doos, maar vele kilometers van elkaar verwijderd. Een van de dozen is in jouw bezit, maar voordat je hem openmaakt, weet je niet of dat die met de linker- of de rechterhandschoen is. Als je de doos eenmaal openmaakt en de rechterhandschoen ziet, *weet* je meteen dat de andere handschoen in de ongeopende doos de linker is, ongeacht hoe ver die andere doos van jou verwijderd is. Maar waar het om gaat is dat jouw kennis het enige is wat veranderd is. In de verre doos zat steeds al de linkerhandschoen, los van de vraag of jij er al dan niet voor kiest om jouw doos open te maken.

Bij kwantumverstrengeling liggen de zaken anders. Vóór de meting heeft geen van beide elektronen een bepaalde spinrichting. Louter de actie van het meten (van een van beide verstrengelde deeltjes) dwingt beide elektronen om hun toestand te veranderen van een kwantumsuperpositie van up *en* down in een bepaalde toestand, up *of* down, terwijl bij de handschoenen alleen een eind kwam aan jouw onwetendheid omtrent de reeds bestaande bepaalde toestand van de handschoenen. Niet alleen dwingt de kwantummeting van één elektron het om te 'kiezen' of het ofwel up ofwel down gaat spinnen; die 'keuze' dwingt ook zijn tegenhanger om onmiddellijk de complementaire toestand aan te nemen, ongeacht hoe ver die zich bevindt.

Hier moet nog één puntje op de i worden gezet. Zoals reeds besproken, verkeren twee elektronen in een gecombineerde singlettoestand als ze gepaard zijn en in tegenovergestelde richtingen spinnen, en in een triplettoestand als ze dezelfde kant op spinnen. Als één elektron van een singletpaar in hetzelfde atoom overspringt naar een aangrenzend atoom, kan zijn spin omslaan, zodat hij nu dezelfde kant op draait als zijn achterblijvende tegenhanger, waardoor er een spin-triplettoestand ontstaat. Maar ondanks het feit dat ze nu deel uitmaken van verschillende atomen, kan het paar nog steeds zijn subtiele verstrengelingstoestand handhaven waarin beide elektronen kwantummechanisch met elkaar verbonden blijven.

Maar dit is de kwantumwereld, en alleen omdat het elektron dat uit het atoom is overgesprongen nu zijn spin *kan* omkeren, betekent dit niet dat het dat ook met zekerheid heeft gedaan. Bij beide elektronen zal nog steeds sprake zijn van de superpositie dat ze twee kanten tegelijk op spinnen, en daarmee zal het paar tevens bestaan in de superpositie dat het zowel in een singlet- als in een triplettoestand verkeert: ze spinnen tegelijkertijd zowel in dezelfde als in tegenovergestelde richting!

Nu je voldoende bent ingevoerd in het onderwerp, en waarschijnlijk in de war bent, is het tijd om je kennis te laten maken met het vreemdste en beroemdste idee van de kwantumbiologie.

Een radicaal richtinggevoel

Aan het begin van dit hoofdstuk hebben we het probleem besproken hoe iets wat zo zwak is als het aardmagnetisch veld voldoende energie kan leveren om het resultaat van een chemische reactie te veranderen en zo het biologische signaal te genereren dat, bijvoorbeeld, een roodborstje zal vertellen in welke richting het moet vliegen. De scheikundige Peter Hore aan Oxford heeft een heel mooie analogie voor hoe zo'n extreme gevoeligheid mogelijk zou kunnen zijn:

> Stel je voor dat we een blok graniet hebben van een kilogram en vragen of een vlieg dat omver zou kunnen duwen. Het gezond verstand zegt dat het antwoord, stellig, nee is. Maar stel dat ik de steen op een van zijn randen zou laten balanceren. Het is duidelijk dat hij in die positie niet stabiel zou zijn en geneigd naar links of rechts om te vallen als je hem aan zijn lot zou overlaten. Stel nu dat er een vlieg op de rechterkant zou landen terwijl het blok zo staat te wankelen. Hoewel de energie van de vlieg zeer gering zou zijn, zou die toch genoeg kunnen zijn om ervoor te zorgen dat het blok eerder naar rechts dan naar links valt.[18]

De moraal is dat zeer geringe energieën een significant effect kunnen hebben, maar alleen als het systeem waar ze op inwerken in een heel subtiel evenwicht verkeert tussen twee verschillende uitkomsten. Om het effect van het zeer zwakke aardmagnetische veld te detecteren hebben we dus het chemische equivalent nodig van een granietblok in een zodanig wankel evenwicht dat het heel gevoelig is voor de minste of geringste externe invloed, zoals een zwak magnetisch veld.

En nu komen we terug op Klaus Schultens snelle tripletreactie. Misschien herinner je je nog dat elektronische bindingen tussen atomen dikwijls tot stand komen door het delen van een paar elektronen. Dit elektronenpaar is altijd verstrengeld en verkeert bijna altijd in een spin-singlettoestand: dat wil zeggen dat de elektronen een tegenovergestelde spin hebben. Het opmerkelijke is dat de twee elektronen verstrengeld kunnen blijven, zelfs nadat de binding tussen de atomen is verbroken. De gescheiden atomen, die nu *vrije radicalen* worden genoemd, kunnen uiteendrijven, waarbij het mogelijk wordt dat de spin van een van de elektronen omslaat. De verstrengelde elektronen – die nu deel uitmaken van verschillende atomen – verkeren daardoor in een superpositie van een singlet- en een triplettoestand, zoals bij Schultens snelle tripletreactie.

Een belangrijke eigenschap van deze kwantumsuperpositie is dat ze niet noodzakelijkerwijs evenwichtig verdeeld is: de kansen dat we het verstrengelde paar elektronen in ofwel een singlet- ofwel een triplettoestand zullen aantreffen zijn niet even groot. En, heel belangrijk, het evenwicht tussen deze twee kansen is gevoelig voor elk extern magnetisch veld. In feite is de hoek van het magnetische veld met betrekking tot de oriëntatie van het gescheiden paar sterk van invloed op de kans dat we het in een singlet- of triplettoestand aantreffen.

Radicale paren zijn meestal erg instabiel, dus hun elektronen zullen zich vaak recombineren om de producten van de chemische reactie te vormen. Maar de precieze chemische aard van die producten zal dan afhangen van dit evenwicht tussen de singlet- en de triplettoestand, met al zijn gevoeligheid voor magnetische velden. Om te begrijpen hoe het werkt, kunnen we de tussentoestand van de vrije radicalen bij de reactie vergelijken met dat balancerende granietblok. In deze toestand verkeert de reactie in een dermate wankel evenwicht dat zelfs een zwak magnetisch veld – dat hier de plaats van de vlieg inneemt – van minder dan 100 microtesla, zoals dat van de aarde, voldoende is om te beïnvloeden of de singlet/triplettoestand de ene of de andere kant op valt, wat de producten van de chemische reactie genereert.[19] Hier was eindelijk een mechanisme waarbij magnetische velden van invloed konden zijn op chemische reacties, en dat dus, volgens Schulten, de grondslag kon vormen voor een magnetisch kompas bij vogels.

Maar Schulten had geen idee waar deze veronderstelde radicalepaarreactie zich in het lichaam van een vogel kon voltrekken – vermoedelijk was het meest logische dat dit in de hersenen zou gebeuren. Maar wilde dat werken, dan moest het radicale paar in de eerste plaats gecreëerd worden (net zoals het granietblok op zijn kant gezet moest worden). In 1978 presenteerde hij zijn werk aan Harvard, waarbij hij de experimenten beschreef die waren uitgevoerd door zijn groep in Göttingen, waarbij een laserpuls werd gebruikt om een verstrengeld radicaal elektronenpaar te creëren. In zijn gehoor zat Dudley Herschbach, een eminente wetenschapper die later de Nobelprijs voor de Scheikunde zou winnen. Aan het eind van de lezing vroeg Herschbach voor de gein: 'Maar Klaus, waar zit de laser in de vogel?' Schulten, die vond dat hij zo'n vooraanstaande hoogleraar een zinnig antwoord moest geven, suggereerde dat als er inderdaad licht nodig was om het radicale paar te activeren, dat proces misschien plaatsvond in het oog van de vogel.

In 1977, een jaar voor Schultens artikel over radicale paren, had Mike Leask, een natuurkundige aan Oxford, in een ander artikel in *Nature* gespeculeerd dat de oorsprong van het magnetische zintuig inderdaad zou kunnen liggen in de fotoreceptoren in het oog.[20] Hij had zelfs gesuggereerd dat het oogpigmentmolecuul, rhodopsine, ervoor verantwoordelijk was. Toen Wolfgang Wiltschko het artikel van Leask las, was hij geïntrigeerd, ook al had hij geen experimenteel bewijsmateriaal dat licht een rol speelde bij de magnetoreceptie bij vogels. Dus vatte hij het plan op om het idee van Leask te toetsen.

Destijds had Wiltschko experimenten uitgevoerd met postduiven om te zien of zij op de heenreis van hun trek magnetische informatie voor hun navigatie vergaarden die ze vervolgens gebruikten om de weg terug naar huis te vinden. Hij had ontdekt dat als hij de duiven onderwierp aan een magnetisch veld terwijl ze van hun til werden weggevoerd, hun vermogen werd verstoord om de weg terug te vinden als ze werden vrijgelaten. Geïnspireerd door de theorie van Leask besloot hij om het experiment nogmaals uit te voeren, ditmaal zonder een verstorend magnetisch veld. In plaats daarvan vervoerde hij de duiven in totale duisternis in een doos op het dak van zijn volkswagenbus. De duiven hadden er moeite mee om de weg terug naar huis te vinden, waaruit bleek dat ze licht nodig hadden om hun heenreis magnetisch in kaart te brengen, een kaart die ze daarna gebruiken voor de terugreis.

De Wiltschko's maakten uiteindelijk kennis met Klaus Schulten op een congres in de Franse Alpen in 1986. Ze waren er nu van overtuigd dat de magnetoreceptie bij roodborstjes berustte op licht dat in het oog viel, maar ze waren er nog niet van overtuigd dat de radicaleparenhypothese juist was, wat gold voor bijna iedereen die geïnteresseerd was in de biochemische effecten van magnetische velden,. Feitelijk wist niemand waar in het oog het radicale paar zou kunnen ontstaan. Toen, in 1998, werd het pigmenteiwit cryptochroom ontdekt in de ogen van fruitvliegjes en werd aangetoond, zoals we eerder in dit hoofdstuk hebben beschreven, dat dit verantwoordelijk was voor de door licht gevoede synchronisatie van hun dag-en-nachtritme. Doorslaggevend was het feit dat cryptochroom bekendstond als het soort eiwit dat in staat was om bij zijn interactie met licht vrije radicalen te vormen. Dit werd door Schulten en zijn medewerkers aangegrepen om te stellen dat cryptochroom de moeilijk vindbare receptor was voor het chemische kompas van vogels. Hun werk werd in 2000 gepubliceerd en zou een van de klassieke artikelen van de kwantumbiologie worden.[21] De hoofdauteur van dat artikel was, uiteraard, Thorsten Ritz, die we ook in hoofdstuk 1 zijn tegenkomen en die op dat moment als promovendus met Klaus Schulten samenwerkte. Thorsten, die nu verbonden is aan de vakgroep natuurkunde van de Universiteit van California in Irvine, wordt nu beschouwd als een van 's werelds meest vooraanstaande deskundigen op het gebied van magnetoreceptie.

Het artikel uit 2000 is om twee redenen belangrijk. Ten eerste werd daarin cryptochroom opgevoerd als het kandidaatmolecuul voor het chemische kompas, en ten tweede werd er in bewonderenswaardige – zij het speculatieve – details beschreven hoe de oriëntatie van de vogel in het aardmagnetisch veld van invloed zou kunnen zijn op wat hij ziet.

De eerste stap in het verhaal van de onderzoekers is de opname van een foton van blauw licht in het lichtgevoelige pigmentmolecuul, FAD, dat zich in het cryptochroomeiwit bevindt, en dat we eerder in dit hoofdstuk zijn tegengekomen. Zoals we hebben beschreven wordt de energie van dit foton gebruikt om een elektron uit een van de atomen in het FAD-molecuul te stoten, waardoor een open plek vrijkomt. Die kan worden opgevuld door een ander elektron, dat wordt afgestaan door een verstrengeld paar elektronen in een aminozuur, tryptofaan, in het cryptochroomeiwit. Maar het belangrijkste is dat het afgestane elektron verstrengeld kan blijven met zijn partner. Het paar verstrengelde elektronen kan dan in een superpositie raken van singlet/triplettoestanden, en dat is het chemische systeem waarvan Klaus Schulten ontdekte dat het zo buitengewoon gevoelig was voor een magnetisch veld. Zoals gezegd is het subtiele evenwicht tussen de singlet- en de triplettoestand zeer gevoelig voor de kracht en de hoek van het aardmagnetisch veld, zodat de richting waarin de vogel vliegt van invloed is op de samenstelling van de eindproducten die de chemische reactie genereert. Op de een of andere manier genereert deze uitkomst – naar welke kant het blok graniet valt – een signaal dat naar de hersenen van de vogel wordt gestuurd om hem te vertellen waar de dichtstbijzijnde magnetische pool is.

Dit radicaleparenmechanisme dat Ritz en Schulten poneerden was in elk geval heel elegant, maar was het reëel? Destijds waren er zelfs geen aanwijzingen dat cryptochroom vrije radicalen kan genereren als het aan licht wordt blootgesteld. Maar in 2007 slaagde een andere Duitse groep, ditmaal van de Universiteit van Oldenburg en onder leiding van Henrik Mouritsen, erin cryptochroommoleculen te isoleren uit het netvlies van de tuinfluiter en aan te tonen dat die inderdaad bij blootstelling aan blauw licht duurzame radicale paren produceerden.[22]

We hebben geen idee hoe dit magnetische 'zicht' er voor vogels uitziet, maar omdat cryptochroom een oogpigment is dat mogelijk dezelfde functie vervult als de opsine- en rhodopsinepigmenten waarop kleurenzicht berust, heeft het beeld dat vogels van de hemel hebben misschien een extra kleur die wij niet kunnen zien (net zoals sommige insecten ultraviolet licht kunnen zien) waarmee het aardmagnetisch veld in kaart wordt gebracht.

Toen Thorsten Ritz in 2000 met deze theorie kwam, was er geen bewijs dat cryptochroom een rol speelde bij magnetoreceptie; maar nu, dankzij het werk van Steven Reppert en collega's, weet men dat hetzelfde pigment een rol speelt in de manier waarop fruitvliegjes en monarchvlinders externe magnetische velden detecteren. In 2004 vonden onderzoekers drie soorten cryptochroommoleculen in de ogen van roodborstjes; en toen, in 2013, werd in een artikel van de Wiltschko's (nog altijd even actief, ook al is Wolfgang nu met pensioen) aangetoond dat cryptochroom dat uit de ogen van kippen was geëxtraheerd,* licht

*Kippen trekken uiteraard niet, zelfs niet in het wild. Maar ze lijken nog wel hun magnetoreceptie te hebben behouden.

absorbeerde op dezelfde frequenties waarvan zij hadden ontdekt dat die van belang waren bij magnetoreceptie.[23]

Maar berust dit proces absoluut op kwantummechanica? In 2004 ging Thorsten Ritz samenwerken met de Wiltschko's om te kijken of zij een onderscheid konden maken tussen een conventioneel magnetietkompas en een chemisch kompas gebaseerd op hun vrijeradicalenmechanisme. Kompassen kunnen uiteraard verstoord worden door alles wat magnetisch is: als je een kompas dicht bij een magneet houdt, zal het naar de noordpool van die magneet wijzen en niet naar die van de aarde. Een standaard staafmagneet wekt een zogenaamd statisch magnetisch veld op, wat betekent dat het in de loop van de tijd niet verandert. Het is echter ook mogelijk om een oscillerend magnetisch veld te genereren – bijvoorbeeld door een staafmagneet te laten draaien –, en nu wordt het interessant. Een conventioneel kompas kan nog altijd verstoord worden door een schommelend magnetisch veld, maar alleen als de oscillaties zo langzaam zijn dat de naald van het kompas ze kan volgen. Als ze heel snel zijn, zeg honderdmaal per seconde, kan de naald van het kompas ze niet meer volgen, en wordt hun invloed gemiddeld gelijk aan nul. Een conventioneel kompas kan dus wel verstoord worden door magnetische velden die met een lage frequentie oscilleren, maar niet als die oscillaties een hoge frequentie hebben.

Maar een chemisch kompas zal heel anders reageren. Je zult je de stelling herinneren dat het chemische kompas berustte op radicale paren in een superpositie van singlet- en triplettoestanden. Omdat die twee toestanden verschillen qua energie, en energie gerelateerd is aan frequentie, zal het systeem gekoppeld zijn aan een frequentie waarvan je, gezien de betrokken energieën, zou verwachten dat die zich ergens in de miljoenen oscillaties per seconde zou bevinden. Een klassieke, misschien makkelijker manier om je voor te stellen wat hier gebeurt (zij het niet strikt juist) is dat het verstrengelde paar elektronen vele miljoenen malen per seconden oscilleert tussen een singlet- en een triplettoestand. In die toestand kan het systeem door middel van resonantie een interactie aangaan met een oscillerend magnetisch veld, maar alleen als dat veld oscilleert met dezelfde frequentie als het radicale paar. Alleen als ze, om onze eerdere muzikale vergelijking te gebruiken, *op elkaar afgestemd* zijn. De resonantie zal vervolgens energie in het systeem pompen die de kritische balans tussen singlet- en triplettoestanden zal veranderen waarop het chemische proces berust – in wezen zal hierdoor dat metaforische granietblok omkieperen voordat het de tijd heeft om het aardmagnetisch veld te detecteren. Dus in tegenstelling tot een conventioneel magnetisch kompas, zal een kompas met een radicaal paar verstoord worden door magnetische velden die oscilleren met heel hoge frequenties.

Het Ritz-Wiltschko-team bedacht een experiment om deze heel duidelijke voorspelling van de radicaleparentheorie te toetsen, waarbij het Europese roodborstje werd gebruikt: zou zijn kompas gevoelig zijn voor laag- of hoogfrequent oscillerende magnetische velden? Ze wachtten tot de vogels in het najaar ongeduldig werden omdat ze dan naar het zuiden wilden trekken, en deden ze toen in Emlen-trechterkamers. Ze werkten met oscillerende velden vanuit diverse richtingen en met diverse frequenties, en keken of de velden het natuurlijke oriëntatievermogen van de vogels konden verstoren.

De resultaten waren verbazingwekkend: een magnetisch veld dat op 1,3 MHz was afgestemd (dat oscilleerde met 1,3 miljoen periodes per seconde), duizenden malen zwakker dan zelfs het veld van de aarde, kon niettemin het oriëntatievermogen van de vogels verstoren. Maar als de frequentie van het veld werd verhoogd of verlaagd, werd het minder effectief. Het veld leek derhalve te resoneren met iets in het vogelkompas wat trilde met een heel hoge frequentie: duidelijk geen conventioneel magnetietkompas, maar iets wat consistent was met een verstrengeld radicaal paar in een superpositie van singlet- en triplettoestanden. Uit dit intrigerende resultaat[24] blijkt ook dat het verstrengelde paar, als het al bestaat, minstens een microseconde (een miljoenste van een seconde) de decoherentie moet kunnen weerstaan, want anders zou de levensduur ervan te kort zijn om de toe- en afnames van het oscillerende magnetische veld te ondergaan.

Het belang van dit resultaat is onlangs echter betwist. De groep van Henrik Mouritsen aan de Universiteit van Oldenburg heeft aangetoond dat de elektromagnetische ruis afkomstig van allerlei elektronische apparaten door de wanden van de niet afgeschermde houten huisjes van de vogels op de universiteitscampus heen gaat en hun magnetische kompasoriëntatie verstoort. Maar hun oriëntatievermogen keerde weer terug toen ze eenmaal in met aluminium afgeschermde huisjes werden gezet, die zo'n 99 procent van de stedelijke elektromagnetische ruis tegenhielden. Waar het om gaat, is dat hun resultaten suggereren dat het verstorende effect van elektromagnetische velden met een radiofrequentie misschien helemaal niet beperkt is tot een smalle frequentieband.[25]

Dus het systeem heeft nog steeds aspecten die een raadsel zijn; bijvoorbeeld, waarom het magnetische kompas van een roodborstje zo hypergevoelig zou zijn voor schommelende magnetische velden, en hoe vrije radicalen lang genoeg verstrengeld kunnen blijven om biologisch een verschil te maken. Maar in 2011 werden in een artikel van Vlatko Vedrals laboratorium in Oxford kwantumtheoretische berekeningen gepresenteerd voor het veronderstelde radicaleparenkompas. Daarin werd aangetoond dat superpositie en verstrengeling minstens tienden van microseconden gehandhaafd moeten worden, wat veel langer is dan bij veel vergelijkbare kunstmatige moleculaire systemen; en mogelijk lang genoeg om een roodborstje te laten weten welke kant het op moet vliegen.[26]

Deze opmerkelijke onderzoeken hebben de aanzet gegeven tot een enorme toename van de belangstelling voor magnetoreceptie, die nu is aangetoond bij een grote verscheidenheid aan soorten, waaronder een heleboel vogelsoorten, langoesten, roggen, haaien, vinvissen, dolfijnen, bijen en zelfs microben. In de meeste gevallen zijn de mechanismen die daarbij een rol spelen nog niet onderzocht, maar magnetoreceptie met behulp van cryptochroom is nu ontdekt bij allerlei dieren, van ons dappere roodborstje tot de al genoemde kippen en fruitvliegjes en diverse andere organismen, waaronder zelfs planten.[27] In een onderzoek dat in 2009 door een Tsjechische groep is gepubliceerd werd magnetoreceptie aangetoond bij de Amerikaanse kakkerlak; het bleek dat, evenals bij het Europese roodborstje, zijn magnetoreceptie werd verstoord door hoogfrequent oscillerende magnetische velden.[28] In een vervolgonderzoek dat in 2011 op een congres werd gepresenteerd, toonden ze aan dat functioneel cryptochroom vereist was voor het kompas van de kakkerlak.

De ontdekking van een vermogen en een gemeenschappelijk mechanisme dat in de natuur zo wijdverbreid is, suggereert dat het geërfd is van een gemeenschappelijke voorouder. Maar de gemeenschappelijke voorouder van kippen, roodborstjes, fruitvliegjes en kakkerlakken leefde heel erg lang geleden: meer dan 500 miljoen jaar. Kwantumkompassen zijn dus waarschijnlijk oeroud en er is een goede kans dat ze oriëntatievermogen verschaften aan de reptielen en dinosauriërs die in de moerassen van het Krijttijdperk samen met de tyrannosaurus rex die we in hoofdstuk 3 zijn tegengekomen ronddwaalden – vergeet niet dat hedendaagse vogels zoals roodborstjes afstammen van dinosauriërs –, de vissen die rondzwommen in de zeeën van het Permtijdperk, de oergeleedpotigen die in het Cambrium over en onder de oceanen kropen en wroetten, en misschien zelfs de pre-cambrische microben die de voorouders waren van al het cellulaire leven. Het ziet ernaar uit dat Einsteins spookachtige werking op afstand misschien wel voor het grootste deel van de geschiedenis van onze planeet dieren heeft geholpen om de weg te vinden in de wereld.

Hoofdstuk 7

Kwantumgenen

De koudste plaats op aarde is niet de zuidpool, zoals je misschien zou denken, maar een plek ergens in het midden van de Oost-Antarctische ijsplaat, bijna 1300 kilometer van de pool. Daar daalt de temperatuur in de winter altijd tot vele tientallen graden onder nul. De laagste temperatuur die ooit op aarde is gemeten, -82,9 °C, is daar op 21 juli 1983 opgetekend, waardoor het gebied de benaming 'de Zuidpool van de Kou' kreeg. Bij zulke lage temperaturen vergruizelt staal en moet dieselolie verzaagd worden met een kettingzaag.

De extreme kou vriest al het vocht uit de lucht, wat, samen met de sterke winden die onophoudelijk over de bevroren vlaktes waaien, maakt dat Oost-Antarctica waarschijnlijk de meest barre plek op deze planeet is.

Maar het is niet altijd zo'n onherbergzaam oord geweest. De landmassa die Antarctica vormt maakte ooit deel uit van het supercontinent Gondwanaland en bevond zich zowaar vlak bij de evenaar. Het gebied had een dichte begroeiing van zaadvarens, ginkgobomen en palmvarens, waarvan dinosaurussen en andere herbivore reptielen aten, zoals de neushoornachtige *Lystrosaurus*. Maar zo'n tachtig miljoen jaar geleden begon de landmassa af te breken en een stuk ervan dreef naar het zuiden, om uiteindelijk boven de zuidpool tot rust te komen en Antarctica te worden. Toen, ongeveer vijfenzestig miljoen jaar geleden, werd de aarde getroffen door een enorme asteroïde, die alle dinosaurussen en reuzenreptielen wegvaagde en een ecologische ruimte schiep waarin warmbloedige zoogdieren de overhand konden krijgen. Ondanks het feit dat de fauna en flora van Antarctica zich heel ver van de plaats van de inslag bevonden, ondergingen zij ingrijpende veranderingen toen varens en palmvarens plaatsmaakten voor bladverliezende bossen. Die werden bewoond door nu uitgestorven buideldieren, reptielen en vogels, waaronder reuzenpinguïns. De dalen liepen vol met snel stromende rivieren en diepe meren, waar het wemelde van de beenvissen en geleedpotigen.

Maar toen de hoeveelheid broeikasgassen afnam, daalde ook de temperatuur in Antarctica. De circulerende oceaanstromingen werkten een verdere afkoeling in de hand, en ongeveer vierendertig miljoen jaar geleden begonnen de oppervlaktewateren van de rivieren en de binnenlandse meren 's winters te bevriezen. Vervolgens, zo'n vijftien miljoen jaar geleden, smolt het winterijs uiteindelijk niet meer in de zomer. Terwijl onze planeet bleef afkoelen, schoven er enorme gletsjers over Antarctica, die alle landdieren, reptielen en amfibieën daar doodden en het land, de rivieren en meren bedolf onder gigantische, enkele kilometers dikke ijsplaten. Sindsdien heeft Antarctica altijd in de diepvries gezeten.

Pas in de negentiende eeuw werd de Amerikaanse robbenjager kapitein John Davis de eerste mens die voet op het continent zette; en pas in de twintigste begon men met de vestiging van permanente nederzettingen, toen diverse landen zich haastten om territoriale aanspraken te maken door onderzoeksstations op het continent te bouwen. Het eerste sovjetstation op Antarctica, Mirny, werd op 13 februari 1956 bij de kust gebouwd, en dat was ook de plek vanwaaruit twee jaar later een expeditie vertrok naar de binnenlanden van het continent, met het doel een basis op te zetten op de geomagnetische pool ervan. De expeditie werd geplaagd door sneeuwstormen, losse sneeuw, extreme kou (-55 °C) en zuurstofgebrek, maar arriveerde eindelijk op 16 december bij de geomagnetische zuidpool, in de zomer op het zuidelijk halfrond, en vestigde daar het station Vostok.

Sindsdien is die onderzoeksbasis bijna voortdurend bemand geweest door een team van tussen de twaalf en de vijfentwintig wetenschappers en technici, die geomagnetische en atmosferische metingen verrichten. Een van de belangrijkste doelstellingen van het station is in de onderliggende gletsjer te boren om een bevroren documentatie te bemachtigen van het klimaat in vroeger tijden. In de jaren zeventig boorden de technici een reeks kernen tot op een diepte van 952 meter, waarbij ze ijs bereikten dat in de laatste ijstijd was afgezet, tienduizenden jaren geleden. In de jaren tachtig kwam er een nieuwe booruitrusting, waardoor de onderzoekers een diepte van 2202 meter konden bereiken. In 1996 waren ze erin geslaagd om tot 3623 meter te boren: een gat in het ijs dat meer dan drieënhalve kilometer diep was, naar een niveau dat 420 000 jaar geleden als oppervlakte-ijs was ontstaan.

Maar toen hielden ze op met boren, omdat er niet ver onder het diepste punt van het boorgat iets vreemds was ontdekt. In feite was de ontdekking dat zich onder station Vostok iets bijzonders bevond enkele decennia eerder al gedaan, in 1974, toen een Engels seismisch onderzoek afwijkende waarden had opgeleverd voor een groot gebied van 10 000 vierkante kilometer, ongeveer 4 kilometer onder het ijs. De Russische geograaf Andrej Petrovitsj Kapitsa suggereerde dat de radaranomalie werd veroorzaakt door een enorm meer onder het ijs, dat door de extreme druk en de onderliggende thermale energie warm genoeg werd gehouden om vloeibaar te blijven. Kapitsa's veronderstelling werd uiteindelijk bevestigd door satellietmetingen van het gebied in 1996, die een subglaciaal meer onthulden dat maar liefst 500 meter diep was (van de vloeibare bovenkant tot aan de bodem) en zo groot als Lake Ontario. Het team noemde het het Vostokmeer.

Omdat zich onder het ijs een oeroud meer bevond, kregen de booroperaties bij station Vostok een heel andere betekenis naarmate het boorgat dichter in de buurt kwam van een unieke omgeving. Het Vostokmeer was honderdduizenden, zo niet miljoenen, jaren afgesloten geweest van het aardoppervlak* – een verloren wereld. Wat was er gebeurd met al die dieren, planten, algen en microben die in het meer hadden gedijd voordat het geïsoleerd raakte en eventuele overlevende organismen daar werden opgesloten? Was al het leven kapotgegaan, of was het mogelijk dat sommige wezens het hadden overleefd en zich zelfs hadden aangepast aan het leven enkele kilometers onder het oppervlak van de gletsjer? Zulke geharde organismen zouden het hoofd hebben moeten bieden aan een extreme omgeving: bar koud en volkomen donker, in water dat door het gewicht van de dikke ijsplaat werd samengeperst tot meer dan driehonderdmaal de druk van enig meer aan de oppervlakte. Maar het is verbazend wat een verscheidenheid aan leven zijn kost bijeen weet te schrapen op andere onwaarschijnlijke plaatsen, zoals de

*De onderkant van de gletsjer die vandaag de dag op het meer rust, belandde daar meer dan vierhonderdduizend jaar geleden, maar misschien is het meer al veel langer ingevroren. Het is niet duidelijk of de huidige gletsjer in de plaats kwam van eerdere gletsjers of dat het meer tussen de ijstijden door ijsvrije perioden heeft gekend.

loeihete zwavelige randen van vulkanen, zuurmeren en zelfs diepe, duistere onderzeese troggen duizenden meters onder het oceaanoppervlak. Misschien had Vostok ook wel zijn eigen ecosysteem van *extremofielen*.*

De ontdekking van een meer onder het diepe ijs werd van nog meer belang dankzij een andere ontdekking, bijna een half miljard kilometer verderop: in 1980 fotografeerde de ruimtesonde Voyager 2 het oppervlak van Jupiters maan Europa, wat een ijsoppervlak onthulde, met duidelijke aanwijzingen dat daaronder een vloeibare oceaan lag. Als leven zich honderdduizenden jaren kon handhaven in wateren kilometers onder een gletsjer op Antarctica, konden de verzonken oceanen van Europa misschien wel buitenaards leven bevatten. De zoektocht naar leven in het Vostokmeer werd een repetitie voor de nog spannender jacht op leven in de ruimte.

In 1996 werd het boren gestaakt, net 100 meter boven het oppervlak van het meer, om te voorkomen dat het zuivere water ervan in contact zou komen met het van olie verzadigde boorijzer, dat mogelijk verontreinigd was met planten, dieren, microben en chemische stoffen van de oppervlakte. Maar het water van het Vostokmeer was al bestudeerd met behulp van eerder opgehaalde boorkernen. Het water in het meer wordt aangedreven door warme stromingen, waardoor het onder zijn plafond van ijs een voortdurende cyclus doorloopt van bevriezen en ontdooien. Dit proces voltrekt zich al sinds het meer is afgesloten, zodat het dak niet bestaat uit gletsjerijs maar uit bevroren water uit het meer – het zogenaamde *accretie-ijs* – dat zich tientallen meters boven het vloeibare oppervlak van het meer uitstrekt. De ijskernen die bij eerdere booroperaties werden opgehaald waren tot dit ijsniveau doorgedrongen, en in 2013 werd het eerste uitvoerige onderzoek van dit accretie-ijs boven het Vostokmeer gepubliceerd.[1] De conclusie van het onderzoek was dat het door ijs ingesloten meer een complex web van organismen bevatte, waaronder eencellige bacteriën, schimmels en protozoa, samen met meer complexe dieren zoals weekdieren, anemonen en zelfs geleedpotigen. Wetenschappers zijn erin geslaagd om vast te stellen wat voor metabolisme deze dieren hebben, en ook wat waarschijnlijk hun habitats en ecologie zijn.

Waar wij ons in dit hoofdstuk op willen concentreren, is niet de

*Organismen die leven in extreme omgevingen (vanuit ons standpunt bezien).

ontegenzeglijk fascinerende biologie van het Vostokmeer, maar de middelen waarmee elk ecosysteem zich duizenden of zelfs miljoenen jaren op een afgesloten plaats zou kunnen handhaven. Het Vostokmeer kan zelfs beschouwd worden als een soort microkosmos van de aarde zelf, die vier miljard jaar nagenoeg afgesloten is geweest van externe toevoer, afgezien van fotonen van de zon, en waar zich toch een rijk en divers ecosysteem heeft weten te handhaven, ondanks de beproevingen van enorme vulkaanuitbarstingen, inslagen van asteroïden en klimaatverschuivingen. Hoe kan de enorme complexiteit van het leven duizenden of zelfs miljoenen jaren lang gedijen en zich handhaven als de omgeving zulke extreme veranderingen ondergaat?

Een aanwijzing is te vinden in een deel van het materiaal dat door het biologieteam van station Vostok is onderzocht: een paar microgrammen van een chemische stof die uit bevroren water van het meer was gehaald. Deze stof is cruciaal voor de continuïteit en de diversiteit van alle leven op onze planeet, en bevat het meest buitengewone molecuul in het ons bekende universum. We noemen het DNA.

De groep die het Vostok-DNA-onderzoek heeft uitgevoerd, werkt vanuit Bowling Green State University in de VS. Om de sequentie te bepalen van miljoenen fragmenten van Vostok-DNA-moleculen die uit het water van het meer zijn gehaald, hebben de onderzoekers gebruikgemaakt van het soort technologie voor DNA-sequencing dat eerder was gebruikt om het menselijk genoom te ontcijferen. Vervolgens hebben ze het Vostok-DNA vergeleken met databanken vol met gensequenties uit de genomen van duizenden organismen over de hele aardbol. Wat zij ontdekten, was dat vele van de Vostoksequenties identiek of bijna identiek waren aan de genen van bacteriën, schimmels, geleedpotigen en andere wezens die boven het ijs leven, met name die welke koude meren en diepe, donkere zeetroggen bewonen – omgevingen die waarschijnlijk een beetje lijken op het Vostokmeer. Op basis van deze genetische overeenkomsten konden zij onderbouwde veronderstellingen doen omtrent de vermoedelijke aard en gewoonten van de organismen die hun DNA-afdruk onder het ijs hadden achtergelaten.

Maar vergeet niet dat de Vostokorganismen vele honderdduizenden jaren lang onder het ijs opgesloten hebben gezeten. De overeenkomsten tussen hun DNA-sequenties en die van organismen die boven het ijs leven, zijn dus het gevolg van een gemeenschappelijke afkomst van organismen die deel moeten hebben uitgemaakt van de flora en fauna van Antarctica voordat het meer en zijn bewoners onder het ijs verdwenen. De gensequenties van die voorouderlijke organismen werden vervolgens duizenden generaties lang zowel boven als onder het ijs gekopieerd. Ondanks die lange aaneenschakeling van kopieermomenten zijn de twee versies van dezelfde genen bijna identiek gebleven. Op de een of andere manier is de complexe genetische informatie die de vorm, eigenschappen en werking bepaalt van de organismen die boven en onder het ijs leven, honderdduizenden jaren lang vrijwel exact overgedragen.

Dit vermogen van genetische informatie om zichzelf exact van de ene generatie naar de volgende te kunnen reproduceren – wat wij erfelijkheid noemen – is uiteraard fundamenteel voor het leven. In het DNA vastgelegde genen bevatten codes voor de eiwitten en enzymen die, via het metabolisme, ieder biomolecuul van elke levende cel aanmaken, van de fotosynthetische pigmenten van planten en microben tot aan de olfactorische receptoren van dieren en het mysterieuze magnetische kompas van vogels, ja zelfs elke eigenschap van ieder levend wezen. Veel biologen zouden zelfs zeggen dat zelfreplicatie het wezenskenmerk van leven is. Maar levende wezens zouden zichzelf niet kunnen reproduceren als ze niet eerst de instructies om zichzelf te maken konden reproduceren. Het leven wordt dus mogelijk gemaakt door het proces van de erfelijkheid – het accuraat kopiëren van genetische informatie. Misschien herinner je je nog uit hoofdstuk 2 dat juist het raadsel van de erfelijkheid Erwin Schrödinger ervan overtuigde dat genen kwantummechanische eenheden waren. Maar had hij gelijk? Hebben we de kwantummechanica nodig om de erfelijkheid te verklaren? Dat is de vraag waarop wij nu zullen terugkomen.

Nauwkeurigheid

Wij vinden het feit dat levende organismen hun genoom nauwkeurig kunnen reproduceren doorgaans vanzelfsprekend, maar in wezen is het een van de meest opmerkelijke en essentiële aspecten van het leven. De mate waarin kopieerfouten optreden bij de DNA-replicatie, wat wij mutaties noemen, is doorgaans minder dan één op de miljard. Om er enig idee van te krijgen hoe nauwkeurig dit is, kun je de pakweg één miljoen letters, leestekens en spaties in dit boek nemen. Neem vervolgens duizend boeken met een vergelijkbare omvang en stel je voor dat je elk teken en elke spatie exact zou moeten kopiëren. Hoeveel fouten zou je maken, denk je? Dit was nu juist wat kopiisten in de middeleeuwen deden. Vóór de uitvinding van de boekdrukkunst deden zij hun best om teksten met de hand te kopiëren. Het is niet verbazend dat hun pogingen wemelden van de fouten, zoals blijkt uit de aantallen uiteenlopende kopieën van middeleeuwse teksten. Natuurlijk kunnen computers informatie bijzonder nauwkeurig kopiëren, maar dat doen ze met de verworvenheden van de moderne elektronische digitale techniek. Stel je voor dat je een kopieerapparaat zou moeten maken van nat, sponzig materiaal. Hoeveel fouten denk je dat die machine zou maken bij het lezen en opschrijven van zijn gekopieerde informatie? Maar wanneer dat vochtige, sponzige materiaal een van de cellen in je lichaam is en de informatie gecodeerd zit in DNA, is het aantal fouten minder dan één op de miljard.

Exact kopiëren is cruciaal voor het leven, omdat de enorme complexiteit van levend weefsel een al even complexe verzameling instructies vereist, waarbij één enkele fout fataal kan zijn. Het genoom in onze cellen bestaat uit zo'n drie miljard genetische letters, die coderen voor ongeveer vijftienduizend genen, maar de genomen van zelfs de eenvoudigste zelfreproducerende microben, zoals die welke onder het ijs in het Vostokmeer leven, bestaan uit enkele duizenden genen die met enkele miljoenen genetische letters zijn geschreven. Hoewel de meeste organismen bij elke generatie wel een paar mutaties kunnen verdragen, kan het tot ernstige problemen leiden als er meer dan een handjevol op de volgende generatie worden overgedragen; bij ons mensen uit dat zich als erfelijke ziektes of zelfs een niet-levensvatbaar nageslacht. Bovendien moeten de cellen in ons lichaam (bloedcellen, huidcellen, enzovoort) telkens als ze zichzelf reproduceren ook hun DNA reproduceren, om hun dochtercellen ervan te voorzien. Fouten in dit proces leiden tot kanker.*

Maar om te begrijpen hoe belangrijk de kwantummechanica is voor de erfelijkheid, moeten we eerst een bezoek brengen aan Cambridge in 1953, waar Francis Crick op 28 februari de kroeg de Eagle binnen-

*Kankers worden veroorzaakt door mutaties in genen die de celgroei binnen de perken houden, leidend tot ongelimiteerde celgroei en dus tot tumoren.

gestormd kwam en verklaarde dat hij en James Watson 'het geheim van het leven hadden ontdekt'. Later dat jaar publiceerden zij hun baanbrekende artikel,[2] dat een structuur onthulde en een verzameling simpele regels beschreef die het antwoord gaven op twee van de meest fundamentele raadsels van het leven: hoe biologische informatie gecodeerd wordt en hoe zij geërfd wordt.

Wat in veel beschrijvingen van de ontdekking van de genetische code wordt benadrukt is misschien wel een eigenschap van ondergeschikt belang: dat de structuur van het DNA bestaat uit twee spiralen (de 'dubbele helix'). Dat is inderdaad opvallend, en de elegante structuur van het DNA is terecht een van de meest iconische beelden in de wetenschap geworden, dat op T-shirts en websites wordt gereproduceerd en zelfs in de architectuur terugkeert. Maar de dubbele helix is in wezen niet meer dan een staketsel. Het werkelijke geheim van het DNA ligt in wat de helix ondersteunt.

Zoals we in hoofdstuk 2 in het kort hebben aangegeven, berust de spiraalstructuur van DNA (figuur 7.1) op een ruggengraat van suikers en fosfaten, waaraan de feitelijke boodschap van het DNA vastzit: de aaneenschakeling van de nucleobasen guanine (G), cytosine (C), thymine (T) en adenine (A). Watson en Crick beseften dat deze lineaire sequentie een code vormde – en dat, zo stelden zij, was de genetische code.

In de laatste regel van hun historische artikel suggereerden Watson en Crick dat de structuur van het DNA ook een oplossing bood voor het tweede grote raadsel van het leven: 'Het is ons niet ontgaan dat de specifieke koppeling die wij gepostuleerd hebben, meteen een mogelijk kopieermechanisme voor het genetische materiaal suggereert.' Wat hun niet was ontgaan was een cruciale eigenschap van de dubbele helix, namelijk dat de informatie op een van de strengen ervan – de sequentie van basen – ook voorhanden is als een omgekeerde kopie op de andere streng: een A op de ene streng wordt altijd gekoppeld aan een T op de andere, en een G altijd aan een C. De specifieke koppeling tussen de basen op complementaire strengen (een A-T-paar of een G-C-paar) wordt verschaft door een zwakke chemische binding, een zogenaamde *waterstofbrug*. Deze 'lijm' die de beide moleculen bijeenhoudt is in wezen een gedeeld proton en is van fundamenteel belang voor ons verhaal, dus zullen we hierna uitgebreider ingaan op het karakter ervan. Maar het feit dat de binding tussen de gekoppelde DNA-strengen zo zwak was, suggereerde meteen een

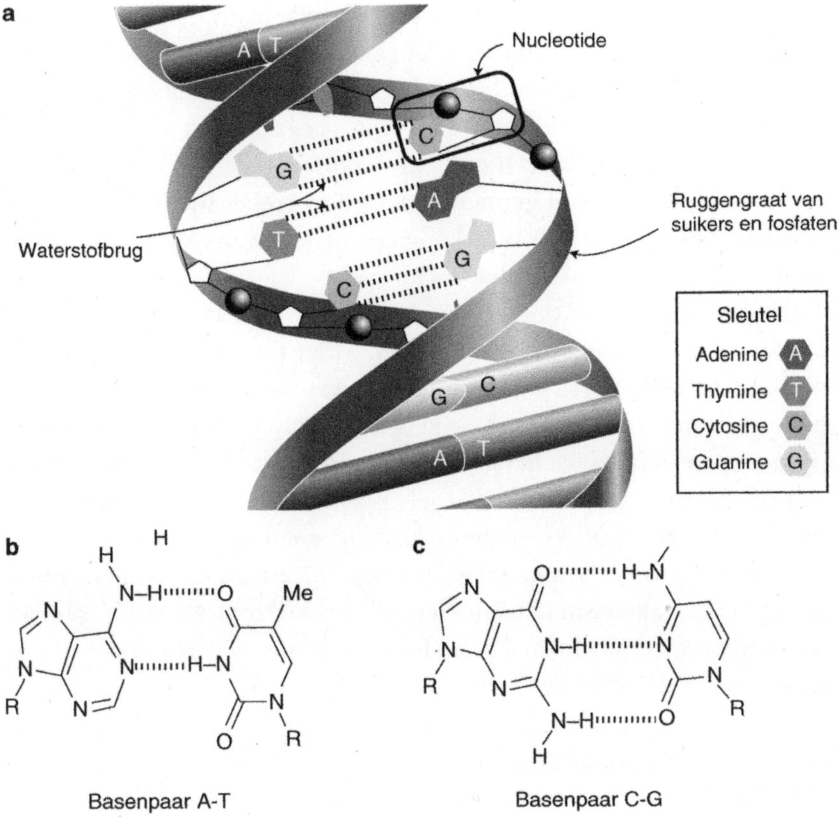

Figuur 7.1 De structuur van DNA: (a) de dubbele helix van Watson en Crick; (b) een close-up van de gepaarde genetische letters A en T; (c) een close-up van de gepaarde genetische letters G en C. In beide gevallen zijn de waterstofbruggen – gedeelde protonen – die de twee basen aan elkaar koppelen aangegeven als stippellijnen. In deze standaard (canonieke) koppeling van basen volgens Watson en Crick hebben de basen hun normale, niet-tautomere vorm.

kopieermechanisme: de strengen konden uit elkaar getrokken worden, en elk ervan kon fungeren als een sjabloon waarop zijn complementaire partner gebouwd kon worden, zodat er twee kopieën van de oorspronkelijke dubbele streng ontstonden. Dat is precies wat er gebeurt wanneer genen tijdens de celdeling gekopieerd worden. De twee strengen van de dubbele helix, met hun complementaire informatie, worden uiteengetrokken zodat een enzym, *DNA-polymerase*, bij elke aparte streng kan komen. Het enzym hecht zich dan aan één enkele streng en schuift langs de nucleotideketen, waarbij het elke genetische letter leest en, met bijna onfeilbare nauwkeurigheid, een complementaire base in de groeiende streng invoegt: telkens als het een A ziet, voegt het een T in, telkens als het een G ziet, voegt het een C in, enzovoort, tot het een volledige complementaire kopie heeft gemaakt. Hetzelfde proces wordt herhaald bij de andere streng, zodat er twee kopieën ontstaan van de oorspronkelijke dubbele helix: eentje voor elke dochtercel.

Dit bedrieglijk eenvoudige proces ligt ten grondslag aan de voortplanting van alle leven op onze planeet. Maar toen Schrödinger in 1944 volhield dat de buitengewoon grote nauwkeurigheid van de erfelijkheid niet verklaard kon worden door klassieke wetten – hij stelde met klem dat genen gewoon zo klein waren dat hun regelmaat niet gebaseerd kon zijn op de 'orde uit wanorde'-regels –, suggereerde hij dat genen een soort *aperiodieke kristallen* moesten zijn. Zijn genen aperiodieke kristallen?

Kristallen, zoals zoutkorrels, hebben meestal een karakteristieke vorm. De kristallen van natriumchloride (keukenzout) zijn kubussen, terwijl bevroren watermoleculen zeshoekige prisma's vormen die uitkristalliseren tot de prachtige, uiteenlopende vormen van sneeuwvlokken. Die vormen zijn een gevolg van de manieren waarop moleculen in het kristal dicht op elkaar kunnen worden gepakt, en worden uiteindelijk dus bepaald door de kwantumwetten die de vorm van moleculen bepalen. Maar ondanks hun verregaande ordening kunnen gewone kristallen niet veel informatie in code bevatten, omdat elke herhaalde eenheid hetzelfde is als alle andere – een beetje zoals bij behang met een ruitjespatroon. Een eenvoudige regel voldoet dus als beschrijving van het hele kristal. Schrödinger poneerde dat genen aperiodieke kristallen waren: dat wil zeggen kristallen met net zo'n herhaalde moleculaire structuur als gewone kristallen, die echter op een bepaalde manier gemoduleerd zijn, bijvoorbeeld met verschillende tussenruimtes of periodes (vandaar 'aperiodiek') tussen de herhalingen of de verschillende structuren binnen de herhalingen – eerder vergelijkbaar met een complex wandkleed dan met behang. Hij stelde dat deze gemoduleerde herhaalde structuren de code voor genetische informatie konden bevatten en dat hun ordening, net als bij kristallen, op het kwantumniveau gecodeerd zou zijn. Vergeet niet, dit was tien jaar vóór Watson en Crick: jaren voordat de structuur van een gen bekend was, of men zelfs maar wist waaruit genen bestaan.

Had Schrödinger gelijk? Het eerste evidente punt is dat de DNA-code inderdaad bestaat uit een herhaalde structuur – de basen van het DNA – die aperiodiek is in die zin dat elke herhaalde eenheid bezet kan worden door een van vier verschillende basen. Genen zijn werkelijk aperiodieke kristallen, precies zoals Schrödinger voorspelde. Maar aperiodieke kristallen coderen niet per se informatie op het kwantumniveau: de onregelmatige korrels op een fotografische plaat bestaan uit zilverzoutkristallen, en die zijn niet kwantum. Om te kijken of Schrödinger ook gelijk had met de bewering dat genen kwantumeenheden zijn, moeten we dieper ingaan op de structuur van de DNA-basen, en met name op de aard van de koppeling tussen de complementaire baseparen, die van T aan A en C aan G.

De DNA-koppeling die de genetische code bevat, heeft haar basis in de chemische bindingen die de complementaire basen bijeenhouden. Zoals al gezegd worden deze bindingen, de zogenaamde waterstofbruggen, gevormd door enkele protonen – in wezen de kernen van waterstofatomen – die worden gedeeld door twee atomen, eentje in elk van de complementaire basen op tegenover elkaar gelegen strengen: zij houden de gepaarde basen bij elkaar (figuur 7.1). Base A moet aan base T gekoppeld worden omdat elke A protonen heeft op precies de juiste plaats om waterstofbruggen te vormen met een T. Een A-base kan niet gekoppeld worden aan een C-base, omdat de protonen zich daarvoor niet op de juiste plaats bevinden.

Deze koppeling van nucleotidebasen door middel van protonen ís de genetische code die gerepliceerd wordt en aan elke generatie wordt doorgegeven. En dit is niet slechts een eenmalige overdracht van informatie – zoals een bericht in code dat geschreven is op een notitieblok dat na gebruik wordt vernietigd. De genetische code moet gedurende het leven van de cel voortdurend worden gelezen om het eiwitten producerende apparaat aan te sturen dat enzymen, de motoren van het leven, maakt en zo alle andere activiteiten van de cel organiseert. Dit proces wordt voltrokken door een enzym, het zogenaamde *RNA-polymerase*, dat net als DNA-polymerase de posities van die coderende protonen op de DNA-keten afleest. Net zoals de betekenis van een bericht of het plot van een boek wordt geschreven met de positie van letters op een pagina, zo zijn ook de posities van protonen op de dubbele helix bepalend voor het verhaal van het leven.

De Zweedse natuurkundige Per-Olov Löwdin was de eerste die wees op wat achteraf bezien vanzelfsprekend lijkt: dat de positie van de protonen niet wordt bepaald door klassieke regels, maar door kwantumwetten. De genetische code die het leven mogelijk maakt is dus onvermijdelijk een kwantumcode. Schrödinger had gelijk: genen worden geschreven met kwantumletters, en de nauwkeurigheid van de erfelijkheid berust op kwantumwetten. Net zoals de vorm van een kristal uiteindelijk wordt bepaald door kwantumwetten, zo worden ook de vorm van je neus, de kleur van je ogen en bepaalde aspecten van je karakter bepaald door kwantumwetten die functioneren binnen de structuur van een enkel DNA-molecuul dat je van een van je ouders hebt geërfd. Zoals Schrödinger voorspelde, werkt het leven via een orde die helemaal 'naar beneden' doorloopt, van de structuur en het gedrag van hele organismen tot aan de posities van protonen binnen de DNA-strengen. Orde uit orde – en het is deze orde die verantwoordelijk is voor de nauwkeurigheid van de erfelijkheid.

Maar zelfs kwantumreplicators maken af en toe een vergissing.

Onnauwkeurigheid

Als de genetische code altijd perfect gekopieerd zou worden, zou het leven op onze planeet zich niet hebben kunnen ontwikkelen en aanpassen aan zijn vele uitdagingen. Zo waren de microben die vele duizenden jaren geleden in die gematigde meren op Antarctica zwommen, vast goed aangepast aan een leven in een relatief warme en lichte omgeving. Toen de ijskap hun wereld afsloot, zijn die microben die hun genoom honderd procent nauwkeurig kopieerden, bijna zeker uitgestorven. Maar vele microben maakten enkele kopieerfouten, wat mutante dochters opleverde die iets anders waren dan zijzelf. De dochters die door die verschillen beter toegerust waren om te overleven in een koudere, donkerder omgeving gedijden, en geleidelijk, in de loop van duizenden niet helemaal perfecte kopieerprocessen, zijn de nazaten van die opgesloten microben goed aangepast geraakt aan het leven in het verzonken meer.

Dit proces van aanpassing door middel van mutatie (fouten bij de DNA-replicatie) in het Vostokmeer is, zoals gezegd, een microkosmos van het proces dat zich miljarden jaren lang over de hele aardbol heeft voltrokken. In haar lange geschiedenis heeft de aarde veel grote catastrofen doorgemaakt, van grote vulkaanuitbarstingen tot ijstijden en meteoorinslagen. Het leven zou ten onder zijn gegaan als het zich niet door middel van kopieerfouten aan veranderingen had aangepast. Even belangrijk is dat mutaties ook de drijvende kracht zijn geweest achter de genetische veranderingen waardoor de eenvoudige microben die zich het eerst op onze planeet ontwikkelden, zijn geëvolueerd tot de enorm diverse biosfeer van nu. Met een beetje onnauwkeurigheid en voldoende tijd kun je een heel eind komen.

Erwin Schrödinger stelde niet alleen dat kwantummechanica de oorzaak was van de nauwkeurigheid van de erfelijkheid, maar in zijn boek *What is Life?* uit 1944 deed hij nog een boude bewering. Hij speculeerde dat mutaties misschien een soort kwantumsprong binnen het gen zijn. Is dat aannemelijk? Om die vraag te beantwoorden moeten we eerst een controverse onder de loep nemen die raakt aan de kern van de evolutieleer.

De giraf, de boon en het fruitvliegje

Men zegt vaak dat de evolutie 'ontdekt' is door Charles Darwin, maar door het bestuderen van fossielen wisten natuurvorsers al minstens een eeuw vóór Darwin dat organismen in de loop van de geologische tijd zijn veranderd. Charles' grootvader, Erasmus Darwin, was zelfs een fervent evolutionist. Maar de waarschijnlijk bekendste pre-darwiniaanse evolutietheorie was die van een Franse aristocraat met de indrukwekkende titel Jean-Baptiste Pierre Antoine de Monet, Chevalier de Lamarck.

Lamarck was in 1744 geboren en opgeleid als jezuïet, maar toen zijn vader overleed erfde hij net genoeg geld om een paard te kopen, waarop hij wegreed om soldaat te worden en te vechten in de Pommerse Oorlog tegen Pruisen. Zijn carrière als soldaat werd afgebroken toen hij gewond raakte. Hij keerde terug naar Parijs, waar hij ging werken als bankbediende, terwijl hij in zijn vrije tijd plantkunde en medicijnen studeerde. Uiteindelijk vond hij werk als botanisch assistent bij de Jardin du Roi (de Tuin van de Koning), tot de revolutie zijn werkgever onthoofdde. Maar het ging Lamarck voor de wind in het post-revolutionaire Frankrijk. Hij kreeg een leerstoel aan de Universiteit van Parijs, waar hij zijn aandacht verlegde van planten naar ongewervelde dieren.

Lamarck is een van de meest ondergewaardeerde grote wetenschappers, althans in de Engelstalige wereld. Hij heeft niet alleen de term 'biologie' bedacht (van het Griekse *bios* of leven), maar ook een evolutietheorie die in elk geval voorzag in een aannemelijk mechanisme voor evolutionaire verandering, een halve eeuw eerder dan Darwin. Lamarck wees erop dat organismen tijdens hun leven hun lichaam kunnen veranderen in reactie op de omgeving. Zo ontwikkelen boeren die gewend zijn aan zwaar fysiek werk dikwijls een gespierder lichaam dan bankbedienden. Vervolgens beweerde Lamarck dat deze verworven veranderingen doorgegeven konden worden aan het nageslacht en zo een drijvende kracht konden zijn achter evolutionaire veranderingen. Zijn beroemdste en meest bespotte voorbeeld is dat van de denkbeeldige antilope waarvan de nek langer werd om van de hoogste boombladeren te kunnen eten. Lamarck stelde dat de nazaten van de antilope de verworven eigenschap van de langere nek erfden en dat hun afstammelingen hetzelfde proces doormaakten en zich uiteindelijk ontwikkelden tot giraffen.

Met de lamarckiaanse theorie van erfelijke adaptieve veranderingen werd over het algemeen de spot gedreven in de Engelstalige wereld, want er waren ruimschoots voldoende bewijzen dat de eigenschappen die een dier tijdens zijn leven verwierf doorgaans niet geërfd werden. Blanke Noord-Europeanen die enkele eeuwen geleden naar Australië migreerden worden meestal bruin als ze veel buiten zijn, maar als ze niet in de zon komen, zullen hun kinderen even bleek zijn als hun voorouders. De adaptieve verandering in reactie op felle zon, een gebruinde huid, is duidelijk niet erfelijk. Dus na de publicatie van *On the Origin of Species* in 1859 werd de lamarckiaanse evolutieleer overschaduwd door Darwins theorie van natuurlijke selectie.*

Tegenwoordig ligt de nadruk op Darwins versie van de evolutieleer – het idee van survival of the fittest, waarbij een meedogenloze natuur de best aangepaste organismen selecteert. Maar natuurlijke selectie is slechts het halve verhaal van de evolutie. Wil evolutie succesvol zijn,

*Die zou uiteraard net zo makkelijk de theorie van natuurlijke selectie van Wallace kunnen worden genoemd, naar de grote Engelse natuurvorser en geograaf Alfred Russel Wallace die, tijdens een aanval van malaria toen hij in de tropen reisde, op nagenoeg dezelfde ideeën kwam als Darwin.

dan moet ze een bron van variatie hebben om haar tanden in te zetten. Dit was voor Darwin een groot raadsel omdat, zoals we al hebben ontdekt, de erfelijkheid wordt gekenmerkt door een enorme nauwkeurigheid. Dat is misschien niet meteen duidelijk bij zich geslachtelijk voortplantende organismen die van hun ouders lijken te verschillen, maar geslachtelijke voortplanting herverdeelt slechts de bestaande ouderlijke eigenschappen bij het verwekken van nageslacht. Eigenlijk werd aan het begin van de negentiende eeuw algemeen aangenomen dat de vermenging van eigenschappen bij de geslachtelijke voortplanting erg lijkt op het mengen van verf. Als je een paar honderd blikken verf met diverse kleuren neemt, een half blik van de ene soort met een half blik van de andere mengt en dit duizenden malen herhaalt, zul je uiteindelijk enkele honderden blikken grijze verf overhouden: de individuele variatie zal zich vermengen tot een gemiddelde binnen een populatie. Maar voor Darwin moest de variatie voortduren en zelfs toenemen, wilde die de oorzaak van evolutionaire veranderingen zijn.

Darwin geloofde dat de evolutie heel geleidelijk verliep doordat de natuurlijke selectie inwerkte op een heel geringe erfelijke variatie:

> Natuurlijke selectie kan alleen werken door het behoud en de accumulatie van oneindig kleine erfelijke veranderingen, waarvan elk profijtelijk is voor het wezen dat in leven blijft; en zoals de moderne geologie denkbeelden zoals de uitholling van een groot dal door één grote zondvloedachtige watergolf nagenoeg heeft uitgebannen, zo zal de natuurlijke selectie, als het principe juist blijkt, het geloof uitbannen dat er voortdurend nieuwe organische wezens worden gecreëerd, of dat er grote en plotselinge veranderingen optreden in hun structuur.[3]

Maar de bron van dit ruwe materiaal voor de evolutie – de 'oneindig kleine erfelijke veranderingen' – was een groot raadsel. Negentiende-eeuwse biologen waren heel goed op de hoogte van afwijkingen of 'misbaksels' met erfelijke eigenschappen: bijvoorbeeld, op een boerderij in New England werd aan het eind van de achttiende eeuw een schaap met bijzonder korte poten geboren, waarmee werd gefokt om een soort met korte poten te krijgen, de zogenaamde Ancon-schapen, die handelbaarder zijn omdat ze niet over hekken kunnen springen. Darwin geloofde echter dat deze misbaksels niet de drijvende kracht achter de evolutie konden zijn, omdat zulke veranderingen te groot waren en vaak bizarre schepselen opleverden met een heel kleine kans om in het wild te overleven. Darwin moest een bron vinden van kleinere, minder ingrijpende, erfelijke veranderingen die de oneindig kleine variaties konden verschaffen die nodig waren om zijn theorie kloppend te krijgen. Dit probleem heeft hij nooit echt opgelost. In latere edities van *On The Origin of Species* nam hij zelfs zijn toevlucht tot een vorm van de lamarckiaanse evolutieleer om kleine erfelijke variaties te genereren.

Een deel van de oplossing was toen Darwin nog leefde al opgelost door de Tsjechische monnik en plantenkweker Gregor Mendel, met wie we in hoofdstuk 2 hebben kennisgemaakt. Uit Mendels experimenten met erwten bleek dat kleine variaties in de vorm of kleur van erwten werkelijk *stabiel* erfelijk waren: dat wil zeggen – en dit is heel belangrijk – dat deze eigenschappen zich niet vermengden, maar van de ene generatie op de andere behouden bleven, zij het vaak door generaties over te slaan als de eigenschap recessief was in plaats van dominant. Mendel stelde dat afzonderlijke erfelijke 'factoren', wat wij nu genen noemen, de code bevatten voor biologische eigenschappen en de oorzaak zijn van biologische variatie. Dus in plaats van de geslachtelijke voortplanting te bezien in termen van blikken verf die gemengd worden, kun je beter denken aan potten met knikkers in een enorme verscheidenheid aan kleuren en patronen. Bij elke generatie wordt de helft van de knikkers uit de ene pot vermengd met de helft uit een andere. Waar het om gaat is dat, zelfs na duizenden generaties, de knikkers hun eigen kleur behouden, zoals eigenschappen honderden of duizenden generaties onveranderd worden doorgegeven. Genen fungeren daarbij als een stabiele bron van variatie waarop de natuurlijke selectie kan inwerken.

Mendels werk werd tijdens zijn leven door de meesten genegeerd en raakte daarna in de vergetelheid. Darwin was zich niet bewust van Mendels theorie van 'erfelijke factoren' en de potentiële oplossing die ze bood voor het vermengingsprobleem. Dat het zo moeilijk was om de oorzaak te vinden voor de erfelijke veranderingen die de drijvende kracht zijn achter de evolutie, leidde tegen het eind van de negentiende eeuw tot minder steun voor Darwins evolutieleer. Maar rond de eeuwwisseling werden de ideeën van Mendel weer afgestoft door diverse plantkundigen die onderzoek deden naar het kruisen van planten, die bezig waren wetten te ontdekken voor de erfelijkheid van variaties. Zoals alle goede onderzoekers die denken dat ze iets nieuws hebben gevonden, doorzochten ze de bestaande literatuur voordat ze hun resultaten publiceerden; en tot hun verbazing ontdekten ze dat hun erfelijkheidswetten al enkele tientallen jaren eerder door Mendel waren beschreven.

De herontdekking van de mendeliaanse factoren, die nu tot 'genen' werden hernoemd,* bood een oplossing voor Darwins vermengingsraadsel, maar ze losten niet meteen het vraagstuk op wat de bron was van de nieuwe genetische variaties die nodig waren voor evolutionaire verandering op de lange termijn, want genen leken zonder wijzigingen geërfd te worden. De natuurlijke selectie kan voor elke generatie de combinatie van de genetische knikkers veranderen, maar maakt zelf geen nieuwe knikkers aan. Deze impasse werd doorbroken door een van de plantkundigen die de mendeliaanse genetica hadden herontdekt, Hugo de Vries, die door een aardappelveld liep toen hij een heel nieuwe variant zag van de grote teunisbloem, *Oenothera lamarckiana*, hoger dan de gebruikelijke plant en met ovale bloembladen in plaats van de bekende hartvormige bladeren van de teunisbloem. Hij herkende deze bloem als een 'mutant' en, wat belangrijker is, hij toonde aan dat de gemuteerde eigenschappen werden doorgegeven aan het nageslacht van de plant en dus erfelijk waren.

De geneticus Thomas Hunt Morgan deed aan het begin van de twintigste eeuw onderzoek naar de mutaties van De Vries in het laboratorium aan Columbia University, waarbij hij werkte met het altijd makkelijke fruitvliegje. Hij en zijn team stelden de vliegen bloot aan sterke zuren, röntgenstralen en giftige stoffen in een poging om mutanten te creëren. Eindelijk, in 1909, kwam er een vlieg uit zijn pop met witte ogen en toonde het team aan dat, net als bij de vreemd gevormde teunisbloemen van De Vries, de mutante eigenschap aan de nakomelingen werd doorgegeven als een mendeliaans gen.

Het huwelijk van Darwins natuurlijke selectie met Mendels genetica en de mutatietheorie leidde uiteindelijk tot wat dikwijls de neodarwinistische synthese wordt genoemd. Mutatie werd opgevat als de ultieme

*De term 'genetica' werd in 1905 verzonnen door William Bateson, een Engelse geneticus en aanhanger van Mendels ideeën; de term 'gen' werd vier jaar later gesuggereerd door de Deense plantkundige Wilhelm Johannsen om een onderscheid te maken tussen de manifeste eigenschappen van een individu (zijn fenotype) en zijn genen (zijn genotype).

oorzaak van erfelijke genetische variaties, die doorgaans weinig effect hebben en soms zelfs nadelig zijn, maar waardoor mutanten soms beter aangepast (*fitter*) zijn dan hun ouders. Dan treedt de natuurlijke selectie in werking, die de minder goed aangepaste mutanten uit een populatie zuivert en ervoor zorgt dat de succesvollere varianten overleven en zich vermenigvuldigen. Uiteindelijk worden beter aangepaste mutanten de norm en voltrekt de evolutie zich dankzij 'het behoud en de accumulatie van oneindig kleine erfelijke veranderingen'.

Een belangrijk onderdeel van de neodarwinistische synthese is het principe dat mutaties zich willekeurig voordoen; variatie ontstaat niet in reactie op een evolutionaire verandering. Dus als de omgeving verandert, moet een soort wachten tot de juiste mutatie zich voordoet – door willekeurige processen – om het spoor van die verandering te volgen. Dit in tegenstelling tot het lamarckiaanse idee van evolutie, waarbij gesteld wordt dat erfelijke aanpassingen – zoals de langere nek van de giraf – zich voordoen in reactie op omgevingsfactoren en daarna worden doorgegeven.

Aan het begin van de twintigste eeuw was nog niet duidelijk of erfelijke mutaties zich willekeurig voordeden, zoals de neodarwinisten geloofden, of ontstonden in reactie op uitdagingen in de omgeving, zoals de lamarckianen geloofden. Vergeet niet dat Morgan zijn vliegen behandelde met giftige stoffen of straling om mutaties op te wekken. Misschien ontstonden er in reactie op deze omgevingsfactoren nieuwe variaties die de vliegen hielpen om de uitdaging van de omgeving te overleven. Misschien dat ze net als de giraf van Lamarck metaforisch hun nek moesten uitsteken, waarna ze deze adaptieve eigenschap als een erfelijke mutatie doorgaven aan hun nazaten.

Met inmiddels klassiek geworden experimenten wilden Salvador Luria, de promotiebegeleider van James Watson, en Max Delbrück aan de Universiteit van Indiana in 1943 de concurrerende theorieën toetsen. Tegen die tijd hadden de fruitvliegjes plaatsgemaakt voor bacteriën als de favoriete proefdieren bij evolutionaire studies, omdat ze makkelijk te kweken waren in het laboratorium en zich snel voortplantten. Het was bekend dat bacteriën geïnfecteerd konden worden met virussen, maar als ze daar herhaaldelijk aan werden blootgesteld, zouden ze al snel resistentie ontwikkelen door middel van mutaties. Dit was een ideale situatie om de concurrerende neodarwinistische en lamarckiaanse mutatietheorieën te toetsen. Luria en Delbrück stelden zich ten doel erachter te komen of bacteriële mutanten met een weerstand tegen virale infecties reeds in de populatie bestonden, zoals voorspeld door het neodarwinisme, of alleen ontstonden in reactie op omgevingsfactoren, in dit geval een virus, zoals voorspeld door het lamarckisme. De twee onderzoekers ontdekten dat het voor de mate van mutatie niet of nauwelijks uitmaakte of er al dan niet een virus aanwezig was. Anders gezegd, de mutatiesnelheid werd niet beïnvloed door selectieve omgevingsdruk. In 1969 kregen zij een Nobelprijs voor hun experimenten. Het principe van willekeurige mutatie werd een hoeksteen van de moderne evolutionaire biologie.

Maar toen Luria en Delbrück in 1943 hun experimenten uitvoerden, wist nog niemand waaruit die genetische knikkers bestonden, en nog minder welke fysieke mechanismen verantwoordelijk waren voor het ontstaan van mutaties, dus het veranderen van de ene knikker in een andere. In dat alles kwam verandering in 1953, toen Watson en Crick de dubbele helix aan het licht brachten. Het principe dat mutaties willekeurig voorkwamen leek toen heel logisch, omdat bewezen oorzaken van mutatie, zoals straling en mutagene stoffen, meestal willekeurige schade toebrachten aan het DNA-molecuul over de gehele lengte ervan, waardoor er mutaties ontstonden in de genen die er toevallig door werden aangetast, ongeacht of de verandering gunstig was of niet.

In hun tweede artikel over de structuur van DNA[4] suggereerden Watson en Crick dat *tautomerisatie*, een proces waarbij protonen worden verplaatst binnen een molecuul, ook een oorzaak van mutatie kon zijn. Je zult zo langzamerhand ongetwijfeld beseffen dat elk proces dat gepaard gaat met de verplaatsing van fundamentele deeltjes, zoals protonen, kwantummechanisch kan zijn. Had Schrödinger dus gelijk? Zijn mutaties een soort kwantumsprong?

Coderen met protonen

Als je nog eens naar de onderste helft van figuur 7.1 kijkt, zul je zien dat we de waterstofbrug – een gedeeld proton – hebben getekend als een stippellijn tussen twee atomen (zuurstof, O, en/of stikstof, N) bij de basenparen. Maar is een proton niet een deeltje? Waarom wordt het dan getekend als een stippellijn en niet als één enkele stip? De reden is, uiteraard, dat protonen kwantumeenheden zijn die zowel een deeltjes- als een golfkarakter hebben: het proton is derhalve gedelokaliseerd en gedraagt zich als een uitgesmeerd deeltje of als een golf die tussen de twee basen in klotst. De positie van H in figuur 7.1 – die staat voor de meest waarschijnlijke positie van het het proton – is niet halverwege tussen de twee basen, maar neigt naar één bepaalde kant: dichter bij een van beide strengen. Deze asymmetrie is verantwoordelijk voor een buitengewoon belangrijk aspect van het DNA.

Laten we eens een van de mogelijke basenparen onder de loep nemen, bijvoorbeeld A-T, waarbij de A zich op de ene streng bevindt en de T op de andere. Ze worden bijeengehouden door twee waterstofbruggen (protonen), waarvan het ene proton zich dichter bij een stikstofatoom van A bevindt en het andere dichter bij een zuurstofatoom van T (figuur 7.2a), wat het ontstaan van de waterstofbrug tussen A en T mogelijk maakt. Maar vergeet niet dat 'dichterbij' een glibberig concept is in de kwantumwereld, waar deeltjes geen vaste positie hebben maar zich in een waarschijnlijkheidsveld bevinden en op veel verschillende plaatsen tegelijk zijn, ook daar waar ze alleen kunnen komen door middel van een kwantumtunneleffect. Als de twee protonen die de genetische letters bijeenhouden allebei naar de overkant van hun respectieve

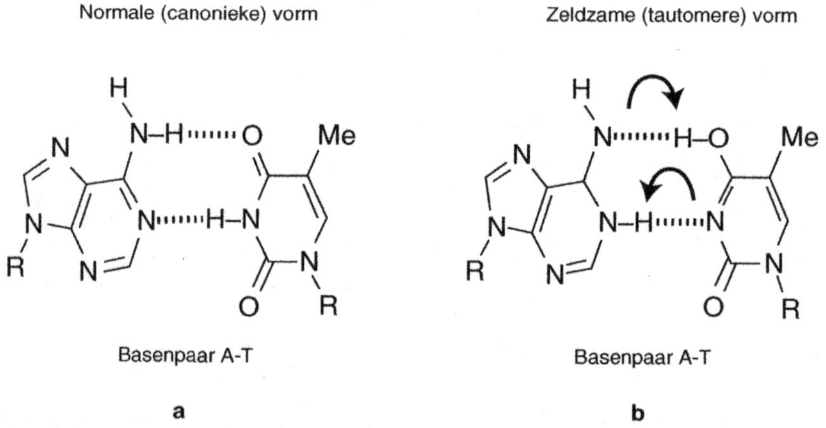

Figuur 7.2 (a) Een standaard A-T-basenpaar, met de protonen in hun normale positie. (b) Hier zijn de gepaarde protonen naar de overkant van de dubbele helix gesprongen om de tautomere vorm van zowel A als T te vormen.

waterstofbruggen zouden springen, zouden ze dichter bij de tegenliggende base uitkomen. Dit leidt tot het ontstaan van alternatieve vormen van elke base die *tautomeren* worden genoemd (figuur 7.2b). Elk van de DNA-basen kan derhalve bestaan in zijn gewone canonieke vorm, zoals in de dubbelehelixstructuur van Watson en Crick, maar ook als de zeldzamere tautomeer, waarbij de coderende protonen naar nieuwe posities zijn verschoven.

Maar vergeet niet dat de protonen die de waterstofbruggen in het DNA vormen, verantwoordelijk zijn voor de specifieke koppelingen van de basen die gebruikt worden om de genetische code te repliceren. Dus als twee coderende protonen zich allebei verplaatsen (in tegengestelde richtingen), herschrijven ze in feite de genetische code. Als een genetische letter in een DNA-streng bijvoorbeeld een T (thymine) is, wordt die in zijn normale vorm, correct, gekoppeld aan A (adenine). Maar als zich

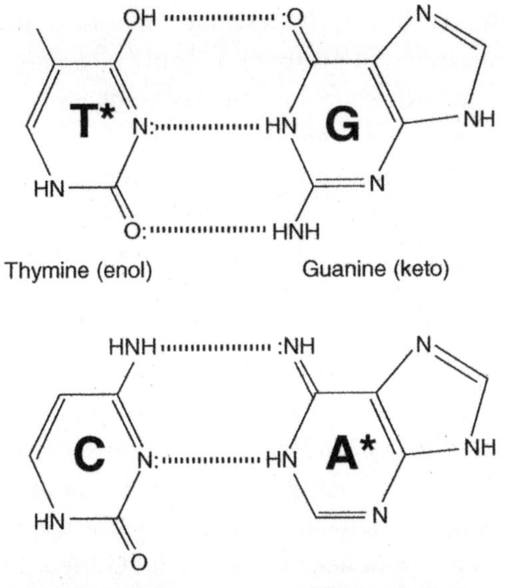

Figuur 7.3 In zijn tautomere vorm (enol), in de figuur aangegeven door T*, kan T een incorrecte koppeling aangaan met G, en niet met zijn gebruikelijke partner A. Zo ook kan de tautomere vorm van A (A*) een incorrecte koppeling aangaan met C, in plaats van met T. Als deze fouten tijdens de DNA-replicatie worden meegenomen, zal het gevolg een mutatie zijn.

een dubbele verwisseling van protonen voordoet, neemt zowel T als A de tautomere vorm aan. Natuurlijk kunnen de protonen terugspringen, maar als ze toevallig in hun zeldzame tautomere vorm* verkeren op het moment dat de DNA-streng wordt gekopieerd, dan kunnen de verkeerde basen worden opgenomen in de nieuwe DNA-strengen. De tautomere T kan een paar vormen met G, in plaats van A, zodat er in de nieuwe streng een G zal worden opgenomen waar zich in de oude streng een A bevond. Zo zal ook de A in zijn tautomere vorm gepaard worden met C en niet T als het DNA gerepliceerd wordt, zodat de nieuwe streng een C heeft waar de oude een T had (figuur 7.3). In beide gevallen zullen de nieuw gevormde DNA-strengen mutaties dragen – veranderingen in de DNA-sequentie die door het nageslacht geërfd zullen worden.

Hoewel deze hypothese heel plausibel is, was het moeilijk om er directe bewijzen voor te vinden. Maar in 2011, bijna zestig jaar nadat Watson en Crick hun artikel publiceerden, is een groep aan Duke University Medical Center in de VS erin geslaagd om aan te tonen dat incorrect gepaarde DNA-basen met protonen in hun tautomere positie inderdaad passen in het actieve centrum van DNA-polymerase (het enzym dat nieuw DNA aanmaakt), en dus waarschijnlijk in nieuw gerepliceerd DNA zullen worden opgenomen om mutaties te veroorzaken.[5]

Tautomeren – met alternatieve protonposities – lijken dus een drijvende kracht te zijn achter mutaties, en dus ook achter de evolutie. Maar waardoor gaan protonen naar de verkeerde positie? De evidente 'klassieke' mogelijkheid zou zijn dat ze soms 'naar de overkant worden geslingerd' door de voortdurende moleculaire trillingen overal om ze heen. Maar om dit 'geslinger' in gang te zetten moet er voldoende warmte-energie zijn. Net zoals de door enzymen gekatalyseerde reacties die in hoofdstuk 3 zijn besproken, moet het proton over een vrij steile energiebarrière heen om naar een andere positie te gaan. Het is ook mogelijk dat de protonen in het rond worden gestoten door botsingen met nabijgelegen watermoleculen, maar er zijn niet veel watermoleculen in de buurt van de coderende protonen in het DNA om ze zo'n zet te geven.

Maar er is ook een andere mogelijkheid – eentje die een belangrijke

*De alternatieve tautomere vormen van guanine en thymine worden enol of keto genoemd, afhankelijk van de positie van de coderende protonen; terwijl de tautomeren van cytosine en adenine bekendstaan als imino- of aminovormen.

rol bleek te spelen in de manier waarop enzymen elektronen en protonen overdragen. Een van de consequenties van het golfkarakter van subatomaire deeltjes zoals elektronen en protonen is de mogelijkheid van een kwantumtunneleffect. Door de vaagheid wat betreft de positie van ieder deeltje kan het door een energiebarrière heen 'lekken'. In hoofdstuk 3 hebben we gezien hoe enzymen gebruikmaken van het tunnelen van elektronen en protonen door moleculen zo dicht bij elkaar te brengen dat er een tunneleffect kan optreden. Tien jaar nadat Watson en Crick hun oorspronkelijke artikel hadden gepubliceerd poneerde de Zweedse natuurkundige Per-Olov Löwdin, die we eerder in dit hoofdstuk zijn tegengekomen, dat tunnelen een alternatieve manier kon zijn waarop protonen waterstofbruggen oversteken, zodat de tautomere, mutagene vormen van nucleotiden ontstaan.

We moeten benadrukken dat DNA-mutaties worden veroorzaakt door allerlei verschillende mechanismen, waaronder schade als gevolg van chemische stoffen, ultraviolet licht, deeltjes die vrijkomen bij radioactief verval en zelfs kosmische stralen. Al deze veranderingen voltrekken zich op een moleculair niveau en moeten derhalve gepaard gaan met kwantummechanische processen. Maar tot dusver zijn er nog geen aanwijzingen dat de vreemdere aspecten van de kwantummechanica een rol zouden spelen bij deze oorzaken van mutaties. Maar als wordt aangetoond dat het wonderlijke tunneleffect wel meespeelt bij het ontstaan van tautomere DNA-basen, dan zou de kwantummechanica wel een aandeel vormen in de mutaties die de drijvende kracht zijn achter de evolutie.

Tautomere vormen van DNA-basen maken echter zo'n 0,01 procent uit van alle natuurlijke DNA-basen, hetgeen potentieel leidt tot fouten in dezelfde orde van grootte. Dat is veel meer dan de mutatiekans van ongeveer één op de miljard die we in de natuur aantreffen, dus als er zich inderdaad tautomere basen in de dubbele helix bevinden, dan moeten de meeste van de daaruit voortvloeiende fouten ongedaan gemaakt worden door de diverse processen voor foutencorrectie (het 'proeflezen'), die helpen om de grote nauwkeurigheid van de DNA-replicatie te verzekeren. Dan nog zouden die fouten die in de hand gewerkt worden door het kwantumtunneleffect en niet gecorrigeerd worden, een oorzaak kunnen zijn van de mutaties die zich in de natuur voordoen en die de drijvende kracht zijn achter de evolutie van alle leven op aarde.

Het ontdekken van de onderliggende mechanismen van mutatie is niet alleen van belang voor ons begrip van de evolutie; het zou ook inzicht kunnen bieden in de manier waarop erfelijke aandoeningen ontstaan en de manier waarop cellen carcinomateus worden, omdat beide processen het gevolg zijn van mutaties. Maar het probleem met testen of het kwantumtunneleffect daarbij betrokken is, is dat het, in tegenstelling tot andere bekende oorzaken van mutatie zoals chemische mutagenen of straling, niet gewoon aan- of uitgezet kan worden. Het is dan ook niet makkelijk om de mate van mutatie met en zonder tunneleffect te meten om te kijken of er verschil is.

Maar misschien is er een andere manier om een kwantummechanische oorzaak van mutatie aan het licht te brengen, die teruggaat op het verschil tussen klassieke informatie en kwantuminformatie. Klassieke informatie kan telkens weer gelezen en herlezen worden zonder dat de boodschap verandert, terwijl kwantumsystemen door meting altijd verstoord worden. Dus als het enzym DNA-polymerase een DNA-base scant om de positie van coderende protonen te bepalen, voert het een kwantummeting uit, die in principe niet verschilt van de manier waarop een natuurkundige in het laboratorium de positie van een proton meet. Bij beide processen is de meting nooit onbetekenend: volgens de kwantummechanica verandert elke meting (ongeacht of die nu wordt verricht door het enzym DNA-polymerase in een cel of door een geigerteller in een laboratorium) onvermijdelijk de toestand van het gemeten deeltje. Als de toestand van dat deeltje correspondeert met een letter van de genetische code, dan zou je verwachten dat metingen, met name herhaalde metingen, die code zouden veranderen en mogelijk een mutatie zouden veroorzaken. Zijn daar aanwijzingen voor?

Hoewel ons hele genoom tijdens de DNA-replicatie gekopieerd wordt, vinden de meeste *aflezingen* van onze genen niet plaats tijdens de DNA-replicatie, maar tijdens de processen waarbij genetische informatie wordt gebruikt om de synthese van eiwitten aan te sturen. Het eerste van deze twee processen, dat bekendstaat als *transcriptie*, gaat gepaard met het kopiëren van in het DNA gecodeerde informatie naar het RNA, een chemische verwant van DNA. Het RNA gaat dan naar het systeem voor eiwitsynthese om eiwitten aan te maken: dit is het tweede proces, dat bekendstaat als *translatie*. Om deze processen te onderscheiden van het kopiëren van genetische informatie tijdens de DNA-replicatie zullen wij spreken van het 'aflezen' van DNA.

Een belangrijk aspect van dit proces is dat sommige genen veel vaker worden afgelezen dan andere. Als het aflezen van de DNA-code tijdens de transcriptie een kwantummeting is, dan zou je verwachten dat de vaker afgelezen genen meer verstoringen zouden ondervinden als gevolg van die metingen, en daardoor een verhoogde mate van mutatie zouden vertonen. Dat is inderdaad wat men in sommige studies zegt te hebben gevonden. Zo hebben Abhijit Datta en Sue Jinks-Robertson, van de Emory University in Atlanta in de VS, één enkel gen in gistcellen zo gemanipuleerd dat het ofwel slechts een paar keer werd afgelezen om kleine hoeveelheden eiwit in de cel aan te maken ofwel vele malen om heel veel eiwit aan te maken. Zij ontdekten dat de mate van mutatie in het gen dertigmaal hoger was wanneer het vaker werd afgelezen.[6] Bij een soortgelijk onderzoek in de cellen van een muis werd hetzelfde effect gevonden,[7] en bij een recent onderzoek met menselijke genen kwam men tot de conclusie dat de genen die het meest worden afgelezen over het algemeen de meeste mutaties vertonen.[8] Dit is in elk geval consistent met het effect van een kwantummeting, maar het *bewijst* uiteraard niet dat de kwantummechanica er ook een rol in speelt. Het aflezen van het DNA gaat gepaard met biochemische reacties die op vele manieren de moleculaire structuur van genen kunnen verstoren of aantasten, waardoor mutaties ontstaan, zonder dat we onze toevlucht hoeven te nemen tot de kwantummechanica.

Om te toetsen of de kwantummechanica een rol speelt in een biologisch proces hebben we harde bewijzen nodig of moet het proces zonder kwantummechanica onmogelijk te verklaren zijn. In feite kwam het door zo'n soort raadsel dat wij tweeën voor het eerst geïnteresseerd raakten in de rol die de kwantummechanica in de biologie zou kunnen spelen.

Maken genen een kwantumsprong?

In september 1988 werd er in *Nature* een artikel over bacteriële genetica gepubliceerd, geschreven door John Cairns, een zeer vooraanstaande geneticus die werkzaam was aan de Harvard School of Public Health in Boston.[9] Het artikel leek in strijd te zijn met het grondbeginsel van de neodarwinistische evolutieleer: het principe dat mutaties, de bron van genetische variatie, zich willekeurig voordoen en dat natuurlijke selectie richting geeft aan de evolutie – het 'survival of the fittest'-idee.

Cairns, een aan Oxford opgeleide Engelse arts en wetenschapper, werkte in Australië en Oeganda voordat hij in 1961 een sabbatical nam aan het wereldberoemde Cold Spring Harbor Laboratory in de staat New York. Van 1963 tot 1968 was hij directeur van het laboratorium, dat een broedplaats was voor de opkomende wetenschap moleculaire biologie, met name in de jaren zestig en zeventig, toen daar onder anderen de wetenschappers Salvador Luria, Max Delbrück en James Watson werkzaam waren. Cairns had Watson al vele jaren eerder leren kennen, toen de tamelijk slonzige toekomstige Nobelprijswinnaar een onsamenhangende presentatie hield op een bijeenkomst in Oxford, waarvan Cairns niet erg onder de indruk was. Zijn algehele indruk van een van de grootheden van de wetenschap was: 'Ik dacht dat hij volkomen getikt was.'[10]

In Cold Spring Harbor verrichtte Cairns enkele baanbrekende onderzoeken. Zo toonde hij aan dat de DNA-replicatie op één punt begint en dan het hele chromosoom afwerkt, als een trein op een spoor. Hij moet uiteindelijk ook op James Watson gesteld zijn geraakt, want in 1966 redigeerden ze samen een boek over de rol van bacteriële virussen in de ontwikkeling van de moleculaire biologie. Toen, in de jaren negentig, vatte hij belangstelling op voor dat eerdere onderzoek waarmee Luria en Delbrück de Nobelprijs hadden gewonnen en dat leek te hebben bewezen dat mutaties zich willekeurig voordoen, voordat een organisme aan eventuele omgevingsfactoren wordt blootgesteld. Cairns vond dat er een zwakke plek zat in de opzet van het experiment waarmee Luria en Delbrück zouden hebben bewezen dat bacteriële mutanten met een weerstand tegen een virus reeds in de populatie voorhanden zouden zijn, en niet ontstonden in reactie op blootstelling aan het virus.

Cairns wees erop dat bacteriën die niet al bestand waren tegen het virus niet de tijd zouden hebben om nieuwe adaptieve mutaties te ontwikkelen in reactie op deze beproeving, omdat ze al heel snel door het virus gedood zouden worden. Hij bedacht een alternatieve opzet voor het experiment, die de bacteriën meer kans gaf om mutaties te ontwikkelen in reactie op omgevingsfactoren. Hij keek niet naar mutaties die zorgden voor weerstand tegen een dodelijk virus, maar hongerde de cellen uit en keek naar mutaties die de bacterie in staat zouden stellen om in leven te blijven en te groeien. Evenals Luria en Delbrück zag hij dat enkele mutanten erin slaagden om meteen te groeien, waaruit bleek dat die reeds voorhanden waren in de populatie. Maar anders dan bij het eerdere onderzoek zag hij ook dat er veel later veel meer mutanten verschenen, kennelijk *in reactie* op uithongering.

Het resultaat van Cairns was in strijd met het algemeen aanvaarde principe dat mutaties zich willekeurig voordeden. Zijn experimenten leken aan te tonen dat mutaties zich juist ook voordeden als ze nuttig waren. De bevindingen leken de in diskrediet geraakte lamarckiaanse evolutieleer te bevestigen – de uitgehongerde bacteriën kregen geen lange nek maar leken wel, net als de denkbeeldige antilope van Lamarck, op een omgevingsfactor te reageren met erfelijke veranderingen: mutaties.

Cairns' experimentele resultaten werden al snel bevestigd door diverse andere onderzoekers. Maar binnen de hedendaagse genetica en moleculaire biologie was er geen verklaring voor dit verschijnsel. Er was gewoon geen bekend mechanisme waardoor een bacterie, of welk organisme dan ook, kon *kiezen* welke genen er moesten muteren en wanneer. Het resultaat leek ook in te druisen tegen wat soms het grondbeginsel van de moleculaire biologie wordt genoemd: het principe dat informatie slechts één kant op gaat tijdens de transcriptie, namelijk van het DNA naar de eiwitten in de omgeving van een cel of organisme. Als de resultaten van Cairns klopten, moesten cellen ook de richting van de genetische informatiestroom kunnen omkeren, zodat de omgeving invloed kan hebben op wat er in het DNA geschreven staat.

De publicatie van het artikel van Cairns ontketende een storm aan controverse en een lawine van brieven aan *Nature* waarin men probeerde het resultaat te verklaren. Als bacterieel geneticus stond Johnjoe versteld van het verschijnsel 'adaptieve mutatie', zoals het bekend raakte. Destijds las hij een boek voor leken over kwantummechanica, het populaire *In Search of Schrödingers Cat* van John Gribbin.[11] Hij vroeg zich af of de kwantummechanica, met name dat raadselachtige proces van de kwantummeting, een verklaring kon bieden voor de bevindingen van Cairns. Johnjoe was ook op de hoogte van de uitspraak van Löwdin dat de genetische code in kwantumletters is geschreven. Dus als Löwdin gelijk had, zou het genoom van Cairns' bacteriën beschouwd moeten worden als een kwantumsysteem. En als dat waar was, dan zou uitzoeken of er een mutatie was een kwantummeting betekenen. Zou de verstorende invloed van kwantummetingen een verklaring kunnen bieden voor het vreemde resultaat van Cairns? Om deze mogelijkheid te onderzoeken moeten we de opzet van Cairns' experiment nader beschouwen.

Cairns had miljoenen cellen van de darmbacterie *E. coli** aangebracht op een gel in schaaltjes die alleen melksuiker als voedsel bevatten. Bij de *E. coli*-stam die Cairns gebruikte zat er een fout in een van de genen die het onmogelijk maakte om melksuiker te eten, zodat de bacteriën verhongerden. Maar ze gingen niet dood; ze bleven alleen maar rondhangen op het oppervlak van de gel. Wat Cairns verbaasde en wat de reden was van alle controverse, was dat ze niet lang zo bleven. Hij zag dat er na enkele dagen op het oppervlak van de gel kolonies verschenen. Elke kolonie bestond uit mutanten die afstamden van één enkele cel waarin een mutatie de fout had gecorrigeerd in de DNA-code van het defecte gen om melksuiker te eten. Er bleven enkele dagen lang gemuteerde kolonies verschijnen, tot de schaaltjes uiteindelijk opdroogden.

Volgens de gangbare evolutieleer, zoals geïllustreerd door het experiment van Luria en Delbrück, was het voor de evolutie van de *E. coli*-cel nodig dat zich reeds mutanten in de populatie bevonden. Reeds aan het begin van het experiment waren er daar inderdaad enkele van, maar veel te weinig om de vele melksuiker etende kolonies te verklaren die enkele dagen later verschenen, *nadat* de bacteriën waren uitgezet in de melksuikeromgeving (waar de mutaties de cellen een adaptief voordeel konden opleveren – vandaar de term 'adaptieve mutaties').

Cairns sloot voor de hand liggende verklaringen van het verschijnsel uit, zoals een over de hele linie hogere mutatiesnelheid. Hij toonde tevens aan dat adaptieve mutaties zich alleen voordeden in omgevingen waar de mutatie een voordeel opleverde. Toch waren zijn resultaten niet verklaarbaar met behulp van de klassieke moleculaire biologie: mutaties zouden zich in hetzelfde tempo moeten voordoen ongeacht of er wel of geen melksuiker aanwezig was. Maar als, zoals Löwdin betoogde, genen in wezen kwantuminformatiesystemen zijn, zou de aanwezigheid van melksuiker een kwantummeting kunnen betekenen, omdat daaruit zou blijken of het DNA van de cel al dan niet gemuteerd was: een gebeurtenis op het kwantumniveau die afhing van de posities van enkele proto-

* *Eschirichia coli.*

nen. Zou kwantummeting de verklaring kunnen zijn voor het verschil in mutatiesnelheid dat Cairns had waargenomen?

Johnjoe besloot zijn ideeën voor te leggen aan de vakgroep natuurkunde aan de Universiteit van Surrey. Jim zat in het publiek en was sceptisch maar wel geïntrigeerd. We besloten te gaan samenwerken om te kijken of er iets in het kwantumidee zat en kwamen uiteindelijk met een 'vaag'* model dat volgens ons adaptieve mutaties zou kunnen verklaren. Dit publiceerden we in 1999 in het tijdschrift *Biosystems*.[12]

Het model gaat uit van de premisse dat protonen zich kwantummechanisch kunnen gedragen, en dat die in het DNA van de uitgehongerde *E. coli*-cellen af en toe naar hun tautomere (mutagene) positie tunnelen en even makkelijk terug kunnen tunnelen naar hun oorspronkelijke posities. Kwantummechanisch moet het systeem beschouwd worden alsof het verkeert in een superpositie van beide toestanden, getunneld en niet-getunneld, waarbij het proton wordt beschreven door een golffunctie die over beide locaties is gespreid maar die asymmetrisch is. Dat wil zeggen dat de kans veel groter is dat het proton in de niet-gemuteerde positie zal worden aangetroffen. Er is geen experimenteel meetinstrument of apparatuur om te registreren waar het proton zich bevindt. Het meetproces dat wij in hoofdstuk 4 hebben besproken wordt uitgevoerd door de omgeving. Dat gebeurt voortdurend: het aflezen van het DNA door het systeem voor de eiwitsynthese dwingt het proton bijvoorbeeld om 'te besluiten' aan welke kant van de binding het zich bevindt – ofwel in de normale positie (geen groei) ofwel in de tautomere positie (groei); en meestal zal het in de normale positie worden aangetroffen.

Laten we ons Cairns' schaaltje met *E. coli*-cellen voorstellen als een doos met munten, waarbij elke munt staat voor het proton in de belangrijkste nucleotidebase in het gen om melksuiker te consumeren.** Dit proton kan in twee toestanden verkeren: 'kop' staat voor de normale, niet-tautomere positie; 'munt' voor de zeldzame tautomere positie. Aan het begin zijn alle munten in de positie 'kop', wat overeenkomt met het

* Hiermee bedoelen we dat het model geen exact wiskundig kader had.

** In werkelijkheid zal het basenpaar door meer dan één waterstofbrug bijeen worden gehouden, maar de redenering gaat even goed op als we het beeld tot slechts één brug versimpelen.

begin van het experiment waarbij het proton zich in de niet-tautomere positie bevond. Maar kwantummechanisch verkeert het proton altijd in een superpositie van de normale en de tautomere positie, zodat onze denkbeeldige kwantummunten eveneens in een kop-en-muntsuperpositie zullen verkeren, waarbij het merendeel van de waarschijnlijkheidsgolf een voorkeur heeft voor de normale koptoestand. Maar de positie van het proton zal uiteindelijk worden gemeten door zijn omgeving binnen in de cel en daardoor zal het gedwongen worden om te *kiezen* waar het zich bevindt. Dit kunnen wij ons voorstellen als een soort moleculair kop-of-muntspel, met een veel grotere kans dat je kop zult gooien. Het DNA kan af en toe gekopieerd worden* maar elke nieuwe streng zal alleen de genetische informatie coderen die er is, en dus bijna altijd de code bevatten voor het defecte enzym – zodat de cel blijft verhongeren.

Maar vergeet niet dat de munt voor een kwantumdeeltje staat, een proton in de DNA-streng. Dus zelfs na meting is het vrij om weer terug te keren naar de kwantumwereld om de oorspronkelijke kwantumsuperpositie te herstellen. Dus nadat ons muntje is gegooid en op kop is uitgekomen, zal het nog een keer geworpen worden, en nog een keer. Uiteindelijk zal het een keer op munt uitkomen. In die toestand kan het DNA weer gekopieerd worden, en dan zal het actieve enzym worden aangemaakt. Zonder melksuiker zal dit niets uitmaken, omdat het gen dan nutteloos is. De cel zal dan blijven verhongeren.

Maar als er wel melksuiker is, zal de situatie heel anders zijn, want door het gecorrigeerde gen dat door de cel is aangemaakt zal de cel melksuiker gaan consumeren, groeien en zich vermenigvuldigen. Een terugkeer naar de kwantumsuperpositie zal niet meer mogelijk zijn. Als gemuteerde cel zal het systeem onomkeerbaar in de klassieke wereld zijn vastgelegd. We kunnen ons dit voorstellen – maar alleen als er melksuiker is – alsof we de zeldzame muntjes die op munt uitkomen vervolgens in een andere doos doen, met het opschrift 'mutanten'. De resterende muntjes in de oorspronkelijke doos (de *E. coli*-cellen) zullen nog steeds worden opgegooid en telkens als het munt wordt, zullen we het muntje eruit halen en in de doos met mutanten stoppen. Geleidelijk zal

*Uitgehongerde en gestreste cellen kunnen blijven proberen om hun DNA te kopiëren, maar de replicatie zal waarschijnlijk worden afgebroken vanwege de beperkte beschikbare middelen, zodat er alleen korte stukjes worden aangemaakt die met enkele genen corresponderen.

die tweede doos steeds meer muntjes gaan bevatten. Terugvertaald naar het experiment zullen er steeds meer mutanten verschijnen die zich met melksuiker kunnen voeden, net zoals Cairns had ontdekt.

In 1999 hebben wij ons model gepubliceerd, maar het leverde niet veel bekeerlingen op. Onverschrokken schreef Johnjoe vervolgens het boek *Quantum Evolution*,[13] waarin hij stelde dat de kwantummechanica een meer algemene rol speelde in de biologie en de evolutie. Maar vergeet niet, dit was voordat het tunneleffect van protonen bij enzymen algemeen werd aanvaard en de kwantumcoherentie bij de fotosynthese werd ontdekt, zodat wetenschappers terecht sceptisch waren over het idee dat vreemde kwantumverschijnselen kwamen kijken bij mutatie, en eerlijk gezegd hebben we een aantal problemen omzeild.[14] Bovendien werd het verschijnsel van adaptieve mutaties een warboel. Er werd ontdekt dat de uitgehongerde *E. coli* in het experiment van Cairn zich net in leven konden houden met de sporen van voedingsstoffen afkomstig van dode en stervende cellen en dat ze zich af en toe repliceerden en zelfs DNA uitwisselden. Men kwam met conventionele verklaringen voor adaptieve mutaties, waarbij beweerd werd dat een combinatie van diverse processen verantwoordelijk was voor de verhoogde mate van mutatie: een algemene toename in de mate van mutatie van alle genen; celdood en het vrijkomen van het gemuteerde DNA van de dode cellen; en ten slotte selectieve opname en versterking van het gemuteerde melksuikergen door de overlevende cellen die het in hun genoom wisten te integreren.[15]

Of deze 'conventionele' uitleg adaptieve mutaties volledig kan verklaren is nog steeds niet duidelijk. Vijfentwintig jaar sinds het verschijnen van Cairns' oorspronkelijke artikel is het verschijnsel nog altijd een raadsel, zoals blijkt uit het feit dat er nog steeds artikelen verschijnen waarin onderzoek wordt gedaan naar het achterliggende mechanisme,[16] niet alleen bij *E. coli* maar ook bij diverse andere microben. Bij de huidige stand van zaken sluiten wij de mogelijkheid niet uit dat het kwantumtunneleffect een rol speelt bij adaptieve mutaties, maar op dit moment kunnen we niet zeggen dat het de enige verklaring is.

Omdat het niet echt nodig lijkt om de kwantummechanica te betrekken bij adaptieve mutaties, hebben wij onlangs besloten om een stapje terug te doen en de meer fundamentele vraag te onderzoeken of het kwantumtunneleffect überhaupt betrokken is bij mutatie. Zoals je je zult herinneren was Löwdin de eerste die op theoretische gronden betoogde dat het kwantumtunneleffect een rol speelde bij mutatie. Sindsdien is dit gestaafd door diverse theoretische studies,[17] en tevens door experimenteel onderzoek naar wat 'model-basenparen' worden genoemd. Dit zijn chemische stoffen die zo zijn ontworpen dat ze dezelfde koppelingseigenschappen hebben als de basen in DNA, maar zich beter lenen voor experimenten. Maar tot dusver heeft nog niemand bewezen dat tunnelende protonen de oorzaak zijn van mutatie. Het probleem is dat dit effect moet concurreren met diverse andere oorzaken van mutaties en mechanismen om mutaties te herstellen, waardoor het des te moeilijker is om de rol ervan uit te vogelen, als het die al heeft.

Om deze kwestie te onderzoeken heeft Johnjoe ideeën ontleend aan de experimenten met enzymen die in hoofdstuk 3 zijn beschreven, waar, zoals je je misschien herinnert, na de ontdekking van 'kinetische isotoopeffecten' kon worden afgeleid dat tunnelende protonen een rol speelden. Als het kwantumtunneleffect een rol speelde bij het versnellen van een enzymatische reactie, zou de vervanging van een waterstofkern (één enkel proton) door een deuteriumkern (die bestaat uit een proton en een neutron) de reactie moeten vertragen omdat een kwantumtunneleffect heel gevoelig zal zijn voor de massaverdubbeling van het deeltje dat probeert te tunnelen. Op dit moment probeert Johnjoe een soortgelijke benadering van mutatie, waarbij hij onderzoekt of de mate van mutatie anders is in gedeutereerd water, D_2O, in plaats van H_2O. Ten tijde van het schrijven van dit boek lijkt het alsof de mutatiesnelheid inderdaad wordt veranderd door deze substitutie. Maar er moet veel meer werk worden verricht om er zeker van te zijn dat het effect inderdaad kan worden toegeschreven aan kwantumtunnelen, omdat het vervangen van waterstof door deuterium van invloed zou kunnen zijn op vele andere moleculaire processen zonder dat men een beroep hoeft te doen op een kwantummechanische verklaring.

Jim heeft zich geconcentreerd op de vraag of het tunnelen van protonen in de dubbele helix van het DNA op theoretische gronden aannemelijk is. Als een theoretisch natuurkundige een complex probleem zoals dit te lijf gaat, probeert hij of zij een vereenvoudigd model te maken dat wiskundig hanteerbaar is maar niettemin de eigenschappen behoudt die men het belangrijkst acht voor het systeem of proces. De verfijning en de complexiteit van zulke modellen kunnen vervolgens worden vergroot door meer details toe te voegen en zo de werkelijkheid steeds meer te benaderen.

Het model dat in dit geval is gekozen als het uitgangspunt voor een wiskundige analyse, kan worden voorgesteld als een bal (die voor het proton staat) die op zijn plek wordt gehouden door twee aan muren bevestigde veren (figuur 7.4), eentje aan elke kant, die de bal in tegengestelde richtingen trekken. De bal hangt doorgaans daar waar de trekkracht van beide veren even groot is. Dus als de ene veer iets stijver is (iets minder ver uitrekt) dan de andere, zal de bal zich dichter bij de muur bevinden waaraan de stijvere veer vastzit. Maar die veer zou nog steeds wat 'speling' moeten hebben, zodat het ook mogelijk is dat de bal tot rust komt in een minder stabiele positie dichter bij de andere muur. Dat komt dus overeen met wat in de kwantumfysica een *dubbele potentiaalenergieput* wordt genoemd en laat zich vertalen naar de situatie van een

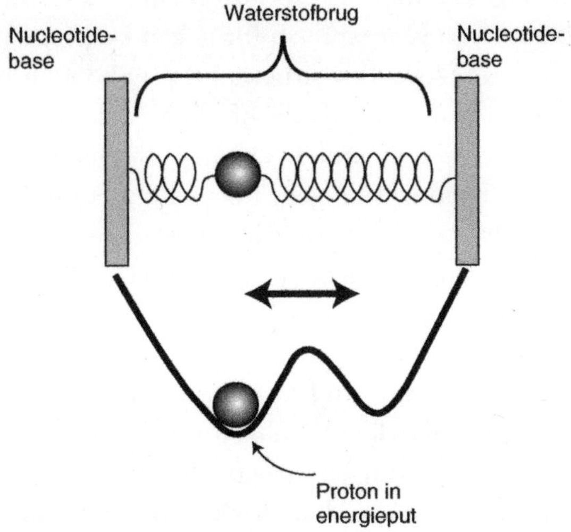

Figuur 7.4 Het proton van een waterstofbrug die twee basen in het DNA verbindt kan worden beschouwd als een bal die aan twee veren hangt, zodat het heen en weer kan slingeren. Het heeft twee mogelijke stabiele posities, die hier worden weergegeven als een dubbele energieput. De linkerput (die correspondeert met de niet-gemuteerde positie) is iets dieper dan de rechterput (de tautomere positie), en daarom bevindt het proton zich bij voorkeur aan de linkerkant.

coderend proton in de DNA-streng, waarbij de linkerput in het schema correspondeert met de normale positie van het proton, terwijl de rechterput correspondeert met de zeldzamere tautomere positie. Hoewel het proton zich meestal in de linkerput zal bevinden, kan het klassiek bezien af en toe naar de andere (tautomere) kant toe worden gestoten, als er van buitenaf voldoende kracht op wordt uitgeoefend. De kwantummechanica maakt echter mogelijk dat het proton spontaan door de barrière heen tunnelt, ook als het onvoldoende energie heeft om eroverheen te klauteren: het heeft niet per se een zetje nodig. En dat niet alleen, maar het proton kan daarom verkeren in een superpositie van twee posities (aan de linker- en de rechterkant) tegelijk.

Natuurlijk is het veel makkelijker om een tekening te maken dan een wiskundig model uit te schrijven dat de situatie exact beschrijft. Om het gedrag van het proton te begrijpen moeten we de vorm van deze potentiaalputten (het energie-oppervlak) heel nauwkeurig in kaart brengen. Dat is geen kleinigheid, want de precieze vorm ervan hangt van vele variabelen af. Niet alleen is de waterstofbrug een karakteristiek onderdeel van een grote en complexe DNA-structuur die uit honderden of zelfs duizenden atomen bestaat, maar ook is hij ondergedompeld in een warm bad van watermoleculen en andere chemische stoffen in de cel. Bovendien kunnen moleculaire trillingen, thermale schommelingen, chemische reacties die door enzymen op gang zijn gebracht en zelfs ultraviolette of ioniserende straling allemaal van invloed zijn op het gedrag van de DNA-binding, zowel direct als indirect.

Om deze mate van complexiteit het hoofd te bieden maakt Adam Godbeer, een promovendus van Jim, gebruik van een krachtige wiskundige benadering om modellen te maken van complexe structuren, die op dit moment populair is bij natuur- en scheikundigen, de zogenaamde *dichtheidsfunctionaaltheorie* (DFT). Hiermee kan de vorm van de energieputten van de waterstofbrug heel nauwkeurig berekend worden door zoveel van de structurele informatie over het DNA-basenpaar te verwerken als voor een computer maar mogelijk is. DFT dient om alle krachten in kaart te brengen die op de waterstofbrug inwerken door het trekken, duwen en trillen van alle omringende atomen van het DNA. Deze informatie wordt vervolgens gebruikt om het tunnelen van het proton als functie van de tijd te berekenen. Een extra complicatie is dat de aanwezigheid van de omringende atomen in het DNA (en die van watermoleculen) voortdurend van invloed is op het gedrag van het proton en zijn vermogen om van de ene DNA-streng naar de andere te tunnelen. Maar deze constante invloed van de externe omgeving kan ook worden meegenomen in de kwantummechanische vergelijkingen. Ten tijde van dit schrijven, in de zomer van 2014, suggereren Adams voorlopige resultaten dat het weliswaar mogelijk is dat de twee protonen naar hun tautomere posities in de A-T-binding tunnelen, maar dat de kans heel klein is dat ze dat ook doen. Wat de theoretische modellen echter wel aantonen, is dat de activiteit van de omgeving binnen de cel het tunnelproces eerder bevordert dan belemmert.

Wat kunnen we dan op dit moment zeggen met betrekking tot de relatie tussen de kwantummechanica en genetica? We hebben gezien dat die essentieel is voor de erfelijkheid, omdat onze genetische code in kwantumdeeltjes is geschreven. Precies zoals Erwin Schrödinger voorspelde, bevatten kwantumgenen de code voor de klassieke structuur en functie van elke microbe, elke plant en elk dier dat ooit heeft geleefd. Dat is geen toeval, en het is evenmin irrelevant, omdat het niet zou lukken om genen exact te kopiëren als het klassieke structuren zouden zijn: ze zijn te klein om niet de invloed van de kwantumregels te ondergaan. Dankzij het kwantumkarakter van genen hebben die microben in het Vostokmeer hun genoom duizenden jaren lang nauwkeurig kunnen repliceren, zoals ook onze voorouders daardoor hun genen konden kopieren in de loop van vele miljoenen en zelfs miljarden jaren, helemaal teruggaand tot de dageraad van het leven op onze planeet. Als het niet miljarden jaren geleden het kunstje had ‘ontdekt’ om informatie te coderen in de kwantumwereld, had het leven op aarde zich niet kunnen ontwikkelen. Aan de andere kant valt nog te bezien of de kwantummechanica een even belangrijke en directe rol speelt bij genetische mutaties – die *onnauwkeurigheid* bij het kopiëren van de genetische informatie, die zo belangrijk is voor de evolutie.

Hoofdstuk 8

Het bewustzijn

Jean-Marie Chauvet werd geboren in de oude Franse regio de Auvergne, maar op zijn vijfde verhuisden zijn ouders naar de ten zuidoosten daarvan gelegen Ardèche, een spectaculair gebied vol rivieren, kloven en ravijnen, uitgesleten in de onderliggende kalksteenrotsen. Op zijn twaalfde ontdekte Jean-Marie zijn passie voor het leven toen hij en zijn vrienden een helm uit de Tweede Wereldoorlog opzetten en de vele grotten en spelonken gingen verkennen in de wanden van het dal van de Ardèche langs de grote, gelijknamige rivier. Op zijn veertiende ging hij van school, om eerst te gaan werken als steenhouwer en vervolgens als bediende in een ijzerwinkel en ten slotte als conciërge. Maar geïnspireerd door *Ma vie souterraine* van Norbert Casteret wijdde Jean-Marie elk vrij weekend aan de passie uit zijn jeugd. Hij droomde ervan dat hij ooit de eerste zou zijn die de verborgen schat zou vinden van een onverkende grot. 'Wat ons leidt is altijd het onbekende. Als je door een grot loopt, weet je niet wat je zult vinden. Zal hij om de volgende hoek ophouden, of zul je iets geweldigs ontdekken?'[1]

Zaterdag 18 december 1994 was het begin van een weekend zoals alle andere voor de 42-jarige Jean-Marie en twee bevriende grotonderzoekers, Eliette Brunel-Deschamps en Christian Hillaire. Ze zwierven door de kloven op zoek naar iets nieuws. Toen het aan het eind van de middag kouder werd, besloten ze een gebied te gaan verkennen dat bekendstaat als het Cirque d'Estre, dat het flauwe licht van de middagzon opvangt en waar het doorgaans dus warmer is dan in de beschutte delen van het dal op een winterse dag. De vrienden volgden een oud muilezelpad dat langs de rotswand kronkelde tussen terrassen met groenblijvende steeneiken, buksbomen en hei, met een geweldig uitzicht op de Pont d'Arc bij de ingang van de kloof. Terwijl ze zich moeizaam een weg baanden door het kreupelhout, zagen ze een kleine holte in de rots, ongeveer 25 centimeter breed en 75 hoog.

Dat was – letterlijk – een open uitnodiging voor de grotonderzoekers en ze hadden zich al spoedig door de spleet gewrongen om in een kleine kamer te komen, die slechts een paar meter lang was en amper hoog genoeg om rechtop te kunnen staan. Bijna meteen bespeurden ze een lichte tocht van achter uit de kamer. Eenieder die grotten heeft verkend, zal bekend zijn met het gevoel van een warme tocht die uit een onzichtbare tunnel komt. De meeste verborgen doorgangen zijn welbekend bij ervaren grotonderzoekers; ze bevinden zich alleen buiten het bereik van de smalle lichtbundel van je zaklantaarn. Maar de tocht in dat kleine kamertje kwam niet vanuit een bekende grot. Om beurten verwijderde het drietal stenen aan het eind van de kamer tot ze de bron van de trek hadden gevonden: een kanaal dat steil naar beneden ging. De kleinste van het team, Eliette, was de eerste die aan een touw in het donker afdaalde naar een smalle schacht waar ze doorheen kon kruipen. Die liep eerst naar beneden en toen weer naar boven, waarna hij breder werd. Op dat punt kon Eliette zien dat ze tien meter boven een lemen vloer hing. Haar zaklantaarn was te zwak om de wand aan de andere kant te verlichten, maar de echo van haar kreet vanuit het duister vertelde haar dat ze zich in een grote grot bevond.

Het team was dolenthousiast, maar moest terug naar hun busje dat onder aan de rotswand geparkeerd stond om een ladder te gaan halen. Toen ze weer terug waren bij de holte, rolden ze de ladder uit en was Jean-Marie de eerste die de bodem van de grot bereikte. Het was inderdaad een grote grot, minstens 50 meter hoog en even breed, met geweldige zuilen van wit calciet. De drie baanden zich een weg door de duisternis en liepen in elkaars voetstappen om de ongerepte omgeving niet te verstoren, langs grote stromen en paarlemoeren schermen, tussen de her en der liggende botten en tanden door van allang dode beren in oude winterslaapholen die in de lemen grond waren uitgegraven.

Toen het licht van Eliettes zaklantaarn op de wand viel, slaakte ze een kreet. Ze zag een lijn rode oker die de omtrek aangaf van een kleine mammoet. Sprakeloos liepen de vrienden langs de wand. Ze lieten om beurten hun licht schijnen op de gedaantes van een beer, een leeuw, roofvogels, nog een mammoet, zelfs een neushoorn en gesjabloneerde handen van mensen. 'Ik dacht de hele tijd: We dromen. We dromen,' herinnert Chauvet zich.[2]

De zaklantaarns van het team raakten op en dus gingen ze terug, kropen ze de grot uit en reden ze terug naar het huis van Eliette om te eten met haar dochter, Carole. Maar door hun emotionele, verwarde en onsamenhangende beschrijvingen van wat ze hadden gezien raakte Carole zo geïntrigeerd dat ze erop stond dat ze meteen met haar terug zouden gaan naar de grot zodat ze de wonderen met eigen ogen kon zien.

Het was na donker tegen de tijd dat ze weer de grot in gingen, ditmaal met sterkere zaklantaarns die de volle pracht van hun ontdekking aan het licht brachten: diverse spelonken versierd met een geweldige verzameling dieren: paarden, eenden, een uil, leeuwen, hyena's, panters, hertenbokken, mammoeten, steenbokken en bizons. De meeste waren getekend in een verbazingwekkend naturalistische stijl, met schaduwen in houtskool en koppen die elkaar overlapten om perspectief te suggereren, en in werkelijk emotioneel aansprekende poses. Er was een rij kalme paarden, een schattige babymammoet met grote ronde voeten en een paar aanvallende neushoorns. Er is zelfs een neushoorn met zeven poten die een rennende beweging suggereren.

De Chauvetgrot, zoals hij nu wordt genoemd, wordt vandaag de dag erkend als een van 's werelds belangrijkste vindplaatsen van prehistorische kunst. Omdat hij zo ongerept is – zelfs de voetafdrukken van de oude bewoners zijn nog intact – is hij afgesloten en staat hij onder bewaking om de kwetsbare omgeving te beschermen. De toegang wordt strikt gecontroleerd: slechts enkele gelukkigen mogen de grot betreden, onder wie de Duitse cineast Werner Herzog. De meesten onder ons zullen nooit van dichterbij dan in zijn film *Cave of Forgotten Dreams* (2011) kunnen genieten van de opmerkelijke rotskunst van de jagers uit de ijstijd, die dertigduizend jaar geleden beschutting zochten in die grotten.

In dit hoofdstuk willen wij niet de rotsafbeeldingen zelf onderzoeken, maar het raadsel dat waarschijnlijk het best wordt weergegeven in de titel van Herzogs film. Voor iedereen die naar de schilderingen kijkt is duidelijk dat het niet slechts vlakke weergaven zijn van wat met het oog was gezien. Ze zijn vaak geabstraheerd om een indruk van beweging te wekken, en er wordt gebruikgemaakt van bobbels en knikken in de rotsen om de afgebeelde dieren een bijna driedimensionale aanwezigheid te verlenen.* De kunstenaar(s) heb(ben) niet slechts objecten geschilderd;

*Dat Herzogs film in 3D is, vinden veel filmfanaten stuitend.

ze schilderden ook ideeën. De mensen die pigmenten over de wanden van de Chauvetgrot uitsmeerden waren, net als wij, mensen die nadachten over de wereld en hun plaats daarin: ze hadden een bewustzijn.

Maar wat is bewustzijn? Dat is, uiteraard, een vraag die filosofen, kunstenaars, neurobiologen en de rest van ons waarschijnlijk al dwarszit sinds we beschikken over een bewustzijn. In dit hoofdstuk zullen we een laffe keuze maken en ons niet wagen aan een strikte definitie. Het is zelfs onze opvatting dat het streven om dit bijzonder vreemde biologische verschijnsel te begrijpen, dikwijls wordt belemmerd door een hardnekkige neiging om het te definiëren. Biologen kunnen het niet eens worden over één definitie van het leven zelf, maar dat heeft hen er niet van weerhouden om diverse aspecten van de cel, de dubbele helix, de fotosynthese, enzymen en tal van andere levende verschijnselen te ontraadselen, waaronder vele die op kwantummechanica berusten, die inmiddels heel wat hebben onthuld over wat het betekent om te leven.

In eerdere hoofdstukken hebben we veel daarvan onder de loep genomen, maar alle onthullingen die we tot dusver hebben behandeld, van kompassen tot enzymatische activiteit, van de fotosynthese tot de erfelijkheid en de reuk, kunnen besproken worden in termen van de conventionele natuur- en scheikunde. De kwantummechanica mag dan misschien vreemd zijn, met name vanuit het perspectief van veel biologen, ze past niettemin volledig binnen het kader van de moderne wetenschap. En hoewel we misschien niet op basis van intuïtie of gezond verstand begrijpen wat er bij het tweespletenexperiment of kwantumverstrengeling gebeurt, is de wiskunde die ten grondslag ligt aan de kwantummechanica exact, logisch en ongelooflijk effectief.

Maar bij het bewustzijn ligt het anders. Niemand weet waar of hoe het in het soort wetenschap past dat wij tot dusver hebben besproken. Er zijn geen (respectabele) wiskundige vergelijkingen waarin de term 'bewustzijn' voorkomt, en in tegenstelling tot katalyse of energietransport heeft men het, tot nu toe, nog niet ontdekt in iets wat niet leeft. Is het een eigenschap van *alles* wat leeft? De meeste mensen denken van niet, en achten bewustzijn alleen voorbehouden aan dieren met een zenuwstelsel, maar aan de andere kant, hoeveel zenuwstelsel is er dan voor nodig? Verlangen clownvissen naar hun thuisrif? Voelde ons Europese roodborstje werkelijk een aandrang om voor de winter naar het zuiden te vliegen, of stond het op de automatische piloot? De meeste huisdierenbezitters zijn ervan overtuigd dat hun honden, katten of paarden een bewustzijn hebben. Heeft bewustzijn zich dan ontwikkeld bij zoogdieren? Veel mensen die grasparkieten of kanaries houden zijn er even zeker van dat hun huisdieren hun eigen persoonlijkheid hebben en beschikken over evenveel bewustzijn als de katten die achter ze aan zitten. Maar als bewustzijn zowel bij vogels als bij zoogdieren voorkomt, is die eigenschap waarschijnlijk geërfd van een gemeenschappelijke bewuste voorouder, misschien iets als de *amniota*, primitieve reptielen die meer dan driehonderd miljoen jaar geleden leefden en die de voorouders van vogels, zoogdieren en dinosaurussen lijken te zijn. Was de tyrannosaurus rex uit hoofdstuk 3 bang toen hij in het triassische moeras wegzonk? En hebben primitievere dieren werkelijk geen bewustzijn? Veel aquariumeigenaars zouden volhouden dat vissen of weekdieren zoals octopussen een bewustzijn hebben. Maar om een voorouder voor al deze groepen te vinden, zouden we terug moeten gaan tot de opkomst van de gewervelde dieren in het Cambrium, vijfhonderd miljoen jaar geleden. Is het bewustzijn werkelijk zo oud?

Uiteraard weten we dat niet. Zelfs huisdierenbezitters vermoeden het alleen maar, omdat niemand werkelijk weet hoe je mensachtig gedrag van echt bewustzijn moet onderscheiden. Zonder te weten wat bewustzijn *is*, kunnen we ook nooit weten welke levensvormen die eigenschap bezitten. Wij zullen het derhalve naïef benaderen, zulke discussies en debatten mijden en een strikt agnostisch standpunt innemen met betrekking tot de vragen wanneer het bewustzijn op onze planeet is ontstaan en welke van onze verwanten in het dierenrijk zich van zichzelf bewust zijn. Als uitgangspunt nemen wij de overtuiging dat de voorouders die de ideeën van beren, bizons en wilde paarden op de wanden van oude grotten schilderden zeker een bewustzijn hadden. Dus ergens tussen de pakweg drie miljard jaar geleden, toen microben uit de oermodder tevoorschijn kwamen, en de tienduizenden jaren geleden, toen die vroegmoderne mensen grotten versierden met impressies van dieren, is er een bizarre eigenschap ontstaan in de materie waaruit levende organismen zijn opgebouwd: een deel van die materie kreeg een bewustzijn. Het doel van dit hoofdstuk is stilstaan bij de vraag hoe en waarom dit gebeurde, en de controversiële suggestie te toetsen dat de kwantummechanica een belangrijke rol speelde bij het ontstaan van het bewustzijn.

Ten eerste zullen we, in de geest van de vorige hoofdstukken, de vraag stellen of we werkelijk een beroep moeten doen op de kwantummechanica om dit bijzonder mysterieuze menselijke verschijnsel te verklaren. Het is in elk geval niet genoeg om, zoals sommigen hebben gedaan, het standpunt in te nemen dat het bewustzijn mysterieus en ongrijpbaar is, dat de kwantummechanica ook mysterieus en ongrijpbaar is, en dat die twee dus ongetwijfeld op de een of andere manier aan elkaar gerelateerd zijn.

Hoe vreemd is bewustzijn?

Misschien is het vreemdste wat wij over het universum weten wel dat wij er veel over weten, dankzij een buitengewone eigenschap van dat deel ervan dat zich onder onze eigen schedel bevindt: onze bewuste geest. Dat is inderdaad heel bizar, niet in het minst omdat de werking van die vreemde eigenschap helemaal niet duidelijk is.

Filosofen benaderen deze vraag dikwijls door zich het bestaan van zombies voor te stellen. Die functioneren net als mensen die hun dagelijkse dingen doen, wanden van grotten beschilderen en boeken lezen, maar zonder enig innerlijk leven. In hun hoofd gebeurt niets, behalve dat er mechanische berekeningen worden gemaakt waarmee de bewegingen van hun ledematen of de motorische aspecten van hun taal worden aangestuurd. Zombies zijn robots zonder besef of bewustzijn. Dat zulke wezens althans theoretisch mogelijk zijn, blijkt uit het feit dat wij veel van onze activiteiten – lopen, fietsen, de bewegingen die nodig zijn om een vertrouwd muziekinstrument te kunnen bespelen, enzovoort – onbewust kunnen uitvoeren (in die zin dat onze bewuste geest afwezig kan zijn terwijl we die dingen doen), zonder besef van of herinnering aan de ervaringen. Het is heel tegenstrijdig dat het ten koste gaat van onze prestaties bij deze activiteiten als we erover nadenken. Voor deze handelingen lijkt het bewustzijn dus niet noodzakelijk te zijn. Maar als er activiteiten zijn die zonder bewustzijn kunnen worden uitgevoerd, is het dan mogelijk om je een wezen voor te stellen dat alle menselijke activiteiten op de automatische piloot uitvoert?

Het schijnt van niet: er zijn activiteiten waarvoor een bewustzijn onontbeerlijk lijkt, zoals de natuurlijke taal. Het is heel moeilijk om je voor te stellen dat je een gesprek zou voeren op de automatische piloot. Het zou voor ons ook moeilijk zijn om werktuiglijk een lastige berekening te maken of een kruiswoordpuzzel op te lossen. We kunnen ons niet voorstellen dat onze kunstenares uit de ijstijd (we zullen er maar arbitrair van uitgaan dat de schilder een vrouw was) een bizon had kunnen schilderen met slechts de wand van de grot voor zich, als ze geen bewustzijn zou hebben gehad. Wat al deze noodzakelijkerwijs bewuste activiteiten met elkaar gemeen hebben is dat ze worden aangestuurd door *ideeën*, zoals het idee achter een woord, de oplossing van een probleem, of een begrip van wat een bizon is en wat die betekent voor mensen in het stenen tijdperk. De wanden van de Chauvetgrot bevatten veel aanwijzingen voor deze bijzonder krachtige toepassing van ideeën: het combineren van meerdere ideeën tot een nieuw concept. Zo is een naar beneden hangend stuk rots beschilderd met een onmogelijke figuur met het bovenlijf van een bizon maar het onderlijf van een mens. Zoiets had alleen in een bewuste geest kunnen ontstaan.

Wat zijn ideeën dan? Voor onze doeleinden zullen wij ervan uitgaan dat ideeën complexe informatie zijn die in onze bewuste geest wordt verbonden tot concepten die voor ons een betekenis hebben, zoals wat het ook was dat de half-mens-half-bizon-afbeelding op de wand van de Chauvetgrot betekende voor de bewoners van die grotten. Deze compressie van complexe informatie tot één idee werd opgemerkt in een aan Mozart toegeschreven beschrijving van hoe een hele compositie 'in mijn hoofd voltooid kan zijn ook al is ze nog zo lang. Dan vat mijn geest haar in één oogopslag [...] Ze komt niet achter elkaar, met de diverse onderdelen tot in detail uitgewerkt, zoals later het geval zal zijn, maar in haar geheel.'[3] De bewuste geest kan complexe informatie 'met diverse onderdelen' 'vatten' zodat de betekenis ervan 'in zijn geheel' begrepen kan worden. Dankzij het bewustzijn kan onze geest aangestuurd worden door ideeën en concepten en niet alleen maar door prikkels.

Maar hoe wordt complexe neuronen-informatie in onze bewuste geest aan elkaar gelijmd tot een idee? Deze vraag is een aspect van het eerste raadsel van het bewustzijn – wat dikwijls het *bindingsprobleem* wordt genoemd: hoe wordt informatie die in verschillende gebieden van onze hersenen in code is opgeslagen in onze bewuste geest bijeengebracht? Het bindingsprobleem wordt doorgaans geformuleerd in termen van visuele of andere sensorische informatie. Denk bijvoorbeeld nog eens aan Luca Turins suggestieve beschrijving van de geur van het parfum Nombre Noir van Shiseido: 'Het hield het midden tussen een roos en een viooltje, maar zonder een spoor van hun zoetheid, en het was afgezet tegen een sobere, bijna gewijde achtergrond van cedertonen als van een sigarendoos.' Turin ervoer het parfum niet als een mengeling van verschillende geuren waarvan elk verbonden was met het vuren van zijn eigen olfactorische receptor, maar als één aroma met allerlei onderliggende suggestieve tonen en nuances, inclusief de betekenis van een massa bijkomende concepten, zoals sigaren en viooltjes. Zo worden ook beelden en geluiden niet ervaren als verschillende verhoudingen van kleuren, structuren of tonen, maar als geïntegreerde zintuiglijke indrukken, herinneringen aan en concepten van, bijvoorbeeld, een bizon, een boom of een mens.

Stel je voor hoe onze paleolithische kunstenares een echte bizon waarnam. Haar ogen, neus, oren en, als het een dode bizon betrof, tastreceptoren in haar vingers zullen een grote hoeveelheid aan zintuiglijke indrukken van het dier hebben opgedaan. In hoofdstuk 6 hebben wij besproken hoe geuren door onze reukzin worden opgevangen. Misschien herinner je je nog dat geurmoleculen die zich aan elke reukzenuw binden ervoor zorgen dat die zenuw gaat 'vuren', hetgeen betekent dat hij een elektrisch signaal door zijn axon stuurt (de bezemsteel van de cel). Dit signaal gaat van het reukepitheel achter in de neus naar de bulbus olfactorius in de hersenen. We zullen later in dit hoofdstuk op de details van dit vuurproces ingaan, want het is fundamenteel voor ons begrip van de potentiële rol van de kwantummechanica in ons denken. Maar vooralsnog zullen we ons voorstellen hoe een rundergeurmolecuul vanaf onze bizon de neus van onze kunstenares in drijft, waar het zich bindt aan een olfactorische receptor en de aanzet geeft tot een keten van elektrische pulsen die door het draadachtige axon gaat. Het heeft wat weg van een telegraafsignaal, maar bestaat alleen uit puntjes, ofwel bliepjes, en niet uit de puntjes en streepjes van telegrammen.

Toen het signaal van de reukzenuw eenmaal in de hersenen van onze kunstenares was gearriveerd, zorgde het ervoor dat er nog veel meer verderop gelegen zenuwen gingen vuren (nog meer bliepjes): het bliepsignaal sprong van de ene zenuw op de andere over, waarbij elke zenuw fungeerde als een soort telegrafisch relaisstation. Andere zintuiglijke informatie werd eveneens geregistreerd als bliepsignalen. Zo stuurden de staafjes en kegeltjes in het netvlies van haar ogen (gespecialiseerde neuronen, net als de reukzenuwen, die echter op licht reageren en niet op geuren) via de oogzenuwen ketens van bliepsignalen naar de visuele cortex van haar hersenen. En net zoals haar reukzenuwen reageerden op afzonderlijke geurmoleculen, zo reageerden de oogzenuwen ook alleen op bepaalde aspecten van een beeld dat op haar netvlies viel: sommige op een bepaalde kleur of grijstint, andere op contouren, lijnen of bepaalde texturen. De gehoorzenuwen in haar binnenoor reageerden op soortgelijke wijze op geluid, misschien de zware ademhaling van de door speren getroffen bizon; en de aanraking van zijn vacht zal door *mechanosensitieve* zenuwen in haar huid zijn geregistreerd. Zo zal een bepaalde gehoorzenuw alleen gevuurd hebben als het geluid dat de oren van de kunstenares opvingen een bepaalde frequentie bevatte. Maar wat de bron ook was, het signaal dat elke zenuw genereerde zal precies hetzelfde zijn geweest: een keten van elektrische bliepjes, die van het zintuig naar gespecialiseerde gebieden in de hersenen van de kunstenares ging. Het zou kunnen dat die signalen daar misschien de aanzet gaven tot een motorische output; maar het kan ook dat ze het netwerk van verbindingen tussen de zenuwen wijzigden zodat er een herinnering aan haar waarnemingen werd vastgelegd volgens het principe dat zenuwen die samen vuren ook samengebundeld worden. Dat lijkt de grondslag te zijn van de manier waarop herinneringen in de hersenen gecodeerd worden.

Waar het om gaat, is dat er nergens in de pakweg honderd miljard zenuwen van de menselijke hersenen een plaats is waar deze enorme sensorische stroom bliepjes bijeenkomt om de bewuste indruk van een bizon te vormen. In feite is ‘stroom’ niet echt het goede woord, want dat suggereert een bundeling van informatie in die stroom, en dat gebeurt niet in zenuwen. Daarom moet je de informatie die door de hersenen gaat niet zien als een stroom maar als aaneenschakelingen van *bliep bliep bliep bliep*...-signalen die door de afzonderlijke draden van een enorme wirwar van talloze draden of neuronen gaan. Bij het bindingsprobleem gaat het erom te begrijpen hoe al die in afzonderlijke bliepjes gecodeerde informatie leidt tot een geïntegreerde voorstelling van een bizon.

En er moeten niet alleen zintuiglijke indrukken gebundeld worden. Het ruwe materiaal van het bewustzijn bestaat niet uit contextloze sensorische informatie, maar ook uit betekenisvolle concepten – in het geval van een bizon: harig, stinkend, eng of indrukwekkend – die allemaal massa's complexe informatie bevatten. Al deze extra bagage moet gekoppeld worden aan de zintuiglijke indrukken om het beeld van een harige, stinkende, enge maar indrukwekkende bizon op te leveren, dat onze paleolithische kunstenares zich later voor de geest kon halen toen ze hem weergaf in vegen pigment.[4]

Als we het bindingsprobleem formuleren in termen van ideeën, in plaats van in termen van zintuiglijke indrukken, raken we aan het hart van het probleem van het bewustzijn, en dat is de vraag hoe ideeën de geest en daarmee het lichaam in beweging kunnen brengen. We zullen nooit weten wat er precies in de kunstenares uit het stenen tijdperk omging dat haar ertoe aanzette om pigment op de stenen wand aan te brengen. Misschien dacht ze dat de vorm van een bizon een donkere hoek zou opvrolijken; of misschien meende ze dat haar stamgenoten meer succes zouden hebben bij de jacht als ze het dier zou schilderen. We kunnen er echter zeker van zijn dat de kunstenares *gedacht* heeft dat de beslissing om de bizon te schilderen haar *idee* was.

Maar hoe kan een idee materie in beweging brengen? Als we ze beschouwen als een volkomen klassiek object, ontvangen de hersenen informatie via de input van een van de zintuigen, om die informatie vervolgens te verwerken en een output te generen, net als een computer (of een zombie). Maar waar bevindt zich onze bewuste geest, in die wirwar van bliepjes, dat gevoel van een 'zelf' waarvan wij overtuigd zijn dat het de drijvende kracht is achter ons vrijwillig handelen? Wat is dit *bewustzijn* precies en hoe werkt het samen met de stof van onze hersenen om onze armen, benen of tong te laten bewegen? Bewustzijn of vrije wil speelt gewoon geen rol in een volkomen deterministisch universum, want de wetten van de causaliteit laten slechts toe dat het een na het ander gebeurt in een eindeloze keten van oorzaak en gevolg, die van de Chauvetgrot helemaal teruggaat tot de big bang.

Jean-Marie beschrijft het moment dat hij en zijn vrienden de schilderingen in de Chauvetgrot voor het eerst zagen: 'We hadden het beklemmende gevoel dat we niet alleen waren; we werden omgeven door de zielen en geesten van de kunstenaars. We meenden hun aanwezigheid te kunnen voelen.'[5] Het was duidelijk dat de grotonderzoekers een intense, sommigen zouden zeggen spirituele, ervaring hadden. Als we in de schedel van een mens of dier kijken, zien we alleen vochtig, sponzig weefsel dat niet erg verschilt van het materiaal van een bizonsteak. Maar als dat materiaal in onze eigen schedel zit, is het bewust en heeft het ervaringen, concepten die in de stoffelijke wereld domweg niet lijken te bestaan. En op de een of andere manier zorgt het ongrijpbare materiaal van bewustzijn en ervaring – onze bewuste geest – ervoor dat onze hersenen ons handelen *veroorzaken* (althans die indruk hebben wij). Dit vraagstuk, dat het *lichaam-geestprobleem* of *het lastige probleem* van het bewustzijn wordt genoemd, is ongetwijfeld het grootste raadsel van ons hele bestaan.

In dit hoofdstuk zullen wij de vraag stellen of de kwantummechanica antwoorden kan geven op dit grote raadsel. We moeten van meet af aan benadrukken dat alle ideeën omtrent het bewustzijn een uiterst speculatief karakter hebben, omdat niemand werkelijk weet wat het is of hoe het werkt. Er is niet eens een consensus onder neurowetenschappers, psychologen, computerwetenschappers en onderzoekers op het gebied van kunstmatige intelligentie over de bewering dat er meer nodig is dan de enorme complexiteit van de menselijke hersenen om het bewustzijn te verklaren.

Ons beginpunt zullen de hersenprocessen zijn die ertoe leidden dat de schim van een bizon werd afgebeeld op de kalkstenen wand van een grot in de Ardèche.

De mechanica van het denken

In deze paragraaf zullen we de causaliteitsketen terugtraceren vanaf de verschijning van een lijn rode oker op de wand van een grot dertigduizend jaar geleden. Op deze zoektocht zullen we teruggaan van de zich aanspannende spieren in de arm van de schilderes die die lijn trok, naar de zenuwimpulsen die ervoor zorgden dat die spieren zich aanspanden, en nog verder terug naar de hersenimpulsen die die zenuwen deden vuren en de sensorische input die deze hele keten in gang zette. We willen proberen vast te stellen waar het bewustzijn zijn inbreng heeft in deze causaliteitsketen, zodat we vervolgens kunnen kijken of de kwantummechanica daarbij misschien een rol zou kunnen spelen.

We kunnen ons voorstellen hoe, al die duizenden jaren geleden, een onbekende – misschien in een berenvel gehulde – kunstenares in de duisternis van de Chauvetgrot tuurde. De schilderingen werden diep in de grot ontdekt, dus ze moet behalve potten met pigment ook een fakkel hebben meegenomen naar de grot. Op een gegeven moment stak de schilderes een vinger in de pot met gekleurde houtskool en smeerde ze het pigment op de wand om de contouren van een bizon te tekenen.

De beweging van de arm van de schilderes over de wand van de grot werd in gang gezet door een spiereiwit dat myosine heet. Myosine is een enzym dat chemische energie gebruikt om te zorgen dat de spieren zich aanspannen, in wezen door de vezels over elkaar heen te laten glijden. De bijzonderheden van dit contractiemechanisme zijn in de loop van enkele decennia uitgewerkt door honderden onderzoekers, en het is een frappant voorbeeld van biologische techniek en dynamica op nanoschaal. Maar in dit hoofdstuk zullen we de fascinerende moleculaire details van de spiercontractie overslaan en ons in plaats daarvan concentreren op de vraag hoe iets wat zo ongrijpbaar is als een idee ervoor kan zorgen dat spieren zich samentrekken (figuur 8.1).

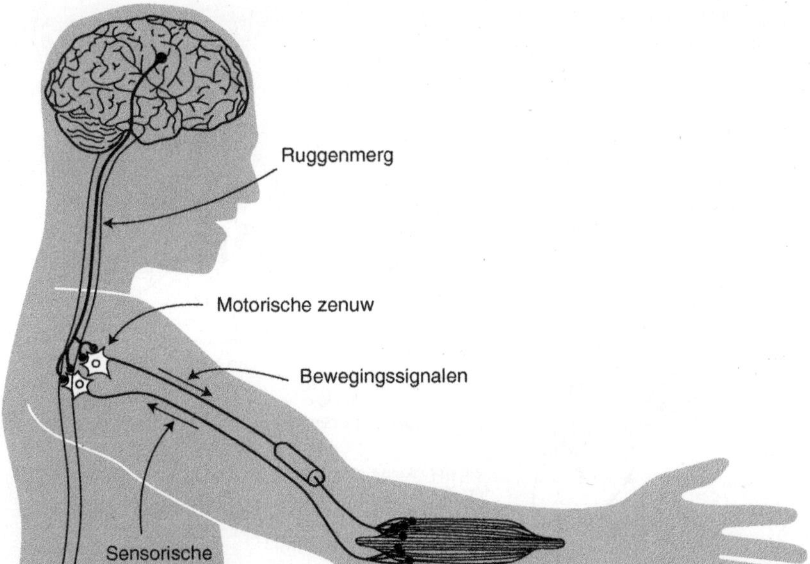

Figuur 8.1 Zenuwsignalen gaan van de hersenen via het ruggenmerg naar de spiervezels en zorgen ervoor dat de spier zich aanspant, waardoor een ledemaat, bijvoorbeeld een arm, bewogen wordt.

Het voorlopige antwoord is dat het dat niet doet. De samentrekking van de spiervezels van de kunstenares werd feitelijk getriggerd toen positief geladen natriumionen haar spiercellen in stroomden. Spiercellen hebben meer natriumionen aan de buitenkant van hun membraan dan aan de binnenkant, waardoor er een spanningsverschil rond hun membraan ontstaat, een beetje zoals bij een piepklein batterijtje. De membranen hebben echter poriën, de zogenaamde *ionkanalen*, waardoor, als ze opengaan, de natriumionen de cel in kunnen stromen. Dit elektrische ontladingsproces gaf de aanzet tot het aanspannen van de spieren van de kunstenares.

De volgende stap terug in onze causaliteitsketen is de vraag: waardoor floepten die ionkanalen van de spieren op dat moment open? Het antwoord is dat *motorische zenuwen* die aan de spieren vastzitten chemische stoffen afgaven, zogenaamde neurotransmitters, waardoor de ionkanalen opengingen. Maar wat zorgde er dan voor dat die motorische

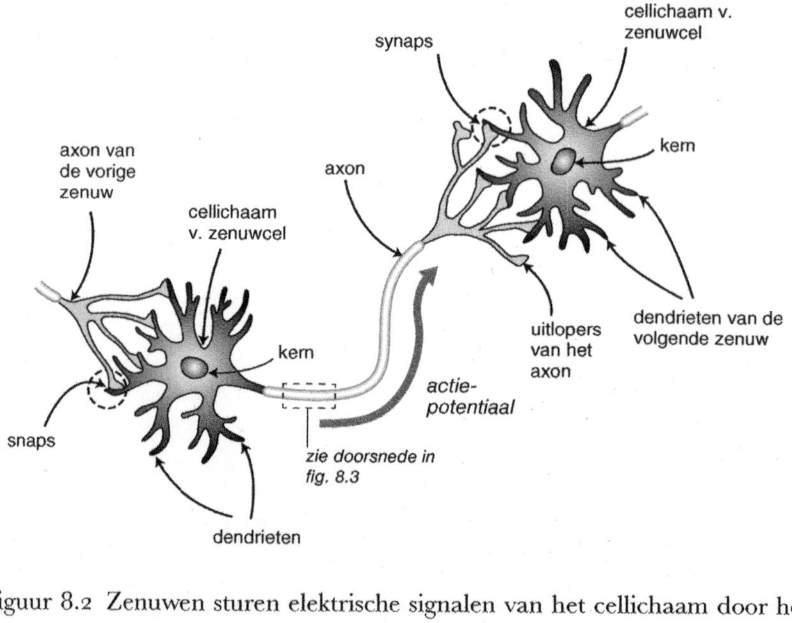

Figuur 8.2 Zenuwen sturen elektrische signalen van het cellichaam door het axon naar het zenuwuiteinde, waar ze zorgen voor de afgifte van een neurotransmitter aan een synaps. De neurotransmitter wordt opgepikt door het cellichaam van een verderop gelegen zenuw, waardoor die gaat vuren en zo het signaal van de ene zenuw aan de andere doorgeeft.

zenuwen hun pakketje neurotransmitters afgaven? Telkens als er een elektrisch signaal, de *actiepotentiaal*, arriveert geven de zenuwuiteinden neurotransmitters af (figuur 8.2). Actiepotentialen zijn essentieel voor alle zenuwsignalen, dus moeten we beter kijken hoe die werken.

Een zenuwcel, of *neuron*, is een bijzonder lange, dunne cel die op een slang lijkt en die uit drie delen bestaat. De kop is een spinachtig *cellichaam*. Hier vindt de actiepotentiaal zijn oorsprong. Die gaat vervolgens door het dunne middendeel, het *axon* (de 'bezemsteel' van een reukzenuw), naar het uiteinde van de zenuw, waar de neurotransmittermoleculen worden afgegeven (figuur 8.2). Hoewel het axon een beetje op een dunne elektriciteitsdraad lijkt, is de manier waarop het zijn elektrische signaal doorgeeft veel ingenieuzer dan het proces waarbij een simpele stroom negatief geladen elektronen door een koperen draad gaat.

Net als een spiercel heeft de zenuwcel normaliter aan de buitenkant meer positief geladen natriumionen dan aan de binnenkant. Dit verschil wordt in stand gehouden door pompen die positief geladen natriumionen door het celmembraan uit de zenuwcel persen. De overvloed aan positieve ladingen buiten de cel zorgt voor een spanningsverschil tussen beide zijden van het celmembraan van ongeveer één honderdste volt. Hoewel dit niet veel lijkt, moet je niet vergeten dat celmembranen slechts enkele nanometers dik zijn. Het is dus een spanning over een heel korte afstand. Dat betekent dat we rond het celmembraan een elektrische gradiënt hebben (wat spanning feitelijk is) van miljoenen volt per meter. Dat staat gelijk aan een verbijsterende tienduizend volt over een afstand van één centimeter en is bijna genoeg om een vonk te teweeg te brengen, zoals de bougie in je auto moet doen om de benzine te laten ontbranden.

De kop van de motorische zenuw van de kunstenares, het cellichaam, is verbonden met een groep structuren die *synapsen* worden genoemd (figuur 8.2), die een soort lasdozen tussen twee zenuwen zijn. Hogerop gelegen zenuwen geven neurotransmittermoleculen af bij deze verbindingen, net zoals er neurotransmitters worden afgegeven bij de verbinding tussen zenuw en spier. Dit triggert het opengaan van ionkanalen in het membraan rond het cellichaam van de zenuw, waardoor positief geladen ionen naar binnen stromen en de spanning sterk daalt.

De meeste spanningsdalingen als gevolg van het opengaan van een handjevol ionkanalen in een synaps zullen weinig tot geen effect hebben. Maar als er veel neurotransmittermoleculen arriveren, zullen er veel ionkanalen openfloepen. Door de daaropvolgende stroom positieve ionen die de cel in gaat, daalt de spanning tussen beide zijden van het membraan tot onder een kritieke drempelwaarde van ongeveer -0,04 volt. Als dat gebeurt, gaat er een andere set neurale ionkanalen meespelen. Dit zijn *spanningsafhankelijke ionkanalen*, wat betekent dat ze niet gevoelig zijn voor neurotransmitters, maar wel voor het spanningsverschil op het membraan. In het voorbeeld van onze kunstenares ging er, toen de spanning in het cellichaam onder de kritieke drempel kwam, een heel stel van deze kanalen open zodat er meer ionen de zenuw in konden stromen en hun deel van het membraan nog meer kortsluiting kreeg. De daaropvolgende spanningsdaling leidde ertoe dat er meer spanningsafhankelijke ionkanalen openfloepten, zodat er nog meer ionen de cel in stroomden en er een nog groter deel van het membraan werd kortgeslo-

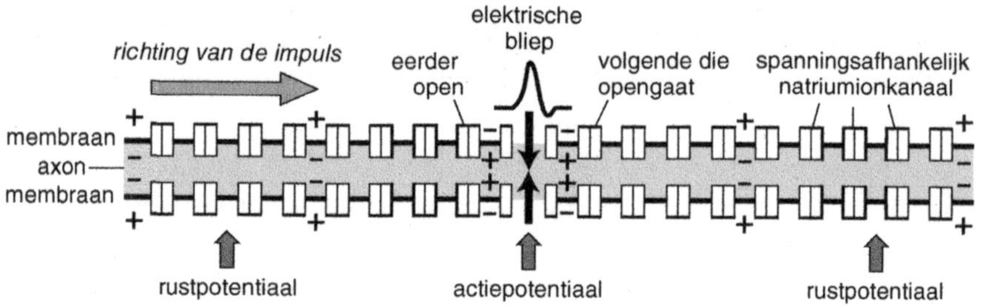

Figuur 8.3 Actiepotentialen gaan door de axonen van zenuwen met behulp van spanningsafhankelijke ionkanalen in het membraan van de zenuwcellen. In zijn rusttoestand heeft het membraan aan de buitenkant meer positieve ionen dan aan de binnenkant. Maar een spanningsverandering als gevolg van een actiepotentiaal vanuit een hoger gelegen zenuw zal de aanzet geven tot het opengaan van de ionkanalen en een golf positief geladen natriumionen – een actiepotentiaal – zal de cel in stromen en de spanning tussen beide zijden van het membraan tijdelijk doen dalen. Deze elektrische bliep zal de aanzet geven tot het opengaan van verderop gelegen ionkanalen in een soort kettingreactie, waarbij de elektrische impuls door de zenuw gaat tot hij het uiteinde bereikt, waar hij de aanzet geeft tot de afgifte van neurotransmittermoleculen. Als de actiepotentiaal voorbij is, zorgen ionpompen ervoor dat het membraan terugkeert naar zijn normale rusttoestand.

ten. De lange kabel van de zenuw, het axon, is bekleed met deze spanningsafhankelijke kanalen, dus toen de kortsluiting in het cellichaam eenmaal op gang kwam, gaf die de aanzet tot een soort domino-effect van kortsluitingen in het membraan – de actiepotentiaal – die snel door de zenuw ging tot hij het uiteinde bereikte (figuur 8.3). Daar stimuleerde hij de afgifte van neurotransmittermoleculen aan de *neuromusculaire overgang*, waardoor de armspier van onze kunstenares zich aanspande om de lijn van een bizon op de muur van de grot te tekenen (figuur 8.1).

Uit deze beschrijving kun je opmaken hoe groot het verschil is tussen zenuwsignalen en een elektrisch signaal dat door een draad gaat. Om te beginnen loopt de stroom, de verplaatsing van de ladingen, niet door de zenuwkabels in de richting van het signaal, maar staat hij loodrecht op de richting van de actiepotentiaal: van buiten naar binnen, door de ionkanalen in het celmembraan. Ook is het zo dat meteen nadat de actiepotentiaal in gang is gezet door het opengaan van de eerste ionkanalen, die kanalen weer dichtklappen en de ionpompen aan het werk gaan om de oorspronkelijke spanning op het membraan te herstellen. Je kunt het zenuwsignaal dus ook bezien als een golf van open- en dichtgaande iondeuren in het celmembraan, die van het cellichaam naar het uiteinde van de zenuw stroomt: een zich verplaatsende elektrische bliep.

Bij de meeste motorische zenuwen bevinden de lasdozen tussen de zenuwen zich in het ruggenmerg, waar ze neurotransmittersignalen ontvangen van honderden of zelfs duizenden hogerop gelegen zenuwen (figuur 8.1). Sommige hogerop gelegen zenuwen geven neurotransmitters in de lasdoos (de synaps) af die ionkanalen in het cellichaam openen om de kans te vergroten dat de motorische zenuw gaat vuren, terwijl andere geneigd zijn om ze te sluiten. Op die manier lijkt het cellichaam van elke zenuwcel te fungeren als de logische poort van een computer: het genereert een output – namelijk het al dan niet vuren – op basis van de input. Dus als de zenuw vergelijkbaar is met een logische poort, dan zou je de hersenen, die uit miljarden zenuwen bestaan, kunnen beschouwen als een soort computer; althans dat is de aanname van de meeste cognitieve neurowetenschappers die de zogenaamde *computertheorie van de geest* onderschrijven.

Maar we lopen te ver vooruit; we zijn nog niet bij de hersenen aangekomen. De motorische zenuw van onze kunstenares moet veel neurotransmitters in zijn synapsen hebben ontvangen, waardoor hij ging vuren. Die input was afkomstig van hogerop gelegen zenuwen, waarvan de meeste hun oorsprong hadden in haar hersenen. Als we de causaliteitsketen terug volgen, hadden de koppen van die zenuwen hun beslissingen om al dan niet te vuren genomen op basis van al hun input, en de input van die input, enzovoort, helemaal terug langs de causaliteitsketen tot we bij de zenuwen komen die hun inputsignalen ontvingen van de ogen, oren, neus en tastzin van de kunstenares, alsook haar geheugencentra die input hadden ontvangen van de zintuigen tijdens haar eerdere observaties van levende en dode bizons. Tussen de sensorische input en de motorische output bevindt zich het *neurale netwerk* van de hersenen, dat de bewerkingen heeft uitgevoerd die de beslissing dicteerden om al dan niet de precieze motorische output te generen die nodig was om de contouren van een bizon te tekenen.

We zijn er: dat is de hele keten van gebeurtenissen die leidden tot die spiercontractie die de arm van de kunstenares over de wand bewoog. Maar hebben we iets gemist? Wat wij tot nu toe hebben beschreven, is een volkomen mechanistische causaliteitsketen, van sensorische input tot motorische output, waarbij een deel van de informatie via de geheugencentra is gekanaliseerd. Dit is het soort mechanisme waarover Descartes het had toen hij de uitspraak deed (besproken in hoofdstuk 2) dat dieren niet meer zijn dan machines. Wij hebben alleen zijn hefbomen en katrollen vervangen door zenuwen, spieren en logische poorten.

Maar vergeet niet dat Descartes een rol reserveerde voor iets spiritueels, de ziel, als de uiteindelijke drijvende kracht achter het menselijk handelen. Waar bevindt de ziel zich in deze keten van input en output? Tot dusver hebben we alleen maar een zombiekunstenares beschreven. Waar ging haar bewustzijn, haar idee dat ze een betekenisvolle bizon op de wand van de grot moest tekenen, een rol spelen in de keten van gebeurtenissen tussen input en output? Dit blijft de grootste vraag van de hersenwetenschap.

Hoe de geest de materie in beweging zet

Op de een of andere manier onderschrijven waarschijnlijk de meeste mensen het concept *dualisme* – het geloof dat de geest, de ziel, het bewustzijn, iets anders is dan het lichaam. Maar in de twintigste eeuw is het dualisme uit de gratie geraakt in wetenschappelijke kringen, en de meest neurobiologen prefereren nu het idee van *monisme* – het geloof dat de geest en het lichaam een en hetzelfde zijn. Zo beweert de neurowetenschapper Marcel Kinsbourne: 'Bewustzijn is hoe het is om neurale circuits te hebben die in bepaalde interactieve functionele toestanden verkeren.'[6] Maar zoals we al hebben opgemerkt lijken de logische poorten van een computer erg op zenuwen, en daarom is het niet duidelijk waarom computers in een enorm netwerk, zoals het internet met zijn pakweg één miljard hosts (dat echter nog altijd klein is vergeleken met de honderd miljard neuronen in de hersenen), geen blijk geven van bewustzijn. Waarom zijn computers op basis van silicium zombies terwijl computers op basis van vlees bewust zijn? Is het domweg een kwestie van complexiteit en de enorme 'onderlinge verbondenheid' van onze hersencellen, die het internet nog niet kan evenaren,* of is het bewustzijn een heel ander soort informatica?

Er zijn uiteraard vele *verklaringen* voor het bewustzijn, die allemaal uiteengezet zijn in een hele hoop boeken over dit onderwerp. Maar binnen het kader van dit relaas zullen wij ons concentreren op de zeer omstreden, maar fascinerende, uitspraak die het meest relevant is voor ons thema: namelijk dat het bewustzijn een kwantummechanisch verschijnsel is. Het bekendste pleidooi voor deze stelling is dat van de wiskundige Roger Penrose uit Oxford, die in zijn boek *The Emperor's New Mind* (1989) beweerde dat de menselijke geest een kwantumcomputer is.

Misschien herinner je je nog het idee van kwantumcomputers uit hoofdstuk 4, waar wij verwezen naar dat artikel uit 2007 in de *New York Times*, waarin werd beweerd dat planten kwantumcomputers waren. Het MIT-team veranderde uiteindelijk van mening over het idee dat microben en de fotosynthesesystemen van planten een soort kwantumberekening zouden kunnen uitvoeren. Maar zou het kunnen dat hun

*De omvang van het internet is moeilijk te schatten, maar op dit moment is elke webpagina gemiddeld verbonden met nog geen honderd andere pagina's, terwijl neuronen synaptische verbindingen hebben met duizenden andere neuronen. Webpagina's hebben dus ongeveer een triljoen verbindingen met elkaar, terwijl dat er tussen de neuronen in de menselijke hersenen ongeveer honderdmaal zoveel zijn. Maar de omvang van het internet verdubbelt om de paar jaar, dus naar verwachting zal dat binnen tien jaar de complexiteit van de menselijke hersenen evenaren. Zal het internet dan bewust worden?

eigen bijzonder slimme hersenen ook in de kwantumwereld functioneren? Om op deze vraag in te gaan, moeten we eerst beter bekijken wat kwantumcomputers zijn en hoe ze werken.

Rekenen met qubits

Als we vandaag de dag aan een computer denken, bedoelen we daarmee elk elektronisch apparaat dat instructies kan uitvoeren om informatie te be- en verwerken door middel van een verzameling elektronische schakelingen die ofwel AAN ofwel UIT kunnen staan – doordat elk ervan een binair getal (*bit*) als een 1 of een 0 kan coderen. Een verzameling van zulke schakelingen kan geordend worden tot circuits die logische instructies uitvoeren, die gecombineerd en gebruikt kunnen worden voor rekenkundige bewerkingen zoals optellen en aftrekken of het openen en sluiten van de poorten die we bij zenuwen hebben beschreven. Het grote voordeel van deze elektronische *digitale computer* is dat hij veel sneller is dan elke handmatige manier om dezelfde soort taak uit te voeren, of het nu gaat om tellen op je vingers, hoofdrekenen of rekenen met pen en papier.

Maar hoewel elektronische computers bijzonder snel sommen kunnen maken, kunnen zelfs zij de complexiteit van de kwantumwereld niet bijhouden, met haar grote hoeveelheid elkaar overlappende waarschijnlijkheden. De Nobelprijswinnaar Richard Feynman bedacht een mogelijke oplossing voor dit probleem. Hij stelde voor om berekeningen in de kwantumwereld uit te voeren, met een kwantumcomputer.

Om te zien hoe een kwantumcomputer zou kunnen werken, is het goed om eerst de 'bit' van een klassieke computer voor te stellen als een soort bolvormig kompas waarvan de naald ofwel 1 (de noordpool) ofwel 0 (de zuidpool) aan kan wijzen en 180° kan draaien om tussen die twee toestanden te schakelen (figuur 8.4a). De centrale verwerkingseenheid (CPU) van een computer bestaat uit vele miljoenen van deze eenbitsschakelingen, dus het hele rekenproces kan worden voorgesteld als de toepassing van een complexe reeks schakelregels (algoritmes) die heel veel bolletjes 180° kunnen laten draaien.

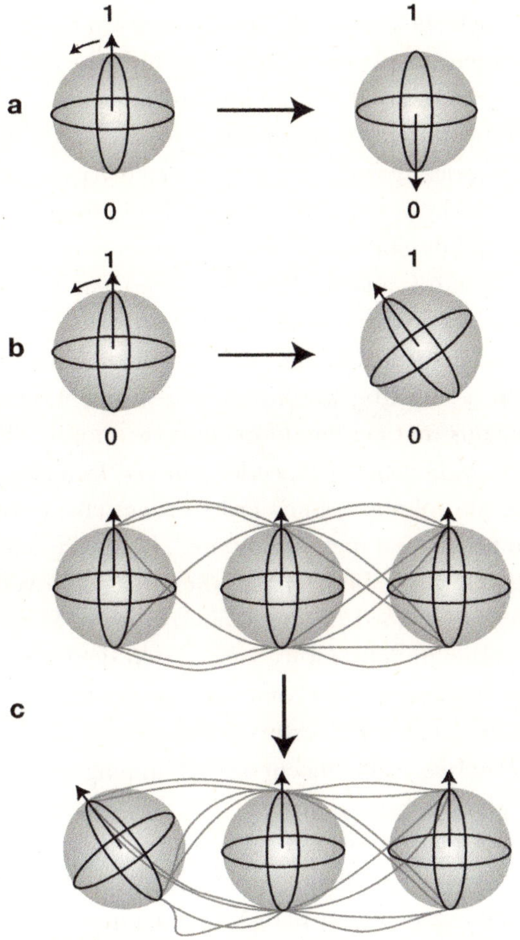

Figuur 8.4 (a) Een klassieke bit die van 1 naar 0 wordt omgezet wordt weergegeven als de rotatie over 180° van een klassieke bol. (b) Een qubit die wordt omgezet kan worden weergeven als de rotatie van een bol onder elke willekeurige hoek. Een coherente qubit kan echter ook in een superpositie van vele rotaties verkeren. (c) Drie coherente qubits waarvan de verstrengelde interacties worden weergegeven als denkbeeldige draden die het oppervlak van de bollen met elkaar verbinden. De spanning op deze draden na rotatie staat voor kwantumberekeningen.

Bij een kwantumcomputer heet het equivalent van de bit een *qubit*. Die lijkt op de klassieke bol,* maar de beweging ervan is niet beperkt tot een halve slag draaien. In plaats daarvan kan hij naar elke denkbare hoek in de ruimte roteren, en omdat hij kwantummechanisch is, kan hij ook in een kwantumcoherente superpositie vele kanten tegelijk op wijzen (figuur 8.4b). Door deze grotere flexibiliteit kan een qubit meer informatie coderen dan een klassieke bit. Maar het rekenvermogen neemt pas echt sterk toe als je qubits gaat combineren.

Terwijl de toestand van een klassieke bit niet van invloed is op zijn buren, kunnen qubits ook *verstrengeld* zijn. Je herinnert je misschien nog uit hoofdstuk 6 dat verstrengeling in de kwantumwereld een hogere vorm van coherentie is, waarbij kwantumdeeltjes hun individualiteit kwijtraken. Wat er dus met een ervan gebeurt, is onmiddellijk van invloed op alle andere. Vanuit het perspectief van een kwantumcomputer kan verstrengeling als volgt gevisualiseerd worden: elke qubit is door elastische draden verbonden met alle andere.** Laten wij ons nu voorstellen dat we slechts één van de bollen laten roteren. Zonder verstrengeling zal die rotatie niet van invloed zijn op naburige qubits. Maar als onze qubit verstrengeld is met andere qubits, veranderen door de rotatie de spanningen in alle draden die de diverse qubits met elkaar verbinden. Het rekenvermogen van al deze verstrengelingsdraden neemt *exponentieel* toe met het aantal qubits, wat betekent dat het buitengewoon snel toeneemt.

Om een indruk te geven van exponentiële groei: je hebt misschien weleens de fabel gehoord over de Chinese keizer die zo ingenomen was met de uitvinding van het schaakbord dat hij beloofde de uitvinder ervan te zullen belonen op een door hem gekozen wijze. De slimme uitvinder vroeg om slechts één rijstkorrel voor het eerste veld op het schaakbord, twee rijstkorrels voor het tweede, vier voor het derde enzovoort. Met elk veld werd het aantal korrels verdubbeld, tot en met het vierenzestigste veld. De keizer, die dit een heel bescheiden verzoek vond, stemde er gretig mee in en beval zijn dienaren om de rijst te halen. Maar toen de rijstkorrels uitgeteld werden, ontdekte hij al spoedig zijn vergissing. De eerste

*Voor de natuurkundig onderlegde lezer: wat wij hier beschrijven is een bloch-bol.

**In werkelijkheid staan de draden voor de wiskundige relatie tussen de fase en de amplitude van de verstrengelde qubits zoals weergegeven in de vergelijking van Schrödinger.

rij velden leverde slechts 128 korrels op (2 tot de macht 7 plus één, want het eerste veld heeft slechts één rijstkorrel) en zelfs aan het eind van de tweede rij velden hoefde hij slechts 32 768 rijstkorrels te laten halen, nog net geen kilo rijst. Maar toen de kilo's zich op de daaropvolgende velden begonnen te vermenigvuldigen, ontdekte de keizer tot zijn ontsteltenis dat hij tegen het eind van de derde rij meer dan tweehonderd ton rijst moest weggeven. Bij het bereiken van het eind van de vierde rij zou het keizerrijk zelfs failliet zijn gegaan! In feite zouden er aan het eind van het schaakbord 9 223 372 036 854 775 808 (2 tot de macht 63 plus één) rijstkorrels nodig zijn, oftewel 230 584 300 921 ton, wat ongeveer gelijkstaat aan alle wereldwijde rijstoogsten in de geschiedenis van de mensheid.

Het probleem was dat de keizer niet besefte dat je een exponentiële groei krijgt als je een aantal telkens weer verdubbelt – wat een andere manier is om te zeggen dat de toename van het ene aantal tot het volgende evenredig is met de omvang van het vorige. Exponentiële groei is explosieve groei, zoals de keizer tot zijn schade ondervond. En net zoals de rijstkorrels in de fabel exponentieel toenamen met het aantal velden op het schaakbord, zo neemt ook het vermogen van een kwantumcomputer exponentieel toe met het aantal qubits.

Dit is heel anders dan bij een klassieke computer, waarvan het vermogen slechts *lineair* toeneemt met het aantal bits. Als je bijvoorbeeld één bit toevoegt aan een achtbits klassieke computer, zal het vermogen daarvan met een achtste ervan toenemen; om het vermogen te verdubbelen, zal het aantal bits verdubbeld moeten worden. Maar als je slechts één qubit toevoegt aan een kwantumcomputer, zal het vermogen daarvan verdubbelen, met dezelfde exponentiële toename die de keizer met zijn rijstoogst aan de haal zag gaan. In feite zou een kwantumcomputer als je de coherentie en de verstrengeling bij slechts 300 qubits zou kunnen handhaven (dat zouden in potentie slechts 300 atomen kunnen zijn), bepaalde taken beter kunnen uitvoeren dan een klassieke computer zo groot als het hele universum!

Maar, en dit is een heel groot maar, wil de kwantumcomputer werken, dan moeten de qubits alleen interacties met elkaar aangaan om berekeningen uit te voeren (via hun onzichtbare verstrengelde 'draadjes'). Dit betekent dat ze volledig geïsoleerd moeten zijn van hun omgeving. Het probleem is dat de qubits door elke interactie met de buitenwereld verstrengeld raken met hun omgeving, wat wij kunnen voorstellen als het ontstaan van veel meer draden, die allemaal van verschillende kanten aan de qubits trekken, waarbij ze concurreren met de draden tussen de qubits en derhalve de berekening die ze uitvoeren verstoren. Feitelijk is dit decoherentie (figuur 8.5). Bij zelfs de minste of geringste interactie strooit de omgeving zo'n wirwar van verstrengelingsdraden over de qubits uit dat ze zich niet meer coherent gedragen ten opzichte van elkaar: hun kwantumdraden worden in feite doorgesneden en de qubits gaan zich als zelfstandige klassieke bits gedragen.

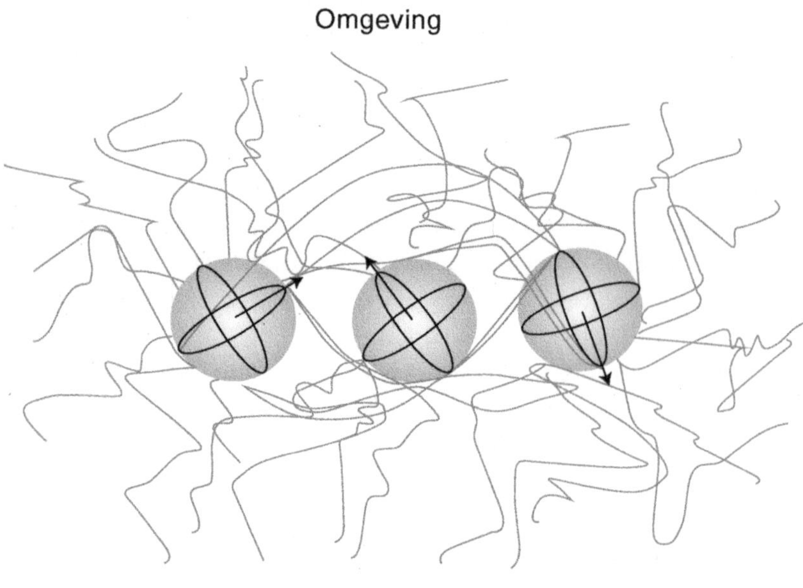

Figuur 8.5 Decoherentie in een kwantumcomputer kan men zich voorstellen als het gevolg van de verstrengeling van de qubits met een wirwar van omgevingsdraden. Die trekken de qubits alle kanten op, zodat ze niet meer reageren op de hun eigen onderlinge verstrengeling.

Kwantumfysici doen hun best om de coherentie bij de verstrengelde qubits te handhaven door te werken met zeer geraffineerde fysische systemen die zorgvuldig onder controle worden gehouden, door de qubits in een handjevol atomen te coderen, het systeem tot dicht bij het absolute nulpunt af te koelen en hun apparatuur grondig te isoleren om eventuele omgevingsinvloeden te weren. Met die aanpak hebben ze enkele mijlpalen bereikt. In 2001 slaagden wetenschappers van IBM en Stanford University erin om een zeven-qubits 'reageerbuiskwantumcomputer' te bouwen, die een ingenieuze code kon implementeren, het algoritme van Shor. Dit is genoemd naar de wiskundige Peter Shor, die het in 1994 specifiek ontwierp om het op een kwantumcomputer te laten draaien. Het algoritme van Shor codeert een heel efficiënte manier om getallen in factoren te ontbinden (te berekenen welke priemgetallen met elkaar vermenigvuldigd moeten worden om het vereiste getal op te leveren). Dit was een enorme doorbraak die over de hele wereld de wetenschappelijke krantenkoppen haalde. Maar bij de eerste test van deze prille kwantumcomputer slaagde die er alleen in om de priemfactoren van het getal 15 te berekenen. (Dat zijn 3 en 5, voor het geval je het je afvroeg.)

De laatste tien jaar hebben enkelen van de beste wis- en natuurkundigen en ingenieurs hard gewerkt om grotere en betere kwantumcomputers te bouwen. Zij hebben daarmee echter bescheiden vooruitgang geboekt. In 2011 slaagden Chinese onderzoekers erin om het getal 143 (13 x 11) in factoren te ontbinden, met behulp van niet meer dan vier qubits. Evenals de Amerikaanse groep gebruikten de Chinezen een systeem waarbij de qubits waren gecodeerd in de spintoestanden van atomen. Het Canadese bedrijf D-Wave heeft gepionierd met een heel andere benadering, waarbij qubits gecodeerd zijn in de verplaatsing van elektronen in elektronische circuits. In 2007 beweerde het bedrijf dat het de eerste commerciële 16 bitskwantumcomputer had ontwikkeld, die een Sudokupuzzel kon oplossen alsmede andere patroonherkennings- en optimalisatieproblemen. In 2013 kocht een samenwerkingsverband van NASA, Google en de Universities Space Research Association (USRA) voor een onbekend bedrag een door D-Wave gebouwde 512 qubitsmachine, die NASA wil gebruiken om te zoeken naar exoplaneten, oftewel planeten die niet om onze zon maar om verre sterren draaien. Maar de problemen die het bedrijf tot dusver heeft opgelost bevinden zich allemaal binnen het bereik van conventionele computers, en veel deskundigen op het gebied van kwantumcomputers zijn er nog steeds niet van overtuigd dat de technologie van D-Wave werkelijk een kwantumcomputer is – en als ze dat wel is, of het ontwerp ervan hem ooit sneller kan maken dan een klassieke computer.

Welke benadering de onderzoekers ook kiezen bij hun experimenten, de uitdagingen waarvoor ze gesteld worden om van de huidige eerste generatie kwantumcomputers iets bruikbaars te maken blijven immens. Het grootste probleem is schaalvergroting. Als het aantal qubits wordt verdubbeld, wordt het rekenvermogen ook verdubbeld, maar daarmee wordt het ook twee keer zo moeilijk om de kwantumverstrengeling en de coherentie te handhaven. De atomen moeten kouder zijn, de isolatie beter, en het wordt steeds moeilijker om de coherentie voor meer dan enkele triljoensten van een seconde te handhaven. Ruim voordat de computer zelfs maar de eenvoudigste berekening kan voltooien, treedt de decoherentie in. (Hoewel ten tijde van dit schrijven het record voor kwantumcoherentie van nucleaire spintoestanden bij kamertemperatuur een indrukwekkende 39 minuten is.[7]) Maar zoals we gezien hebben, slagen levende cellen er wél in om decoherentie lang genoeg uit te stellen om excitons in fotosynthetische complexen te transporteren, of elektronen en protonen in enzymen. Zou de decoherentie op soortgelijke wijze in het centrale zenuwstelsel op afstand kunnen worden gehouden zodat de hersenen kwantumberekeningen kunnen uitvoeren?

Rekenen met microtubuli?

Het eerste argument voor de bewering van Penrose dat de hersenen een kwantumcomputer zijn, kwam van een nogal verrassende kant: de (althans in wiskundige kringen) beroemde verzameling onvolledigheidsstellingen van de Oostenrijkse wiskundige Kurt Gödel. Deze stellingen kwamen als een grote schok voor wiskundigen in de jaren dertig van de vorige eeuw, die vol zelfvertrouwen waren begonnen aan een programma om een krachtige verzameling wiskundige axioma's te identificeren waarmee je zou kunnen bewijzen dat juiste uitspraken juist waren en onjuiste onjuist – in wezen dat de hele rekenkunde intern consistent was en zichzelf nergens tegensprak. Het klinkt als iets waarover alleen wiskundigen of filosofen zich druk zouden maken, maar in de logica was het heel belangrijk en is het dat nog steeds. Uit Gödels onvolledigheidsstellingen bleek dat zo'n onderneming tot falen gedoemd was.

Zijn eerste stelling toonde aan dat logische systemen, zoals de natuurlijke taal of de wiskunde, in staat zijn enkele juiste uitspraken te doen die ze niet kunnen bewijzen. Dit lijkt misschien een onschuldige bewering, maar de implicaties zijn verstrekkend. Neem een bekend logisch systeem, zoals de taal, die kan redeneren door middel van uitspraken als 'Alle mensen zijn sterfelijk. Socrates is een mens', om daaruit te concluderen: 'Socrates is sterfelijk.' Het is makkelijk te begrijpen, en makkelijk om formeel te bewijzen, dat de laatste uitspraak logisch volgt uit de eerste twee, op basis van een simpele reeks algebraïsche regels (als A=B en B=C, dan A=C). Maar Gödel toonde aan dat elk logisch systeem dat complex genoeg is om wiskundige stellingen te bewijzen, een fundamentele beperking heeft: de toepassing van de regels ervan kan juiste uitspraken genereren die niet bewezen kunnen worden met dezelfde middelen die gebruikt werden om ze in eerste instantie te genereren.

Dat lijkt heel vreemd, en dat is het ook. Maar, en dit is belangrijk, de stelling van Gödel betekent niet dat sommige juiste uitspraken gewoon onbewijsbaar zijn. In plaats daarvan kan de ene verzameling regels de juistheid bewijzen van uitspraken die gegenereerd worden door een andere verzameling regels, en die daarmee onbewijsbaar zijn. Zo kunnen juiste maar onbewijsbare talige uitspraken bewezen worden binnen de regels van de algebra, en andersom.

Dit is, uiteraard, een enorme oversimplificatie die geen recht doet aan de subtiliteiten van het onderwerp. De geïnteresseerde lezer zou het boek uit 1979 over deze en aanverwante zaken kunnen proberen te lezen van de Amerikaanse hoogleraar in de cognitiewetenschap Douglas Hofstadter.[8] Waar het hier om gaat is dat Penrose in zijn boek *The Emperor's New Mind* Gödels onvolledigheidsstellingen als uitgangspunt neemt voor zijn betoog, door er eerst op te wijzen dat klassieke computers gebruikmaken van formele logische systemen (algoritmes) om hun uitspraken te doen. Uit de stelling van Gödel volgt dat ze ook juiste uitspraken moeten kunnen genereren die ze niet kunnen bewijzen. Maar, zo betoogt Penrose, mensen (of althans de wiskundigen onder de leden van deze soort) kunnen wel de juistheid van deze onbewijsbare maar juiste computeruitspraken bewijzen. Daarom is de menselijke geest volgens hem meer dan slechts een klassieke computer, omdat die in staat is tot wat hij niet-berekenbare processen noemt. Vervolgens postuleert hij dat deze niet-berekenbaarheid iets extra's vereist, iets waarin alleen de kwantummechanica kan voorzien. Hij betoogt dat het bewustzijn een kwantumcomputer vereist.

Het is, uiteraard, heel gewaagd om zo'n bewering te doen op grond van de vraag of een lastige wiskundige uitspraak al dan niet bewezen kan worden, iets waarop we nog terug zullen komen. Maar in zijn latere boek *The Shadows of the Mind* ging Penrose nog verder en kwam hij met een fysisch mechanisme waarmee de hersenen hun sommen in de kwantumwereld zouden kunnen uitrekenen.[9] Hij ging samenwerken met Stuart Hameroff,* hoogleraar in de anesthesiologie en psychologie aan de Universiteit van Arizona, en zij beweerden dat bepaalde structuren, de zogenaamde *microtubuli*, die in zenuwen worden aangetroffen de qubits van kwantumhersenen zijn.[10]

Microtubuli zijn lange draden van een eiwit dat tubuline heet. Hameroff en Penrose stelden dat die tubuline-eiwitten – de kralen aan het snoer – minstens twee verschillende vormen kunnen aannemen, verlengd en verkort, en, dit is heel belangrijk, zich kunnen gedragen als kwantumobjecten die in een superpositie van beide vormen tegelijk kunnen verkeren, zodat er iets ontstaat wat vergelijkbaar is met qubits. En dat niet alleen, ze stelden ook dat de tubuline-eiwitten in de ene zenuw verstrengeld zijn met de tubuline-eiwitten in vele andere zenuwen. Je zult je nog wel herinneren dat verstrengeling die 'spookachtige werking op afstand' is die objecten met elkaar kan verbinden die heel ver bij elkaar vandaan zijn. Als spookachtige connecties tussen de talloze neuronen in de menselijke hersenen mogelijk zouden zijn, zouden die, potentieel, alle informatie kunnen bundelen die in afzonderlijke zenuwen gecodeerd ligt en zo het bindingsprobleem oplossen. Ze zouden de bewuste geest ook de ongrijpbare maar bijzonder krachtige vermogens van een kwantumcomputer kunnen geven.

De bewustzijnstheorie van Penrose en Hameroff heeft nog veel meer aspecten, zoals, mogelijk nog controversiëler, het idee dat de zwaartekracht een rol zou spelen.** Maar is ze aannemelijk? Net als bijna alle

*Johnjoe zou van de gelegenheid gebruik willen maken om zich bij Stuart Hameroff te verontschuldigen omdat hij diens naam verkeerd gespeld heeft in zijn boek *Quantum Evolution.*

** Dit is eveneens een lastig concept, maar Penrose kwam met een heel eigen interpretatie van het metingsprobleem in de kwantummechanica door te postuleren dat het gravitatie-effect op de ruimtetijd bij voldoende complexe (en daarom meer omvangrijke) kwantumsystemen gepaard gaat met een verstoring die de golffunctie doet vervallen en van kwantumsystemen klassieke systemen maakt. Dit proces genereert onze gedachten. De details van deze buitengewone theorie worden in de boeken van Penrose goed beschreven, maar we kunnen zeggen dat zijn ideeën tot op heden weinig aanhangers hebben gevonden in de gemeenschap van de kwantumfysici.

neurobiologen en kwantumfysici zijn wij daar nog lang niet van overtuigd. Een van de meest voor de hand liggende bezwaren blijkt misschien al duidelijk uit de voorgaande beschrijving van de manier waarop informatie van de hersenen naar de zenuwen toe loopt. Misschien is het je opgevallen dat wij in die beschrijving niet gerept hebben over microtubuli. Dat was omdat het niet nodig was, omdat ze, voor zover bekend, geen directe rol spelen bij de verwerking van neurale informatie. Microtubuli ondersteunen de architectuur van elke zenuw en vervoeren neurotransmitters door die zenuw. Maar men gelooft niet dat ze betrokken zijn bij de op netwerken gebaseerde informatieverwerking die verantwoordelijk is voor de berekeningen van het brein. Het is dus onwaarschijnlijk dat microtubuli een substraat zijn voor ons denken.

Maar een misschien nog groter bezwaar is dat de microtubuli in de hersenen zeer onwaarschijnlijke kandidaten zijn als coherente kwantumqubits, domweg omdat ze te groot en complex zijn. In eerdere hoofdstukken hebben wij een pleidooi gehouden voor kwantumcoherentie, verstrengeling en het tunneleffect in allerlei biologische systemen, van fotosynthetische systemen, via geurreceptoren en DNA tot de ongrijpbare magnetoreceptie bij vogels. Maar een belangrijk aspect van dat alles is dat het 'kwantumdeel' van het systeem (het exciton, elektron, proton of de vrije radicaal) simpel is. Het bestaat uit ofwel één enkel deeltje of een klein aantal deeltjes, die doen wat ze doen over afstanden op atomaire schaal. Dit sluit uiteraard aan op Schrödingers inzicht van zeventig jaar geleden dat bij de soorten levende systemen die waarschijnlijk kwantumregels zullen volgen, kleine aantallen deeltjes betrokken zullen zijn.

De theorie van Penrose en Hameroff stelt echter dat hele eiwitmoleculen, die uit miljoenen deeltjes bestaan, in een kwantumsuperpositie verkeren en niet alleen met moleculen binnen dezelfde microtubulus verstrengeld zijn maar ook met microtubuli (die eveneens uit miljoenen deeltjes bestaan) in miljarden zenuwcellen overal in de hersenen. Dat is heel onaannemelijk. Hoewel niemand de coherentie in de microtubuli van de hersenen heeft kunnen meten, suggereren berekeningen dat zelfs in enkele microtubuli de kwantumcoherentie niet langer dan enkele picoseconden gehandhaafd kan worden,[11] veel te kort om enige invloed te hebben op de berekeningen in de hersenen.*

*Een picoseconde is een miljoenste van een miljoenste (oftewel 10^{-12}) seconde.

Een misschien nog wel fundamenteler probleem bij de kwantumbewustzijnstheorie van Penrose en Hameroff is het oorspronkelijke betoog van Penrose dat de hersenen een kwantumcomputer zijn. Je zult je herinneren dat Penrose zijn bewering baseerde op de uitspraak dat mensen gödeliaanse uitspraken kunnen bewijzen, waar computers dat niet kunnen. Dat impliceert echter alleen dat er kwantumbewerkingen in de hersenen plaatsvinden áls kwantumcomputers gödeliaanse uitspraken beter kunnen bewijzen dan een klassieke computer; niet alleen is er volstrekt geen bewijs voor deze bewering, maar de meeste onderzoekers zijn ook overtuigd van het tegendeel.[12]

Iets anders is dat helemaal niet duidelijk is of menselijke hersenen überhaupt beter zijn dan een klassieke computer als het gaat om het bewijzen van gödeliaanse uitspraken. Hoewel mensen de juistheid kunnen bewijzen van een onbewijsbare gödeliaanse uitspraak die door een computer is gegenereerd, is het evengoed mogelijk dat computers de juistheid kunnen bewijzen van een onbewijsbare gödeliaanse uitspraak die door een menselijke geest is gegenereerd. De stelling van Gödel stelt alleen beperkingen aan het vermogen van één logisch systeem om al zijn eigen uitspraken te bewijzen; het stelt geen beperkingen aan het vermogen van het ene logische systeem om gödeliaanse uitspraken te bewijzen die door een ander systeem zijn gegenereerd.

Maar betekent dit dat de kwantummechanica geen rol speelt in de hersenen? Is het waarschijnlijk dat terwijl er elders in ons lichaam zoveel kwantumactiviteit is, ons denken volledig wordt voortgedreven door de stoommachines van de klassieke wereld? Misschien niet. Recent onderzoek suggereert dat de kwantummechanica mogelijkerwijs wel degelijk een cruciale rol speelt bij de werking van de hersenen.

Kwantumionkanalen?

Een mogelijke locatie voor kwantummechanische verschijnselen in de hersenen is in de ionkanalen in de membranen van zenuwcellen. Zoals reeds beschreven zijn die verantwoordelijk voor het doorgeven van de actiepotentialen – de zenuwsignalen – die informatie overbrengen in de hersenen. Ze spelen dus een fundamentele rol bij de neurale informatieverwerking. De kanalen zijn slechts ongeveer een miljardste meter lang (1,2 nanometer) en nog niet half zo breed, zodat de ionen er een voor een doorheen moeten. Maar dat doen ze in het buitengewoon hoge tempo van ongeveer honderd miljoen per seconde. De kanalen zijn ook bijzonder selectief. Zo laat het kanaal dat verantwoordelijk is voor de doorgifte van kaliumionen de cel in, ongeveer één natriumion door op elke tienduizend kaliumionen, ondanks het feit dat het natriumion iets kleiner is dan kalium – waardoor je zonder kennis van zaken waarschijnlijk zou verwachten dat het makkelijk door iets heen kan glippen wat groot genoeg is voor een kaliumion.

Op deze heel hoge transportsnelheden, samen met de buitengewoon grote selectiviteit, berust de snelheid van actiepotentialen en daarmee hun vermogen om onze gedachten in onze hersenen rond te sturen. Maar hoe ionen zo snel en selectief worden getransporteerd is nog steeds enigszins een raadsel. Zou de kwantummechanica hier uitkomst kunnen bieden? We hebben al ontdekt (in hoofdstuk 4) dat de kwantummechanica het energietransport bij de fotosynthese kan verbeteren. Zou ze dat ook kunnen doen voor het iontransport in de hersenen? In 2012 ging de neurowetenschapper Gustav Bernroider van de Universiteit van Salzburg samenwerken met Johann Summhammer van het Atoominstituut aan de Weense Universiteit voor Technologie, om een kwantummechanische simulatie uit te voeren van een ion dat door een spanningsafhankelijk ionkanaal heen gaat. Zij ontdekten dat het ion gedelokaliseerd (verstrooid) is wanneer het door het kanaal heen gaat: eerder een coherente golf dan een deeltje. Verder oscilleert deze iongolf met een heel hoge frequentie en draagt hij energie over op het omringende eiwit in een soort resonantieproces, zodat het kanaal feitelijk fungeert als een *ionenkoelkast* die de kinetische energie van het ion ongeveer halveert. Dit effectieve afkoelen van het ion helpt om zijn gedelokaliseerde kwantumtoestand te handhaven door de decoherentie uit te stellen en is zo bevorderlijk voor een snel kwantumtransport door het kanaal. Het draagt ook bij aan de selectiviteit, want de mate van afkoeling zal heel anders zijn als kalium wordt vervangen door natrium: constructieve interferentie kan het transport van natriumionen afremmen. Het team concludeerde dat kwantumcoherentie een 'onontbeerlijke' rol speelt bij de geleiding van ionen door de ionkanalen van de zenuwen, en derhalve een essentieel onderdeel is van ons denkproces.[13]

Benadrukt moet worden dat deze onderzoekers niet hebben gesuggereerd dat kwantumcoherente ionen als een soort neurale qubits kunnen fungeren. Evenmin hebben zij gesuggereerd dat ze een rol zouden kunnen spelen bij het bewustzijn. Op het eerste gezicht is ook moeilijk te zien hoe ze iets zouden kunnen bijdragen aan het oplossen van enkele van de problemen van het bewustzijn, zoals het bindingsprobleem. Maar in tegenstelling tot de microtubuli in de Penrose-Hameroff-hypothese spelen de ionkanalen in elk geval een duidelijke rol in de neurale verwerking – ze ondersteunen actiepotentialen. Hun toestand zal dus een afspiegeling zijn van de toestand van de zenuwcel: als de zenuw vuurt, dan zullen ionen snel door de kanalen stromen (vergeet niet dat ze zich als kwantumgolven verplaatsen), maar als de zenuw in rusttoestand verkeert, geldt dat ook voor eventuele ionen in de ionkanalen. Dus omdat ons denken op de een of andere manier gecodeerd moet zijn in het totaal van vurende en niet-vurende zenuwen in onze hersenen, worden die gedachten ook gereflecteerd – gecodeerd – in het totaal van die hele kwantumstroom van ionen die de zenuwcellen in en uit gaan.

Maar hoe zouden de afzonderlijke denkprocessen gecombineerd kunnen worden tot bewuste, samenhangende gedachten? Eén coherent ionkanaal – of dat nu kwantummechanisch of klassiek is – kan onmogelijk alle informatie coderen die in de denkprocessen gaat zitten die culmineren in de voorstelling van een complex object, zoals een bizon. Om een rol te spelen bij het bewustzijn zouden de ionkanalen op de een of andere manier met elkaar in verbinding moeten staan. Zou de kwantummechanica hierbij kunnen helpen? Is het bijvoorbeeld mogelijk dat de ionen in een kanaal niet alleen overal in dat kanaal coherent zijn, maar dat ze ook coherent zijn of zelfs verstrengeld met ionen in naburige kanalen of zelfs nabijgelegen zenuwcellen? Vrijwel zeker niet. Aan ionkanalen en de ionen daarin zou hetzelfde probleem kleven als aan het idee van de microtubuli van Penrose en Hameroff. Hoewel het nog net voorstelbaar is dat één enkel ionkanaal verstrengeld kan zijn met een naburig kanaal binnen dezelfde zenuwcel, is verstrengeling van ionkanalen in verschillende zenuwen, wat nodig zou zijn om het bindingsprobleem op te lossen, volstrekt onaannemelijk in de warme, vochtige, uiterst dynamische en decoherentie in de hand werkende omgeving van levende hersenen.

Als verstrengeling dan niet de informatie op kwantumniveau in ionkanalen kan verbinden, is er dan iets anders wat dat wel zou kunnen? Misschien wel. Spanningsafhankelijke ionkanalen zijn uiteraard gevoelig voor spanning: dat is wat de kanalen open en dicht doet gaan. Spanning is slechts een maatstaf voor de gradiënt van een elektrisch veld. Maar de hersenen hebben overal hun eigen elektromagnetische (EM) veld, dat gegenereerd wordt door de elektrische activiteit van alle hersenzenuwen. Dit veld is wat in de regel wordt gedetecteerd door scantechnologieën zoals elektro-encefalografie (EEG) en magneto-encefalografie (MEG), en zelfs een vluchtige blik op een van die scans zal je vertellen hoe complex en rijk aan informatie het is. De meeste neurowetenschappers hebben de potentiële rol die het EM-veld bij de verwerking in de hersenen zou kunnen spelen genegeerd omdat ze ervan zijn uitgegaan dat het zoiets is als de stoomfluit van een trein: een product van hersenactiviteit, dat echter niet van invloed is op die activiteit. Maar diverse wetenschappers, onder wie Johnjoe, hebben recentelijk belangstelling opgevat voor het idee dat het verplaatsen van het bewustzijn van de afzonderlijke materiele deeltjes in de hersenen naar het geïntegreerde EM-veld mogelijk het bindingsprobleem zou kunnen oplossen en een zetel voor het bewustzijn zou kunnen opleveren.[14]

Om te begrijpen hoe dit zou kunnen werken, moeten we waarschijnlijk wat meer zeggen over wat we onder een *veld* verstaan. De term is ontleend aan het dagelijks gebruik: het betekent iets wat zich uitstrekt in de ruimte, zoals een maïsveld of een voetbalveld. In de natuurkunde heeft de term 'veld' in wezen dezelfde betekenis, maar wordt er doorgaans mee verwezen naar energievelden die objecten kunnen laten bewegen. Zwaartekrachtvelden laten alles bewegen wat een massa heeft, en elektrische of magnetische velden zorgen dat elektrisch geladen of magnetische deeltjes gaan bewegen, zoals de ionen in de ionkanalen van de zenuwen. In de negentiende eeuw ontdekte James Clerk Maxwell dat elektriciteit en magnetisme twee aspecten zijn van hetzelfde verschijnsel, elektromagnetisme, en daarom noemen we ze samen EM-velden. Uit Einsteins beroemde vergelijking $E=mc^2$, met energie aan de ene kant en massa aan de andere, blijkt dat energie en materie onderling inwisselbaar zijn. Het elektromagnetische veld van de hersenen – de linkerkant van Einsteins vergelijking – is even reëel als de materie waaruit de hersenzenuwen bestaan; en omdat het gegenereerd wordt door vurende zenuwen, codeert het precies dezelfde informatie als de neurale vuurpatronen in de hersenen. Maar waar neuronale informatie niet verder komt dan die bliepende zenuwen, verbindt de elektrische activiteit die door al die bliepjes wordt gegenereerd alle informatie binnen het EM-veld van de hersenen. Dit zou mogelijk een oplossing kunnen bieden voor het bindingsprobleem.[15] En door de spanningsafhankelijke ionkanalen te openen en te sluiten is het EM-veld verbonden met die kwantumcoherente ionen die door de kanalen gaan.

Toen men helemaal aan het begin van deze eeuw voor het eerst met EM-veldtheorieën over het bewustzijn kwam, waren er geen directe aanwijzingen dat het EM-veld van de hersenen van invloed kon zijn op de vuurpatronen van de zenuwen waarop onze gedachten en handelingen berusten. Maar onlangs is uit experimenten in verschillende laboratoria gebleken dat externe EM-velden, met eenzelfde kracht en structuur als dat wat de hersenen zelf genereren, inderdaad van invloed zijn op het vuren van zenuwcellen.[16] In feite lijkt het veld het vuren te coördineren: dat wil zeggen dat het vele zenuwen synchroniseert zodat ze allemaal gelijk vuren. De resultaten suggereren dat het eigen EM-veld van de hersenen, dat gegenereerd wordt door vurende zenuwen, zelf ook van invloed is op dat vuren, wat een soort zelfreferentiële lus oplevert die volgens vele theoretici een essentieel onderdeel is van het bewustzijn.[17]

De synchronisatie van het vuren van de zenuwen door het EM-veld van de hersenen is ook heel belangrijk in de context van het raadsel van het bewustzijn omdat het een van de zeer weinige aspecten van zenuwactiviteit is waarvan bekend is dat het samenhangt met het bewustzijn. Zo hebben we allemaal wel eens ervaren dat we op zoek waren naar een object dat ergens in het zicht lag, zoals een bril, en dat we het dan ontdekten tussen een hele hoop andere objecten. Terwijl je naar dat allegaartje keek, ging de visuele informatie die de code bevatte voor dat object wel via je ogen door je hersenen, maar om de een of andere reden zag je het object dat je zocht niet: je was je er niet van *bewust.* Maar dan zie je het wel. Wat verandert er in je hersenen tussen het moment waarop je je eerst niet bewust bent van een object in je blikveld, en dan het volgende moment wel? Het is opvallend dat het vuurpatroon zelf niet lijkt te veranderen: dezelfde zenuwen vuren, ongeacht of je de bril al dan niet *ziet.* Maar als je je bril niet ziet, vuren de zenuwen asynchroon, en als je hem wel ziet, doen ze dat synchroon.[18] Het EM-veld, dat al die coherente ionkanalen in verschillende delen van de hersenen integreert en een synchroon vuurpatroon genereert, zou een rol kunnen spelen in deze overgang van onbewuste naar bewuste gedachten.

We moeten benadrukken dat het aanvoeren van ideeën zoals EM-velden in de hersenen, en ook kwantumcoherente ionkanalen, om het bewustzijn te verklaren op geen enkele manier zogenaamde 'paranormale verschijnselen' zoals telepathie staaft, omdat beide concepten alleen neurale processen kunnen beïnvloeden die zich afspelen *binnen* één brein – zij zorgen niet voor communicatie tussen verschillende breinen! En, zoals we hebben opgemerkt toen we het gödeliaanse argument van Penrose bespraken, zijn er in feite geen aanwijzingen dat de kwantummechanica überhaupt nodig is om het bewustzijn te verklaren – in tegenstelling tot andere biologische verschijnselen die we in dit boek hebben behandeld, zoals de werking van enzymen of de fotosynthese. Maar is het waarschijnlijk dat de vreemde eigenschappen van de kwantummechanica waarvan we hebben ontdekt dat ze betrokken zijn bij zoveel essentiële aspecten van het leven, dat niet zijn bij de meest mysterieuze eigenschap ervan, het bewustzijn? Dat mag de lezer zelf uitmaken. De hiervoor geschetste benadering, waarin kwantumcoherente ionkanalen en EM-velden een rol spelen, is beslist speculatief, maar ze voorziet in elk geval in een aannemelijke relatie tussen de kwantummechanica en de klassieke natuurkunde in de hersenen.

Laten we met dit *in gedachten* nogmaals terugkeren naar die donkere grot in Zuid-Frankrijk om de keten van gebeurtenissen van hersenen tot hand te voltooien. Onze kunstenares staat peinzend voor de wand en kijkt hoe het licht van haar fakkel op de grijze contouren ervan flakkert. Een speling van licht en steen roept in haar bewuste geest het beeld van een bizon op. Dat is voldoende om in haar hoofd een idee te laten ontstaan, misschien in de vorm van een fluctuatie van het EM-veld van haar hersenen, dat in veel verschillende zenuwen groepen coherente ionkanalen open laat gaan, waardoor die tegelijk gaan vuren. De synchrone zenuwsignalen sturen op vele plekken actiepotentialen door haar hersenen en geven de aanzet tot een keten van signalen die via haar ruggenmerg en de synaptische verbindingen tussen de zenuwen naar haar motorische zenuwen gaat. Vervolgens geven deze hun pakketjes neurotransmitters af in de neuromusculaire overgangen die verbonden zijn met de spieren in haar arm. Die spieren trekken zich samen en genereren de gecoördineerde beweging van haar hand, die over de wand van de grot glijdt en een houtskoollijn trekt in de vorm van een bizon.

En wat misschien nog wel belangrijker is: ze weet dat ze dat heeft gedaan *vanwege* een idee in haar bewuste geest. Ze is geen zombie.

Dertigduizend jaar later scheen Jean-Marie Chauvet met een zaklantaarn op diezelfde wand en flakkerde het idee dat in de hersenen van die lang geleden overleden kunstenares tot leven kwam, opnieuw door de zenuwen van een bewuste menselijke geest.

Hoofdstuk 9

Hoe het leven begon

... als (en o wat een groot als!) wij ons een warm poeltje konden voorstellen, met allerlei ammonium- en fosforzouten, licht, warmte, elektriciteit, et cetera, waar chemisch een eiwitverbinding werd gevormd, klaar om nog complexere veranderingen te ondergaan...

Charles Darwin, brief aan Joseph Hooker, 1871

Groenland is niet echt groen. Ergens rond 982 n.Chr. zeilde Erik de Rode, een Deense viking, op de vlucht voor een moordaanklacht vanuit IJsland naar het westen. Zo ontdekte hij het eiland. Hij was niet de eerste: het was al meerdere malen ontdekt door mensen in het stenen tijdperk, die daar reeds 2500 v.Chr. vanuit Oost-Canada waren aangeland. Maar Groenland biedt een barre, onherbergzame omgeving en die eerdere culturen verdwenen en lieten slechts vage sporen na. Erik hoopte dat het hem beter zou vergaan, toen hij daar arriveerde in de zogenaamde middeleeuwse warme periode, toen de omstandigheden milder waren. Daarom gaf hij het eiland zijn huidige naam, in het vertrouwen dat de belofte van groene weiden zijn landgenoten naar het westen zou lokken. Dat plan werkte kennelijk, want al spoedig werd er een kolonie van een paar duizend mensen gevestigd die, althans aanvankelijk, leek te bloeien. Maar toen het minder warm werd, keerden in Groenland de klimaatomstandigheden terug die meer karakteristiek waren in het noorden van de Atlantische Oceaan en nam de centrale ijskap zodanig toe dat hij 80 procent van het grondgebied van het eiland bedekte. Terwijl het weer steeds slechter werd, worstelden de eilandbewoners om hun Scandinavische boerenbedrijf gaande te houden op de dunne bodem aan de smalle kuststrook. Zowel met de oogsten als met het vee werd het steeds minder.

Ironisch genoeg voorzag ongeveer in dezelfde tijd dat de vikingkolonie doodbloedde een andere golf van immigranten, de Inuit (eskimo's), in het noorden van het eiland in hun levensonderhoud met een hoog ontwikkelde vis- en jaagtechnologie die goed was afgestemd op de plaatselijke omstandigheden. De vikingen hadden gered kunnen worden als ze overlevingsstrategieën van de Inuit hadden overgenomen, maar de enige documentatie die wij hebben van contact tussen de twee volken is de opmerking van een vikingkolonist dat de Inuit veel bloedden als ze overhoopgestoken werden: een observatie die niet echt wijst op een bereidheid om van hun noorderburen te leren. Het gevolg was dat de vikingkolonie ergens aan het eind van de vijftiende eeuw ten onder ging, waarbij naar het schijnt de laatste overlevenden hun toevlucht hebben genomen tot kannibalisme.

De Denen zijn hun westelijke buitenpost echter nooit vergeten en aan het begin van de achttiende eeuw werd er een expeditie opuit gestuurd om de banden met de kolonisten te hernieuwen. Ze vonden alleen verlaten boerderijen en kerkhoven, maar het bezoek leidde wel tot de vestiging van een meer succesvolle kolonie die, samen met de inheemse Inuit, zou uitgroeien tot de moderne staat Groenland. De huidige economie van Groenland is voortgekomen uit een Inuit-oorsprong en berust voornamelijk op visserij, maar men heeft steeds meer oog gekregen voor de potentiële minerale rijkdom van het eiland. In de jaren zestig van de vorige eeuw huurde de Deense Geologische Dienst van Groenland Vic McGregor, een jonge, in Nieuw-Zeeland geboren geoloog, in om een geologisch onderzoek te doen naar de zuidwestelijke hoek van het eiland, bij de hoofdstad Godthaab (het huidige Nuuk).

McGregor trok enkele jaren rond door het fjordenrijke gebied in een klein, halfopen bootje, dat net groot genoeg was voor hem, twee plaatselijke bemanningsleden en af en toe een gast, die allemaal opeengepropt zaten tussen kampeer-, jacht- en visgerei (vergelijkbaar met de uitrusting van die vroege Inuitkolonisten) en geologische apparatuur. Met behulp van de standaardtechnieken van de stratigrafie concludeerde hij dat de rotsen in het gebied zich in tien opeenvolgende lagen hadden opgehoopt, waarvan de oudste en diepste waarschijnlijk 'heel erg oud' was – misschien zelfs wel meer dan drie miljard jaar oud.

Aan het begin van de jaren zeventig stuurde McGregor een monster van zijn oude gesteente naar het Oxfordlaboratorium van Stephen Moorbath, een wetenschapper die een reputatie had op het gebied van de radiometrische datering van gesteente. De methode berust op het meten van de verhouding tussen radioactieve isotopen en hun vervalproducten. Zo vervalt uranium 238 met een halveringstijd van 4,5 miljard jaar (via een keten van nucliden) uiteindelijk tot een stabiele isotoop van lood. Dus als de aarde zo'n vier miljard jaar oud is, zal de concentratie van natuurlijk uranium in een gesteente er zo lang over doen als de aarde bestaat om met de helft af te nemen. Door de verhouding van die isotopen in elk rotsmonster te meten kunnen wetenschappers derhalve berekenen hoe lang het geleden is dat die rotsen zijn ontstaan, en dit is de soort technieken die Stephen Moorbath in 1970 gebruikte om een monster te analyseren van een steensoort die *gneiss* heet, die McGregor had losgebikt in Amitsoq, de zuidwestelijke kuststreek van Groenland. Tot zijn verbazing ontdekte hij dat het gneiss verhoudingsgewijs meer loodisotopen bevatte dan ooit was opgetekend voor enig aards erts of gesteente. Dat er zoveel loodisotopen in werden gevonden betekende dat het gneissgesteente uit Amitsoq, precies zoals McGregor vermoedde, 'heel erg oud' was; minstens 3,7 miljard jaar, ouder dan enig ander gesteente dat eerder op aarde was gevonden.

Moorbath was zo getroffen door de ontdekking dat hij vervolgens meeging met McGregor op diverse expedities naar Groenland. In 1971 besloot het tweetal een bezoek te brengen aan het afgelegen en vrijwel niet onderzochte Isuagebied aan de rand van de binnenlandse ijsplaat (zie figuur 9.1). Eerst moesten ze in McGregors piepkleine bootje naar de kop van de Godthaab-fjord varen, die vol ijs lag en waar de vikingkolonisten in de middeleeuwen met zoveel moeite hun kostje bijeen hadden gescharreld. Vervolgens werden ze opgepikt door een helikopter van een plaatselijk mijnbedrijf dat ook geïnteresseerd was in het gebied, omdat magnetisch onderzoek vanuit de lucht suggereerde dat het mogelijk veel ijzererts bevatte. De wetenschappers ontdekten dat tussen het plaatselijke dioriet veel kussenvormige rotsblokken lagen, zogenaamde lavakussens, die gevormd waren door de lava van *moddervulkanen* die direct de zee in stroomde. Ook die rotsen werden gedateerd en bleken minstens 3,7 miljard jaar oud te zijn. Uit deze vondst bleek duidelijk dat de aarde niet lang na haar ontstaan al vloeibare, warme oceanen had,* met moddervulkanen (figuur 9.2) die opborrelden vanuit hydrothermale openingen in de bodem van een ondiepe zee.

*Men denkt dat de aarde ongeveer 4,5 miljard jaar geleden gecondenseerd is uit zonneresten, maar dat zich pas zo'n half miljard jaar later een harde korst heeft gevormd.

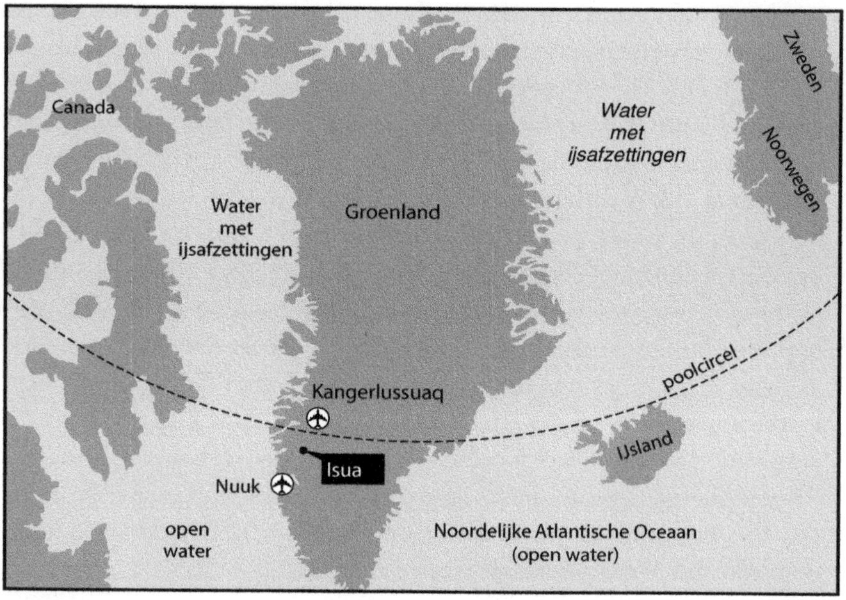

Figuur 9.1 Kaart van Groenland, met de locatie van Isua.

De echte verrassing kwam echter toen Minik Rosing, een onderzoeker van het Geologisch Museum in Kopenhagen, de verhouding van koolstofisotopen in het dioriet van Isua mat. De rotsen bevatten ongeveer 0,5 procent koolstof, en toen de respectieve verhoudingen van de twee isotopen ^{13}C en ^{12}C werden gemeten, vond men dat de hoeveelheid van het zwaardere en meer zeldzame ^{13}C in de rotsen veel lager was dan verwacht. Anorganische bronnen van koolstof, zoals kooldioxide uit de atmosfeer, bevatten ongeveer 1 procent ^{13}C, maar de fotosynthese neemt liever de lichtere ^{12}C-isotoop op in de biomassa van planten en microben, zodat een laag ^{13}C-peil doorgaans een indicator is voor de aanwezigheid van organisch materiaal. Deze resultaten suggereerden dat er in de warme wateren rond de moddervulkanen van Isua 3,7 miljard jaar geleden organismen leefden die, net als de huidige planten, koolstof onttrokken aan kooldioxide, ofwel uit de atmosfeer ofwel opgelost in water, en die gebruikten om alle koolstofverbindingen aan te maken waaruit hun cellen bestaan.

De theorie over de rotsen van Isua is nog steeds omstreden, en veel wetenschappers zijn er niet van overtuigd dat de geringe hoeveelheden

Figuur 9.2 Een hedendaagse moddervulkaan op Trinidad. Zou het eerste leven op aarde kunnen zijn opgeborreld uit eenzelfde moddervulkaan, om zijn sporen na te laten in het dioriet van Isua?
Foto: Michael C. Rygel via Wikipedia Commons.

^{13}C die daar zijn gevonden noodzakelijkerwijs impliceren dat er zo vroeg al levende organismen waren. Veel van de scepsis berust op het feit dat de aarde 3,8 miljard jaar geleden te kampen had met het zogenaamde 'Late hevige bombardement'. Er sloegen regelmatig asteroïden en kometen in met voldoende energie om al het oppervlaktewater te doen verdampen en waarschijnlijk ook de oceanen te steriliseren. Met de ontdekking van fossielen van zulke oeroude fotosynthetische organismen zou het pleit uiteraard beslecht zijn, maar de rotsen van Isua zijn in de loop der millennia ernstig vervormd en als zulke fossielen er al zouden zijn, zouden ze onherkenbaar zijn. Wij moeten een sprong voorwaarts maken van minstens enkele honderden miljoenen jaren voordat er duidelijke bewijzen voor het bestaan van leven zijn in de vorm van herkenbare fossielen van oude microben.

Ondanks het gebrek aan overtuigend bewijs geloven velen dat de isotoopmetingen van Isua de vroegste aanwijzingen voor leven op aarde zijn, en de moddervulkanen van Isua zouden zeker een ideale omgeving zijn geweest voor het ontstaan van leven, met het warme alkalische water dat daar uit de thermale openingen spoot. Ze zouden rijk zijn geweest aan opgeloste anorganische carbonaten en de slangachtige vormen van de zeer poreuze 'serpentiniet'-rotsen zouden miljarden minuscule holletjes hebben gehad, die allemaal een micro-omgeving zouden kunnen zijn geweest waar heel kleine hoeveelheden organische verbindingen geconcentreerd en gestabiliseerd hadden kunnen worden. Misschien werd het leven inderdaad voor het eerst groen in de modder van Groenland. De vraag is: hoe?

Het smurrieprobleem

Doorgaans ziet men het ontstaan van het universum, het ontstaan van het leven en het ontstaan van het bewustzijn als de drie grootste mysteries in de wetenschap. De kwantummechanica speelt een grote rol bij het eerste, en we hebben het gehad over haar mogelijke rol bij het derde. Zoals we straks zullen ontdekken, kan ze misschien ook uitkomst bieden bij het verklaren van het tweede mysterie. Maar eerst moeten we onderzoeken of verklaringen die niet op de kwantummechanica zijn gebaseerd, het ontstaan van het leven volledig kunnen ophelderen.

De wetenschappers, filosofen en theologen die eeuwenlang hebben nagedacht over het ontstaan van het leven zijn met allerlei theorieën gekomen om het te verklaren, variërend van een goddelijke schepping tot het 'bezaaien' van onze planeet vanuit de ruimte, volgens de zogenaamde *panspermie*-theorie. In de negentiende eeuw werd de aanzet gegeven tot een strengere wetenschappelijke benadering door wetenschappers zoals Charles Darwin, die stelde dat chemische processen in een 'warm poeltje' geleid kunnen hebben tot het ontstaan van levend materiaal. De officiële wetenschappelijke theorie die voortborduurde op de speculaties van Darwin werd aan het begin van de twintigste eeuw onafhankelijk naar voren gebracht door een Rus, Alexander Oparin, en een Engelsman, J.B.S. Haldane, en staat nu algemeen bekend als de Oparin-Haldanehypothese. Beiden stelden dat de atmosfeer van de vroege aarde rijk was aan waterstof, methaan en waterdamp, die zich bij blootstelling aan bliksem, zonnestraling of vulkanische hitte verbonden tot een mengeling van eenvoudige organische verbindingen. Zij stelden dat die verbindingen zich vervolgens in de oeroceaan ophoopten en een warme, waterige organische soep vormden, die miljoenen jaren in het water rondkolkte en misschien over de moddervulkanen van Isua stroomde, tot een toevallige combinatie van de ingrediënten uiteindelijk een nieuw molecuul opleverde met een bijzondere eigenschap: het vermogen om zich te vermenigvuldigen.

Haldane en Oparin opperden dat de opkomst van deze *oerreplicator* de bepalende gebeurtenis was die leidde tot het ontstaan van het leven zoals wij dat kennen. Deze replicator was een heel eenvoudig wezen, waarvan de vermenigvuldiging gepaard ging met vele fouten of mutaties. Die gemuteerde replicatoren concurreerden vervolgens met de niet-gemuteerde vormen om de chemische materialen die ze konden gebruiken om meer replicatoren te maken. De meest succesvolle kregen vervolgens het grootste aantal nazaten en een moleculair proces van darwiniaanse natuurlijke selectie zorgde dat de zwerm replicatoren steeds efficiënter en complexer werd. Replicatoren die extra moleculen bemachtigden, zoals peptiden, die hun vermenigvuldiging enzymatisch katalyseerden, zouden daarmee een voordeel hebben gekregen en het is mogelijk dat sommige zelfs ingekapseld raakten in kleine, met vocht of lucht gevulde blaasjes, begrensd door vetmembranen, zoals de huidige levende cellen, die ze beschermden tegen de grillen van hun omgeving. Aldus ingekapseld zouden zich in het inwendige van de cel *biochemische* transformaties kunnen voltrekken – *metabolisme* – waardoor de cel zijn eigen biomoleculen kon aanmaken zonder dat ze weglekten. Met het vermogen om zijn inwendige toestand te handhaven en tegelijk gescheiden te houden van de omgeving, zou de eerste levende cel ter wereld zijn gekomen.

De Oparin-Haldanehypothese bood een wetenschappelijk kader waarbinnen men kon begrijpen hoe het leven op aarde ontstaan zou kunnen zijn. Maar vele decennia lang werd de theorie niet getoetst – tot twee Amerikaanse scheikundigen er belangstelling voor opvatten.

In de jaren vijftig was Harold Urey een befaamde maar omstreden wetenschapper. In 1934 had hij de Nobelprijs voor de Scheikunde gekregen voor zijn ontdekking van deuterium, de waterstofisotoop die, zoals je je misschien herinnert uit hoofdstuk 3, werd gebruikt om het kinetische isotoopeffect bij enzymen te bestuderen en daarmee aan te tonen dat het kwantumtunneleffect een rol speelt bij hun werking. Ureys deskundigheid met betrekking tot het zuiveren van isotopen leidde in 1941 tot zijn benoeming als hoofd van de uraniumverrijking bij het Manhattan Project, waar de atoombom werd ontwikkeld. Maar Urey raakte teleurgesteld in de doelstellingen van het Manhattan Project en de geheimzinnigheid eromheen. Later probeerde hij de Amerikaanse president, Harry S. Truman, ervan te weerhouden om de bom op Japan te gooien. Na Hiroshima en Nagasaki schreef Urey een artikel voor het populaire tijdschrift *Collier's*, met de titel 'Ik ben bang' ('I'm a frightened man'). Daarin waarschuwde hij voor de bedreiging die kernwapens vormden. In zijn functie aan de Universiteit van Chicago voerde hij ook actief oppositie tegen de anticommunistische 'heksenjacht' van McCarthy in de jaren vijftig, waarbij hij brieven aan president Truman schreef om Julius en Ethel Rosenberg te steunen, die terechtstonden voor spionage en uiteindelijk werden geëxecuteerd voor het doorspelen van atoomgeheimen aan de sovjets.

Stanley Miller, de andere Amerikaanse scheikundige die betrokken was bij het toetsen van de Oparin-Haldanehypothese, kwam in 1951 als promovendus naar de Universiteit van Chicago en werkte aanvankelijk aan het probleem van de nucleosynthese van elementen in sterren onder begeleiding van de wetenschapper die bekendstond als de 'vader van de waterstofbom', Edward Teller. Millers leven veranderde toen hij in oktober 1951 een lezing bijwoonde van Harold Urey over het ontstaan van het leven, waarin Urey sprak over de aannemelijkheid van het Oparin-Haldanescenario en suggereerde dat iemand de experimenten zou moeten uitvoeren. De gefascineerde Miller liet zich overplaatsen van Tellers lab naar dat van Urey. Hij haalde Urey over om zijn promotiebegeleider te worden en hem toe te staan de experimenten uit te voeren. Urey stond aanvankelijk sceptisch tegenover de plannen van zijn enthousiaste doctoraatstudent om de Oparin-Haldanehypothese te toetsen. Hij dacht dat het weleens miljoenen jaren kon duren voordat anorganische chemische reacties zoveel organische moleculen zouden opleveren dat die gedetecteerd zouden kunnen worden, terwijl Miller maar drie jaar had om zijn proefschrift te voltooien! Niettemin was Urey bereid hem zes maanden tot een jaar lang de ruimte en de middelen te geven die hij nodig had. Op die manier zou Miller als de experimenten niets opleverden de tijd hebben om over te stappen op een veiliger onderzoeksproject.

In zijn poging de omstandigheden te reproduceren waaronder het leven ontstond op de vroege aarde, simuleerde Miller de oeratmosfeer door gewoon een fles met water te vullen, bij wijze van oceaan, met daarboven de gassen die volgens hem toen in de atmosfeer zaten: methaan, waterstof, ammoniakgas en waterdamp. Vervolgens simuleerde hij bliksem door het mengsel te laten ontbranden met elektrische vonken. Tot Millers verbazing, en tot algemene verbijstering van de wetenschappelijke wereld, ontdekte hij dat de fles nadat hij zijn oeratmosfeer slechts een week met vonken had bestookt, beduidende hoeveelheden aminozuren bevatte, de bouwstenen van eiwitten. Het artikel waarin zijn experiment werd beschreven werd in 1953 gepubliceerd in het tijdschrift *Science*[1] met Miller als enige auteur. Harold Urey had het hoogst ongebruikelijke standpunt ingenomen dat zijn promovendus alle eer moest krijgen voor de ontdekking.

Het Miller-Urey-experiment – zoals het vandaag de dag algemeen bekendstaat ondanks het onzelfzuchtige gebaar van Urey – werd erkend als de eerste stap in het scheppen van leven in het laboratorium en blijft een mijlpaal in de biologie. Hoewel er geen zichzelf vermenigvuldigende moleculen werden gegenereerd, werd algemeen aangenomen dat Millers 'oersoep' van aminozuren gepolymeriseerd zou raken tot peptiden en complexe eiwitten, en uiteindelijk de replicatoren van Oparin en Haldane zou opleveren, met genoeg tijd en als de oceaan maar groot genoeg was.

Sinds de jaren vijftig is het Miller-Urey-experiment door vele wetenschappers op veel verschillende manieren herhaald, met verschillende combinaties van chemische stoffen, gassen en energiebronnen, en heeft dat niet alleen aminozuren opgeleverd, maar ook suikers en zelfs kleine hoeveelheden nucleïnezuren. En toch zijn we nu een halve eeuw verder en heeft er nog steeds geen in een laboratorium gecreëerde oersoep een oerreplicator als in de Oparin-Haldanehypothese opgeleverd. Om te begrijpen waarom, moeten we de experimenten van Miller nader bekijken.

Het eerste probleem is de complexiteit van het chemische mengsel dat Miller genereerde. Veel van het geproduceerde organische materiaal was in de vorm van een complexe teer, van het type dat bekend is bij organisch scheikundigen die dikwijls zulke substanties zien wanneer de procedures van hun complexe chemische synthese niet onder precies de juiste omstandigheden plaatsvinden en er daardoor veel verkeerde producten worden aangemaakt. Feitelijk is het eenvoudig om thuis in je keuken eenzelfde soort teer te produceren door alleen maar het eten te laten aanbranden: die zwartbruine smurrie die je zo moeilijk van de bodem van je pan kunt krijgen lijkt qua samenstelling erg op de teer van Miller. Het probleem met zulke chemische mengsels is dat het berucht moeilijk is om er iets meer van te maken dan deze teerachtige smurrie. In chemische termen zijn ze niet 'productief', omdat ze dermate complex zijn dat elke specifieke chemische stof, zoals een aminozuur, geneigd is om met zoveel andere verbindingen te reageren dat hij vervolgens verdwaalt in een woud van irrelevante chemische reacties. Miljoenen koks, en duizenden studenten scheikunde, hebben al eeuwenlang zulke smurrie geproduceerd, met als resultaat weinig meer dan een lastige afwas.

Van smurrie tot cellen

Stel je voor dat je een oersoep probeert te maken door alle smurrie van alle aangebrande pannen in de hele wereld te schrapen en vervolgens al die talloze complexe organische moleculen op te lossen in een watermassa ter grootte van een oceaan. Voeg er nu als energiebron een paar moddervulkanen als op Groenland aan toe en misschien een tikkeltje bliksem, en ga dan roeren. Hoe lang zou je in je soep moeten roeren voordat je leven gecreëerd zou hebben? Een miljoen jaar? Honderd miljoen jaar? Honderd *miljard* jaar?

Zelfs het eenvoudigste leven is, net als deze chemische smurrie, bijzonder complex. Maar in tegenstelling tot smurrie is het ook zeer georganiseerd. Het probleem als je smurrie gebruikt als uitgangsmateriaal voor het gegenereren van georganiseerd leven, is dat de willekeurige thermodynamische krachten die speelden op de oeraarde – de biljartbalachtige moleculaire bewegingen die we in hoofdstuk 2 hebben besproken – orde doorgaans eerder tenietdoen dan creëren. Je gooit een kip in de pan, verhit die, roert erin en maakt zo kippensoep. Niemand heeft ooit een blik soep in een pan gegooid en een kip gemaakt.

Natuurlijk is het leven niet begonnen met kippen (of eieren). De meest basale zichzelf vermenigvuldigende organismen die nu leven zijn bacteriën, die veel simpeler zijn dan ongeacht welke vogel.* De eenvoudigste heet een mycoplasma (de bacterie die het proefdier was van het experiment van Craig Venter met kunstmatig leven); maar zelfs deze wezens zijn bijzonder complexe levensvormen. Hun genoom codeert voor bijna vijfhonderd genen, die eenzelfde aantal bijzonder complexe eiwitten produceren die, als enzymen, zorgen voor het maken van lipiden, suikers, DNA, RNA, het celmembraan, het chromosoom en wel duizend andere structuren, waarvan elk veel ingewikkelder is dan de motor van je auto. En eigenlijk is mycoplasma een beetje een bacteriële slapjanus, omdat het niet op eigen kracht kan overleven en veel van zijn biomoleculen aan zijn gastheer moet ontlenen: het is een parasiet en zou als zodanig niet in een realistische oersoep kunnen overleven. Een waarschijnlijker kandidaat zou een ander eencellig organisme zijn, een cyanobacterie, die door middel van fotosynthese al zijn eigen biomoleculen kan produceren. Als die cyanobacteriën er op de vroege aarde zouden zijn geweest, zouden zij een mogelijke oorzaak kunnen zijn geweest voor de geringe hoeveelheden ^{13}C die werden gevonden in de 3,7 miljoen jaar oude rotsen van Isua op Groenland. Maar deze bacterie is veel complexer dan een mycoplasma en heeft een genoom dat codes bevat voor bijna *tweeduizend* genen. Hoe lang zou je in je oceaan van oersoep moeten roeren om een cyanobacterie te maken?

De Engelse astronoom die de term 'big bang' heeft bedacht, Sir Fred Hoyle, had een levenslange belangstelling voor de oorsprong van het leven. De kans dat een samenspel van willekeurige chemische processen leven genereerde was volgens hem even groot als de kans dat een tornado door een autokerkhof waait en toevallig een jumbojet in elkaar zet. Wat hij zo beeldend duidelijk probeerde te maken is dat het leven zoals wij dat vandaag de dag kennen, domweg te complex en te georganiseerd is om door louter toeval te zijn ontstaan. Het moet voorafgegaan zijn door eenvoudigere zelfreplicatoren.

*Virussen tellen niet mee, omdat die zich alleen met behulp van een levende cel kunnen vermenigvuldigen.

De RNA-wereld

Hoe zagen die vroege zelfreplicatoren er dan uit? En hoe werkten ze? Omdat er niet één bewaard is gebleven, vermoedelijk omdat ze uitgestorven zijn door de concurrente van hun meer succesvolle nazaten, is hun aard voornamelijk een kwestie van speculatie. Eén benadering is om vanaf de eenvoudigste levensvormen van nu terug te extrapoleren om ons een voorstelling te maken van een veel eenvoudiger zelfreplicator, een soort gestripte bacterie die misschien, miljarden jaren geleden, de voorloper is geweest van alle leven op aarde.

Het probleem is dat het niet mogelijk is om eenvoudigere zelfreplicatoren uit levende cellen te snijden, want de bestanddelen van cellen zijn geen van alle in staat om zich op eigen kracht te vermenigvuldigen. DNA-genen reproduceren zichzelf niet; dat is de taak van het enzym DNA-polymerase, dat zichzelf op zijn beurt ook niet reproduceert, omdat het eerst gecodeerd moet worden in DNA- en RNA-strengen.

RNA zal in dit hoofdstuk een belangrijke rol spelen, dus is het wellicht handig om even op te frissen wat het is en wat het doet. RNA is de eenvoudigere chemische verwant van DNA, die in tegenstelling tot de dubbele helix van DNA een helix van één streng heeft. Ondanks dit verschil heeft RNA min of meer hetzelfde vermogen om te coderen voor genetische informatie als zijn bekendere verwant – het heeft alleen niet de complementaire kopie van die informatie. En net als bij DNA wordt bij RNA de genetische informatie geschreven in vier verschillende genetische letters, zodat de code van genen evengoed in RNA als in DNA kan worden vastgelegd. Veel virussen, zoals het griepvirus, hebben geen DNA-genoom maar een RNA-genoom. Maar in levende cellen zoals bacteriën, dierlijke en plantaardige cellen heeft RNA een andere rol dan DNA. Bij het aflezingsproces dat wij in hoofdstuk 7 hebben behandeld wordt de in het DNA gecodeerde genetische informatie eerst naar het RNA gekopieerd. En omdat de kortere RNA-strengen, anders dan het relatief omvangrijke en immobiele DNA-chromosoom, zich vrijelijk door de cel kunnen bewegen, kunnen zij de genetische boodschap van het chromosoom naar het systeem voor de eiwitsynthese brengen. Hier wordt de RNA-sequentie gelezen en vertaald naar de sequenties van aminozuren in eiwitten, zoals enzymen. RNA is dus, in moderne cellen althans, een belangrijke schakel tussen de genetische code van het DNA en de eiwitten die vervolgens alle andere bestanddelen van onze cellen aanmaken.

Om terug te keren naar ons probleem van het ontstaan van het leven: hoewel een levende cel als geheel een zelfreplicerend organisme is, zijn de afzonderlijke bestanddelen dat niet, net zoals een vrouw wel een zelfreplicator is (met een beetje 'hulp'), maar haar hart en lever dat niet zijn. Dit schept een probleem als we terug extrapoleren van het huidige complexe cellulaire leven naar zijn veel eenvoudiger niet-cellulaire voorouder. Anders gesteld, de vraag wordt wat het eerst kwam: het DNA-gen, het RNA, of het enzym? Als DNA of RNA eerst kwam, wat heeft die dan gemaakt? Als het enzym eerst kwam, hoe werd de code daarvoor dan vastgelegd?

Een mogelijke oplossing werd aangereikt door de Amerikaanse biochemicus Thomas Cech, die in 1982 ontdekte dat sommige RNA-moleculen niet alleen genetische informatie coderen maar ook de taak van enzymen konden overnemen als katalysator van reacties (werk waarvoor hij in 1989 samen met Sidney Altman de Nobelprijs voor de Scheikunde kreeg). De eerste voorbeelden van deze *ribozymen*, zoals ze worden genoemd, werden aangetroffen in de genen van minuscule eencellige organismen, de zogenaamde *Tetrahymena*, een soort protozoa die in zoetwaterpoelen worden gevonden. Maar sindsdien heeft men ontdekt dat ribozymen een rol spelen in alle levende cellen. Hun ontdekking werd snel aangegrepen als een mogelijke uitweg voor het kip-of-eidilemma rond het ontstaan van het leven. De *hypothese van de RNA-wereld*, zoals ze bekend werd, stelt dat de eerste chemische synthese leidde tot het ontstaan van een RNA-molecuul dat niet alleen als gen maar ook als enzym kon fungeren, en dat dus zowel de code voor zijn eigen structuur kon bevatten (zoals DNA) als kopieën van zichzelf kon maken (zoals enzymen) met behulp van de biomoleculen in de oersoep. Dit kopieerproces zou aanvankelijk heel lukraak zijn geweest en gepaard zijn gegaan met veel gemuteerde versies, die volgens het eerder beschreven moleculair darwinisme met elkaar concurreerden. Mettertijd trokken die RNA-replicatoren eiwitten aan om de efficiëntie van hun replicatie te verbeteren, wat tot DNA leidde, en uiteindelijk ook tot de eerste levende cel.

Het idee dat er een wereld van zelfreplicerende RNA-moleculen is voorafgegaan aan het ontstaan van DNA en cellen, is nu bijna een dogma in het onderzoek naar het ontstaan van het leven. Er is aangetoond dat ribozymen alle belangrijke reacties kunnen voltrekken die je van een zelfreplicerend molecuul mag verwachten. Zo kan een bepaalde klasse van ribozymen twee RNA-moleculen met elkaar verbinden, terwijl een andere ze kan opsplitsen. Weer een ander type ribozym kan kopieën maken van korte strengen RNA-basen (met een lengte van slechts enkele basen). Uitgaande van deze eenvoudige activiteiten kunnen we ons een complexer ribozym voorstellen dat de volledige reeks reacties kan katalyseren die nodig is voor de zelfreplicatie. Zodra die zelfreplicatie een feit is, doet ook de natuurlijke selectie zich gelden. De RNA-wereld zou dus de weg van de concurrentie zijn ingeslagen die uiteindelijk tot de eerste cel leidde, althans zo wordt betoogd.

Aan dit scenario kleven echter diverse problemen. Hoewel ribozymen eenvoudige biochemische reacties kunnen katalyseren, is de zelfreplicatie van een ribozym een veel complexer proces, waarbij het ribozym herkend moet worden door de sequentie van zijn eigen basen, identieke chemische stoffen in de omgeving van het ribozym geïdentificeerd moeten worden, en die chemische stoffen in de juiste volgorde aan elkaar gezet moeten worden om een kopie van zichzelf te maken. Dit is een hele opgave, zelfs voor eiwitten die de luxe hebben dat ze in cellen leven die tjokvol zitten met de juiste biomoleculen. Daarom is het nog moeilijker om te zien hoe ribozymen die zich in de chaotische smurrie van de oersoep wisten te handhaven dit voor elkaar konden krijgen. Tot op heden heeft niemand een ribozym ontdekt dat zo'n complexe taak aankan en is, ook in het laboratorium, niemand erin geslaagd om er eentje te maken.

En dan is er nog het meer fundamentele probleem hoe in de oersoep RNA-moleculen zelf aangemaakt hadden moeten worden. Het molecuul bestaat uit drie delen: de RNA-base die zijn genetische informatie codeert (net zoals de DNA-basen de genetische informatie van het DNA coderen), een fosfaatgroep en een suiker, ribose. Hoewel er enkele successen zijn geboekt met het bedenken van aannemelijke chemische reacties die de RNA-basen en fosfaatcomponenten in de oersoep hadden kunnen produceren, komen er bij de meest geloofwaardige reactie die ribose oplevert ook tal van andere suikers vrij. Er is geen bekend niet-biologisch mechanisme waardoor alleen de suiker ribose kan worden geproduceerd. En zelfs als er ribose vrij zou komen, zou het een enorme klus zijn om alle drie de componenten op de juiste manier te combineren. Als geschikte vormen van alle drie de componenten van RNA bijeen worden gebracht, verbinden die zich slechts op willekeurige manieren tot de onvermijdelijke oersmurrie. Scheikundigen vermijden dit probleem door bijzondere vormen te gebruiken van basen waarvan de chemische groepen gewijzigd zijn om deze ongewenste nevenreacties te voorkomen – maar dat is valsspelen, en trouwens, dat de 'geactiveerde' basen zich onder oeromstandigheden gevormd zouden hebben, is nog onwaarschijnlijker dan dat dat zou gebeuren met de normale RNA-basen.

Scheikundigen kunnen echter wel de RNA-basen synthetiseren uit eenvoudige chemische stoffen door een heel complexe reeks zorgvuldig gecontroleerde reacties te doorlopen, waarbij elk gewenst product van de ene reactie wordt geïsoleerd en gezuiverd voordat het aan de volgende reactie wordt onderworpen. De Schotse scheikundige Graham Cairns-Smith schatte dat er ongeveer 140 stappen nodig zijn voor de synthese van een RNA-base uit eenvoudige organische verbindingen die vermoedelijk in de oersoep hebben gezeten.[2] Voor elke stap zijn er minimaal zo'n zes andere reacties die voorkomen moeten worden. Dit maakt de chemische synthese makkelijk te visualiseren, want je kunt je elk molecuul voorstellen als een soort moleculaire dobbelsteen, waarbij elke stap correspondeert met een worp waarbij het getal zes staat voor het genereren van het juiste product en elk ander getal aangeeft dat het verkeerde product is aangemaakt. De kans dat een uitgangsmolecuul uiteindelijk in RNA wordt omgezet staat dus gelijk aan 140 maal achter elkaar een zes gooien.

Natuurlijk wordt die kans groter doordat scheikundigen bij elke stap de omstandigheden zorgvuldig kunnen beheersen, maar de prebiotische wereld moest alleen vertrouwen op het toeval. Misschien kwam de zon net op het juiste moment tevoorschijn om een poeltje chemische stoffen rond een moddervulkaan te doen verdampen? Of misschien barstte de moddervulkaan uit, waardoor er water en een beetje zwavel bij kwamen zodat er een andere reeks verbindingen ontstond? Misschien werd het mengsel getroffen door een enorm onweer, dat door de toevoer van elektrische energie enkele chemische veranderingen versnelde? De vragen kunnen eindeloos doorgaan, maar het is vrij makkelijk om de kans te schatten dat alleen door toeval elk van de benodigde 140 stappen uit zes mogelijke producten de juiste zou opleveren: dat is een op de 6^{140} (ongeveer 10^{109}). Om een statische kans te hebben dat er RNA wordt aangemaakt door louter willekeurige processen, zou je in je oersoep minstens dit aantal uitgangsmoleculen moeten hebben. Maar 10^{109} is een veel groter aantal dan zelfs het aantal elementaire deeltjes in het hele zichtbare universum (ongeveer 10^{80}). De aarde had gewoon niet genoeg moleculen, of voldoende tijd, om significante hoeveelheden RNA te produceren in die miljoenen jaren tussen haar ontstaan en de opkomst van leven in de tijd die de rotsen van Isua suggereren.

Stel je niettemin voor dat de synthese van significante hoeveelheden RNA zich wél voltrok, als gevolg van een nog niet ontdekt scheikundig proces. Nu moeten we het al even intimiderende probleem oplossen dat de vier verschillende RNA-basen (die, zoals je je zult herinneren, hetzelfde zijn als de vier letters in de DNA-code, A, G, C en T) in precies de juiste volgorde gecombineerd moeten worden om te zorgen dat een ribozym in staat is tot zelfreplicatie. De meeste ribozymen zijn RNA-strengen met een lengte van minstens honderd basen. Op elke positie in de streng moet zich een van de vier basen bevinden. Dit betekent dat er 4^{100} (of 10^{60}) verschillende manieren zijn om een streng RNA van honderd basen te maken. Hoe groot is de kans dat het door elkaar husselen van RNA-basen over de hele lengte van de streng precies de juiste sequentie zal opleveren om een zelfreplicerend ribozym te produceren?

Omdat we zoveel lol lijken te hebben met grote getallen, kunnen we dat berekenen. Het blijkt dat dat 4^{100} afzonderlijke RNA-strengen met een lengte van 100 basen een gecombineerde massa van 10^{50} kilo zouden hebben. Zoveel zouden we dus nodig hebben om van de meeste strengen één exemplaar te hebben en daarmee een redelijke kans dat bij één ervan alle basen op de juiste manier geordend zijn voor een zelfreplicator. Maar de totale massa van de Melkweg is naar schatting pakweg 10^{42} kilo.

Het is duidelijk dat we niet alleen op het toeval kunnen vertrouwen.

Het kan uiteraard zijn dat er onder die 4^{100} mogelijke 100 basen lange RNA-strengen niet slechts één ordening is die als zelfreplicator zou fungeren. Het zouden er veel meer kunnen zijn. Er zouden zelfs triljoenen mogelijke replicatoren kunnen zijn die gevormd kunnen worden uit RNA-strengen met een lengte van 100 basen. Misschien komt zelfreplicerend RNA best veel voor en hebben we slechts een miljoen moleculen nodig om een kans te hebben dat we een zelfreplicator maken. Het probleem bij deze redenering is dat het niet meer is dan dat, een redenering. Ondanks vele pogingen heeft niemand ooit ook maar één zelfreplicerend molecuul RNA (of DNA, of eiwit) gemaakt, of er eentje in de natuur waargenomen. Dat is niet zo verbazend als je bedenkt wat een zware klus zelfreplicatie is. In de wereld van vandaag is er een hele levende cel voor nodig om dit voor elkaar te krijgen. Had het miljarden jaren geleden gedaan kunnen worden met een veel simpeler systeem? Dat moet ongetwijfeld gekund hebben, anders zouden wij er nu niet zijn om over dat probleem na te denken. Maar het is totaal niet duidelijk hoe dit volbracht is voordat er zich cellen ontwikkelden.

Omdat het zo moeilijk is om biologische zelfreplicatoren te identificeren, kunnen we misschien inzicht krijgen door een meer algemene vraag te stellen: hoe makkelijk is zelfreplicatie in een willekeurig systeem? De moderne technologie heeft ons veel apparaten verschaft die dingen kunnen reproduceren, van fotokopieerapparaten tot elektronische computers en 3D-printers. Kan een van deze apparaten een kopie van zichzelf maken? Waarschijnlijk komt een 3D-printer nog het meest in de buurt, bijvoorbeelde een van de RepRap-printers (een afkorting van *Replicating Rapid Prototyper*) die het geesteskind zijn van Adrian Bowyer aan de Britse Universiteit van Bath. Deze machines kunnen hun eigen onderdelen printen, waarvan vervolgens een andere RepRap 3D-printer gemaakt kan worden.

Nou ja, niet helemaal. De machine print alleen in plastic, maar zijn eigen chassis is van metaal, evenals de meeste elektrische componenten. Dus alleen de plastic onderdelen kunnen gerepliceerd worden, en die moeten handmatig met extra onderdelen in elkaar gezet worden om een nieuwe printer te maken. Wat de ontwerpers voor ogen staat, is zorgen dat zelfreplicerende RepRap-printers (er zijn meerdere verschillende ontwerpen) voor iedereen vrij verkrijgbaar zijn. Maar ten tijde van het schrijven van dit boek zijn we nog ver verwijderd van het bouwen van een apparaat dat werkelijk zichzelf repliceert.

Dus als de zoektocht naar zelfreplicerende apparaten ons niet echt helpt in ons streven te ontdekken hoe makkelijk of moeilijk zelfreplicatie is, kunnen we de materiële wereld dan helemaal mijden en deze vraag onderzoeken binnen in een computer, waar die chaotische en moeilijk produceerbare chemische stoffen vervangen kunnen worden door de eenvoudige bouwstenen van de digitale wereld: de bits die alleen de waarde 1 of 0 kunnen hebben? Een 'byte' aan gegevens, die uit acht bits bestaat, staat voor één tekstkarakter in een computercode en kan grofweg gelijkgesteld worden aan de eenheid van de genetische code: een

DNA- of RNA-base. Nu kunnen wij de vraag stellen: hoe vaak komen er, in verhouding tot alle mogelijke strengen bytes, strengen voor die zichzelf in een computer kunnen repliceren?

Hier hebben wij een enorm voordeel, want zelfreplicerende strengen bytes komen in feite heel veel voor: wij kennen ze als computervirussen. Dit zijn relatief korte computerprogramma's die onze computers kunnen infecteren door de centrale verwerkingseenheid aan te zetten tot het maken van massa's kopieën. Deze computervirussen springen vervolgens over naar onze e-mails om de computers van onze vrienden en collega's te infecteren. Dus als wij het computergeheugen beschouwen als een soort digitale oersoep, dan kunnen computervirussen beschouwd worden als het digitale equivalent van oerreplicators.

Een van de simpelste computervirussen, Tinba, heeft een lengte van slechts 20 kilobyte, heel kort vergeleken met de meeste computerprogramma's. Toch heeft Tinba in 2012 met succes een aanval gedaan op de computers van grote banken, waar het zich in hun browsers nestelde en inloggegevens stal; dus was het duidelijk een geweldige zelfreplicator. Hoewel 20 kilobyte misschien heel kort is voor een computerprogramma, bestaat het niettemin uit een relatief lange streng digitale informatie, omdat dat, met 8 bits in een byte, neerkomt op 160 000 bits aan informatie. Omdat elke bit slechts in een van twee toestanden kan verkeren (0 of 1), kunnen we makkelijk de kans berekenen dat er willekeurig bepaalde strengen binaire getallen gegenereerd worden. Zo is de kans om een bepaalde streng van drie bits te genereren, bijvoorbeeld 111, ½ x ½ x ½, oftewel een kans van 1 op de 2^3. Als we dezelfde wiskundige logica volgen, is de kans dat we bij toeval op een specifieke streng met een lengte van 160 000 bits uitkomen (de lengte van Tinba), 1 op de 2^{120000}. Dit is een verbijsterend klein getal, dat ons vertelt dat Tinba niet alleen door toeval kan zijn ontstaan.

Misschien zijn er, net zoals we voor RNA-moleculen speculeerden, een heleboel zelfreplicerende codes die veel simpeler zijn dan Tinba en die wel bij toeval ontstaan kunnen zijn. Maar als dat het geval zou zijn, dan zou er intussen ongetwijfeld spontaan een computervirus moeten zijn ontstaan uit de talloze gigabytes aan computercode die elke seconde door het internet stromen. De meeste van die codes zijn tenslotte niet meer dan reeksen enen en nullen (denk aan alle beelden en films die iedere seconde worden gedownload). Die codes zijn allemaal potentieel functioneel, in die zin dat ze onze computers instrueren om bepaalde fundamentele bewerkingen uit te voeren, zoals kopiëren of wissen. Maar alle computervirussen die ooit iemands computer hebben geïnfecteerd dragen de onmiskenbare sporen van mensenwerk. Zelfs binnen de voor replicatie gunstige omgeving van een computer is zelfreplicatie moeilijk, en voor zover wij weten heeft de enorme stroom aan digitale informatie die dagelijks de hele wereld over gaat nog nooit spontaan een computervirus gegenereerd.

En, kan de kwantummechanica uitkomst bieden?

Dit uitstapje naar de digitale wereld toont het fundamentele probleem bij de zoektocht naar de oorsprong van het leven, dat neerkomt op de aard van de zoekmachine die de nodige ingrediënten bijeen moet brengen in de juiste configuratie om een zelfreplicator te maken. Wat de chemische stoffen ook waren die in de oersoep zaten, ze moeten een enorme hoeveelheid mogelijkheden hebben doorlopen om op een heel zeldzame zelfreplicator te stuiten. Zou ons probleem kunnen zijn dat we de zoekroutine beperken tot de regels van de klassieke wereld? Misschien herinner je je nog uit hoofdstuk 4 dat de kwantumtheoretici aan MIT aanvankelijk zeer sceptisch waren wat betreft het bericht in de *New York Times* dat planten en microben zich van een kwantumzoekroutine bedienden. Maar uiteindelijk raakten ze overtuigd van het idee dat bij fotosynthetische systemen inderdaad zo'n zoekroutine werd geïmplementeerd, een zogenaamde qu*antum walk*. Diverse onderzoekers, onder wie ook wij,[3] hebben onderzoek gedaan naar het idee dat bij het ontstaan van het leven ook een of ander kwantummechanisch zoekscenario een rol kon hebben gespeeld.

Stel je voor: een heel klein oerpoeltje, in een porie van die serpentiniet-rotsen die drieënhalf miljard jaar geleden (toen de gneisslagen van Groenland werden gevormd) werden uitgestoten door een moddervulkaan onder de oude zee bij Isua. Hier heb je Darwins 'warme poeltje, met allerlei ammonium- en fosforzouten, licht, warmte, elektriciteit, et cetera, waar chemisch een eiwitverbinding werd gevormd, klaar om nog complexere veranderingen te ondergaan...' Stel je nu ook voor dat één 'eiwitverbinding' (het zou net zo goed een RNA-molecuul kunnen zijn), geproduceerd door het soort chemische processen dat Stanley Miller heeft ontdekt, een soort proto-enzym (of ribozym) was, dat wel enzymatische activiteit vertoonde, maar nog niet een zelfreplicerend molecuul was. En stel je verder voor dat enkele van de deeltjes in dit enzym naar andere posities zouden kunnen gaan, maar daarvan weerhouden worden door klassieke energiebarrières. Maar zoals wij in hoofdstuk 3 hebben besproken, kunnen zowel elektronen als protonen met behulp van een kwantumtunneleffect door energiebarrières heen die hun klassieke verplaatsing in de weg staan, een cruciaal aspect van de werking van enzymen. Feitelijk bestaat het elektron of het proton tegelijk aan beide kanten van de barrière. Als we ons voorstellen dat dit binnen onze proto-enzymen gebeurt, zouden we verwachten dat de verschillende configuraties – waarbij het deeltje zich aan een van beide kanten van de energiebarrière bevindt – gepaard zullen gaan met verschillende enzymatische activiteiten, dat wil zeggen, met het vermogen om verschillende soorten chemische reacties te versnellen, waaronder misschien een reactie voor zelfreplicatie.

Laten we kiezen voor getallen waarmee we makkelijk kunnen werken en ons voorstellen dat er in totaal 64 protonen en elektronen zijn in ons denkbeeldige proto-enzym, die elk naar een van twee verschillende posities kunnen tunnelen. Het totale aantal structurele variaties dat ons denkbeeldige proto-enzym ter beschikking staat is nog altijd gigantisch: 2^{64} – dat zijn vreselijk veel mogelijke configuraties. Stel je nu voor dat slechts één van deze configuraties de benodigde eigenschappen heeft om een zelfreplicerend enzym te worden. De vraag is: hoe makkelijk is het om die specifieke configuratie te vinden die tot het ontstaan van leven zou kunnen leiden? Zal de zelfreplicator ooit gerealiseerd worden in onze warme poeltje?

Beschouw om te beginnen het proto-enzym als een volkomen klassiek molecuul, dat niet in staat is tot kwantumkunstjes, zoals superpositie of het tunneleffect. Het molecuul moet op elk moment een van de mogelijke 2^{64} verschillende configuraties aannemen, en de kans dat dit proto-enzym een zelfreplicator zal zijn is 1 gedeeld door 2^{64} – inderdaad een uiterst kleine kans. Als de kans zo klein is, zal het klassieke proto-enzym blijven steken in een van de saaie configuraties die zichzelf niet kunnen repliceren.

Uiteraard veranderen moleculen wel, als gevolg van algemene thermodynamische slijtage, maar in de klassieke wereld gaat zo'n verandering relatief langzaam. Om één molecuul te laten veranderen moet de oorspronkelijke ordening van atomen ontmanteld worden en moeten de deeltjes waaruit het bestaat opnieuw geordend worden tot een nieuwe moleculaire configuratie. Zoals we in hoofdstuk 3 ontdekt hebben bij het duurzame collageen van de dinosaurus, kunnen chemische veranderingen zich soms voltrekken op een geologische tijdschaal. Klassiek bezien zou het ons proto-enzym heel veel tijd kosten om zelfs maar een fractie van die 2^{64} chemische configuraties uit te proberen.

Maar de situatie is totaal anders als we ervan uitgaan dat de 64 belangrijkste deeltjes in het proto-enzym elektronen en protonen zijn die tussen hun verschillende posities heen en weer kunnen tunnelen. Omdat het een kwantumsysteem is, kan het proto-enzym in een superpositie van al zijn mogelijke configuraties verkeren. De reden voor onze keuze van het getal 64 wordt nu duidelijker; het is hetzelfde getal dat we besproken hebben toen we in hoofdstuk 8 de blunder van de Chinese keizer met het schaakbord gebruikten om de capaciteit van kwantumcomputers te illustreren, waarbij de tunnelende deeltjes vergelijkbaar waren met de velden op het bord of qubits. Onze proto-zelfreplicator zou, als hij lang genoeg in leven bleef, kunnen fungeren als een 64 bitskwantumcomputer, en we hebben al ontdekt hoe krachtig zo'n apparaat zou zijn. Misschien kan het zijn enorme kwantumrekenvermogen gebruiken om het antwoord te berekenen op de vraag: wat is de juiste moleculaire configuratie voor een zelfreplicator? In deze vorm worden het probleem en de mogelijke oplossing ervan duidelijker. Als je ervan uitgaat dat het proto-enzym in zo'n kwantumsuperpositie verkeert, wordt het zoekprobleem van het vinden van die ene van de 2^{64} mogelijke structuren die de zelfreplicator is, oplosbaar.

Er is echter een kink in de kabel. Je zult je herinneren dat qubits coherent en verstrengeld moeten blijven om kwantumberekeningen uit te voeren. Als er eenmaal decoherentie optreedt, vervalt de superpositie van 2^{64} verschillende toestanden en blijft er slechts eentje over. Helpt dit? Op het eerste gezicht niet, want de kans dat de kwantumsuperpositie vervalt tot die ene zelfreplicerende toestand is hetzelfde als voorheen: een minuscule kans van 1 gedeeld door 2^{64}, wat even klein is als de kans op 64 maal achter elkaar kop gooien. Maar bij wat er daarna gebeurt, wijkt de kwantumbeschrijving af van zijn klassieke tegenhanger.

Als een molecuul zich niet kwantummechanisch gedraagt en de verkeerde ordening van atomen zal blijken te hebben, die zichzelf niet kan repliceren (zoals bijna zeker het geval zal zijn), vereist het uitproberen van een andere configuratie het geologisch trage proces van het ontmantelen en opnieuw ordenen van moleculaire bindingen. Maar na de decoherentie van het equivalente kwantummolecuul, zal elk van de 64 elektronen en protonen in ons proto-enzym vrijwel onmiddellijk gereed zijn om weer te tunnelen naar een superpositie van beide mogelijke posities, om de oorspronkelijke kwantumsuperpositie van 2^{64} verschillende configuraties te herstellen. In zijn 64-qubitstoestand zou het kwantum-proto-replicatormolecuul zijn zoektocht naar zelfreplicatie in de kwantumwereld voortdurend kunnen herhalen.

Door decoherentie zal de superpositie al snel weer vervallen, maar ditmaal heeft het molecuul een andere van zijn 2^{64} verschillende klassieke configuraties aangenomen. Telkens opnieuw zal de decoherentie de superpositie doen vervallen, waarna het systeem een andere configuratie aanneemt, en dit proces zal eindeloos doorgaan. In wezen is het verval en herstel van de kwantumsuperpositie in deze relatief beschermde omgeving een omkeerbaar proces: het kwantummuntje wordt voortdurend opgegooid door de processen van superpositie en decoherentie, die zich veel sneller voltrekken dan het klassieke aangaan en verbreken van chemische bindingen.

Maar er is één gebeurtenis die een eind zal maken aan het kwantummechanische kop-of-muntspel. Als het kwantum-proto-replicatormolecuul uiteindelijk terechtkomt in een zelfreplicatortoestand, zal het zich gaan vermenigvuldigen en zal de replicatie, net als bij de uitgehongerde *E. coli*-cellen die we in hoofdstuk 7 hebben besproken, het systeem dwingen tot een onomkeerbare overgang naar de klassieke wereld. Het kwantummuntje zal onomkeerbaar zijn opgegooid, en de eerste zelfreplicator zal geboren zijn in de klassieke wereld. Natuurlijk zal zich bij deze replicatie een of ander biochemisch proces moeten voltrekken, binnen in het molecuul of tussen het molecuul en zijn omgeving, dat heel anders is dan de processen die zich afspeelden voordat de ordening van de proto-replicator was gevonden. Met andere woorden, er moet een mechanisme zijn dat deze speciale configuratie verankert in de klassieke wereld voordat deze verloren gaat en het molecuul overgaat tot de volgende kwantumordening.

Hoe zag de eerste zelfreplicator eruit?

De hiervoor aangegeven hypothese is, uiteraard, speculatief. Maar als de eerste zelfreplicator eerder in het domein van de kwantummechanica dan in de klassieke wereld moet worden gezocht, is daarmee het vraagstuk van de zoektocht naar de zelfreplicator mogelijk opgelost.

Wil dit scenario werken, dan moet het oerbiomolecuul – de proto-zelfreplicator – in staat zijn geweest om veel verschillende structuren uit te proberen door het tunnelen van zijn deeltjes naar verschillende posities. Weten we wat voor moleculen dat gekund zouden hebben? Nou, tot op zekere hoogte wel. Zoals we al ontdekt hebben, zitten de elektronen en protonen in enzymen relatief los, waardoor ze makkelijk naar verschillende posities kunnen tunnelen. De protonen in DNA en RNA kunnen ook tunnelen, althans over de waterstofbrug. We zouden ons dus kunnen voorstellen dat onze oerreplicator enigszins leek op een eiwit of een RNA-molecuul dat losjes bijeen werd gehouden door waterstofbruggen en zwakke elektronische bindingen, waardoor zijn deeltjes – zowel protonen als elektronen – zich vrijelijk door zijn structuur konden verplaatsen om een superpositie aan te nemen van zijn talloze verschillende configuraties.

Zijn er aanwijzingen voor zo'n scenario? Apoorva D. Patel, een natuurkundige aan het Centrum voor Hoge Energiefysica van het Indiase Instituut voor Wetenschap in Bangalore, is een van de grootste deskundigen ter wereld op het gebied van kwantumalgoritmes – de software voor kwantumcomputers. Apoorva suggereert dat bepaalde aspecten van de genetische code (de sequenties van DNA-basen die voor specifieke aminozuren coderen) de oorsprong ervan als kwantumcode verraden.[4] Dit is niet de plek om hier technisch en in detail op in te gaan (dat zou ons te diep de wiskunde van de kwantuminformatica in voeren), maar zijn idee zou niet als een verrassing moeten komen. In hoofdstuk 4 hebben we gezien hoe bij de fotosynthese de energie van het foton wordt overgedragen op het reactiecentrum door meerdere routes tegelijk te volgen – een kwantummechanische toevalsbeweging (*quantum random walk*). Verderop, in hoofdstuk 8, hebben we het gehad over het idee van een kwantumcomputer en de vraag of het leven gebruik zou kunnen maken van kwantumalgoritmes om de efficiëntie van bepaalde biologische processen te bevorderen. Zo zijn ook kwantummechanische scenario's met betrekking tot het ontstaan van het leven niet meer dan een uitbreiding van die ideeën: de mogelijkheid dat kwantumcoherentie in de biologie bij het ontstaan van het leven eenzelfde soort rol speelde als tegenwoordig in levende cellen.

Natuurlijk blijft ieder scenario waarin de kwantummechanica betrokken is bij het ontstaan van het leven drie miljard jaar geleden bijzonder speculatief. Maar zoals we hebben besproken, brengen zelfs de klassieke verklaringen voor het ontstaan van het leven veel problemen met zich mee: het is niet makkelijk om vanuit het niets leven te scheppen! Misschien dat de kwantummechanica de taak van het bouwen van een zelfreplicator iets makkelijker heeft gemaakt door meer efficiënte zoekstrategieën te bieden. Dit was ongetwijfeld niet het hele verhaal, maar de kwantummechanica heeft er misschien wel aan bijgedragen de kans te verhogen dat het leven ontstond in die oeroude rotsen op Groenland.

Hoofdstuk 10

Kwantumbiologie: leven op de rand van een storm

'Vreemd' is het meest gebruikte bijvoeglijk naamwoord om de kwantummechanica te omschrijven. En die is ook vreemd. Elke theorie waarbij objecten door ondoordringbare barrières heen kunnen, op twee plaatsen tegelijk kunnen zijn en er 'spookachtige relaties' op na kunnen houden, kan niet als gewoon worden omschreven. Maar in feite is de wiskundige onderbouwing volkomen logisch en consistent en geeft die een accurate beschrijving van hoe de wereld is op het niveau van elementaire deeltjes en krachten. De kwantummechanica is dus het fundament van de fysieke werkelijkheid. Energiepakketjes, de golfdeeltjesdualiteit, coherentie, verstrengeling en het tunneleffect zijn niet slechts interessante ideeën die alleen relevant zijn voor wetenschappers in esoterische natuurkundige laboratoria. Ze zijn even reëel en normaal als oma's appeltaart, en spelen zich natuurlijk ook af in oma's appeltaart. De kwantummechanica is normaal, maar de wereld die ze beschrijft is wel vreemd.

Maar zoals we hebben ontdekt, worden de meeste van die tegen de intuïtie indruisende aspecten van materie op kwantumniveau weggevaagd door het turbulente thermodynamische inwendige van grote objecten, in het proces dat wij decoherentie noemen, waardoor alleen onze vertrouwde klassieke wereld overblijft. We kunnen dus zeggen dat de fysieke werkelijkheid uit drie niveaus bestaat (figuur 10.1). Aan de oppervlakte bevinden zich macroscopische, alledaagse objecten, zoals voetballen, treinen en planeten, waarvan het gedrag over het algemeen Newtons mechanische bewegingswetten volgt, waarbij bekende concepten komen kijken als snelheid, versnelling, impuls en kracht. De middelste laag is die van de thermodynamica, die het gedrag van vloeistoffen en gassen beschrijft. Hier zijn dezelfde klassieke newtoniaanse regels van toepassing; maar zoals Schrödinger opmerkte en zoals wij in hoofdstuk 2 hebben beschreven, zijn deze onderliggende thermodynamische wetten, die bijvoorbeeld beschrijven hoe een gas uitzet als het verhit wordt of hoe een stoommachine een trein tegen een heuvel op laat rijden, gebaseerd op het 'orde uit wanorde'-gemiddelde van het chaotische biljartbalgedrang van talloze atomen en moleculen. Het derde en diepste niveau is het fundament van de werkelijkheid: de kwantumwereld. Hier volgt het gedrag van de atomen en moleculen, en ook dat

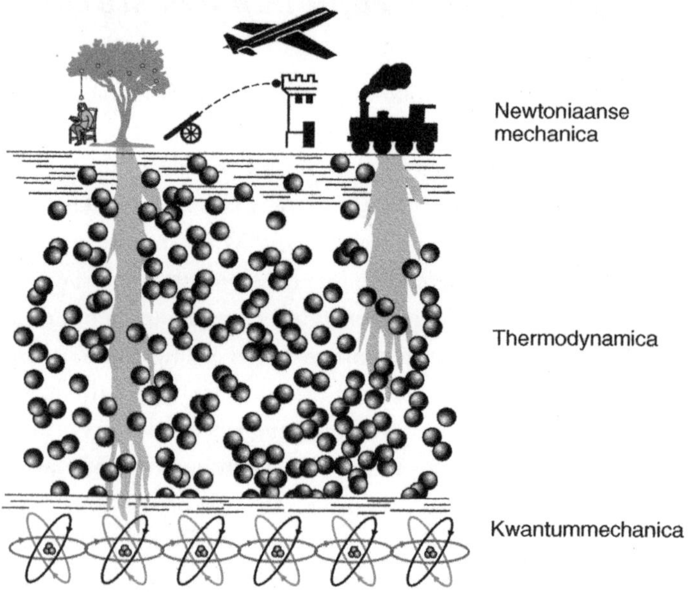

Figuur 10.1 De drie lagen van de werkelijkheid. De bovenste laag is de zichtbare wereld, vol objecten zoals vallende appels, kanonskogels, stoomtreinen en vliegtuigen, waarvan de bewegingen beschreven worden door de newtoniaanse mechanica. Daaronder ligt de thermodynamische laag van biljartbalachtige deeltjes waarvan de beweging nagenoeg willekeurig is. Deze laag is verantwoordelijk voor de 'orde uit wanorde'-wetten die het gedrag bepalen van objecten zoals stoommachines. De laag daaronder is die van de elementaire deeltjes, die onderworpen zijn aan ordelijke kwantumwetten. De zichtbare aspecten van de meeste objecten die wij om ons heen zien lijken geworteld te zijn in de newtoniaanse of de thermodynamische laag, maar levende organismen, zoals bomen, hebben wortels die helemaal doordringen tot in de harde kwantumbodem van de werkelijkheid.

van de deeltjes waaruit ze bestaan, de precieze en ordelijke regels van de kwantummechanica, en niet die van de klassieke mechanica. Maar doorgaans is het merendeel van de vreemde kwantumzaken voor ons onzichtbaar. Pas als we afzonderlijke moleculen aandachtig observeren, zoals bij het tweespletenexperiment, zien we de diepere kwantumwetten. Het gedrag dat die beschrijven komt ons vreemd voor omdat we de werkelijkheid normaliter zien door een filter van decoherentie, dat alle vreemdheid van grotere objecten doet verdwijnen.

De meeste levende organismen zijn relatief grote objecten. Net als bij treinen, voetballen en kanonskogels gehoorzaamt hun beweging over het algemeen vrij goed aan de newtoniaanse wetten: een persoon die uit een kanon wordt afgevuurd, beschrijft dezelfde baan als een kanonskogel. Op een dieper niveau kan de fysiologie van weefsels en cellen ook goed beschreven worden door de thermodynamische wetten: de expansie en contractie van een long verschilt niet zoveel van de expansie en contractie van een ballon. Dus op het eerste gezicht zou je geneigd zijn aan te nemen – zoals de meeste wetenschappers hebben gedaan – dat het kwantumgedrag ook wordt weggefilterd bij roodborstjes, vissen, dinosaurussen, appelbomen, vlinders en onszelf, net zoals bij andere klassieke objecten. Maar we hebben gezien dat dit voor het leven niet altijd opgaat: de wortels ervan reiken van de newtoniaanse oppervlakte door de turbulente thermodynamische wateren heen tot in de harde kwantumbodem, zodat het leven gebruik kan maken van coherentie, superpositie, het tunneleffect en verstrengeling (figuur 10.1). De vraag die wij in dit laatste hoofdstuk aan de orde willen stellen is: hoe?

Een deel van het antwoord hebben we al behandeld. Erwin Schrödinger wees er meer dan zestig jaar geleden op dat het leven verschilt van de anorganische wereld omdat het zelfs op een moleculair niveau gestructureerd en ordelijk is. Die orde tot op het diepste niveau geeft het leven een rigoureus hefboomeffect dat het moleculaire verbindt met het macroscopische, zodat kwantumgebeurtenissen die zich afspelen binnen afzonderlijke biomoleculen gevolgen kunnen hebben voor een heel organisme: het soort versterking vanuit het kwantumdomein naar de macroscopische wereld dat werd aangevoerd door die andere kwantumpionier, Pascual Jordan.

Toen Schrödinger en Jordan over biologie schreven, wist natuurlijk nog niemand waaruit een gen bestond of hoe enzymen of de fotosynthese werkten. Maar na een halve eeuw van grondig moleculair biologisch onderzoek is de structuur van biomoleculen op het niveau van afzonderlijke atomen in DNA en eiwitten heel gedetailleerd in kaart gebracht. En zoals we hebben ontdekt, zijn de vooruitziende inzichten van de kwantumpioniers bewezen, zij het tamelijk laat. Fotosynthetische systemen, enzymen, de keten van de gasstofwisseling en genen zijn helemaal tot onderaan bij de positie van individuele deeltjes gestructureerd, en de kwantumbewegingen ervan maken inderdaad veel uit voor de ademhaling die ons in leven houdt, de enzymen die ons lichaam bouwen en de fotosynthese die bijna alle biomassa op onze planeet aanmaakt.

En toch zijn er nog vele vragen, met name wat betreft de manier waarop het leven erin slaagt om de kwantumcoherentie te handhaven in de warme, natte zee van biomoleculen in een levende cel. Eiwitten en DNA zijn geen stalen machines met starre onderdelen, zoals de instrumenten die gebruikt worden om kwantumeffecten te detecteren in natuurkundige laboratoria. Het zijn sponzige, flexibele structuren, die voortdurend onderhevig zijn aan hun eigen thermale trillingen en waar de omringende moleculaire biljartballen voortdurend tegenop botsen, een onophoudelijk spervuur van *moleculaire ruis.** Je zou verwachten dat deze willekeurige trillingen en botsingen de subtiele ordening van atomen en moleculen zouden verstoren, die deze deeltjes nodig hebben om hun kwantumgedrag in stand te houden. Het blijft een raadsel hoe die coherentie in de biologie wordt gehandhaafd, maar zoals we zullen ontdekken, is het een raadsel dat opgelost begint te worden, waarbij we fascinerende inzichten verkrijgen in de manier waarop het leven werkt – inzichten die misschien zelfs benut kunnen worden voor de kwantumtechnologieën van de toekomst.

Good, good, good, good vibrations (bop bop)

Weinig wetenschapsboeken voor een algemeen publiek moeten tijdens het schrijven ervan herzien worden. Maar in dit laatste hoofdstuk zullen wij resultaten beschrijven die op dit moment beschikbaar komen. De

*De term die vaak wordt gebruikt voor incoherente moleculaire trillingen.

wetenschap van de kwantumbiologie gaat zelfs zo snel, op zoveel verschillende fronten, dat dit boek onvermijdelijk een beetje verouderd zal zijn ten tijde van zijn verschijning. De grootste verrassingen die recent onderzoek heeft opgeleverd zijn nieuwe inzichten in de manier waarop het leven omgaat met moleculaire trillingen of ruis.

Enkele van de meest prikkelende nieuwe resultaten op dit gebied zijn het gevolg van nader onderzoek naar de fotosynthese. Je zult je van hoofdstuk 4 herinneren dat microben en plantenbladeren wemelen van de chloroplasten, gevuld met wouden van pigmentmoleculen (chlorofyl), en dat bij de eerste stap in de fotosynthese een lichtfoton wordt opgevangen door een pigmentmolecuul en wordt omgezet in een oscillerend exciton, dat snel door het chlorofylwoud naar het reactiecentrum wordt gevoerd. Je zult je ook herinneren dat de signatuur van coherentie, kwantumzwevingen, bij dit energietransport is waargenomen – een bewijs dat de efficiëntie van dit proces, bijna honderd procent, toegeschreven kan worden aan de quantum walk van excitons naar het reactiecentrum. Maar hoe excitons hun coherente golfachtige gedrag in stand houden terwijl ze rondzwerven door de moleculaire ruis van een levende cel was tot voor kort een raadsel. We hebben nu ontdekt dat het antwoord lijkt te zijn dat levende systemen moleculaire trillingen niet proberen te vermijden, maar op de maat ervan dansen.

In hoofdstuk 4 hebben we de kwantumcoherentie bij de fotosynthese voorgesteld als een soort moleculaire versie van een orkest waarvan alle instrumenten goed op elkaar zijn afgestemd en gelijk spelen. De instrumenten zijn in dit geval de coherente pigmentmoleculen die dezelfde maat houden. Maar het probleem dat het systeem te boven moet komen is dat het binnen in een cel heel lawaaiig is. Dit moleculaire orkest speelt niet in een concertzaal, maar in iets wat meer lijkt op een druk stadscentrum, in een kakofonie van moleculaire ruis die alle musici stoort, zodat de kans groot is dat hun oscillerende excitons 'ontstemd' raken en hun broze kwantumcoherentie verloren gaat.

Natuurkundigen en ingenieurs die apparaten zoals een kwantumcomputer proberen te bouwen kennen deze uitdaging. Zij gebruiken doorgaans twee strategieën om de ruis buiten de deur te houden. Ten eerste koelen ze, indien mogelijk, hun systemen tot dicht bij het absolute nulpunt. Bij die zeer lage temperaturen worden de moleculaire trillingen gedempt, waardoor de moleculaire ruis op zijn beurt afneemt. Ten tweede schermen ze hun apparatuur af in het moleculaire equivalent van een geluidsstudio, om zo eventuele omgevingsruis buiten de deur te houden. In levende cellen zijn er geen geluidsstudio's, en planten en microben leven in een warme omgeving, dus hoe kunnen fotosynthetische systemen hun goed afgestemde kwantumcoherentie zo lang handhaven?

Het antwoord lijkt te zijn dat fotosynthetische reactiecentra gebruikmaken van twee vormen van moleculaire ruis om de coherentie te handhaven in plaats van haar te verstoren. De eerste is een relatief zwakke, zachte ruis, die soms *witte ruis* wordt genoemd en erg lijkt op de ruis op alle frequenties van een tv of radio die geen signaal krijgt.* Deze witte ruis is afkomstig van het thermale moleculaire gedrang van alle omringende moleculen, zoals water of metaalionen, die dicht opeengepakt zitten in levende cellen. De tweede vorm, die soms *gekleurde ruis* wordt genoemd, is 'luider' en beperkt zich tot bepaalde frequenties, net zoals gekleurd (zichtbaar) licht beperkt is tot een smalle frequentieband binnen het elektromagnetische spectrum. De bron van gekleurde ruis zijn de trillingen van de grotere moleculaire structuren in de chloroplasten, zoals de pigmentmoleculen (chlorofyl) en de eiwitstellages die ze op hun plaats houden, die bestaan uit strengen met kralen van aminozuren, gekromd en verdraaid tot vormen die zich lenen voor het herbergen van pigmentmoleculen. Hun bochten en kronkels zijn flexibel en kunnen wel trillen, maar alleen op bepaalde frequenties, vergelijkbaar met de snaren van een gitaar. De pigmentmoleculen zelf hebben ook hun eigen trillingsfrequenties. Die trillingen genereren de gekleurde ruis die, net als een akkoord in de muziek, slechts uit enkele tonen bestaat. Fotosynthetische reactiesystemen lijken zowel witte als gekleurde ruis te gebruiken om het coherente exciton naar het reactiecentrum toe te loodsen.

Een aanwijzing voor de manier waarop het leven deze vorm van moleculaire trilling benut werd in 2008-2009 door twee groepen onafhankelijk van elkaar ontdekt. De ene was het Engelse echtpaar Martin Plenio en Susana Huelga, die al langer geïnteresseerd waren in de effecten van externe 'ruis' op de dynamica van kwantumsystemen en daarom niet verbaasd waren toen ze hoorden over het fotosynthese-experiment van Graham Fleming in 2007, dat wij in hoofdstuk 4 hebben bespro-

* De amplitude van de trillingen is heel klein, en dus geven ze niet veel energie af.

ken. Ze publiceerden snel enkele, nu veel aangehaalde, artikelen met een model van wat er volgens hen gaande was.[1] Zij stelden dat de ruis in het inwendige van een levende cel mogelijk fungeerde als de drijvende kracht achter de kwantumdynamiek, en dat die de kwantumcoherentie in fotosynthetische complexen en andere biologische systemen niet verstoorde, maar juist handhaafde.

De andere groep, aan de overkant van de Atlantische Oceaan, was dat kwantuminformaticateam van MIT onder leiding van Seth Lloyd, die kwantummechanica in planten aanvankelijk een krankzinnig idee vond. Samen met collega's van de nabijgelegen Harvard University deed Lloyd nader onderzoek naar de fotosynthetische complexen in algen waarbij Fleming en Engel kwantumzwevingen hadden ontdekt.[2] Ze toonden aan dat het transport van het kwantumcoherente exciton door omgevingsruis zowel vertraagd als versneld kan worden, afhankelijk van hoe *luid* die ruis is. Als het systeem te koud en te stil is, zal het exciton over het algemeen doelloos oscilleren en niet echt ergens naartoe gaan, terwijl in een heel warme en luidruchtige omgeving het zogeheten *kwantum-Zeno-effect* optreedt, dat het kwantumtransport vertraagt. Tussen deze twee extremen in bevindt zich een *Goudlokjezone* waar de trillingen precies goed zijn voor het kwantumtransport.

Het kwantum-Zeno-effect is genoemd naar de oude Griekse filosoof Zeno van Elea, die filosofische problemen formuleerde in de vorm van een verzameling paradoxen. Een daarvan is de pijlparadox. Zeno nam een vliegende pijl die, zo betoogde hij, op elk moment een bepaalde positie in de ruimte moest innemen. Als je de pijl op dat moment zou zien, zou je hem niet kunnen onderscheiden van een totaal onbeweeglijke pijl die op diezelfde plek in de lucht hing. De paradox is dat de vlucht van een pijl bestaat uit een reeks van die bevroren tijdsegmenten, met een onbeweeglijke pijl op elk punt van het traject. Maar als je alle segmenten samenvoegt, beweegt de pijl wel. Hoe kan een reeks van zulke nulbewegingen ooit een echte beweging opleveren? Zoals wij nu weten, is het antwoord dat een eindige tijdsduur niet bestaat uit een reeks ondeelbare eenheden die nul tijd in beslag nemen. Maar die oplossing moest wachten tot de uitvinding van de integraalrekening in de zeventiende eeuw, meer dan tweeduizend jaar nadat Zeno zijn vraag stelde. Niettemin leeft de paradox van Zeno nog steeds voort, althans in naam, in een van de meest eigenaardige aspecten van de kwantummechanica. Kwantumpijlen kunnen werkelijk in de tijd bevroren worden door de handeling van het waarnemen.

In 1977 publiceerden natuurkundigen aan de Universiteit van Texas een paper waaruit bleek hoe iets wat vergelijkbaar is met de pijl van Zeno zich in de kwantumwereld kon voordoen.[3] Met het kwantum-Zeno-effect, zoals het bekend raakte, wordt beschreven hoe voortdurende observaties kwantumgebeurtenissen kunnen voorkomen. Zo zal een radioactief atoom als het aandachtig en voortdurend wordt geobserveerd nooit vervallen – een effect dat dikwijls wordt beschreven in termen van de oude Engelse volkswijsheid dat een ketel waarnaar je kijkt nooit aan de kook komt. Natuurlijk komen echte ketels uiteindelijk wel aan de kook; de tijd lijkt alleen trager te gaan als je veel zin hebt in een kop thee. Maar zoals Heisenberg ons leert, is het in het domein van de kwantummechanica onvermijdelijk dat het observeren (meten) de toestand van het geobserveerde verandert.

Om de relevantie van Zeno's paradox voor het leven te zien, zullen we terugkeren naar het energietransport bij de fotosynthese. Laten we ons voorstellen dat een blad net een foton van de zon heeft opgevangen en de energie heeft omgezet in een exciton. Klassiek bezien is het exciton een deeltje met een duidelijke plaats in tijd en ruimte. Maar zoals uit het tweespletenexperiment is gebleken, hebben kwantumdeeltjes ook een diffuus golfkarakter waardoor ze op meerdere plaatsen tegelijk kunnen bestaan in de vorm van een kwantumsuperpositie. Juist het golfkarakter van het exciton is essentieel voor een efficiënt kwantumtransport, want net als een watergolf kan het hierdoor meerdere routes tegelijk kiezen. Maar als de kwantumgolf van het exciton stukslaat op de rotsen van de moleculaire ruis van de decoherentie in het blad, gaat het golfkarakter verloren en zal het een gelokaliseerd deeltje met één vaste positie worden. De ruis fungeert in wezen als een soort voortdurende meting, en als hij heel sterk is, zal de decoherentie zich heel snel voltrekken, voordat de kwantumcoherentie de kans krijgt om de excitongolf naar zijn bestemming toe te helpen. Dit is het kwantum-Zeno-effect: de manier waarop de kwantumgolf voortdurend vervalt en deel gaat uitmaken van de klassieke wereld.

Toen het MIT-team de invloed van moleculaire ruis/trillingen op het fotosynthetische complex van een bacterie evalueerde, ontdekte het dat het kwantumtransport optimaal was bij temperaturen rond die waaronder de fotosynthese plaatsvindt bij microben en planten. Dit volmaakte evenwicht tussen een optimale transportefficiëntie en het soort temperaturen waaronder levende organismen leven is opmerkelijk en suggereert, volgens het team, dat drie miljard jaar van natuurlijke selectie de evolutionaire technologie van het excitontransport op kwantumniveau zodanig heeft verfijnd dat de belangrijkste biochemische reactie in de biosfeer daardoor geoptimaliseerd is. Zoals zij in hun artikel betogen 'drijft natuurlijke selectie kwantumsystemen over het algemeen tot die mate van kwantumcoherentie die "precies goed" is voor het bereiken van een maximale efficiëntie'.[4]

Goede moleculaire vibes beperken zich echter niet tot witte ruis. Van 'gekleurde' ruis, gegenereerd door een beperkte verzameling trillingen van de chlorofylmoleculen zelf, of zelfs van de omringende eiwitten, vermoedt men nu dat die ook een belangrijke rol speelt bij het uitstellen van decoherentie. Als we ons de witte thermale ruis voorstellen als een moleculaire versie van de ruis op een slecht afgestemde radio, dan zijn de goede trillingen van gekleurde ruis vergelijkbaar met een simpele beat zoals het 'bop bop' van de Beach Boys in hun nummer 'Good Vibrations'. Maar vergeet niet dat het exciton zich ook golfachtig gedraagt, waardoor die coherente kwantumzwevingen worden gegenereerd die de groep van Graham Fleming ontdekte. In twee recente artikelen (uit 2012 en 2013) van Martin Plenio's groep aan de Universiteit van Ulm in Duitsland werd aangetoond dat het coherente exciton wanneer het door de witte ruis uit de pas raakt, door de oscillaties van de eiwitten weer in de pas kan gaan lopen, als de oscillatie van het exciton en de oscillaties van de omringende eiwitten – de gekleurde ruis – hetzelfde ritme hebben.[5] In een mooi theoretisch onderzoek dat in 2014 in *Nature* werd gepubliceerd toonde Alexandra Olaya-Castro van het University College London aan dat het exciton en de moleculaire trillingen – de gekleurde ruis – één enkel energiekwantum delen op een manier die gewoon niet verklaard kan worden zonder een beroep te doen op de kwantummechanica.[6]

Om ten volle te begrijpen wat de twee soorten moleculaire ruis bijdragen aan het transport van excitons, komen we weer terug op een muzikale metafoor en stellen we ons het fotosysteem voor als een orkest, waarbij de pigmentmoleculen de rol van de diverse instrumenten spelen en het exciton een melodie is. We stellen ons voor dat de muziek begint met een vioolsolo. Die staat voor het pigmentmolecuul dat het foton opvangt en de energie omzet in een trillend exciton. De muziek van het exciton wordt vervolgens overgenomen door de andere snaarinstrumenten, vervolgens door de blazers en uiteindelijk door het slagwerk, waarvan het ritme staat voor het reactiecentrum. We zullen ons ook nog voorstellen dat deze muziek wordt gespeeld in een zaal die bomvol zit met een publiek dat de witte ruis produceert met zakken chips die worden geopend, schuivende stoelen, hoesten en kuchen. De dirigent zal de gekleurde ruis zijn.

Laten we ons eerst voorstellen dat we op een heel rumoerige avond zijn gekomen, en dat het publiek zo'n kabaal maakt dat de musici zichzelf en hun collega's niet kunnen horen. In al het gedruis zet de eerste violist het stuk in, maar de andere musici kunnen hem niet horen en kunnen de melodie dus niet overnemen. Dit is het kwantum-Zeno-scenario, waarin het kwantumtransport wordt verhinderd doordat er te veel ruis is. Maar bij een heel laag ruisniveau, bijvoorbeeld in een lege zaal zonder enig publiek, luisteren de musici alleen naar elkaar, zodat ze allemaal de beginmelodie overnemen, als een deuntje dat je niet uit je hoofd kunt krijgen, en blijven ze die spelen. Dit is het tegenovergestelde scenario, waarbij te veel kwantumcoherentie optreedt en het exciton overal in het hele systeem blijft oscilleren maar niet op een bepaalde plek uitkomt.

In de Goudlokjezone, met precies de juiste hoeveelheid ruis, afkomstig van een beheerst publiek, is de verstoring voldoende om de musici uit hun saaie herhaling te halen en de hele partituur met al haar dynamische aanwijzingen uit te laten spelen. Sommige instrumenten raken af en toe toch nog uit de pas, wanneer een rumoerige toehoorder de monotone herhaling van de musici doorbreekt met een luide hoestaanval, maar met één zwaai van zijn stokje kan de dirigent ze weer in het gareel krijgen en ze de muziek van de fotosynthese laten spelen.

Overpeinzingen over de drijvende kracht van het leven

In hoofdstuk 2 hebben we een kijkje genomen in een stoommachine, om te ontdekken dat de drijvende kracht berustte op het opvangen van de willekeurige beweging van de zee aan biljartbalachtige moleculen en vervolgens het sturen van de moleculaire turbulentie om de zuiger in de cilinder aan te drijven. Toen hebben we de vraag gesteld of het leven volledig verklaard kan worden door hetzelfde thermodynamische principe van 'orde uit wanorde' waardoor stoommachines worden aangedreven. Is het leven slechts een complexe stoommachine?

Veel wetenschappers zijn ervan overtuigd dat dit zo is, maar dan wel op een subtiele manier die een beetje uitgewerkt moet worden. De complexiteitstheorie bestudeert de neiging van bepaalde vormen van chaotische beweging om orde te genereren door middel van *zelforganisatie*. Zo bewegen de moleculen in vloeistoffen volkomen chaotisch, zoals we al hebben besproken, maar als je badkuip leegloopt, stroomt het water spontaan maar ordelijk met de klok mee of tegen de klok in rond de afvoer. Deze macroscopische orde is ook te zien in de convectiepatronen in een pan met water die wordt verhit, bij orkanen, tornado's, de rode vlek op Jupiter en vele andere natuurverschijnselen. Zelforganisatie speelt ook een rol bij diverse biologische verschijnselen, zoals het zwermgedrag van vogels, vissen en insecten, en in het strepenpatroon van een zebra, en in de complexe fractalstructuur van sommige bladeren.

Het opmerkelijke aan al deze systemen is dat de macroscopische orde die wij zien, niet terug te vinden is op het moleculaire niveau. Als je een heel sterke microscoop zou hebben waarmee je de afzonderlijke moleculen zou kunnen zien die door je afvoer stromen, zou je wellicht verbaasd zijn als je zou merken dat hun bewegingen bijna volledig willekeurig zijn, met binnen die willekeur slechts een heel geringe geneigdheid om met de klok mee of tegen de klok in te gaan. Op een moleculair niveau is er alleen maar chaos – maar wel chaos met een geringe geneigdheid, die op een macroscopisch niveau orde kan opleveren: 'orde uit chaos', zoals dit principe soms wordt genoemd.[7]

Orde uit chaos lijkt qua concept erg op Erwin Schrödingers 'orde uit wanorde', die, zoals reeds beschreven, ten grondslag ligt aan de drijfkracht van stoommachines. Maar zoals we hebben ontdekt, werkt het bij het leven anders. Hoewel er in levende cellen heel wat ordeloze moleculaire beweging is, is de werkelijke activiteit van het leven een strak gechoreografeerde beweging van elementaire deeltjes in enzymen, fotosynthetische systemen, DNA en wat al niet meer. Op een microscopisch niveau heeft het leven een ingebouwde orde. 'Orde uit chaos' kan daarom niet de enige verklaring zijn voor de fundamentele eigenschappen waardoor het leven wordt gekenmerkt. Het leven lijkt totáál niet op een stoomtrein.

Recent onderzoek suggereert echter dat het leven misschien werkt als een soort kwantumversie van de stoommachine.

Het principe achter de werking van stoommachines werd in de negentiende eeuw voor het eerst uiteengezet door een Fransman, Sadi Carnot. Hij was de zoon van Napoleons minister van Oorlog, Lazare Carnot, die een aanstelling kreeg bij de genietroepen in het leger van Lodewijk XVI. Nadat de koning was afgezet, vluchtte Lazare Carnot niet, zoals velen van zijn aristocratische collega's, het land uit, maar sloot hij zich aan bij de revolutie. Als minister van Oorlog was hij goeddeels verantwoordelijk voor de totstandkoming van het Franse revolutionaire leger dat de Pruisische invasie afsloeg. Maar Lazare was niet alleen een briljant militair strateeg maar ook wiskundige, liefhebber van muziek en poëzie (hij noemde zijn zoon naar de middeleeuwse Perzische dichter Saadi Shirazi) en ingenieur; hij schreef een boek over hoe machines de ene vorm van energie in een andere omzetten.

Sadi had iets van zijn vaders revolutionaire en nationalistische elan. Als student nam hij deel aan de verdediging van Parijs in 1814, toen de stad opnieuw werd belegerd door de Pruisen. Hij had ook iets van het technisch inzicht van zijn vader en schreef een opmerkelijk boek met de titel *Sur la puissance motrice du feu* (Over de bewegende kracht van het vuur, 1823), waarvan vaak wordt gezegd dat het de aanzet heeft gegeven tot de wetenschap van de thermodynamica.

Sadi Carnot ontleende zijn inspiratie aan het ontwerp van stoommachines. Hij geloofde dat Frankrijk in de napoleontische oorlogen was verslagen omdat het geen stoomkracht had aangewend om zware industrieën te bouwen zoals Engeland dat had gedaan. Maar hoewel de stoommachine in Engeland was uitgevonden en met succes was gecommercialiseerd, was het ontwerp voornamelijk een kwestie van vallen en opstaan en van de intuïtie van ingenieurs zoals de Schotse uitvinder James Watt. Het had geen theoretisch fundament. Carnot probeerde deze situatie recht te zetten door in wiskundige termen te beschrijven hoe een warmtemachine, zoals die waardoor stoomtreinen worden aangedreven, gebruikt kan worden om werk te verrichten via een cyclisch proces dat tot op de dag van vandaag bekendstaat als de *Carnotcyclus*.

De Carnotcyclus beschrijft hoe een warmtemachine energie overdraagt van een warme naar een koude plek en een deel van deze energie gebruikt voor nuttige arbeid, alvorens terug te keren tot haar oorspronkelijke toestand. Zo brengt een stoommachine warmte van de hete ketel over naar de condensor, waarbij een deel van de warmte-energie in de vorm van stoom wordt gebruikt om een zuiger te laten bewegen en daarmee de wielen van een locomotief. Het afgekoelde water gaat dan terug naar de ketel, klaar om weer verwarmd te worden voor de volgende Carnotcyclus.

Het principe van de Carnotcyclus is van toepassing op allerlei motoren die warmte gebruiken om wat voor arbeid dan ook te verrichten, van de stoommachines die de drijvende kracht waren achter de industriële revolutie tot de benzinemotor die je auto aandrijft en de elektrische pomp die je koelkast koelt. Carnot toonde aan dat de efficiëntie van elk daarvan – in feite ‘elke voorstelbare warmtemachine’, zoals hij het stelde – afhangt van een paar fundamentele principes. Bovendien bewees hij dat het rendement van een klassieke warmtemachine niet boven een bepaald theoretisch maximum uit kan komen, dat nu bekendstaat als de *Carnotlimiet.* Zo heeft een elektromotor die 100 watt aan elektrische energie verbruikt om 25 watt aan mechanische energie te leveren, een rendement van 25 procent: 75 procent van de toegevoerde energie gaat verloren in de vorm van warmte. Klassieke warmtemachines zijn niet erg efficiënt.

De principes en beperkingen van de warmtemachines volgens Carnot zijn bijzonder algemeen en kunnen zelfs toegepast worden op zonnecellen, zoals die welke op de daken van sommige gebouwen te vinden zijn, die lichtenergie opvangen en omzetten in elektriciteit. Hetzelfde geldt voor de biologische fotocellen in de chloroplasten van bladeren, die wij in dit boek hebben beschreven. Zo’n *kwantummechanische warmtemachine* doet hetzelfde als een klassieke warmtemachine, maar dan met elektronen in plaats van stoom en fotonen bij wijze van warmtebron. Elektronen absorberen fotonen en krijgen daardoor meer energie. Die energie kunnen ze, indien nodig, afgeven om nuttige chemische arbeid te verrichten. Dit idee gaat terug op het werk van Albert Einstein en zou later de grondslag vormen voor de principes van de laser. Het probleem is dat vele van deze elektronen hun energie zullen verliezen als verspilde warmte voordat ze de kans krijgen om er gebruik van te maken. Dit beperkt de efficiëntie van zo’n kwantummechanische warmtemachine.

Je zult je herinneren dat het reactiecentrum de eindbestemming is van al die oscillerende excitons in fotosynthetische complexen. Tot dusver hebben wij ons geconcentreerd op het proces van het energietransport, maar de werkelijke activiteit van de fotosynthese speelt zich af in het reactiecentrum zelf. Hier wordt de fragiele energie van excitons omgezet in de stabiele chemische energie van het dragermolecuul, die planten of microben gebruiken om veel nuttige arbeid te verrichten, zoals het maken van meer planten en microben.

Wat zich in het reactiecentrum afspeelt is al even opmerkelijk als het excitontransport, en nog mysterieuzer. Oxidatie is het chemische proces waarbij elektronen tussen atomen worden verschoven. Bij veel oxidatieprocessen springen elektronen actief van het ene atoom (dat geoxideerd wordt) op het andere over. Maar bij andere vormen van oxidatie, zoals het verbranden van kolen, hout en fossiele brandstoffen, worden elektronen die aanvankelijk slechts bij één atoom horen, gedeeld met andere atomen: een nettoverlies van elektronen bij de donor (net zoals het delen van je chocoladereep neerkomt op een nettoverlies van chocola). Dus als koolstof in lucht wordt verbrand, worden de elektronen in de buitenste schillen ervan gedeeld met zuurstof om de moleculaire verbinding kooldioxide te vormen. Bij deze verbrandingsreacties is de binding van de elektronen in de buitenste schillen vrij los, zodat ze relatief makkelijk gedeeld kunnen worden. Maar bij het fotosynthetische reactiecentrum van een plant of microbe wordt er energie gebruikt om elektronen uit watermoleculen te plukken waarbij de binding veel hechter is. In feite worden er twee H_2O-moleculen opgesplitst om één O_2-molecuul, vier positief geladen waterstofionen en vier elektronen op te leveren. Omdat watermoleculen daarbij hun elektronen *kwijtraken*, is het reactiecentrum de enige natuurlijke plaats waar water geoxideerd raakt.

In 2011 beschreef de Amerikaanse natuurkundige Marlan Scully, momenteel hoogleraar aan zowel Texas A&M University als Princeton, samen met zijn collega's aan diverse Amerikaanse universiteiten een ingenieuze manier om een hypothetische kwantummechanische warmtemachine zo te bouwen dat die de rendementsbeperkingen van een gewone kwantumwarmtemachine kon overschrijden.[8] Om dat te doen wordt moleculaire ruis gebruikt om een elektron een zetje te geven zodat het in een superpositie raakt van twee energietoestanden tegelijk. Als dit elektron vervolgens de energie van een foton absorbeert en 'geëxciteerd' raakt, zal het in een superpositie van twee (nu hogere) energieën tegelijk blijven. Nu kan de kans kleiner worden dat het elektron vervalt in zijn oorspronkelijke staat en zijn energie verliest in de vorm van verspilde warmte, dankzij de kwantumcoherentie van zijn twee energietoestanden – dit lijkt op het voorbeeld van het interferentiepatroon als gevolg van het tweespletenexperiment dat wij in hoofdstuk 4 hebben beschreven. Daarbij worden bepaalde posities op het achterste scherm die het atoom kan bereiken wanneer er slechts één spleet open is, onbereikbaar door de destructieve interferentie wanneer beide spleten open zijn. Hier wordt een kwantummechanische warmtemachine door de subtiele samenwerking tussen moleculaire ruis en kwantumcoherentie zo afgestemd dat de inefficiënte verspilling van warmte-energie wordt gereduceerd, waarmee de efficiëntie boven de Carnotlimiet uit wordt getild.

Maar is zo'n subtiele afstemming op kwantumniveau wel mogelijk? Je zou op een subatomaire schaal zowel de positie als de energie van afzonderlijke elektronen zo moeten manipuleren dat er precies de juiste hoeveelheid interferentie ontstaat om de energie vooral via efficiënte routes te laten stromen en niet via die waar ze verspild wordt. Je zou ook de ruis van de omringende moleculen zo moeten afstemmen dat die de elektronen die uit de pas lopen een zetje geeft om ze weer te synchroniseren, zij het niet al te hard, want dan raken ze in een ander ritme en gaat de coherentie verloren. Is er een plek in het universum waar we deze fijn afgestemde moleculaire orde zouden kunnen verwachten, die subtiele kwantumeffecten in de subatomaire wereld kan benutten?

Scully's artikel uit 2011 was volledig theoretisch. Nog niemand heeft een kwantumwarmtemachine gebouwd die de verwachte energiebonus binnen kan halen en zo de Carnotlimiet kan overschrijden. Maar in 2013 werd in een ander artikel van hetzelfde team gewezen op iets vreemds met betrekking tot fotosynthetische reactiecentra.[9] Die blijken niet voorzien te zijn van één enkel chlorofylmolecuul dat een simpele kwantumwarmtemachine zou kunnen laten werken, maar van een tweetal chlorofylmoleculen, een zogenaamd *speciaal paar*.

Hoewel de chlorofylmoleculen in het speciale paar identiek zijn, is elk ingebed in een andere omgeving in het eiwitskelet, waardoor ze op een iets andere frequentie trillen: ze zijn een beetje 'ontstemd'. In hun latere artikel wezen Scully en zijn collega's erop dat fotosynthetische reactiecentra door deze structuur precies de benodigde moleculaire architectuur hebben om te werken als kwantumwarmtemachines. De onderzoekers toonden aan dat het speciale paar van het chlorofyl zo afgestemd lijkt te zijn dat het kwantuminterferentie gebruikt om inefficiënte routes, waarbij energie wordt verspild, af te sluiten en de energie bij het acceptormolecuul af te leveren met een efficiëntie die de bijna twee eeuwen oude, door Carnot ontdekte limiet overschrijdt met een marge van tussen de 18 en de 27 procent. Dat lijkt misschien niet zoveel, tot we bedenken dat volgens de huidige schattingen het wereldwijde energieverbruik tussen 2010 en 2040 met ongeveer 56 procent zal toenemen: dan lijkt het ontzettend belangrijk om een technologie te ontwikkelen die de energievoorziening met een vergelijkbare marge kan opvoeren.

Dit bijzondere resultaat is weer een opmerkelijk voorbeeld van hoe levende organismen met hun wortels in de kwantumwereld vermogens lijken te hebben die levenloze macroscopische machines niet hebben. Uiteraard is kwantumcoherentie noodzakelijk wil dit scenario werken; maar volgens een ander wereldschokkend resultaat, dat in juli 2014 werd gepubliceerd, had een team van onderzoekers uit Nederland, Zweden en Rusland kwantumzwevingen ontdekt in het reactiecentrum van het tweede fotosysteem bij planten.* Zij beweerden vervolgens dat die fotosynthetische reactiecentra functioneren als 'kwantummechanische lichtvangers'.[10] En vergeet niet dat ze tussen de twee en drie miljard jaar geleden zijn ontstaan. Het ziet ernaar uit dat gedurende bijna de hele geschiedenis van onze planeet planten en microben gebruik hebben gemaakt van kwantummechanisch opgevoerde warmtemachines (een proces dat zo complex en ingenieus is dat we er nog niet achter zijn hoe we het kunstmatig moeten reproduceren) om energie in koolstof te pompen en zo alle biomassa aan te maken waaruit microben, planten, dinosaurussen en, uiteraard, wijzelf bestaan. We vergaren nog steeds oude kwantumenergie in de vorm van de fossiele brandstoffen die ons huis verwarmen, onze auto's aandrijven alsook het merendeel van de huidige industrie. De potentiële voordelen als de moderne menselijke technologie van de oude natuurlijke kwantumtechnologie kan leren zijn enorm.

Bij de fotosynthese lijkt ruis dus gebruikt te worden om enerzijds de efficiëntie van het transport van excitons naar het reactiecentrum te ver-

*Planten hebben twee fotosystemen, I en II.

groten en anderzijds die aan de zon ontleende energie op te vangen wanneer ze in het reactiecentrum arriveert. Maar dit vermogen om van een moleculaire nood – ruis – een kwantumdeugd te maken beperkt zich niet tot de fotosynthese. De groep van Nigel Scrutton aan de Universiteit van Manchester, het team dat bij de in hoofdstuk 3 besproken experimenten tunnelende protonen in enzymen onderzocht, verving in 2013 de gewone atomen in een enzym door zwaardere isotopen. Het gevolg was dat de moleculaire veren van het eiwit zwaarder werden, zodat ze op een andere frequentie gingen trillen (de gekleurde ruis). De onderzoekers ontdekten dat het tunnelen van de protonen en de enzymatische activiteit in het zwaardere enzym verstoord waren,[11] hetgeen suggereerde dat in de normale toestand, met de natuurlijke, lichtere isotopen, de metronomische trillingen van het eiwitskelet bijdragen aan het kwantumtunneleffect en de enzymatische activiteit. De groep van Judith Klinman aan de Universiteit van Californië kwam met andere enzymen tot soortgelijke resultaten.[12] Ruis lijkt dus niet alleen de fotosynthese te sturen, maar ook een rol te spelen in het ondersteunen van de werking van enzymen. En vergeet niet dat enzymen de motoren van het leven zijn, die ieder molecuul hebben gemaakt in iedere cel van ieder levend wezen op onze planeet. Goede vibes zijn misschien wel onontbeerlijk om ons in leven te houden.

Leven op het kwantumrandje van een klassieke storm

Op zee, aan boord van een schip: een stormachtig gedruis

William Shakespeare, *De storm*
Eerste bedrijf, eerste scène, eerste toneelaanwijzing

Geeft een van deze inzichten antwoord op de vraag die Schrödinger tientallen jaren geleden stelde omtrent de aard van het leven? Wij hebben zijn inzicht al overgenomen dat het leven een systeem is dat van het hoogste tot op het laagste niveau beheerst wordt door orde, van zeer georganiseerde hele organismen via de stormachtige thermodynamische oceaan tot aan het kwantumfundament (figuur 10.1). En, heel belangrijk, deze dynamica van het leven is heel precies uitgebalanceerd, zodat gebeurtenissen op het kwantumniveau invloed kunnen hebben op de macroscopische wereld, zoals Pascual Jordan in de jaren dertig van de vorige eeuw voorspelde. Deze macroscopische gevoeligheid voor het domein van de kwantummechanica is uniek voor het leven, dat daardoor kan profiteren van verschijnselen op het kwantumniveau, zoals het tunneleffect, coherentie, superpositie en verstrengeling, om van alles mogelijk te maken voor ons allemaal.

Maar, en dit is een groot maar, de kwantumwereld kan alleen worden benut als de decoherentie kan worden afgehouden. Anders verliest het systeem zijn kwantumkarakter en gedraagt het zich volkomen klassiek of thermodynamisch, afhankelijk van de 'orde uit wanorde'-regels. Wetenschappers hebben decoherentie tegengehouden door hun kwantumreacties af te schermen tegen de inbreuk van 'ruis'. Dit hoofdstuk heeft getoond dat het leven voor een heel andere strategie lijkt te hebben gekozen. In plaats van ruis de coherentie te laten belemmeren, maakt het leven er juist gebruik van om zijn connectie met de kwantumwereld te handhaven. In hoofdstuk 6 hebben we het leven voorgesteld als een blok graniet in een wankel evenwicht, waardoor het gevoelig was voor gebeurtenissen op het kwantumniveau. Om redenen die hierna duidelijk zullen worden, zullen wij nu overstappen op een andere metafoor en ons granietblok vervangen door een groot zeilschip.

Ons denkbeeldige zeilschip zal aanvankelijk in het droogdok liggen, met zijn smalle kiel in een subtiel evenwicht op één rijtje zorgvuldig uitgelijnde atomen. In deze hachelijke evenwichtstoestand is ons schip, net als een levende cel, gevoelig voor gebeurtenissen op het kwantumniveau die plaatsvinden in zijn atomaire kiel. Het tunnelen van een proton, de excitatie van een elektron en de verstrengeling van een atoom kunnen allemaal van invloed zijn op het hele schip, omdat ze misschien het wankele evenwicht ervan in het droogdok zullen verstoren. We zullen ons echter ook nog voorstellen dat de kapitein van het schip ingenieuze en verrassende manieren heeft ontdekt om goed gebruik te maken van deze subtiele kwantumverschijnselen om zijn schip te helpen varen als de zeilen eenmaal worden gehesen.

Maar vergeet niet dat we nog in het droogdok liggen: dit schip gaat nog nergens naar toe. En hoewel het in zijn wankele evenwichtstoestand in principe gebruik kan maken van verschijnselen op kwantumniveau, is het daardoor tevens vatbaar voor zelfs het minste of geringste briesje – misschien de beroering van slechts één enkel luchtmolecuul –, dat het hele vaartuig zou kunnen doen kantelen. Een ingenieur zou zorgen dat het niet omvalt, en dus zijn gevoeligheid voor de kwantumgebeurtenissen in zijn kiel behoudt, door het schip af te schermen met een isolerende doos en daar alle lucht uit te pompen om te voorkomen dat een verdwaald biljartbalachtig molecuul het schip zou verstoren. De ingenieur zou ook het hele systeem afkoelen tot dicht bij het absolute nulpunt, zodat zelfs geen moleculaire trilling het subtiele evenwicht zou kunnen verstoren. Maar ervaren kapiteins weten dat er nog een manier is om het schip rechtop te houden: het moet eerst te water worden gelaten in de woelige thermodynamische baren.

Wij vinden het vanzelfsprekend dat het in het water makkelijker is om een schip rechtop te houden dan op het land, maar als we er op een moleculair niveau over nadenken, zullen we merken dat de reden voor de grotere stabiliteit niet meteen evident is. We hebben net gezegd dat een ingenieur een schip met een smalle kiel in het dok rechtop zou houden door het te beschermen tegen eventuele verstoringen door verdwaalde atomen of moleculen. Maar zit de zee dan niet vol verdwaalde atomen en moleculen die chaotisch tegen elkaar en tegen de kiel van ieder schip aan botsen op die biljartbalachtige manier die we in hoofdstuk 2 hebben behandeld? Hoe komt het dat het hachelijke evenwicht van het schip op het land door een minuscule impact kan worden verstoord, terwijl het daar in het water ongevoelig voor is?

Voor het antwoord komen we weer terug op die 'orde uit wanorde'-regel die Schrödinger heeft beschreven. Het schip zal inderdaad zowel aan stuurboord als aan bakboord bestookt worden met talloze botsende moleculen. Natuurlijk balanceert het nu niet meer op zijn ultradunne kiel maar drijft het, door de opwaartse druk van het water, en met zoveel botsingen aan beide kanten van het schip zal er gemiddeld evenveel kracht worden uitgeoefend op de boeg en de achtersteven, aan stuurboord en aan bakboord. Drijvende schepen kantelen dus niet omdat ze overeind worden gehouden door talloze willekeurige moleculaire botsingen: orde (de verticale stand van het schip) uit wanorde (talloze willekeurige botsingen van biljartbalachtige moleculen).

Maar schepen kunnen uiteraard omslaan, ook midden op zee. Stel je voor dat de kapitein zijn schip in een stormachtige zee te water heeft gelaten, maar de zeilen nog niet heeft gehesen. De golven die op het vaartuig inbeuken zijn niet meer zo willekeurig, en een enorme golf vanaf de ene of de andere kant zou een instabiel schip makkelijk kunnen doen kapseizen. Maar onze slimme kapitein weet hoe hij de stabiliteit van zijn schip kan vergroten: hij hijst de zeilen, zodat hij de windkracht kan gebruiken om zijn schip in balans te houden (figuur 10.2).

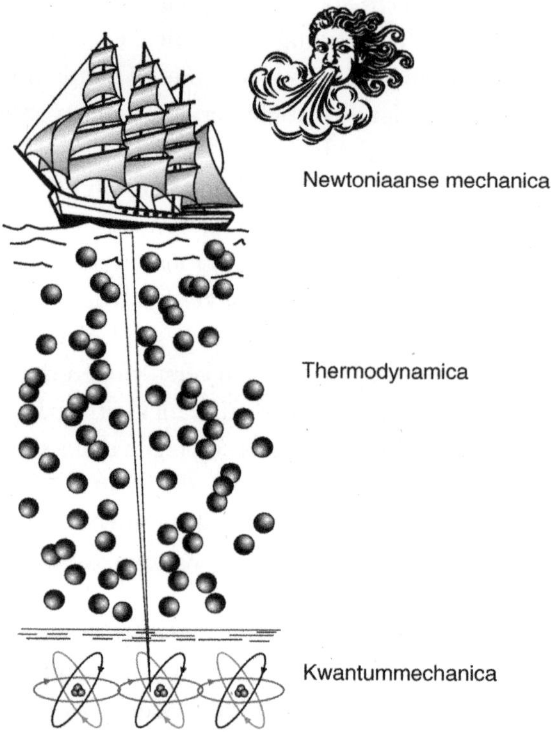

Figuur 10.2 Het leven vaart op het randje van de kwantumwereld en de klassieke wereld. De levende cel is als een schip waarvan de kiel doordringt tot de kwantumlaag van de werkelijkheid en kan zo gebruikmaken van verschijnselen zoals het tunneleffect en verstrengeling om zich in leven te houden. De connectie met de wereld moet actief onderhouden worden door levende cellen, die de thermodynamische stormen – moleculaire ruis – gebruiken om de kwantumcoherentie niet te verstoren maar juist te handhaven.

Wederom lijkt deze list op het eerste gezicht misschien tegenstrijdig. We zouden verwachten dat rukwinden en onvoorspelbare windvlagen een reeds labiel schip eerder zouden doen kapseizen dan stabiliseren – vooral omdat ze niet willekeurig, maar meestal aan een van beide kanten van het schip sterker zullen zijn. Maar de kapitein weet hoe hij de stand van het zeil en het roer moet aanpassen zodat het effect van de wind en de stromingen tegen de windvlagen en de stormen in gaat om te voorkomen dat het schip slagzij maakt. Zo kan hij de storm gebruiken om zijn schip te stabiliseren.

Het ziet ernaar uit dat het leven op dat metaforische schip lijkt, dat door stormachtige klassieke wateren zeilt met een slimme kapitein aan boord: het genetische programma, verfijnd door bijna vier miljard jaar evolutie, kan de diverse diepten van de kwantummechanische en de klassieke wereld bevaren. Het leven schuilt niet voor de stormen, maar omhelst ze. Het bundelt hun moleculaire windstoten en vlagen om zijn zeilen bol te blazen en het schip rechtop te houden zodat de smalle kiel via de thermodynamische wateren contact maakt met de kwantumwereld (figuur 10.2). Door zijn diepe wortels kan het leven die vreemde verschijnselen aanwenden die zich voordoen op het randje van de kwantumwereld.

Geeft dit ons een nieuw inzicht in wat het leven werkelijk is? Tja, er is nog een speculatie, en wij benadrukken dat het niet meer is dan dat, maar we kunnen het niet weerstaan om erop in te gaan, nu we zover zijn gekomen. Herinner je je nog de vraag die wij in hoofdstuk 2 stelden over het verschil tussen het levende en het levenloze; dat verschil dat de denkers uit de oudheid beschreven als onze ziel? Zij geloofden dat de dood het gevolg was van het vertrek van de ziel uit het lichaam. De mechanistische filosofie van Descartes verdrong het vitalisme en verwierp de ziel, althans bij planten en dieren, maar het verschil tussen het levende en het dode bleef mysterieus. Kan ons nieuwe inzicht in het leven de ziel vervangen door een kwantummechanische levensvonk? Velen zullen alleen al het stellen van deze vraag verdacht vinden, iets wat de grenzen van de conventionele wetenschap oprekt voorbij het respectabele en ze verlegt naar het domein van de pseudowetenschap of zelfs een soort spiritualiteit. Dat is niet wat wij hier voorstaan. In plaats daarvan willen wij een idee naar voren brengen waarvan wij hopen dat het mystieke en metafysische speculaties kan vervangen door iets wat althans het karakter heeft van wetenschappelijke theorie.

In hoofdstuk 2 hebben we het vermogen van het leven om zijn grote mate van organisatie te behouden, vergeleken met een soort gemechaniseerde biljarttafel die een driehoek van ballen in het midden van de tafel in stand kon houden door ballen te detecteren en te vervangen als ze in een soort thermodynamisch systeem van hun plaats waren gestoten door de botsingen met andere ballen. Nu je meer te weten bent gekomen omtrent de werking van het leven, kun je zien dat dit vermogen om zichzelf in stand te houden wordt gehandhaafd door het complexe moleculaire systeem van enzymen, pigmenten, DNA, RNA en andere biomoleculen, waarvan enkele eigenschappen berusten op kwantummechanische verschijnselen zoals het tunneleffect, coherentie en verstrengeling.

De recente aanwijzingen die wij in dit hoofdstuk onder de loep hebben genomen, suggereren dat sommige van deze uiteenlopende kwantummechanisch aangejaagde activiteiten (misschien wel allemaal), die we ons nu kunnen voorstellen als de activiteiten op het drukke dek van ons schip, in stand worden gehouden door het opmerkelijke vermogen van het leven om thermodynamische stormen en rukwinden aan te wenden teneinde zijn connectie met de diepere kwantumwereld te behouden. Maar wat gebeurt er als de thermodynamische stormen te hevig zijn en de mast van het metaforische schip erdoor gebroken wordt? Nu hij de thermodynamische windstoten en vlagen – de witte en de gekleurde ruis – niet meer kan benutten om in evenwicht te blijven, zal de zeilloze cel heen en weer geslingerd worden door de golven en de deining van zijn inwendige, waardoor ons metaforische schip zal gaan stampen en slingeren en uiteindelijk zijn connectie met de ordelijke kwantumwereld zal verliezen (figuur 10.3). Zonder die connectie kunnen coherentie, verstrengeling, het tunneleffect en superpositie het macroscopische gedrag van de cel niet meer beïnvloeden. De kwantummechanisch afgesneden cel zal in de turbulente thermodynamische wateren ten onder gaan en een volkomen klassiek object worden. Als een schip eenmaal is gezonken, zal geen storm het weer vlot kunnen krijgen; en misschien is er ook geen storm die de verbinding van een levend organisme met de kwantumwereld kan herstellen als het eenmaal ten prooi is gevallen aan de stormachtige oceaan van de moleculaire beweging.

Figuur 10.3 Misschien betekent de dood het verbreken van de verbinding van een levend organisme met de ordelijke kwantumwereld, waardoor het de ontwrichtende krachten van de thermodynamica niet meer kan weerstaan.

Kunnen wij de kwantumbiologie gebruiken om nieuwe levende technologie te maken?

Misschien dat stormen een gezonken schip niet meer vlot kunnen krijgen, maar mensen kunnen dat wel. De menselijke inventiviteit kan zoveel meer bereiken dan willekeurige krachten. Zoals wij in hoofdstuk 9 hebben besproken, is de kans ontzettend klein dat een tornado gedachteloos door een autokerkhof waait en op basis van louter toeval een jumbojet in elkaar zet. Maar luchtvaartingenieurs kunnen wel vliegtuigen bouwen. Kunnen wij ook leven in elkaar zetten? Zoals we herhaaldelijk in dit boek hebben opgemerkt, is er nog niemand in geslaagd om leven te maken uit levenloze chemische stoffen. Volgens de beroemde uitspraak van Richard Feynman betekent dit dat we het verschijnsel leven nog niet helemaal begrijpen. Maar misschien kan ons nieuwe inzicht in de kwantumbiologie ons de middelen bieden om nieuw leven te creëren en zelfs een revolutionaire vorm van *levende technologie* te bouwen.

Levende technologie is uiteraard bekend. We zijn er voor ons voedsel volledig van afhankelijk, in de vorm van landbouw. Ook zijn we afhankelijk van de producten van levende technologie, zoals het brood, de kaas, bieren en wijnen die door gist en bacteriën zijn gevormd uit meel, melk, graan en vruchtensappen. Zo profiteert onze moderne wereld ook van de oogst aan niet-levende producten van cellen die ooit wel geleefd hebben, zoals de enzymen die Mary Schweitzer gebruikte om dinosaurusbot af te breken. Soortgelijke enzymen worden gebruikt om natuurlijke vezels af te breken om de stoffen voor kleren te maken, of worden toegevoegd aan biologische wasmiddelen. De biotechnologische en farmaceutische industrieën waarin vele miljoenen dollars omgaan produceren honderden natuurlijke producten, zoals de antibiotica die ons beschermen tegen infecties. De energie-industrie maakt gebruik van het vermogen van microben om overtollige biomassa om te zetten in biobrandstoffen; en vele van de materialen waarop het moderne leven steunt, zoals hout en papier, leefden ooit, evenals de fossiele brandstoffen die onze huizen verwarmen en onze auto's laten rijden. Dus zelfs in de eenentwintigste eeuw blijven we heel afhankelijk van onze duizenden jaren oude levende technologie. Als je nog twijfels hebt, lees dan *The Road* van Cormac McCarthy eens, een dystopische roman waarin de barre wereld wordt beschreven die we zouden overhouden als we zo zorgeloos zouden zijn om onze levende technologie te vernietigen.

Maar de bestaande levende technologie heeft zo haar beperkingen. Om een voorbeeld te geven: hoewel – zoals we hebben ontdekt – enkele van de stappen in het fotosyntheseproces buitengewoon efficiënt zijn, zijn de meeste dat niet, en het algemene rendement van de omzetting van zonne-energie in chemische energie die wij in de landbouw kunnen oogsten is heel gering. De reden is dat planten en microben andere doelstellingen hebben dan wij: zij houden zich bezig met inefficiënte taken zoals het maken van bloemen en zaden die niet echt noodzakelijk zijn voor het opslaan van energie, maar die wel essentieel zijn voor hun eigen voortbestaan. Zo doen ook de microben die antibiotica, enzymen en medicijnen maken dat op een heel verspillende manier, omdat hun door de evolutie aangescherpte agenda ze dwingt om veel onnodig materiaal aan te maken, zoals meer microbiële cellen.

Kunnen wij leven zo maken dat het zich aan onze agenda houdt? Natuurlijk kunnen we dat, en we profiteren al enorm van de succesvolle transformatie van wilde planten en dieren in de levende technologie van gedomesticeerde gewassen en vee, geoptimaliseerd voor menselijke exploitatie. Maar het proces van kunstmatige selectie, dat ons planten bezorgde met grotere zaden of makke dieren die zich leenden voor de veehouderij, heeft, hoe succesvol ook, zo zijn beperkingen. We kunnen niet selecteren wat de natuur nog niet heeft gemaakt. Zo worden er jaarlijks miljarden dollars uitgegeven aan meststoffen die de stikstof in de bodem aanvullen die door intensieve landbouw verloren is gegaan. Peulgewassen, zoals erwten, hebben geen mest op stikstofbasis nodig omdat zij in hun wortels bacteriën hebben die het gas direct uit de lucht halen. De landbouw zou veel efficiënter kunnen zijn als we peuldragende graangewassen zouden kunnen maken die net als erwten hun eigen stikstof opvangen. Maar dit vermogen heeft zich bij nog geen enkel graangewas ontwikkeld.

Maar zelfs deze beperking kunnen we althans voor een deel te boven komen. De genetische modificatie van planten, microben en zelfs dieren kwam aan het eind van de twintigste eeuw op gang. Vandaag de dag is een groot deel van de oogst van belangrijke landbouwproducten zoals soja afkomstig van genetisch gemanipuleerde planten die resistent zijn tegen ziektes of bestrijdingsmiddelen, en men werkt tevens aan pogingen om, bijvoorbeeld, genen om stikstof op te vangen bij graangewassen in te brengen. De biotechnologische industrie steunt ook zwaar op genetisch gemodificeerde microben voor de productie van onze medicijnen en antibiotica.

Niettemin zijn er wederom beperkingen. Bij genetische modificatie worden er meestal alleen maar genen van de ene soort naar de andere overgebracht. Zo maakt de rijstplant vitamine A (bètacaroteen) aan in zijn bladeren, maar niet in zijn zaad, en dus zit deze vitamine nauwelijks in het basisvoedsel waarmee een groot deel van de bevolking van ontwikkelingslanden wordt gevoed. Vitamine A is essentieel voor ons afweersysteem en ons zicht, dus het gebrek eraan in de armste, van rijst afhankelijke landstreken leidt ertoe dat er jaarlijks miljoenen kinderen blind worden of sterven aan infecties. In de jaren negentig van de vorige eeuw implanteerden Peter Beyer van de Universiteit van Freiberg en Ingo Potrykus van het Zwitserse Bondsinstituut voor Technologie in Zürich twee genen om vitamine A aan te maken (een van narcissen en een van een microbe) in het rijstgenoom, wat rijst opleverde met een grote hoeveelheid vitamine A in zijn zaden. *Gouden rijst*, zoals Beyer het resultaat noemde vanwege de gele kleur van de korrels, kan nu voorzien in het merendeel van de dagelijkse vitamine A-behoefte bij kinderen. Maar hoewel genetische modificatie een heel succesvolle technologie is, is het in feite alleen maar prutsen met leven. De nieuwe wetenschap van de *synthetische biologie* wil een werkelijk revolutionaire levende technologie ontwikkelen door geheel nieuwe levensvormen te creëren.

Er zijn twee complementaire benaderingen in de synthetische biologie. De top-downbenadering is die waarmee we al kennis hebben gemaakt toen we bespraken hoe Craig Venter, de pionier op het gebied van genoom-sequencing, 'kunstmatig leven' creëerde door het genoom van een bacterie, een mycoplasma, te vervangen door een chemisch gesynthetiseerde versie van hetzelfde genoom. Deze genomenruil stelde zijn team in staat om relatief kleine wijzigingen aan te brengen in het hele mycoplasmagenoom. Niettemin was het nog altijd een mycoplasma: de biologie van de bacterie werd niet radicaal veranderd. De komende jaren wil Venters team dat wel doen, maar die veranderingen zullen stap voor stap worden aangebracht in deze top-downbenadering van de synthetische biologie. Het team maakte geen nieuw leven: ze wijzigden bestaand leven.

De tweede benadering is bottom-up en is veel radicaler: in plaats van wijzigingen aan te brengen in een bestaand levend organisme, is het streven van de bottom-up synthetische biologie om volkomen nieuwe levensvormen te maken uit levenloze chemische stoffen. Velen zouden dat een gevaarlijke onderneming, en zelfs heiligschennis, vinden. Is het überhaupt haalbaar? Nou... levende organismen, zoals wij, zijn buitengewoon complexe machines. Zoals elke machine kunnen ze geanalyseerd worden om hun bouwprincipes te achterhalen; en die bouwprincipes kunnen vervolgens gebruikt worden om nog betere machines te bouwen.

Leven bouwen van onderaf

De fakkeldragers van bottom-up synthetisch leven dromen ervan geheel nieuwe levensvormen te maken die onze wereld zouden kunnen transformeren. Zo zijn de huidige architecten terecht gericht op duurzaamheid: duurzame huizen, kantoren, fabrieken en steden. Maar hoewel moderne gebouwen of steden dikwijls worden beschreven als zelfvoorzienend, zijn de meeste voor hun onderhoud afhankelijk van de inspanningen en vaardigheden van werkelijk zelfvoorzienende wezens: mensen. Als bij een storm de pannen van je dak waaien, haal je er een dakdekker bij om naar boven te gaan en ze te vervangen; als je leidingen lekken, bel je de loodgieter; als je auto het begeeft, laat je hem naar een monteur slepen. In wezen is al dit handmatige onderhoud nodig om de schade te herstellen die aan onze huizen en machines wordt toegebracht door al dat gedrang van biljartbalachtige moleculen in de vorm van wind, regen en andere omgevingsinvloeden.

Bij het leven ligt het anders: ons lichaam is in staat om zichzelf voortdurend te onderhouden door beschadigde of versleten weefsels te vernieuwen, vervangen en herstellen. Zolang we leven, onderhouden wij inderdaad onszelf. Architecten hebben geprobeerd om bepaalde aspecten van het leven na te bootsen in veel gezichtsbepalende gebouwen van de afgelopen jaren. Zo heeft de 'Augurk' van Norman Foster, een toren die in 2003 aan de Londense skyline werd toegevoegd, een hexagonale huid die geïnspireerd is door het venusmandje (een spons), waardoor de belasting van het gebouw effectief verdeeld wordt. Het Eastgate Centre in Harare (Zimbabwe), dat ontworpen is door de architect Mick Pearce, bootst het airconditioningsysteem van termietenheuvels na om te zorgen voor ventilatie en verkoeling. Rachel Armstrong, mededirecteur van de architecturale onderzoeksgroep AVATAR van de Universiteit van Greenwich, heeft een nog stoutmoediger visie: werkelijk zelfvoorzienende gebouwen, de ultieme biometrische architectuur. Samen met enkele andere visionaire architecten droomt zij ervan om gebouwen te maken van kunstmatige levende cellen, die het vermogen hebben om zichzelf in stand te houden, zichzelf te herstellen en zich zelfs te vermenigvuldigen.[13] Als zulke levende gebouwen beschadigd zouden worden door wind, regen of een overstroming, zouden ze, net als levende organismen, hun schade opmerken en zichzelf repareren, net als levende lichamen.

De ideeën van Armstrong zouden uitgebreid kunnen worden tot andere synthetische aspecten van ons leven. Levend materiaal zou ook gebruikt kunnen worden om protheses te maken, zoals kunstarmen en -benen of gewrichten, die zichzelf, net als levend weefsel, zouden kunnen herstellen en beschermen tegen een aanval van microben. Kunstmatige levensvormen zouden zelfs in het menselijk lichaam geïnjecteerd kunnen worden om, bijvoorbeeld, kankercellen op te zoeken en te vernietigen. Medicijnen, brandstoffen en voedsel zouden allemaal gemaakt kunnen worden door op maat gemaakte kunstmatige levensvormen die niet belast zijn door een evolutionaire geschiedenis. Verder in de toekomst doemt het sciencefictionbeeld op van levende robots, androïden, die het ongeschoolde werk van de samenleving zouden kunnen overnemen of zelfs Mars zouden kunnen 'ontginnen' om de planeet bewoonbaar te maken voor menselijke kolonies, en die levende ruimteschepen zouden kunnen bouwen die de Melkweg zouden kunnen verkennen.

Het idee van de schepping van kunstmatig leven van onderaf kan herleid worden tot het begin van de twintigste eeuw, toen de Franse bioloog Stéphane Ludec schreef: 'net zoals de synthetische chemie begon met de kunstmatige vorming van de meest eenvoudige organische producten, zo moet ook de biologische synthese aanvankelijk genoegen nemen met de bouw van vormen die lijken op die van de laagste organismen'.[14] Zoals wij in hoofdstuk 9 hebben besproken, zijn zelfs de 'laagste organismen' die nu leven uiterst complexe bacteriën die bestaan uit duizenden onderdelen, die op dit moment niet gesynthetiseerd kunnen worden door middel van enige bottom-upbenadering. Het leven moet begonnen zijn vanuit iets wat veel simpeler was dan een bacterie. De beste hypothesen omtrent onze uiteindelijke voorouder zijn op dit moment, zoals we in dat hoofdstuk hebben aangegeven, moleculen van zelfreplicerend enzymatisch RNA (ribozymen) en een eiwit dat ingekapseld raakte in een soort blaasje om een simpele zelfreplicerende celstructuur te vormen, een *protocel*. De aard van die eerste protocellen, als ze al bestaan hebben, is helemaal niet duidelijk. Veel wetenschappers zijn van mening dat ze schuilden in microscopische poriën in rotsen, zoals de rotsen van Isua die we in hoofdstuk 9 hebben leren kennen, vol eenvoudige biochemische stoffen die kunnen voorzien in de behoeften van leven. Anderen geloven dat het belletjes of druppels biochemische stoffen waren die begrensd werden door een of ander membraan en in de oeroceaan ronddreven.

De meeste voorvechters van kunstmatig leven van onderaf ontlenen hun inspiratie aan theorieën over de oorsprong van het leven in hun pogingen om hun eigen kunstmatige levende protocellen te maken die door een oerzee in een laboratorium kunnen zwemmen. Waarschijnlijk zijn de eenvoudigste de diverse soorten druppeltjes of blaasjes olie in water of water in olie. Die zijn ook makkelijk om te maken. Telkens als je een dressing voor een salade maakt, heb je er al snel miljoenen van. Het is bekend dat olie en water niet samengaan en dus al snel gescheiden raken. Maar als je een stof toevoegt waarvan de moleculen tussen het water en olie ingebed raken, een *surfactant* zoals mosterd, en het mengsel goed schudt, krijg je een saladedressing. Hoewel die misschien glad en homogeen lijkt, zit hij in werkelijkheid vol met minuscule stabiele druppeltjes.

Martin Hanczyc van de Universiteit van Zuid-Denemarken heeft opmerkelijk levensechte protocellen gemaakt van druppeltjes olie in water die door een afwasmiddel gestabiliseerd worden. Zijn protocellen zijn heel simpel en bestaan vaak uit slechts vijf chemicaliën. In de juiste verhoudingen gemengd vormen die vanzelf olieachtige druppeltjes. Het inwendige van de druppeltjes maakt een eenvoudige chemie mogelijk waardoor de protocel zich door zijn omgeving verplaatst, voortgestuwd door convectie (warmtecirculatie) en hetzelfde soort chemische krachten waardoor oliedruppeltjes zich om te beginnen samenvoegen. Ze kunnen zelfs een eenvoudige vorm van groei en zelfreplicatie ondergaan door grondstoffen uit hun omgeving op te nemen, waardoor ze uiteindelijk in tweeën breken.[15]

De protocellen van Hanczyc zijn binnenstebuiten vergeleken met levende cellen, want ze hebben een olieachtig inwendige en water aan de buitenkant. De meeste andere onderzoekers kiezen ervoor om protocellen te maken met een waterig inwendige, omdat ze die dan kunnen vullen met kant-en-klare, in water oplosbare biomoleculen. Zo vulde de geneticus Jack Szostak in 2005 protocellen met RNA-ribozymen.[16] Je zult je uit hoofdstuk 9 nog wel herinneren dat ribozymen RNA-moleculen zijn die genetische informatie kunnen coderen, net als DNA, maar ook in staat zijn tot enzymatische activiteit. Het team toonde aan dat met ribozymen gevulde protocellen in staat waren tot een eenvoudige vorm van erfelijkheid, waarbij ze zich in wezen net als Hanczycs protocel in tweeën splitsten. In 2014 maakte een team van de Nederlandse Radbouduniversiteit onder leiding van Sébastien Lecommandoux een ander soort protocel, waarvan de diverse compartimenten gevuld waren met enzymen die, net als levende cellen, een eenvoudig metabolisme mogelijk maakten dat van het ene compartiment naar het andere stroomde.[17]

Deze dynamische, chemisch actieve protocellen zijn zeker intrigerende en indrukwekkende constructies; maar is het ook leven? Om deze vraag te beantwoorden moeten we het eens worden over een werkdefinitie van leven. De meest voor de hand liggende, zelfreplicatie, is goed voor vele doeleinden maar vraagt te veel. De meeste cellen in een volwassen lichaam, zoals rode bloedcellen en zenuwcellen, reproduceren zichzelf niet, maar leven toch onmiskenbaar. Er zijn zelfs hele mensen, zoals boeddhistische of katholieke priesters, die zich (doorgaans) niet bezig houden met het vuile werk van de zelfreplicatie, maar toch zijn ook zij onmiskenbaar in leven. Dus hoewel zelfreplicatie uiteraard noodzakelijk is voor het voortbestaan van de soort op lange termijn, is het geen vereiste voor leven.

Een eigenschap van leven die nog fundamenteler is dan zelfreplicatie is iets wat we al besproken hebben, namelijk wat biomimetische architecten proberen na te bootsen: zelfvoorzienendheid. Leven is in staat om zijn levende toestand te handhaven. Willen onze bottom-upprotocellen de classificatie 'levend' verdienen, dan is dus de minimale vereiste dat ze in staat moeten zijn om zichzelf in stand te houden in turbulente thermodynamische wateren.

Helaas leeft geen van de protocellen van de bestaande generatie als we deze engere definitie van leven gebruiken. Zelfs de protocellen die een paar trucjes kunnen, zoals een eenvoudige vorm van zich delen (zich in tweeën splitsen), produceren dochters die niet echt hetzelfde zijn als de ouders: ze hebben minder begincomponenten, zoals ribozymen of enzymen, zodat die componenten in de loop van het replicatieproces uiteindelijk uitgeput raken. Hoewel protocellen zoals de groep van Lecommandoux die heeft gemaakt in staat zijn tot een metabolisme dat lijkt op dat van een eenvoudig levend organisme, moeten ook die gevuld worden met actieve biomoleculen en zijn ze niet in staat om zichzelf bij te vullen. De huidige generatie protocellen is als opgewonden klokken: ze kunnen hun chemische uitgangstoestand handhaven, ondersteund door van tevoren gemaakte enzymen en substraten, tot ze daar doorheen zijn. Daarna raakt de organisatie van deze protocellen aangetast door de voortdurende inwerking van de bewegende moleculen in hun omgeving. Ze worden steeds chaotischer en willekeuriger, tot ze zich uiteindelijk niet meer van hun omgeving onderscheiden. In tegenstelling tot leven zijn kunstmatige protocellen niet in staat om zichzelf op te winden.

Ontbreekt er een ingrediënt? Het is uiteraard een heel nieuw vakgebied, en waarschijnlijk zullen er de komende decennia grote vorderingen worden geboekt. Het idee dat wij in dit laatste deel van ons boek willen behandelen, is dat de kwantummechanica zou kunnen voorzien in de ontbrekende vonk die nodig is om kunstmatig leven te animeren en werkelijk synthetisch leven te maken. Zo'n stap vooruit zou niet alleen de aanzet geven tot een revolutionaire technologie, maar ons misschien ook eindelijk de middelen verschaffen om een antwoord te geven op die oude vraag die wij in hoofdstuk 2 stelden: wat is leven?

Wij, en anderen, hebben betoogd dat de thermodynamische beschrijving van leven ontoereikend is, omdat daar niet in is opgenomen dat het leven gebruik kan maken van de kwantumwereld. Wij geloven dat het leven berust op kwantummechanica. Maar hebben wij gelijk? Zoals we al besproken hebben, is dit moeilijk te bewijzen met de huidige technologie, want je kunt de kwantummechanica in een levende cel niet zomaar aan- en uitzetten. Wij voorspellen echter dat leven, of dat nu natuurlijk of kunstmatig is, onmogelijk is zonder de vreemde eigenschappen van de kwantumwereld die we in dit boek hebben besproken. De enige manier om erachter te komen of wij gelijk hebben is om kunstmatig leven te maken met en (zo mogelijk) zonder kwantumeigenaardigheden en dan te kijken welke vorm het best werkt.

De lancering van de kwantummechanische oerprotocel

Laten we ons voorstellen dat we een simpele levende cel construeren uit volkomen levenloos materiaal; misschien een cel die simpele taken kan uitvoeren, zoals het vinden van zijn eigen voedsel binnen een soort oerzee in een laboratorium. Ons doel zal zijn om zo'n ding op twee manieren te maken: bij de ene zullen we proberen om gebruik te maken van de vreemde eigenschappen van de kwantummechanica – dat zullen wij de *kwantummechanica-protocel* noemen; bij de andere zal dat niet het geval zijn – dat zal de *klassieke protocel* zijn.

Een goed uitgangspunt voor beide versies zijn de door een membraan begrensde protocellen van Sébastien Lecommandoux, met hun diverse compartimenten, waardoor we de verschillende functies van het leven kunnen compartimenteren. Vervolgens moeten we onze protocel voorzien van een energiebron: laten we daarvoor zonlicht gebruiken, die overvloedige bron van hoogenergetische fotonen. We zullen een van de compartimenten volstoppen met een woud van pigmentmoleculen en een skelet van eiwitten, om een soort zonnepaneel te maken dat fotonen kan opvangen en hun energie kan omzetten in excitons, als een kunstmatige chloroplast. Bij zomaar bij elkaar gesmeten pigmentmoleculen is de kans echter klein dat ze het bijzonder efficiënte energietransport zullen vertonen dat kenmerkend is voor de fotosynthese, omdat de moleculaire warboel de kwantumcoherentie niet zal kunnen handhaven die nodig is voor een efficiënt energietransport. Om de kwantumzweving op te pikken moeten we de pigmentmoleculen zo oriënteren dat er een coherente golf door het systeem kan stromen.

In 2013 ging een groep aan de Universiteit van Chicago onder leiding van Greg Engel, pionier op het gebied van de kwantumfotosynthese, dit probleem te lijf door pigmentmoleculen chemisch te koppelen in een vaste ordening. Evenals het FMO-complex bij algen waarin Engel voor het eerst kwantumcoherentie had ontdekt (hoofdstuk 4) vertoonde hun kunstmatige pigmentsysteem coherente kwantumzwevingen die tientallen femtoseconden aanhielden, zelfs bij kamertemperatuur.[18] Om dus het zonnepaneel van onze kwantummechanische protocel te voorzien van door coherentie opgevoerde excitons, zullen we het vullen met een woud van Engels gekoppelde pigmentmoleculen. De klassieke fotocel zal dezelfde pigmenten bevatten, maar met een willekeurige ordening, zodat het exciton dwalenderwijs zijn weg door het systeem zal moeten vinden. Zo kunnen we toetsen of kwantumcoherentie essentieel is of niet noodzakelijk voor het transport van excitons bij de fotosynthese.

Maar zoals we hebben ontdekt, is het opvangen van licht slechts de eerste stap in de fotosynthese; vervolgens moeten we de instabiele energie van de excitons omzetten in een stabiele chemische vorm. Ook daar heeft men enkele vorderingen geboekt. Toen Scully en zijn groep in hun artikel uit 2013 aantoonden dat het fotosynthetische reactiecentrum een kwantummechanische warmtemachine lijkt, betoogden zij dat biologische kwantumwarmtemachines een inspiratie konden zijn voor het ontwerpen van efficiëntere fotocellen.[19] Later datzelfde jaar ging een team van de Universiteit van Cambridge daarop door en produceerde het een gedetailleerde blauwdruk voor zo'n kunstmatige fotocel die zou werken als een kwantumwarmtemachine.[20] De groep maakte een model van een kunstmatig reactiecentrum op basis van het gekoppelde pigmentmolecuul dat in een Engels laboratorium was gecreëerd en toonde aan dat het een energetisch elektron bij een acceptormolecuul zou moeten afleveren met hetzelfde verhoogde, de Carnotlimiet overschrijdende rendement als de groep van Scully bij de natuurlijke fotosynthese had ontdekt.

Laten we ons dus voorstellen dat onze kwantummechanische zonnecel verbonden wordt met een kunstmatig reactiecentrum (geïnspireerd door het model van het team uit Cambridge), dat energetische elektronen op kan slaan in de vorm van stabiele chemische energie. Wederom zullen we een concurrerend systeem ontwerpen voor onze klassieke protocel, dat een soortgelijke energieoverdracht probeert te realiseren, maar zonder de kwantummechanische efficiëntie waarmee de Carnotlimiet wordt overschreden. Als de lichtenergie eenmaal is opgeslagen, kan die gebruikt worden om complexe biomoleculen te maken, zoals de pigmentmoleculen van de cel.

Maar niet alleen elektronen, ook biosynthetische reacties hebben een extra energetische oppepper nodig, die in onze eigen cellen afkomstig is van de celademhaling (hoofdstuk 3). We zullen ons laten inspireren door de ademhaling en een deel van de hoogenergetische elektronen die door de fotosynthese worden afgegeven afvoeren naar een compartiment dat fungeert als 'krachtcentrale', waar ze, net als in natuurlijke ademhalingsketens, van het ene enzym naar het andere zullen tunnelen om ATP aan te maken, de moleculaire energiedrager van de cel. Opnieuw zal ons doel zijn om het compartiment van de ademhaling te construeren en de rol van de kwantummechanica in dit vitale biologische proces te onderzoeken.

Met een bron van elektronen en energie is onze kwantummechanische protocel nu uitgerust om al zijn eigen biomoleculen aan te maken. Hij heeft echter nog een bron van grondstoffen nodig: voedsel. Dus zorgen we voor een voedselbron, een eenvoudige suiker: glucose, opgelost in de oerzee in ons laboratorium. We zullen door ATP aangedreven transportmiddelen voor suiker moeten installeren, die de glucose de cel in moeten kunnen pompen, samen met een reeks enzymen die de atomen ervan manipuleren – techniek op kwantumniveau – om complexere biomoleculen aan te maken. Vele van die enzymen maken normaliter gebruik van tunnelende elektronen en protonen, zoals we in hoofdstuk 3 hebben besproken, maar ons doel zal zijn om versies te construeren die met én zonder connectie met de kwantumwereld functioneren, om te ontdekken of de kwantummechanica werkelijk een essentieel smeermiddel is voor deze machines van het leven.

Een andere eigenschap die we aan onze kwantummechanische protocel zouden willen toevoegen is het vermogen om de storm van moleculaire ruis aan te wenden teneinde de kwantumcoherentie te handhaven. Op dit moment is er te weinig bekend over de manier waarop het leven hierin slaagt om er enig vertrouwen in te hebben hoe dit technisch gerealiseerd zou kunnen worden. Er kunnen vele factoren meespelen: zo is bekend dat de bijzonder drukke moleculaire omgeving van levende cellen van invloed is op veel biochemische reacties.[21] Die zou kunnen helpen om het randomiserende effect van ruis in te perken. Daarom zullen we de protocellen volstouwen met biomoleculen om die drukke leefomgeving te simuleren, in de hoop dat het ze zal helpen om die thermodynamische stormen en rukwinden te benutten en daarmee de kwantumcoherentie te handhaven.

Maar onze kwantummechanische protocel blijft een heel behoeftig instrument, omdat alle enzymen er van tevoren in moeten worden geladen. Om hem zelfvoorzienend te maken moeten we nog een ander compartiment inrichten, de controlekamer, met een kunstmatig op DNA gebaseerd genoom dat codes bevat voor alles wat het nodig heeft, samen met het benodigde systeem om de kwantummechanische protoncode in eiwitten om te zetten. Dit is net zoiets als de top-downbenadering van Craig Venter; alleen zal ons genoom bij een *niet-levende* protocel geïnjecteerd worden. Ten slotte zouden we onze protocel zelfs een navigatiesysteem kunnen geven, misschien een moleculaire neus, opdat hij zijn voedsel kan vinden door gebruik te maken van het kwantummechanische verstrengelingsprincipe bij olfactorische receptoren dat we in hoofdstuk 5 hebben behandeld, alsook een moleculaire motor om zich voort te bewegen door zijn oerzee. We zouden hem zelfs kunnen uitrusten met een kwantummechanisch navigatiesysteem, zoals dat van ons roodborstje, dat hem zou kunnen helpen om zich te oriënteren in de oeroceaan in het laboratorium.

Wat wij hebben beschreven, is weinig meer dan een biologische gril – niet werkelijker dan Shakespeares Ariël. We hebben ontzettend veel details weggelaten en, omwille van de eenvoud en de begrijpelijkheid, niet gesproken over de gigantische uitdagingen waarmee ieder echt bottom-up synthetisch biologieproject geconfronteerd zou worden. Ook al zou men ooit een poging doen tot zo'n project, dan zou men zeker niet proberen om al deze processen in één stap te realiseren, zoals in het voorgaande denkbeeldige recept. Men zou eerst proberen het simpelste of het best begrepen proces bij een protocel te installeren – misschien de fotosynthese. Dat zou, uiteraard, op zich een grote prestatie zijn en het zou het perfecte modelsysteem opleveren om de rol van kwantumcoherentie bij de fotosynthese te bestuderen. Als zo'n kunststukje inderdaad mogelijk zou blijken, zouden de volgende stappen zijn om extra componenten toe te voegen en zo een steeds grotere complexiteit te implementeren, wat uiteindelijk, misschien, zou leiden tot een werkelijk levende kunstmatige cel. Maar wij voorspellen dat dit alleen mogelijk zal zijn via de kwantumroute van het leven: volgens ons werkt het leven gewoon niet als het niet verbonden is met de kwantumwereld.

Als zo'n project ooit zou worden ondernomen, zou het misschien, eindelijk, mogelijk zijn om nieuw leven te maken. Zo'n ontwikkeling zou de aanzet kunnen geven tot een werkelijk revolutionaire levende technologie: kunstmatig leven dat zich op het randje tussen de kwantummechanische en de klassieke wereld kan bewegen. Kunstmatige levende cellen zouden geconstrueerd kunnen worden als de bakstenen van werkelijk duurzame levende gebouwen; er zouden microchirurgen gemaakt kunnen worden die onze beschadigde en versleten weefsels zouden kunnen herstellen en vervangen. De fantastische eigenschappen van de kwantumbiologie die wij in dit boek hebben behandeld, van de fotosynthese tot de werking van enzymen, en van kwantumneuzen tot kwantumgenomen, kwantumkompassen en misschien zelfs kwantumhersenen, zouden allemaal verzameld kunnen worden om mogelijk een geweldige nieuwe wereld van kwantummechanische synthetische levende organismen te maken die hun in de natuur geboren verwanten zouden kunnen verlossen van de slaventaak om in de meeste behoeften van de mensheid te voorzien.

Maar, wat misschien nog wel belangrijker is, met het vermogen om vanuit het niets nieuw leven te maken zou de biologie eindelijk een repliek hebben op de bekende uitspraak van Feynman: 'Wat ik niet kan maken, begrijp ik niet.' Als zo'n project inderdaad zou slagen, zouden wij kunnen beweren dat we, eindelijk, inzicht hebben in het leven en het opmerkelijke vermogen ervan om de krachten van de chaos te benutten om precies over dat smalle randje te zeilen tussen de klassieke en de kwantummechanische wereld.

> De middagzon verduisterd, de roerige winden opgeroepen,
> om tussen de groene zee en de azuurblauwe hemel
> bulderend oorlog te voeren: met de gevreesde rommelende donder...
>
> William Shakespeare,
> *De storm*, vijfde bedrijf, eerste scène

Epiloog: kwantumleven

Het Europese roodborstje dat we in hoofdstuk 1 hebben leren kennen heeft met succes overwinterd in het mediterrane zonnetje en hupt nu rond tussen het schaarse geboomte en de oude stenen van Carthago in Tunesië. Het eet haar buikje rond met vliegen, kevers, wormen en zaden, die allemaal bestaan uit biomassa die uit lucht en licht is gefabriceerd door de kwantummechanisch aangedreven fotosynthetische machines die wij planten en microben noemen. Maar de zon staat nu hoog aan de middaghemel en de zinderende hitte heeft de ondiepe stroompjes doen opdragen die door het bosgebied kronkelen. Het bos wordt dor en ongastvrij voor onze Europese zangvogel. Het is tijd dat ze weer vertrekt.

Het is nu laat op de dag, en het kleine vogeltje vliegt op en gaat op een tak hoog in een ceder zitten. Ze strijkt zorgvuldig haar veren glad, net zoals ze vele maanden eerder deed, terwijl ze luistert naar de roep van andere roodborstjes die ook de behoefte voelen om zich voor te bereiden op een lange vlucht. Als de laatste zonnestralen achter de horizon verdwijnen richt het roodborstje haar snavel naar het noorden. Ze slaat haar vleugels uit en vliegt de avondhemel tegemoet.

Het roodborstje vliegt naar de Noord-Afrikaanse kust en verder, over de Middellandse Zee. Ze volgt bijna dezelfde route als een halfjaar eerder, maar dan in omgekeerde richting, opnieuw alleen geleid door haar vogelkompas met zijn kwantumverstrengelde naald. Elke slag van haar vleugels wordt aangedreven door spiervezels waarvan de energie afkomstig is van kwantummechanisch door ademhalingsenzymen getunnelde elektronen en protonen. Na vele uren bereikt ze de Spaanse kust en strijkt ze neer in een bebost rivierdal in Andalusië, waar ze uitrust te midden van een overvloedige begroeiing van onder andere wilgen, esdoorns, iepen en elzen, fruitbomen en bloeiende struiken zoals oleander, allemaal producten van de op kwantummechanica berustende fotosynthese. Geurmoleculen drijven haar neusholtes binnen, hechten zich aan de moleculen van geurreceptoren en zetten kwantumtunneleffecten in gang die via kwantumcoherente ionkanalen zenuwsignalen naar haar hersenen sturen en haar vertellen dat er citrusbloemen in de buurt zijn, met smakelijke bijen en andere bestuivende insecten die als extra voedsel zullen dienen voor de volgende etappe van haar reis.

Nadat het roodborstje vele dagen heeft gevlogen, is ze eindelijk terug in het Scandinavische sparrenwoud vanwaar ze vele maanden eerder is vertrokken. Haar eerste taak is om een partner te zoeken. De mannetjes zijn een paar dagen eerder gearriveerd en de meeste hebben al een geschikte plek gevonden om een nest te bouwen, wat ze de vrouwtjes duidelijk maken door middel van hun zang. Ons roodborstje voelt zich aangetrokken tot een bijzonder welluidend vogeltje en geniet, in het kader van hun paringsritueel, van een paar lekkere larven die het mannetje heeft verzameld. Na een korte paring versmelt het sperma van het mannetje met de eicel van het vrouwtje en wordt de op kwantummechanica gebaseerde genetische informatie, waarin de vorm, structuur, biochemie, fysiologie, anatomie en zelfs de zang van elk vogelpaar gecodeerd zijn, bijna perfect gekopieerd in een nieuwe generatie roodborstjes. Enkele foutjes bij het kwantumtunnelen zorgen voor het materiaal voor de toekomstige evolutie van de soort.

Zoals wij in de voorgaande hoofdstukken hebben benadrukt, kunnen we er uiteraard nog niet zeker van zijn dat alle zojuist beschreven eigenschappen kwantummechanisch zijn. Maar het lijdt geen twijfel dat veel van wat er wonderbaarlijk en uniek is aan roodborstjes, clownvissen, bacteriën die overleven onder het ijs van de Zuidpool, dinosaurussen die door de Jurabossen zwierven, monarchvlinders, fruitvliegjes, planten en microben, berust op het feit dat zij, net als wij, geworteld zijn in de kwantumwereld. Er is nog veel te ontdekken, maar het mooie van elk nieuw onderzoeksgebied is al het onbekende. Zoals Isaac Newton zei:

> Ik weet niet hoe ik op de wereld overkom, maar in mijn eigen ogen ben ik alleen maar een jongen geweest die aan de kust speelde en zich ermee vermaakte nu en dan een gladdere steen of een mooiere schelp te vinden dan gebruikelijk, terwijl de grote oceaan van de waarheid volledig onontdekt voor mij lag.

Woord van dank

Het schrijven van dit boek heeft drie jaar gekost, al hebben de auteurs bijna twintig jaar samengewerkt aan onderzoek op dit spannende nieuwe gebied, waar kwantummechanica, biochemie en biologie samenkomen. Maar als het gaat om zo'n grensoverschrijdende wetenschappelijke discipline als de kwantumbiologie, is het onmogelijk ooit zo deskundig te worden dat je grondig genoeg en met voldoende vertrouwen alle wetenschap kunt verklaren die nodig is om er een volledig beeld van te geven – vooral als het gaat om het schrijven van het allereerste boek over dit onderwerp voor een lekenpubliek.

Het is zeker waar dat geen van beide auteurs dit boek alleen had kunnen schrijven, omdat wij allebei zo onze eigen vakkennis hebben op het gebied van respectievelijk de natuurkunde en de biologie. Het is nog meer waar dat wij een boek waarop wij allebei ontzettend trots zijn niet hadden kunnen maken zonder de hulp en de raad van vele mensen, van wie de meesten wereldleiders zijn op hun onderzoeksgebied.

We zijn Paul Davies dankbaar voor de vele vruchtbare discussies die hij de afgelopen vijftien jaar met ons heeft gevoerd over kwantummechanica en de potentiële relevantie daarvan voor de biologie. We zijn ook dank verschuldigd aan de vele natuur- en scheikundigen en biologen die nu grote vorderingen boeken op dit nieuwe gebied en wier deskundigheid en grondige kennis van hun specialismen wij niet hadden en hebben. We staan met name in het krijt bij Jennifer Brookes, Gregory Engel, Adam Godbeer, Seth Lloyd, Alexandra Olaya-Castro, Martin Plenio, Sandu Popescu, Thorsten Ritz, Gregory Scholes, Nigel Scrutton, Paul Stevenson, Luca Turin en Vlatko Vedral. Wij willen ook Mirela Dumic bedanken, de coördinatrice van het Institute of Advanced Studies van de Universiteit van Surrey, die bijna in haar eentje in 2012 in Surrey onze bijzonder succesvolle internationale workshop 'Kwantumbiologie: huidige stand van zaken en mogelijkheden' heeft opgezet. Deze workshop werd gefinancierd door het IAS, de BBSRC (Biotechnology and Biological Sciences Research Council) en het MILES-procject (Models and Mathematics in Life and Social Sciences). Het gaat hier om een nog nieuw vakgebied en het aantal mensen dat daarin werkzaam is, is nog relatief klein, maar op de workshop kwamen veel vooraanstaande figuren van over de hele wereld bijeen die zich op dit moment bezighouden met kwantumbiologisch onderzoek en ons het gevoel gaven alsof wij werkelijk deel uitmaakten van deze stimulerende onderzoeksgemeenschap.

Toen er eenmaal een kladversie was, hebben we een aantal van deze bovengenoemde collega's gevraagd om die door te nemen en ons hun mening te geven. Daarom zijn we met name Martin Plenio, Jennifer Brookes, Alexandra Olaya-Castro, Gregory Scholes, Nigel Scrutton en Luca Turin dankbaar. We zouden ook graag Philip Ball, Pete Downes en Greg Knowles willen bedanken, omdat ze een deel van de definitieve tekst hebben gelezen en ons zoveel inzichtelijk en bruikbaar commentaar hebben gegeven, waardoor het boek veel beter is geworden. Ook willen wij onze agent Patrick Walsh heel hartelijk bedanken, zonder wie het boek niet van de grond zou zijn gekomen, en Sally Gaminara bij Random House, voor haar vertrouwen in ons en omdat ze zich zo voor het project heeft ingezet. Verder moet er dank uitgaan naar Patrick en naar Carrie Plitt bij Conville & Walsh, voor hun advies en suggesties met betrekking tot de structuur en de opmaak van het boek, alsook voor hun hulp om er een definitieve versie van te maken die lichtjaren verschilt van de eerste grove aanzet. Wij staan ook bij Gillian Somerscales in het krijt voor haar virtuoze redactie.

Als laatsten, maar zeker niet de minsten, willen wij ons gezin danken voor hun vele steun, vooral in die periodes dat wijzelf en de uitgevers ons deadlines hadden opgelegd, wat betekende dat we alle andere verplichtingen terzijde moesten schuiven en onszelf met onze laptops moesten opsluiten. Wij zijn de tel kwijtgeraakt wat betreft de avonden, weekends en gezinsvakanties waarbij de kwantumbiologie op de eerste plaats moest komen. Wij hopen dat het boek het waard is geweest.

Voor ons allebei en voor het nieuwe vakgebied van de kwantumbiologie hopen wij dat die reis nog maar net is begonnen.

Jim Al-Khalili en Johnjoe McFadden, augustus 2014

Noten

Hoofdstuk 1. Inleiding

1 P.W. Atkins, 'Magnetic field effects', *Chemistry in Britain*, vol. 12 (1976), p. 214.

2 S. Emlen, W. Wiltschko, N. Demong en R. Wiltschko, 'Magnetic direction finding: evidence for its use in migratory indigo buntings', *Science*, vol. 193 (1976), pp. 505-508.

Hoofdstuk 2. Wat is leven?

1 S. Harris, 'Chemical potential: turning carbon dioxide into fuel', *The Engineer*, 9 augustus 2012, http://www.theengineer.co.uk/energy-and-environment/in-depth/chemical-potential-turning-carbon-dioxide-into-fuel/1013459.article#ixzz2upriFA00.

2 *Die Naturwissenschaften*, vol. 20 (1932), pp. 815-821.

3 Pascual Jordan, 1938, geciteerd in P. Galison, M. Gordin en D. Kaiser (red.), *Quantum Mechanics: Science and Society* (Londen: Routledge, 2002), p. 346.

4 H.C. Longuet-Higgins, 'Quantum mechanics and biology', *Biophysical Journal*, vol. 2 (1962), pp. 207-215.

5 M.P. Murphy en L.A.J. O'Neil (red.), *What is Life? The Next Fifty Years: Speculations on the Future of Biology* (Cambridge: Cambridge University Press, 1995).

Hoofdstuk 3. De motoren van het leven

1 R.P. Feynman, R.B. Leighton en M.L. Sands, *The Feynman Lectures on Physics* (Reading, MA: Addison-Wesley, 1964), vol. 1, pp. 3-6.
2 M.H. Schweitzer, Z. Suo, R. Avci, J.M. Asara, M.A. Allen, F.T. Arce en J.R. Horner, 'Analyses of soft tissue from Tyrannosaurus rex suggest the presence of protein', *Science*, vol. 316: 5822 (2007), pp. 277-280.
3 J. Gross, 'How tadpoles lose their tails: path to discovery of the first matrix metalloproteinase', *Matrix Biology*, vol. 23: 1 (2004), pp. 3-13.
4 G.E. Lienhard, 'Enzymatic catalysis and transition-state theory', *Science*, vol. 180: 4082 (1973), pp. 149-154.
5 C. Tallant, A. Marrero en F.X. Gomis-Ruth, 'Matrix metalloproteinases: fold and function of their catalytic domains', *Biochimica et Biophysica Acta (Molecular Cell Research)*, vol. 1803: 1 (2010), pp. 20-28.
6 A.J. Kirby, 'The potential of catalytic antibodies', *Acta Chemica Scandinavica*, vol. 50: 3 (196), pp. 203-210.
7 Don DeVault en Britton Chance, 'Studies of photosynthesis using a pulsed laser: I. Temperature dependence of cytochrome oxidation rate in chromatium. Evidence for tunneling', *BioPhysics*, vol. 6 (1966), p. 825.
8 J.J. Hopfield, 'Electron transfer between biological molecules by thermally activated tunneling', *Proceedings of the National Academy of Sciences*, vol. 71 (1974), pp. 3640-3644.
9 Yuan Cha, Christopher J. Murray en Judith Klinman, 'Hydrogen tunneling in enzyme reactions', *Science*, vol. 243: 3896 (1989), pp. 1325-1330.
10 L. Masgrau, J. Basran, P. Hothi, M.J. Sutcliffe en N.S. Scrutton, 'Hydrogen tunneling in quinoproteins', *Archives of Biochemistry and Biophysics*, vol. 428: 1 (2004), pp. 41-51; L. Masgrau, A. Roujeinikova, L.O. Johannissen, P. Hothi, J. Basran, K.E. Ranaghan, A.J. Mulholland, M.J. Sutcliffe, N.S. Scrutton en D. Leys, 'Atomic description of an enzyme reaction dominated by proton tunneling', *Science*, vol. 312: 5771 (2006): pp. 237-241.
11 David R. Glowacki, Jeremy N. Harvey en Adrian J. Mulholland, 'Taking Ockham's razor to enzyme dynamics and catalysis', *Nature Chemistry*, vol. 4 (2012), pp. 169-176.

Hoofdstuk 4. De kwantumzweving

1 Uit de BBC-tv-serie *Fun to Imagine 2: Fire* (1983), te vinden op YouTube: http://www.youtube.com/watch?v=ITpDrdtGAmo.
2 Interview met CBC News, te vinden op http://www.cbc.ca/news/technology/quantum-weirdness-used-by-plants-animals-1.912061.
3 G.S. Engel, T.R. Calhoun, E.L. Read, T-K. Ahn, T. Mancal, Y-C. Cheng, R.E. Blankenship en G.R. Fleming, 'Evidence for wavelike energy transfer through quantum coherence in photosynthetic systems', *Nature*, vol. 446 (2007), pp. 782-786.
4 I.P. Mercer, Y.C. El-Taha, N. Kajumba, J.P. Marangos, J.W.G. Tisch, M. Gabrielsen, R.J. Cogdell, E. Springate en E. Turcu, 'Instantaneous mapping of coherently coupled electronic transitions and energy transfers in a photosynthetic complex using angle-resolved coherent optical wave-mixing', *Physical Review Letters*, vol. 102: 5 (2009), pp. 057402.
5 E. Collini, C.Y. Wong, K.E. Wilk, P.M. Curmi, P. Brumer en G.D. Scholes, 'Coherently wired light-harvesting in photosynthetic marine algae at ambient temperature', *Nature*, vol. 463: 7281 (2010), pp. 644-647.
6 G. Panitchayangkoon, D. Hayes, K.A. Fransted, J.R. Caram, E. Harel, J. Wen, R.E. Blankenship en G.S. Engel, 'Long-lived quantum coherence in photosynthetic complexes at physiological temperature', *Proceedings of the National Academy of Sciences*, vol. 107: 29 (2010), pp. 12766-12770.
7 T.R. Calhoun, N.S. Ginsberg, G.S. Schlau-Cohen, Y.C. Cheng, M. Ballottari, R. Bassi en G.R. Fleming, 'Quantum coherence enabled determination of the energy landscape in light-harvesting complex II', *Journal of Physical Chemistry B*, vol. 113: 51 (2009), pp. 16291-16295.

Hoofdstuk 5. Op zoek naar Nemo's huis

1 Exodus 30: 34-35.
2 Geciteerd in A. Le Guerer, *Scent: The Mysterious and Essential Power of Smell* (New York: Kodansha America Inc., 1994) p. 12.
3 R. Eisner, 'Richard Axel: one of the nobility in science', *P&S Colum-*

bia University College of Physicans and Surgeons, vol. 25: 1 (2005).

4 C.S. Sell, 'On the unpredictability of odor', *Angewandte Chemie, International Edition* (Engels), 45: 38 (2006), pp. 6254-6261.

5 K. Mori en G.M. Shepherd, 'Emerging principles of molecular signal processing by mitral/tufted cells in the olfactory bulb', *Seminars in Cell Biology*, vol. 5: 1 (1994), pp. 65-74.

6 L. Turin, *The Secret of Scent: Adventures in Perfume and the Science of Smell* (Londen: Faber & Faber, 2006), p. 4.

7 L. Turin, 'A spectroscopic mechanism for primary olfactory reception', *Chemical Senses*, vol. 21: 6 (1996), pp. 773-791.

8 Turin, *The Secret of Scent*, p. 176.

9 C. Burr, *The Emperor of Scent: A True Story of Perfume and Obsession* (New York: Random House, 2003).

10 A. Keller en L.B. Vosshall, 'A psychophysical test of the vibration theory of olfaction', *Nature Neuroscience*, vol. 7: 4 (2004), pp. 337-338.

11 M.I. Franco, L. Turin, A. Mershin en E.M. Skoulakis, 'Molecular vibration-sensing component in *Drosophila melanogaster* olfaction', *Proceedings of the National Academy of Science*, vol. 108: 9 (2011), pp. 3797-3802.

12 J.C. Brookes, F. Hartoutsiou en A.M. Stoneham, 'Could humans recognize odor by phonon assisted tunneling?' *Physical Review Letters*, vol. 98: 3 (2007), p. 038101.

Hoofdstuk 6. De vlinder, het fruitvliegje en het kwantumroodborstje

1 F.A. Urquhart, 'Found at last: the monarch's winter home', *National Geographic*, augustus 1976.

2 R. Stanewsky, M. Kaneko, P. Emery, B. Beretta, K. Wager-Smith, S.A. Kay, M. Rosbash en J.C. Hall, 'The cryb mutation identifies cryptochrome as a circadian photoreceptor in Drosophila', *Cell*, vol. 95: 5 (1998), pp. 681-692.

3 H. Zhu, I. Sauman, Q. Yuan, A. Casselman, M. Emery-Le, P. Emery en S.M. Reppert, 'Cryptochromes define a novel circadian clock mechanism in monarch butterflies that may underlie sun compass navigation', *PLoS Biology*, vol. 6: 1 (2008), e4.

4 D.M. Reppert, R.J. Gegear en C. Merlin, 'Navigational mechanisms of migrating monarch butterflies', *Trends in Neurosciences*, vol. 33: 9 (2010), pp. 399-406.

5 P.A. Guerra, R.J. Gegear en S.M. Reppert, 'A magnetic compass aids monarch butterfly migration', *Nature Communications*, vol. 5c: 4164 (2014), pp. 1-8.

6 A.T. von Middendorf, *Die Isepiptesen Russlands Grundlagen zur Erforschung der Zugzeiten und Zugrichtungen der Vögel Russlands* (St.- Petersburg, 1853).

7 H.L. Yeagley en F.C. Whitmore, 'A preliminary study of a physical basis of bird navigation', *Journal of Applied Physics*, vol. 18: 1035 (1947).

8 M.M. Walker, C.E. Diebel, C.V. Haugh, P.M. Pankhurst, J.C. Montgomery en C.R. Green, 'Structure and function of the vertebrate magnetic sense', *Nature*, vol. 390: 6658 (1997), pp. 371-376.

9 M. Hanzlik, C. Heunemann, E. Holtkamp-Rotzler, M. Winklhofer, N. Petersen en G. Fleissner, 'Superparamagnetic magnetite in the upper beak tissue of homing pigeons', *Biometals*, vol. 13: 4 (2000), pp. 325-331.

10 C.V. Mora, M. Davison, J.M. Wild en M.M. Walker, 'Magnetoreception and its trigeminal mediation in the homing pigeon', *Nature*, vol. 432 (2004), pp. 508-511.

11 C. Treiber, M. Salzer, J. Riegler, N. Edelman, C. Sugar, M. Breuss, P. Pichler, H. Cadiou, M. Saunders, M. Lythgoe, J. Shaw en D.A. Keays, 'Clusters of iron-rich cells in the upper beak of pigeaons are macrophages not magnetosensitive neurons', *Nature*, vol. 484 (2012), pp. 367-370.

12 S.T. Emlen, W. Wiltschko, N.J. Demong, R. Wiltschko en S. Bergman, 'Magnetic direction finding: evidence for its use in migratory indigo buntings', *Science*, vol. 193: 4252 (1976), pp. 505-508.

13 L. Pollack, 'That nest of wires we call the imagination: a history of some key scientists behind the bird compass sense', mei 2012, p. 5: http://www.ks.uiuc.edu/History/magnetoreception.

14 Ibid., p. 6.

15 K. Schulten, H. Staerck, A. Weller, H-J. Werner en B. Nickel, 'Magnetic field dependence of the geminate recombination of radical ion pairs in polar solvents', *Zeitschrift für Physikale Chemie*, n.s., vol. 101 (1976), pp. 371-390.

16 Pollack, 'That nest of wires we call the imagination', p. 11.
17 K. Schulten, C.E. Swenberg en A. Weller, 'A biomagnetic sensory mechanism based on magnetic field modulated coherent electron spin motion', *Zeitschrift für Physikalische Chemie*, n.s., vol. 111 (1978), pp. 1-5.
18 Uit P. Hore, 'The quantum robin', *Navigation News*, oktober 2011.
19 N. Lambert, 'Quantum biology', *Nature Physics*, vol. 9: 10 (2013), en verwijzingen die daarin staan.
20 M.J.M. Leask, 'A physiochemical mechanism for magnetic field detection by migratory birds and homing pigeons', *Nature*, vol. 267 (1977), pp. 144-145.
21 T. Ritz, S. Adem en K. Schulten, 'A model for photoreceptor-based magnetoreception in birds', *Biophysical Journal*, vol. 78: 2 (2000), pp. 707-718.
22 M. Liedvogel, K. Maeda, K. Henbest, E. Schleicher, T. Simon, C.R. Timmel, P.J. Hore en H. Mouritsen, 'Chemical magnetoreception: bird cryptochrome 1a is excited by blue light and forms long-lived radical-pairs', *PLoS One*, vol. 2: 10 (2007), e1106.
23 C. Niessner, S. Denzau, K. Stapput, M. Ahmad, L. Peichl, W. Wiltschko en R. Wiltschko, 'Magnetoreception: activated cryptochrome 1a concurs with magnetic orientation in birds', *Journal of the Royal Society Interface*, vol. 10: 88 (6 nov. 2013), 20130638.
24 T. Ritz, P. Thalau, J. B. Phillips, R. Wiltschko en W. Wiltschko, 'Resonance effects indicate a radical-pair mechanism for avian magnetic compass', *Nature*, vol. 429 (2004), pp. 177-180.
25 S. Engels, N-L. Scneider, N. Lefeldt, C. M. Hein, M. Zapka, A. Michalik, D. Elbers, A. Kittel, P.J. Hore en H. Mouritsen, 'Anthropogenic electromagnetic noise disrupts magnetic compass orientation in a migratory bird', *Nature*, vol. 509 (2014), pp. 353-356.
26 E.M. Gauger, E. Rieper, J.J. Morton, S.C. Benjamin en V. Vedral, 'Sutained quantum coherence and entanglement in the avian compass', *Physical Review Letters*, vol. 106: 4 (2011), 040503.
27 M. Ahmad, P. Galland, T. Ritz, R. Wiltschko en W. Wiltschko, 'Magnetic intensity affects cryptochrome-dependent responses in Arabidopsis thaliana', *Planta*, vol. 225: 3 (2007), pp. 615-624.
28 M. Vacha, T. Puzova en M. Kvicalova, 'Radio frequency magnetic fields disrupt magnetoreception in American cockroach', *Journal of Experimental Biology*, vol. 212: 21 (2009), pp. 3473-3477.

Hoofdstuk 7. Kwantumgenen

1 Y.M. Shtarkman, Z.A. Kocer, R. Edgar, R.S. Veerapaneni, T. D'Elia, P.F. Morris en S.O. Rogers, 'Subglacial Lake Vostok (Antarctica) accretion ice contains a diverse set of sequences from aquatic, marine and sediment-inhabiting bacteria and eukarya', *PLoS One*, vol. 8: 7 (2013), e67221.

2 J.D. Watson en F.H.C. Crick, 'Molecular structure of nucleic acids: a structure for deoxyribose nucleic acid', *Nature*, vol. 171 (1953), pp. 737-738.

3 C. Darwin, *On the Origin of Species*, hfdst. 4.

4 J.D. Watson en F.H.C. Crick, 'Genetic implications of the structure of deoxyribonucleic acid', *Nature*, vol. 171 (1953), pp. 964-969.

5. W. Wang, H. W. Hellinga en L. S. Bese, 'Structural evidence for the rare tautomer hypothesis of spontaneous mutagenesis', Proceedings of the National Academy of Sciences, vol. 108: 43 (2011), pp. 17644-17648.

6 A. Datta en S. Jinks-Robertson, 'Association of increased spontaneous mutation rates with high levels of transcription in yeast', *Science*, vol. 268: 5217 (1995), pp. 1616-1619.

7 J. Bachl, C. Carlson, V. Gray-Schopfer, M. Dessing en C. Olsson, 'Increased transcription levels induce higher mutation rates in a hypermutating cell line', *Journal of Immunology*, vol. 166: 8 (2001), pp. 5051-5057.

8 P. Cui, F. Ding, Q. Lin, L. Zahang, A. Li, Z. Zhang, S. Hu en J. Yu, 'Distinct contributions of replication and transcription to mutation rate variation of human genomes', *Genomics, Proteomics and Bioinformatics*, vol. 10: 1 (2012), pp. 4-10.

9 J. Cairns, J. Overbaugh en S. Millar, 'The origin of mutants', *Nature*, vol. 335 (1988), pp. 142-145.

10 John Cairns over Jim Watson, Cold Spring Harbour Oral History Collection. Interview te vinden op: http://library.cshl.edu/oralhistory/interview/james-d-watson/meeting-jim-watson/watson/.

11 J. Gribbin, *In Search of Schrödinger's Cat* (Londen: Wildwood House, 1984; herdruk Black Swan, 2012).

12 J. McFadden en J. Al-Khalili, 'A quantum mechanical model of adaptive mutation', *Biosystems*, vol. 50: 3 (1999), pp. 203-211.

13 J. McFadden, *Quantum Evolution* (Londen: HarperCollins, 2000).
14 Een kritische bespreking is hier gepubliceerd: http://arxiv.org/abs/quant-ph/0101019, en onze reactie is hier te vinden: http://arxiv.org/abs/quant-ph/0110083.
15 H. Hendrickson, E.S. Slechta, U. Bergthorsson, D.I. Andersson en J.R. Roth, 'Amplification-mutagenesis: evidence that "directed" adaptive mutation and general hypermutability result from growth with a selected gene amplification', *Proceedings of the National Academy of Sciences*, vol. 99: 4 (2002), pp. 2164-2169.
16 Bijv. J.D. Stumpf, A.R. Poteete en P.L. Foster, 'Amplification of *lac* cannot account for adaptive mutation to Lac+ in *Escherichia coli*', *Journal of Bacteriology*, vol. 189: 6 (2007), pp. 2291-2299.
17 Bijv. E.S. Kryachko, 'The origin of spontaneous point mutations in DNA via Löwdin mechanism of proton tunneling in DNA base pairs: cure with covalent base pairing', *International Journal Of Quantum Chemistry*, vol. 90: 2 (2002), pp. 910-923; Zhen Min Zhao, Qi Ren Zhang, Chun Yuan Gao en Yi Zhong Zhuo, 'Motion of the hydrogen bond proton in cytosine and the transition between its normal and imino states', *Physics Letters A*, vol. 359: 1 (2006), pp. 10-13.

Hoofdstuk 8. Het bewustzijn

1 Interview voor de *Los Angeles Times*, 14 feburari 1995.
2 J-M. Chauvet, E. Brunel Deschamps, C. Hillaire en J. Clottes, *Dawn of Art. The Chauvet Cave: The Oldest Known Paintings in the World* (New York: Harry N. Abrams, 1996).
3 Geciteerd in J. Hadamard, *Essay on the Psychology of Invention in the Mathematical Field* (Princeton: Princeton University Press, 1945). Maar volgens Daniel Dennett in 'Memes and the exploitation of imagination', *Journal of Aesthetics and Art Criticism*, vol. 48 (1990), pp. 127-135 (te vinden op http://ase.tufts.edu/cogstud/dennett/papers/memeimag.htm#5), is deze vaak aangehaalde passage waarschijnlijk niet van Mozart en is de oorsprong onduidelijk. Niettemin hebben wij besloten om haar op te nemen, omdat de auteur, wie het ook mag zijn, een bekend maar opmerkelijk verschijnsel heel mooi heeft beschreven.

4 J. McFadden, 'The CEMI field theory gestalt information and the meaning of meaning', *Journal of Consciousness Studies*, vol. 20: 3-4 (2013), pp. 152-182.
5 Chauvet et al., *Dawn of Art*.
6 M. Kinsbourne, 'Integrated cortical field model of consciousness', in *Experimental and Theoretical Studies of Consciousness*, CIBA Foundation Symposium No. 174 (Chichester: Wiley, 2008).
7 K. Saeedi, S. Simmons, J.Z. Salvail, P. Dluhy, H. Riemann, N.V. Abrosimov, P. Becker, H.-J. Pohl, J.J.L. Morton en M.L.W. Thewalt, 'Room-temperature quantum bit storage exceeding 29 minutes using ionized donors in silicon-28', *Science*, vol. 342: 6160 (2013), pp. 830-833.
8 D. Hofstadter, *Gödel, Escher, Bach: An Eternal Golden Braid* (New York: Basic Books, 1999; voor het eerst gepubliceerd in 1979).
9 R. Penrose, *Shadows of the Mind: A Search for the Missing Science of Consciousness* (Oxford: Oxford University Press, 1994).
10 S. Hameroff, 'Quantum computation in brain microtubules? The Penrose-Hameroff "Orch OR" model of consciousness', *Philosophical Transactions of the Royal Society Series A*, vol. 356: 1743 (1998), pp. 1869-1895; S. Hameroff en R. Penrose, 'Consciousness in the universe: a review of the "Orch OR" theory', *Physics of Life Reviews*, vol. 11 (2014), pp. 39-78.
11 M. Tegmark, 'Importance of quantum decoherence in brain processes', *Physical Review E*, vol. 61 (2000), pp. 4194-4206.
12 Zie bijvoorbeeld A. Litt, C. Eliasmith, F.W. Kroon, S. Weinstein en P. Thagard, 'Is the brain a quantum computer?', *Cognitive Science*, vol. 30: 3 (2006), pp. 593-603.
13 G. Bernroider en J. Summhammer, 'Can quantum entanglement between ion transition states effect action potential initiation?' Cognivitive Computation, vol. 4 (2012), pp. 29-37.
14 McFadden, *Quantum Evolution*; J. McFadden, 'Synchronous firing and its influence on the brain's electromagnetic field: evidence for an electromagnetic theory of consciousness', *Consciousness and Cognition*, vol. 10: 2 (2001), pp. 184-213; J. McFadden, 'The CEMI field theory closing the loop', *Journal of Consciousness Studies*, vol. 20: 1-2 (2013), pp. 153-168.
15 McFadden, 'The CEMI field theory gestalt information and the meaning of meaning'.

16 C.A. Anastassiou, R. Perin, H. Markram en C. Koch 'Ephaptic coupling of cortical neurons', *Nature Neuroscience*, vol. 14: 2 (2011), pp. 217-223; F. Frohlich en D.A. McCormick, 'Endogenous electric fields may guide neocortical network activity', *Neuron*, vol. 67: 1 (2010), pp. 129-143.
17 McFadden, 'The CEMI field theory closing the loop'.
18 W. Singer, 'Consciousness and the structure of neuronal representations', *Philosophical Transactions of the Royal Society B: Biological Sciences*, vol. 353: 1377 (1998), pp. 1829-1840.

Hoofdstuk 9. Hoe het leven begon

1 S.I. Miller, 'A production of amino acids under possible primitive earth conditions', *Science*, vol. 117: 3046 (1953), pp. 528-529.
2 G. Cairns-Smith, *Seven Clues to the Origin of Life: A Scientific Detective Story* (Cambridge: Cambridge University Press, 1985; nieuwe editie 1990).
3 McFadden, *Quantum Evolution*; J. McFadden en J. Al-Khalili, 'Quantum coherence and the search for the first replicator', in D. Abbott, P.C. Davies en A.K. Patki, red., *Quantum Aspects of Life* (Londen: Imperial College Press, 2008).
4 A. Patel, 'Quantum algorithms and the genetic code', *Pramana Journal of Physics*, vol. 56 (2001), pp. 367-381; te vinden op http://arxiv.org/pdf/quant-ph/0002037.pdf.

Hoofdstuk 10. Kwantumbiologie: leven op de rand van een storm

1 M.B. Plenio en S.F. Huelga, 'Dephasing-assisted transport: quantum networks and biomolecules', *New Journal of Physics*, vol. 10 (2008), 113019; F. Caruso, A.W. Chin, A. Datta, S. F. Huelga en M.B. Plenio, 'Highly efficient energy excitation transfer in light-harvesting complexes: the fundamental role of noise-assisted transport', *Journal of Chemical Physics*, vol. 131 (2009), 105106-121.
2 M. Mohseni, P. Rebentrost, S. Lloyd en A. Aspuru-Guzik, 'Environment-assisted quantum walks in photosynthetic energy transfer', *Journal of Chemical Physics*, vol. 129: 17 (2008), 174106.

3 B. Misra en G. Sudarshan, 'The Zeno paradox in quantum theory', *Journal of Mathematical Physics*, vol. 18 (1977), p. 746: http://dx.doi.org/10.1063/1.523304.

4 S. Lloyd, M. Mohseni, A. Shabani en H. Rabitz, 'The quantum Goldilocks effect: on the convergence of timescales in quantum transport', arXiv voordruk, arXiv: 1111.4982, 2011.

5 A.W. Chin, S.F. Huelga en M. B. Plenio, 'Coherence and decoherence in biological systems: principles of noise-assisted transport and the origin of long-lived coherences', *Philosophical Transactions of the Royal Society A*, vol. 370 (2012), pp. 3658-3671; A.W. Chin, J. Prior, R. Rosenbach, F. Caycedo-Soler, S.F. Huelga en M.B. Plenio, 'The role of non-equilibrium vibrational structures in electronic coherence and recoherence in pigment-protein complexes', *Nature Physics*, vol. 9: 2 (2013), pp. 113-118.

6 E.J. O'Reilly en A. Olaya-Castro, 'Non-classicality of molecular vibrations activating electronic dynamics at room temperature', *Nature Communications*, vol. 5 (2014), artikel nr. 3012.

7 I. Stewart, *Does God play dice?: The new mathematics of chaos* (Harmondsworth: Penguin UK, 1997); S. Kauffman, *The Origins of Order: Self-Organization and Selection in Evolution* (New York: Oxford University press, 1993); J. Gleick, *Chaos: Making a new science* (New York: Random House, 1997).

8 M.O. Scully, L.R. Chapin, K.E. Dorfman, M.B. Kim en A. Svidzinsky, 'Quantum heat engine power can be increased by noise-induced coherence', *Proceedings of the National Academy of Sciences*, vol. 108: 37 (2011), pp. 15097-15100.

9 K.E. Dorfman, D.V. Voronine, S. Mukamel en M.O. Scully, 'Photosynthetic reaction center as a quantum heat engine', *Proceedings of the National Academy of Sciences*, vol. 110: 8 (2013), pp. 2746-2751.

10 M. Ferretti, V.I. Novoderezhkin, E. Romero, R. Augulis, A. Pandit, D. Zigmantas en R. Van Grondelle, 'The nature of coherences in the B820 bacteriochlorophyll dimer revealed by two-dimensional electronic spectroscopy', *Physical Chemistry Chemical Physics*, vol. 16 (2014), pp. 9930-9939.

11 C.R. Pudney, A. Guerriero, N.J. Baxter, L.O. Johannissen, J.P. Waltho, S. Hay en N.S. Scrutton, 'Fast protein motions are coupled to enzyme H-transfer reactions', *Journal of the American Chemical Society*, vol. 135 (2013), pp. 2512-2517.

12 J.P. Klinman en A. Kohen 'Hydrogen tunnelling links protein dynamics to enzyme catalysis', *Annual Review of Biochemistry*, vol. 82 (2013), pp. 471-496.
13 R. Armstrong en N. Spiller, 'Living quarters', *Nature*, vol. 467 (2010), pp. 916-919.
14 S. Ludec, *The Mechanism of Life* (Londen: William Heinemann, 1914).
15 T. Toyota, N. Maru, M.M. Hanczyc, T. Ikegami en T. Sugawara, 'Self-propelled oil droplets consuming "fuel" surfactant', *Journal of the American Chemical Society*, vol. 131: 14 (2009), pp. 5012-5013.
16 I.A. Chen, K. Salehi-Ashtiani en J.W. Szostak, 'RNA catalysis in model protocell vesicles', *Journal of the American Chemical Society*, vol 127: 38 (2005), pp. 13213-13219.
17 R.J. Peters, M. Marguet, S. Marais, M.W. Fraaije, J.C. van Hest en S. Lecommandoux, 'Cascade reactions in multicompartmentalized polymersomes', *Angewandte Chemie International Edition (Engels)*, vol. 53: 1 (2014), pp. 146-150.
18 D. Hayes, G.B. Griffin en G.S. Engel, 'Engineering coherence among excited states in synthetic heterodimer systems', *Science*, vol. 340: 6139 (2013), pp. 1431-1434.
19 Dorfman e.a., 'Photosynthetic reaction center as a quantum heat engine'.
20 C. Creatore, M.A. Parker, S. Emmott en A. W.Chin. 'An efficient biologically-inspired photocell enhanced by quantum coherence', arXiv voordruk, arXiv: 1307.5093, 2013.
21 C. Tan, S. Saurabh, M.P. Bruchez, R. Schwartz en P. Leduc, 'Molecular crowding shapes gene expression in synthetic cellular nanosystems', *Nature Nanotechnology*, vol. 8: 8 (2013), pp. 602-608; M.S. Cheung, D. Klimov en D. Thirumalai, 'Molecular crowding enhances native state stability and refolding rates of globular proteins', *Proceedings of the National Academy of Sciences*, vol. 102: 13 (2005), pp. 4753-4758.

REGISTER